云网络负载均衡技术与实践

张锋辉 彭涛 姜琳 梁爱义 陈格非 杜杰 陈都 著

清华大学出版社

北京

内 容 简 介

本书全面介绍了云网络负载均衡技术的通用原理、架构和关键技术,并附有实际使用案例,以帮助读者深入理解和应用这一技术。

全书共分为6章。第1章介绍网络负载均衡和云网络负载均衡的概念、作用及其分类,并列举了云网络负载均衡的典型应用场景,以及在云原生网络环境中的应用。第2章阐述云网络负载均衡系统的架构和主要功能,包括系统整体框架、集群架构、支持多租户的网络虚拟化,以及访问负载均衡时的常见数据流工作模式。第3章讲解了云网络负载均衡控制器的架构和技术,涵盖了控制器的核心技术、集群管理和容灾的实现,以及控制器的性能优化措施。第4、5章主要介绍云网络4层负载均衡和7层负载均衡的演进历程、关键工作机制、功能实现方式,以及一些前沿热点技术。第6章从实际应用的角度出发,介绍云网络负载均衡的使用与压力测试,旨在帮助读者掌握在云环境中有效地使用负载均衡产品。

本书适合云计算领域的技术人员、架构师、开发者和运维人员阅读,也适合希望学习云计算相关技术的高校学生使用。

图书在版编目(CIP)数据

云网络负载均衡技术与实践 / 张锋辉等著. -- 北京:清华大学出版社,2025.7.
ISBN 978-7-302-69825-8

Ⅰ. TP393.02

中国国家版本馆 CIP 数据核字第 2025WV6599 号

责任编辑:安 妮 薛 阳
封面设计:刘 键
责任校对:郝美丽
责任印制:刘海龙

出版发行:清华大学出版社
          网 址:https://www.tup.com.cn,https://www.wqxuetang.com
          地 址:北京清华大学学研大厦 A 座   邮 编:100084
          社 总 机:010-83470000   邮 购:010-62786544
          投稿与读者服务:010-62776969,c-service@tup.tsinghua.edu.cn
          质量反馈:010-62772015,zhiliang@tup.tsinghua.edu.cn
印 装 者:三河市天利华印刷装订有限公司
经 销:全国新华书店
开 本:185mm×260mm   印 张:20.25   字 数:493 千字
版 次:2025 年 9 月第 1 版   印 次:2025 年 9 月第 1 次印刷
印 数:1~1500
定 价:109.00 元

产品编号:108091-01

推荐语

这是一本深入探讨云网络中负载均衡技术的罕见书籍。在计算机领域,负载均衡技术拥有广泛的应用场景。然而,在云网络环境中,由于虚拟网络技术的复杂性和云计算弹性多租户的要求,实施负载均衡技术相比在单租户和物理网络上面临更大的挑战。在物理网络上部署负载均衡技术主要集中在开发功能丰富的算法上;而在基于虚拟网络技术的云网络中,额外的报文封装技术被引入,为不同数据传输链路条件下的负载均衡带来了新的技术难题。同时,云计算的多租户特性对隔离性和稳定性提出了更高的要求,而其弹性灵活的特点也给负载均衡技术带来了相应的技术需求。

本书著者团队在云网络和负载均衡技术研发方面积累了丰富的经验。基于 VxLAN 虚拟网络技术构建的云网络之上,本书详细解析了控制器架构、数据转发路径及软硬件结合的转发加速技术。一方面,通过使用 SDN 控制器技术,能够灵活应对不同用户的弹性需求,实现快速按需伸缩;另一方面,结合 DPDK 和可编程网关等技术,不仅实现了高性能的数据转发,还为不同租户的流量提供了强大的隔离机制。

本书对于从事云计算虚拟网络技术研究者以及利用云计算技术的开发者而言,都具有重要的参考价值。它有助于加深读者对云网络技术的理解,并更有效地运用云计算虚拟网络技术。

——郑然 百度智能云技术委员会联席主席

作为云计算的核心组件之一,云网络负载均衡凭借请求的动态调度、自动容错与高可用等核心能力,为云上业务构筑起高性能、可扩展的运行基石。在高并发与大规模访问场景下,它如同精密的交通调度系统,从容化解流量洪峰的冲击;同时,依托实时健康检查与故障自动隔离机制,具备自愈能力。在企业迈向多云与混合云架构的今天,其跨地域、跨集群的调度能力更进一步打破了物理边界限制,助力企业实现业务连续性与资源协同。本书凝聚了作者在公有云团队多年技术实践的精华,系统梳理了负载均衡技术的演进路径与落地经验,为云计算使用者及技术爱好者深入理解并高效运用该技术提供了极具价值的参考。

——孟宪军 百度智能云基础公有云部负责人

云计算作为数字经济的重要载体,已经广泛支撑着千行百业。随着数字化转型和智能化升级的加速,越来越多的企业级应用开始基于多云、混合云、边缘云等新模式构建。这些应用对云网络提出了更高的要求,云网络面临着带宽需求急剧扩张、需要更低的网络时延、更廉价的成本以及更高的并发量等一系列挑战。云平台对外提供的计算、存储、数据库、容器等服务都离不开负载均衡。负载均衡能够扩展网络设备和服务器的带宽、提升吞吐量、增强集群稳定性、加强并发数据处理能力,并提高网络的灵活性和可用性。随着软硬件技术的演进和业务需求的发展,负载均衡的技术和产品也经历了嵌入式、多核并发、NFV(网络功能虚拟化)、硬件卸载加速等多种形态。本书作为著者团队在云计算基础设施领域多年技术积累和落地经验的精华总结,将负载均衡的技术原理、架构设计、软件功能、硬件选型、技术演进路线、建设运维以及业务场景化的最佳实践融为一体,全方位地向读者呈现负载均衡的产品技术体系。相信本书一定会成为广大从业人员和相关领域技术研究者优选的参考文献。

——王佩龙 百度智能云系统部负责人

云网络负载均衡是关键的 IT 基础设施,对于服务的稳定性、运维效率、成本等都有重要的影响。随着云计算和云原生技术的发展,网络负载均衡经历了革命性的变化,从硬件设备走向云化的软件系统,并实现了 4 层(网络层)和 7 层(应用层)的分离。本书来源于著者团队的长期实践积累,对于云时代的网络负载均衡技术做了系统和全面的介绍和总结,我相信本书对于 IT 从业者和网络领域的专业人士都会非常有帮助。

——章淼,清华大学博士

瑛菲网络创始人 & CEO

BFE 开源项目发起人

百度代码规范委员会荣誉主席

前 言

为何写作本书

在云计算飞速发展的当下,业务量的快速增长和互联网流量的激增使得应用性能和服务的高可用性成为云租户极为关注的问题。云网络负载均衡作为互联网接入层的关键流量入口,是解决这一挑战的重要手段,也是云计算环境中不可或缺的网络核心组件。它通过将多台云服务器虚拟化为一个组,并设置一个公网或内网的服务 IP 地址,将前端的高并发访问均匀分发到这些云服务器,从而实现应用程序流量的均衡分布,并随业务需求水平扩展。此外,负载均衡还能通过自动故障切换及时消除服务器的单点故障,从而提升服务的整体可用性。

然而,云网络负载均衡技术对计算机网络知识的广度和深度都有较高的要求,涉及从底层物理网络到服务器上运行的 4~7 层报文转发处理软件,再到上层的管理控制等多个技术领域。在日常工作中,我们注意到许多开发、运维和技术支持人员在使用云网络负载均衡时对其功能和原理了解不足。尽管互联网上有不少关于云网络负载均衡技术的资料,但缺乏一本全面、系统地从技术架构、控制器、数据转发等角度进行详细讲解的书籍。因此,作者经常受邀分享这方面的知识和技能。

作者在云计算网络领域有多年的深耕经验,参与研发了多个云计算服务厂商的负载均衡产品,并全天候维护着分布在多个地域的服务器集群,这些集群每秒处理着数亿并发连接和数千万互联网访问请求。基于这些丰富的研发和运维经验,希望通过这本书帮助读者深入理解云网络负载均衡技术的原理、架构和最佳实践。作者整合了多年的经验精华和知识实践心得,旨在让读者能够深入了解这项技术的内在机制,并更好地将其应用于实际业务中。

此外,也希望通过这本书,为推动云网络负载均衡技术在行业内的普及和应用贡献一份力量。

读者对象

云网络负载均衡是云计算的重要产品之一。本书专为云计算领域的技术人员、架构师、开发者和运维人员编写,旨在深入探讨相关原理、机制及常见问题,是一本全面的参考书籍。通过阅读本书,读者不仅能够深刻理解云网络负载均衡技术,还能积累丰富的实践经验,从而为企业创造更多价值。

此外,本书也是高校学生的宝贵资源。对于希望学习云计算相关课程的学生而言,本书能够帮助他们快速熟悉云网络负载均衡技术,建立扎实的知识体系,为未来的职业生涯奠定坚实的基础。

如何阅读本书

本书深入探讨了云网络负载均衡系统的架构及其主要功能,涵盖了控制器、4 层转发、7

层转发等多个方面的架构设计、关键技术、性能优化以及安全措施。通过翔实的案例分析与实践经验的分享,旨在为读者提供切实可行的解决方案和宝贵建议。在本书的最后,从实际应用的角度出发,详细介绍了云网络负载均衡的使用与运维流程,以帮助读者更好地理解和运用这一技术。

第1章介绍网络负载均衡和云网络负载均衡的概念、作用及其分类,并列举了云网络负载均衡的典型应用场景,以及在云原生网络环境中的应用。

第2章阐述云网络负载均衡系统的架构和主要功能,包括系统整体框架、集群架构、支持多租户的网络虚拟化,以及访问负载均衡时的常见数据流工作模式。此外,还将介绍云网络负载均衡的功能特性。

第3章介绍云网络负载均衡系统的控制面架构及其相关技术。首先从云虚拟网络控制器的系统架构出发,在此基础上深入探讨负载均衡控制器的北向、南向技术,接着阐述流量采集技术在控制器中的落实与应用,以及负载均衡分集群技术在控制器中的策略和业务实现,最后会深入探讨控制器的性能优化策略。

第4章详细介绍了云网络4层负载均衡的转发功能原理。首先回顾了4层负载均衡技术在过去10年中的演进历程。接着,从网络报文转发机制的角度,阐述了其关键工作机制,并介绍了4层负载均衡支持的安全与访问控制附加功能。此外,还探讨了4层负载均衡技术在私有云环境下的容器化部署,以及在大流量场景下的软硬件结合技术。

第5章介绍了云网络7层负载均衡的关键技术原理。首先回顾了7层负载均衡技术的发展历程和技术特点。然后,以Nginx软件为例,阐述了反向代理软件如何在云计算环境中支持多租户、进入VPC虚拟网络和动态配置等关键技术。此外,介绍了SSL硬件加速卡及其集群的应用,并探讨了国密HTTPS和最新QUIC协议在7层负载均衡上的实现。

第6章以百度智能云负载均衡产品为例,详细介绍了云网络负载均衡的使用方法。本章内容涵盖了控制台、OpenAPI、SDK三种形式的实践操作,以及云原生自动部署的典型场景和负载均衡的性能测试实践。通过这些内容,旨在帮助读者更深入地理解并掌握负载均衡产品的使用。由于本书为黑白印刷,因此本章中的彩图可扫描下方二维码查看。

此外,在云计算业界,云网络负载均衡也常常被简称为负载均衡。在本书中,除非有特殊说明,否则"负载均衡"一词均指代云网络负载均衡。

致谢

衷心感谢清华大学出版社,同时,也对百度智能云团队的几位部门领导——基础公有云部负责人孟宪军、系统部负责人王佩龙和云计算架构师郑然表达最诚挚的感激。他们为团队打造了一个卓越的技术研发平台,并提供了极其宝贵的支持。此外,还要向共同创建了杰出云网络产品的虚拟网络研发、产品、质量和运维等团队表示深深的感谢。

最后,要向我们的团队同事表达感谢,他们都是在负载均衡领域深耕多年的优秀专家。在开始写作时,作者对能否完成这项任务并没有足够的信心。在过去的两年时间里,作者在面对日常工作的压力的同时,还利用业余时间进行总结和写作,这无疑需要极大的坚持和毅力。在整个编写过程中，大家积极参与讨论，分享各自的观点和经验，相互补充和完善，这种团队协作的精神帮助作者克服了重重困难，最终呈现出一本高质量的书籍。

全书由张锋辉负责写作主题和统稿工作。本书第 1、2 章由张锋辉撰写；第 3 章由姜琳负责写作，与彭涛、张萌、程云波、刘泽阳、周向前等控制器团队成员共同完成；第 4 章由张锋辉负责写作，与梁爱义、陈格非、杜杰、王红祥、张林共同完成；第 5 章由张锋辉负责写作，与陈都、杜杰、陈志共同完成；第 6 章由彭涛负责写作，与段晓森、陈格非、王吟霄、梁继端、夏晟祺共同完成。得益于各位作者的宝贵贡献和无私合作，我们顺利地完成了这本书的编写和整理工作。

由于作者水平和编写时间有限，书中难免出现一些疏漏或者不足的地方，恳请读者批评指正。

作　者

2025 年 6 月于北京

目 录

第1章

网络负载均衡简介

1.1 网络负载均衡概述

在计算机网络领域,网络负载均衡(Load Balancing,LB)扮演着关键角色。该技术通过将任务合理地分配至多个计算单元,实现网络设备和服务器的带宽扩展,提升吞吐量,增强数据处理能力,并提高网络的灵活性与可靠性。使用网络负载均衡进行网络流量分发的过程如图 1-1 所示,网络负载均衡有效地促进了网络资源的优化利用。

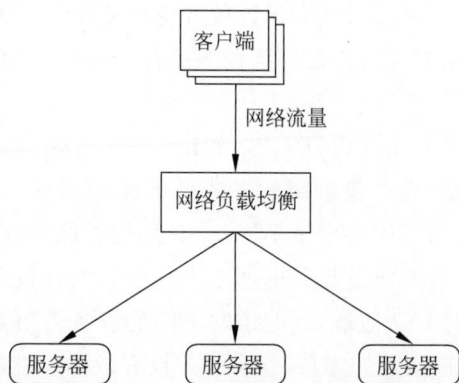

```
        ┌─────────┐
        │  客户端  │
        └─────────┘
             │
          网络流量
             │
             ▼
      ┌─────────────┐
      │  网络负载均衡 │
      └─────────────┘
       ╱     │     ╲
      ▼      ▼      ▼
  ┌─────┐ ┌─────┐ ┌─────┐
  │服务器│ │服务器│ │服务器│
  └─────┘ └─────┘ └─────┘
```

图 1-1 使用网络负载均衡进行网络流量分发

网络负载均衡的设计理念在于将可能集中在单一节点的流量负载,分散到多个节点上进行处理。这种设计实现了两方面的性能优化:一方面,从用户的角度来看,大量的并发访问和数据流量被分散至多台服务器设备,从而有效缩短了用户的等待时间,提升了用户体验;另一方面,从服务器端来看,原本集中在单个节点的重负载运算任务被分散至多台服务器设备并行处理,显著提高了系统的整体处理能力。

网络负载均衡主要有以下特点。

(1)高并发。通过采取一定的算法策略,将流量尽可能地均匀发送给后端的服务器,以此提高集群的并发处理能力。

(2)伸缩性。根据网络流量的大小,增加或减少后端服务器数量,通过负载均衡设备进行控制,使得处理能力具有伸缩性。

（3）高可用。负载均衡通过健康检查算法或其他性能数据来监控候选后端服务器,当某些服务器负载过高或出现异常时,减少其流量请求或直接跳过该实例,将请求发送给其他可用服务器,这使得集群具有高可用的特性。

（4）安全防护。有些负载均衡提供了安全防护功能,如黑白名单处理、防火墙等。

1.2 网络负载均衡分类

1.2.1 按网络层次划分

1. 链路层负载均衡

链路层负载均衡是一种通过动态算法在多条网络链路上分配流量的技术,旨在优化网络性能和可靠性。根据业务流量的方向,链路层负载均衡可以分为出站(Outbound)链路层负载均衡和入站(Inbound)链路层负载均衡两种。

出站链路层负载均衡主要解决的是企业内部业务系统访问外部互联网服务时的流量分配问题。它能够在多条不同的链路中动态地进行流量分配和负载均衡,确保企业内部用户访问外部资源时的效率和稳定性。

入站链路层负载均衡则专注于处理来自互联网外部的用户访问企业内部网站和业务系统的需求。它能够在多条链路上平衡地分配流量,并且在某一条链路出现中断时,能够智能地自动切换到其他可用的链路,从而保证服务的连续性和可靠性。

这两种链路层负载均衡都可以确保网络资源的有效利用,并增强了网络的容错能力。

2. 网络层负载均衡

网络层负载均衡基于 IP(Internet Protocol,Internet 协议)地址分配机制,目的是将数据流量引导至多个目标 IP 节点。最常用的方法是借助 DNS(Domain Name System,域名系统)。在 DNS 配置过程中,可以将多个不同的 IP 地址关联到同一个域名。因此,当客户端请求解析该域名时,系统会随机选择并返回一个地址。这种机制确保了不同客户端解析同一域名时,能够指向不同的 IP 地址,进而访问不同的服务器节点,达到负载均衡的目的。DNS 负载均衡是一种简单且高效的方法,但它并非没有缺陷。它不能识别服务器间的性能差异,也无法实时反映服务器的运行状态。因此,尽管 DNS 负载均衡力求实现平衡,却难以确保每次请求都能均匀分配负载。其优势主要体现在整体负载的均衡分布,而不是针对单个请求的精确均衡。

3. 传输层负载均衡

传输层负载均衡通过将单一的对外服务 IP 地址映射到多个内部服务器的 IP 地址上,实现了对每次客户端发起的新连接请求的动态分配。该技术根据请求情况,选择一个内部服务器 IP 进行转发处理,以达到负载均衡的目的。在计算机网络的 OSI(Open System Interconnection,开放系统互连)模型中,由于传输层位于第 4 层,这种技术通常被称为"4 层负载均衡",并在业界得到了广泛的应用。

在这种技术架构下,通常会设定一个虚拟 IP 地址(Virtual IP Address,VIP)作为负载均衡设备(或多台服务器组成集群)的接入点。当承载 VIP 的设备接收到连接请求的数据包时,负载均衡系统会根据数据包中的源 IP 地址、目的 IP 地址以及 TCP(Transmission Control Protocol,传输控制协议)或 UDP(User Datagram Protocol,用户数据报协议)端口号,结合预设的负载均衡算法,智能地在后端服务器池与 VIP 之间进行映射,并选出最适合处理该请求的后端服务器。

4 层负载均衡的核心优势在于其能够深入分析网络层和传输层的信息,实施基于连接的负载均衡策略。它通过为每个连接分配服务器,确保属于同一连接的所有数据包都被转发到同一台服务器进行处理,从而维护了连接的连续性和完整性。

4. 应用层负载均衡

4 层负载均衡由于无法识别并依据接收到的报文中的 payload(即应用层内容)进行分发,其应用场景受到了一定的限制。为了克服这一局限,更为先进的应用层负载均衡技术应运而生。在计算机网络的 OSI 模型中,应用层位于第 7 层,因此,这种技术通常被称为"7 层负载均衡"。

与 4 层负载均衡相比,7 层负载均衡不仅能够识别网络层和传输层的通信信息,还能够深入解析应用层的具体内容。作为一种基于内容的负载均衡方法,7 层负载均衡通过深入分析报文中的数据,根据内容本身精确地分发每一个数据包,确保按照预设的策略将流量引导至最适宜处理该请求的后端服务器。这种能力显著扩大了负载均衡在复杂业务场景中的应用范围,并实现了更高水平的智能和灵活性。

1.2.2 按应用的地理结构划分

1. 局域网负载均衡

局域网(Local Area Network,LAN)负载均衡专注于在局域网环境内部署的服务器集群之间分配网络流量和计算任务。这样做旨在提升整体服务的处理能力和响应速度,同时确保系统的稳定性和可靠性。这种策略主要应用于企业内部网络或数据中心,目的在于优化资源的使用效率,并增强用户体验。通过实现负载均衡,局域网能够更加高效地处理内部用户的请求,减少单个服务器的压力,从而避免潜在的瓶颈问题,保障服务的连续性和高效性。

2. 广域网负载均衡

广域网(Wide Area Network,WAN)负载均衡是一种网络架构设计,其目的在于跨地域和不同网络环境中的服务器集群之间分配网络流量和计算负载。这种方法旨在确保全球范围内服务的高可用性,优化用户体验,并提高资源利用效率。相较于局域网负载均衡,广域网负载均衡需要应对更长的网络延迟、多样化的网络环境,以及潜在的网络不稳定问题。以下是一些常见的广域网负载均衡实现方式。

(1) 全局服务器负载均衡(Global Server Load Balancing,GSLB)。GSLB 利用专业的设备或服务(如 F5 Global Traffic Manager、百度智能流量管理器 Intelligent Traffic Manager、阿里云全局流量管理器 Global Traffic Manager 等)来实现全球范围内的流量分配。这一过程通常通过 DNS 解析来完成。GSLB 依据地理位置、网络距离、服务器健康状况等关键指标来决定用户的请求应当被定向至哪个数据中心或服务器集群。使用 GSLB 进行全局流量分发如图 1-2 所示,这种机制确保了流量在全局范围内的有效分配。

(2) 基于 DNS 的负载均衡。通过采用 DNS 轮询或基于地理位置的解析策略,将用户

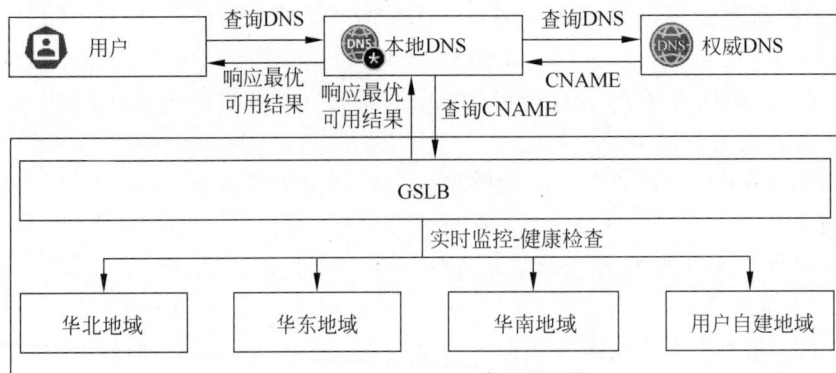

图 1-2　使用 GSLB 进行全局流量分发

请求引导至最近或性能最优的服务器集群。这种技术通过配置包含多个 A 记录或 CNAME 记录的 DNS 记录,实现了基础的负载分配功能。

（3）云厂商的负载均衡服务。如 AWS Route 53、Google Cloud Load Balancing、Azure Traffic Manager 等,这些云服务内置了广域网负载均衡功能,提供高度可配置的策略和自动故障切换能力。

（4）内容分发网络（Content Delivery Network,CDN）。虽然主要服务于静态内容分发,但 CDN 通过在全球范围内分布的边缘节点,也能实现动态内容的负载均衡,提升网站或应用的访问速度和可靠性。

（5）自定义逻辑与软件。企业可以根据自身需求开发或定制负载均衡软件,利用复杂的算法和策略（如带宽测量、响应时间监测、主动健康检查等）,在广域网范围内实现智能化的流量管理。

广域网负载均衡是确保全球互联网服务高性能、高可靠性和快速响应的关键技术,对于跨国企业、大型互联网公司以及任何需要在全球范围内提供服务的组织来说至关重要。

1.2.3　按实现载体划分

1. 硬件负载均衡

通过专用的硬件与软件结合实现的设备,通常被称作硬件负载均衡。目前市场上较为流行的硬件负载均衡品牌包括 F5 和 A10 等。

硬件负载均衡的适用场景为:适用于企业中负载均衡需求较为稳定、变动不多的环境,无须持续的运维介入。

硬件负载均衡的优点:专机专用,独立于操作系统,显著提升了整体性能;借助针对特定硬件优化的处理能力与丰富的负载均衡策略,能够实现智能化的流量管理,包括防火墙和 DDoS（Distributed Denial of Service,分布式拒绝服务）防护在内的安全功能也一应俱全,满足高标准的负载均衡需求。

硬件负载均衡的缺点:成本相对较高,购置费用远超软件解决方案。硬件升级困难,新需求需依赖厂商支持,更新周期长。此外,通常采用主备部署,可扩展性受限,面对突发流量高峰时,难以迅速扩容。

2. 软件负载均衡

软件负载均衡通过在标准 x86 服务器上安装特定软件来实现其功能,运行于操作系统的层面上。常见的开源软件负载均衡工具有传输层的 LVS(Linux Virtual Server)、DPVS(DPDK-LVS)、HAProxy、Nginx 等,应用层的 HAProxy、Nginx、ATS(Apache Traffic Server)、Squid、Varnish 等。

软件负载均衡的适用场景:适用于负载均衡需求复杂多变、需频繁调整,并拥有专业运维团队的环境。

软件负载均衡的优点:利用通用服务器和开源软件即可搭建,成本较低,配置灵活度高。

软件负载均衡的缺点:要求在服务器上部署额外软件,需要运维人员具备相关软件的知识和问题解决能力。使用开源软件可能面临安全漏洞修复不及时的风险,增加了潜在安全隐患。

1.3　云网络负载均衡

1.3.1　云网络负载均衡的概念

随着云计算的迅猛发展,为了满足云租户业务访问量在多台云服务器之间均衡分配的需求,众多云厂商研发并推出了云网络负载均衡解决方案。这不仅促使云网络负载均衡成为一个新兴的技术领域,而且催生了一系列与传统网络负载均衡领域相区别的新概念和技术体系。

云网络负载均衡技术通过将多台云服务器聚合成一个虚拟组,并为其配置一个统一的内网或外网服务访问地址,从而实现客户端并发请求向多台云服务器的高效转发,云网络负载均衡功能如图 1-3 所示。这种技术促进了业务系统的水平扩展,显著提升了服务的处理能力。此外,云网络负载均衡还支持跨服务器或多数据中心的自动故障转移,能够及时规避单点故障,有效增强服务的可用性和可靠性。从租户的角度来看,享受到的是优质的服务体验,而非对实体网络设备的投资。云网络负载均衡在云计算业界也常简称为负载均衡,以下是与云网络负载均衡相关的几个核心概念。

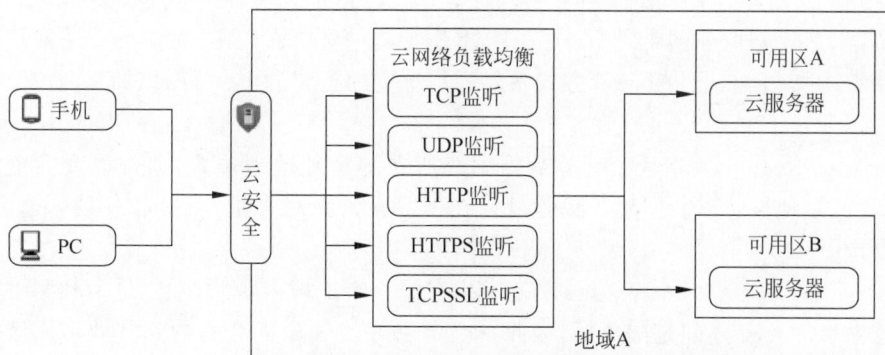

图 1-3　云网络负载均衡功能

(1)云控制台:作为租户通过网页界面管理和使用云产品的门户,它允许租户在注册并登录后,通过控制台对云产品和服务进行选购、查看、配置以及统计分析,提供了一套可视化管理云资源的系统。

（2）租户与多租户系统：租户（Tenant）指的是使用云服务供应厂商系统资源或服务的客户。个人或企业在云控制台注册账户后，便成为一个租户。租户需提供身份信息、联系详情及用于支付服务费的扣款账户信息。多租户系统是指能够同时支持多个租户使用的服务架构。在云控制台中，租户能够对云网络负载均衡实例进行直观的创建、删除、配置变更和查看等管理操作。

（3）云监控（CloudMonitor）：这是一种面向云端资源及互联网应用的监控服务，能够收集云资源的监控指标，检测服务可用性，并根据指标设定告警。通过云监控，租户可以实时掌握负载均衡的运行状态。

（4）OpenAPI：即开放应用程序接口，是服务型网站对外开放自身功能的一种方式。网站服务商将自己的服务封装为 API，供第三方开发者调用，这一过程称为开放API。OpenAPI 使得开发者能通过调用特定函数来管理负载均衡实例，如创建、删除、配置更改和查看等。

（5）实例（Instance）：这是对云资源个体的统称，如云服务器、云数据库、负载均衡等，分别称为云服务器实例、云数据库实例、负载均衡实例。租户可通过云控制台或 OpenAPI 购买实例，每个实例拥有唯一标识（如负载均衡实例 lb-4a1825d9），按使用量或规格计费，提供全天候运维支持，并保证月度 99.95％ 或更高的可用性时间。

（6）虚拟私有云（Virtual Private Cloud，VPC）：是租户在云端构建的专属虚拟网络环境，不同 VPC 间逻辑隔离。租户可在此网络中部署云资源，如虚拟机、负载均衡、RDS 数据库、Kubernetes 服务等。VPC 由路由器、私有 IP 段和交换机组成，类似于传统数据中心网络，但具备弹性扩展、安全隔离和精细访问控制等云原生优势。

（7）子网（Subnet）：是将 VPC 地址空间按需划分为一个或多个子网段，为 VPC 类型的云服务实例提供 IP 地址及通信能力，也可以作为一个网络策略管理集合，便于租户对其中的云服务实例进行规划和转发策略管理。

（8）弹性公网 IP（Elastic IP，EIP）：是云计算环境中可独立租用和管理的公网 IP 地址资源，可用于绑定专有网络内的虚拟机、辅助弹性网卡、私网负载均衡实例和 NAT（Network Address Translation，网络地址转换）实例等。EIP 也可加入共享带宽包，实现多个 EIP 共用带宽资源，从而降低公网带宽成本。EIP 本质上是一种 NAT IP，在实现上通常位于云厂商的公网 EIP 集群上，通过 NAT 方式映射到被绑定的云资源上。当 EIP 和云资源绑定后，云资源可以通过 EIP 与公网通信。

（9）地域（Region）：指代云计算数据中心所在的物理地理位置，通常以现实世界的区域命名，如北京地域、广州地域、上海地域。在创建云资源时可指定地域，一旦创建完成，地域不可更改。

（10）可用区（Availability Zone，AZ）：指在同一个地域内，拥有独立电力和网络资源的区域。这些区域相互之间是隔离的，因此一个可用区的故障不会影响到其他可用区。在同一地域内，各个可用区通过低延迟链路相互连接。例如，在北京地域中，亦庄和昌平的两个数据中心被视为独立的可用区，它们在云控制台上通常以"可用区 A""可用区 B"等形式标识。

（11）VIP：作为负载均衡的访问地址，负责流量分发，通常为固定 IP。在云环境里，VIP 是从 VPC 网段分配的私网 IP，支持 IPv4 或 IPv6 地址。若启用公网访问并绑定 EIP，负载均衡则具备公网访问负载均衡的功能。

（12）负载均衡监听：是负载均衡的基本操作单元，需配置协议与端口来指示处理何种流量，例如，TCP 的 80 端口。监听根据配置的规则将请求转发至后端服务器端口。每个负载均衡实例至少需要一个监听来处理分发流量，且可创建多个监听以应对不同业务流量，同时提供后端服务器健康监测功能。

（13）转发规则：决定如何将请求路由至后端服务器组中的服务器，包括选择负载均衡算法，以及基于 HTTP（Hyper Text Transfer Protocol，超文本传输协议）头部、Cookie、请求方法等规则进行智能转发，实现业务需求的灵活调度。

（14）后端服务器：也称为真实服务器（Real Server，RS），指一组处理客户端并发访问的云服务器，根据负载均衡配置的调度算法或转发规则将流量转发至某后端的一台真实服务器进行处理。

（15）服务器组（Server Group）：服务器组是一个逻辑组概念，包含多个后端服务器用于共同处理负载均衡监听分发的业务请求。可以将同一服务器组挂载在不同的负载均衡监听下。

（16）健康检查：健康检查机制是负载均衡中的一个重要能力，用于判断后端服务器业务的可用性，当探测到服务器组中不健康的服务器时，可以避免将流量分发给不健康（业务不可用）的服务器。云网络负载均衡支持丰富灵活的健康检查配置，如协议、端口，以及各种健康检查间隔时间或不可用阈值等。

（17）负载均衡集群：由多台运行相同负载均衡软件的服务器通过特定架构部署并集中管理，构建高性能的系统。

（18）使用限制与配额：定义了租户账号可使用的云资源上限或操作次数，如可使用的负载均衡的最大实例数量、可挂载服务器数量等配额限制。

1.3.2　云网络 4 层负载均衡和 7 层负载均衡

在多数云计算服务厂商中，鉴于软件程序易于部署和运维、支持快速迭代开发等特点，普遍采纳了基于 x86 服务器的架构与软件实现负载均衡方案。根据所处理的网络协议，负载均衡主要分为两大类别。

（1）4 层负载均衡，主要职责是处理 TCP 和 UDP 传输层协议的流量，4 层负载均衡实例功能如图 1-4 所示。在业界也称作网络负载均衡，在转发过程中，4 层负载均衡依赖于 IP 地址、端口号等信息，结合调度算法来决定流量转发方向，是一种基于数据流的负载均衡方式，通过逐个数据流分配报文。在云计算服务商中，常用的开源 4 层负载均衡软件有 LVS 和 DPVS。

（2）7 层负载均衡，主要用于处理 HTTP、HTTPS、安全套接字层（Secure Sockets Layer，SSL）、传输层安全协议（Transport Layer Security，TLS）以及快速 UDP 互联网连接（Quick UDP Internet Connections，QUIC）等应用层协议，7 层负载均衡实例功能如图 1-5 所示。7 层负载均衡在业界也称为应用负载均衡，因为在转发决策过程中，能够利用应用层的具体信息，如 HTTP 请求头，来智能地将请求分配给不同的后端服务器，这一点是 4 层负载均衡所不具备的能力。在云计算服务商中，常用的 7 层负载均衡开源软件包括 Nginx、Envoy 和 BFE 等。

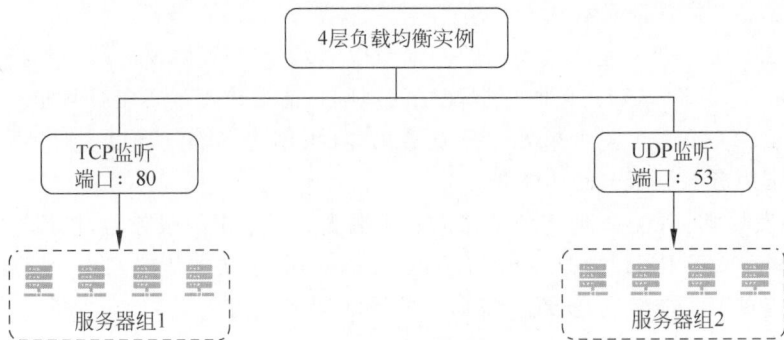

图 1-4   4 层负载均衡实例功能

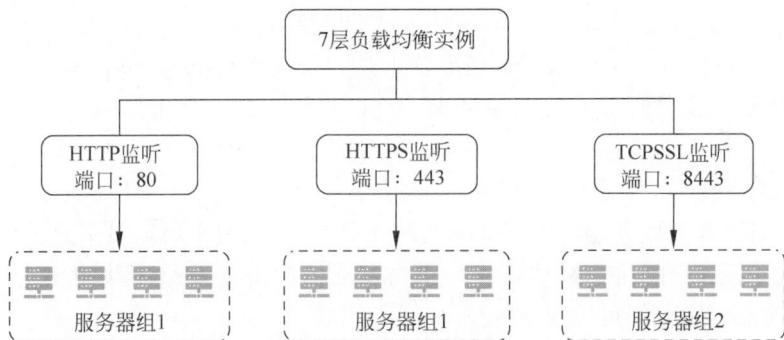

图 1-5   7 层负载均衡实例功能

区别于传统的网络负载均衡硬件方式,云计算环境中通常采用独立的 4 层或 7 层负载均衡软件来满足需求,这一做法的根本原因在于 4 层与 7 层负载均衡场景之间存在着显著差异,适宜采用不同的技术方案予以实现,具体如下。

(1) 4 层负载均衡软件:这类软件要求极高的处理效能,以确保成本效益。例如,DPVS 这款软件,采用 C 语言编写并基于 DPDK(Data Plane Development Kit,数据面开发套件)技术框架,能在单台 x86 服务器上,根据网卡带宽性能的不同,处理数百 Gb/s 级别的网络流量,每秒新建连接数超过百万。为了达到顶尖性能,软件设计需保持简洁,避免引入高资源消耗功能。因对性能和稳定性有严格要求,此类软件的新功能研发成本较高,开发及上线周期较长。

(2) 7 层负载均衡软件:功能丰富且复杂度较高,随着行业发展趋势,持续增加新功能成为常态。7 层负载均衡软件因能直接解析应用层信息,其功能潜力远超 4 层负载均衡软件。更紧密地贴合业务需求,使得 7 层负载均衡软件不断收到业务方的新要求,促使持续开发新的功能特性。鉴于互联网业务快速变化的特性,要求快速迭代和部署。相比 4 层负载均衡软件,7 层负载均衡软件在性能需求上相对较低,尤其在带宽吞吐量上,二者差距显著。

以 4 层负载均衡软件 BGW(Baidu GateWay,百度网关)和 7 层负载均衡软件 Nginx 为例,典型的云计算负载均衡集群联合转发使用场景如图 1-6 所示,相关说明如下。

(1) 运行 BGW 软件的服务器与交换机相互连接。BGW 服务器通过 BGP 或 OSPF(Open Shortest Path First,开放最短路径优先)路由协议与上游的交换机进行路由交互。交换机采用等价路由的机制,将访问 VIP 地址的流量通过哈希分发到多个 BGW 服务器,形

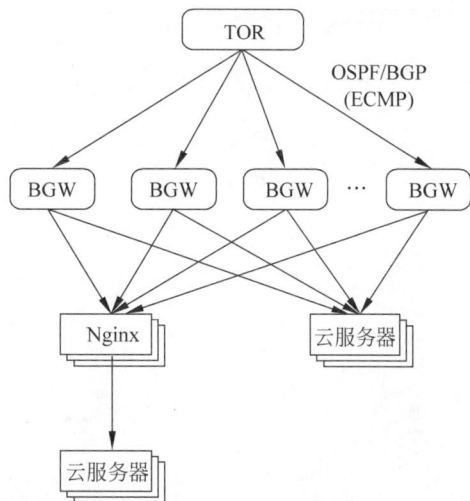

图 1-6 云计算负载均衡集群联合转发

成 BGW 服务集群。对于 VIP 上的某个监听来说,所有的 BGW 服务器都可以接收和处理其流量。通过这种方式,实现了 BGW 的分布式容错。即使在单个 BGW 服务器故障的情况下,BGW 集群仍然能够继续处理流量转发。

（2）BGW 与 Nginx 的互连。在 7 层负载均衡的场景中,BGW 将 Nginx 作为后台服务器,并将发往某个 VIP 的流量转发给下游的 Nginx 集群。当 Nginx 服务器出现故障时,BGW 可以自动将有故障的服务器从集群中摘除。

（3）BGW 与下游服务器的互连。在 4 层负载均衡的场景中,每个 BGW 实例按照调度算法,将流量转发给下游的某一台后台服务器。

总结而言,云网络负载均衡旨在解决单台云服务器处理能力不足、高可用性不足的问题。当单台服务器处理能力不足以应对高流量服务和网站时,通过多台服务器负载均衡提升系统处理能力;确保关键系统高可用性,利用健康检查功能实现故障服务器的即时发现与屏蔽,避免单点故障;提供基于应用层的智能流量调度,支持 HTTP/HTTPS 等协议及 7 层高级功能,如内容路由、gRPC、QUIC 协议,以实现多样化的负载均衡算法;同时,4 层负载均衡凭借高性能满足云原生服务集成需求,充当 Service 网关,而 7 层负载均衡则凭借其复杂业务路由处理能力,集成云原生服务作为 Ingress 网关,两者共同提升云服务的性能与灵活性。

1.4 云网络负载均衡的典型应用场景

为了具体说明实践方案,以下将以一个旨在满足高并发和高可靠性要求的接入网络架构为例进行详细阐述,如图 1-7 所示。假设租户的业务规模巨大,客户端遍布不同地域,为了确保业务的连续性,租户可以跨地域部署云资源,以实现灾难恢复的功能。

这里实现的高并发可靠性接入网络架构分析如下。

（1）业务分布式部署策略:用户请求首先通过 DNS 解析,并经 GSLB 分析处理,以确

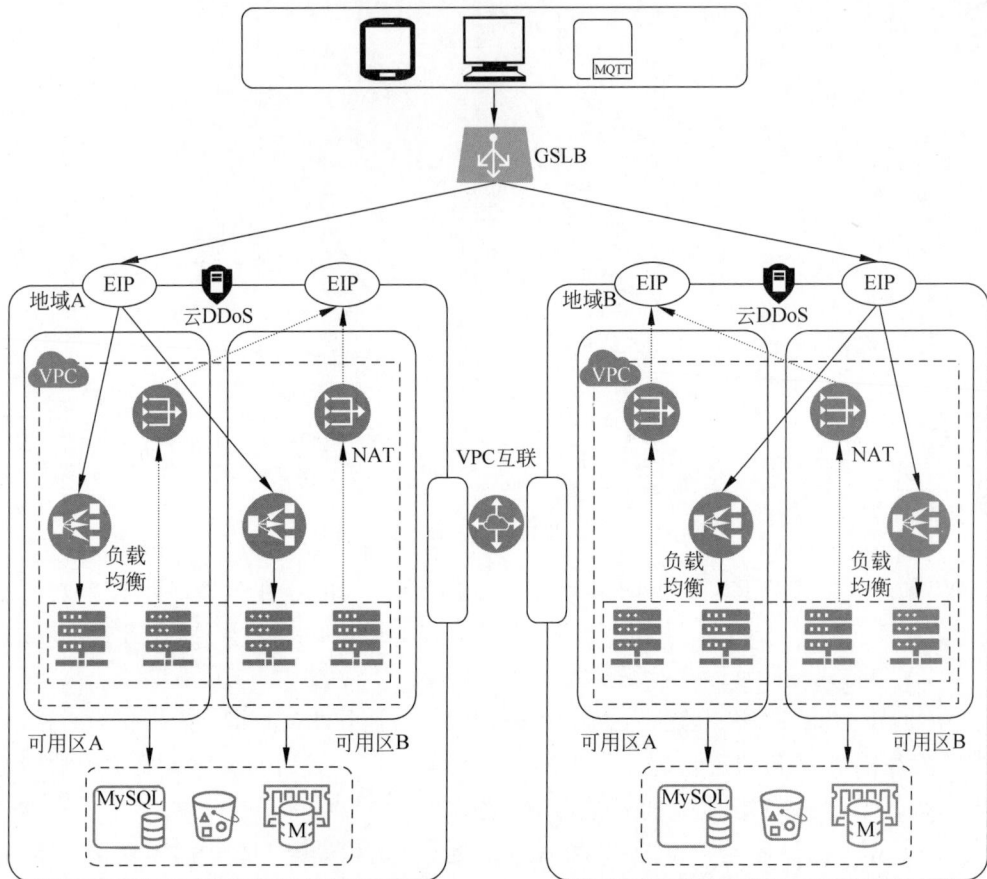

图 1-7 高并发可靠性接入网络架构

定最佳访问地域及最优化访问路径,从而保障用户访问体验的就近接入。每个选定地域内部署多可用区,涵盖计算、存储及数据库等基础设施,以支撑业务的分布式布局。

(2)公网接入与出流量管理:公网入口采用多个 EIP 绑定至多个内部负载均衡实例,借助 BGP(Border Gateway Protocol,边界网关协议)与多运营商线路对接,增强公网入口的冗余与可靠性。出向公网访问则利用 NAT 网关服务,同样通过 EIP 配置于 NAT 实例作为出口,且推荐采用 EIP 共享带宽包以降低费用开支。

(3)安全保障措施:在云厂商的公网接口配置有独立的 DDoS 防护网关,提供高达 Tb/s 级别的专业防护能力,有效抵御大规模攻击。

(4)应对高并发挑战:核心在于高效运用负载均衡。同地域内可部署多个负载均衡实例,分别服务于不同业务需求。每个实例所在集群采取多可用区部署模式,后端业务服务器也应部署于多可用区,进一步加固系统的容灾能力。依据业务流量需求,选取匹配的负载均衡实例规格,并利用内网 VIP 功能以实现高效内部访问。

(5)云对象存储和数据库高可用:业务后端通常频繁访问的云对象存储服务与数据库实例、云对象存储及数据库的高可用性设计中,在其接入层内部也采用了 4 层负载均衡技术。这一策略旨在将访问请求有效地分散至多个后端存储节点或数据库实例之间,以此确保服务的高可用性并优化整体性能。

1.5 云原生网络中的负载均衡

云原生(Cloud Native)是一种基于云计算的软件开发和部署方法论,它强调将应用程序和服务设计为云环境下的原生应用,以实现高可用性、可扩展性和灵活性。云原生有以下 5 个主要特点。

(1) 容器化。云原生使用容器化技术将应用程序和服务打包成容器,以实现应用程序的可移植性、弹性和可扩展性。容器化技术使得应用程序可以更快地部署、更新和回滚。

(2) 微服务。云原生应用程序通常采用微服务架构,将大型的应用程序拆分成多个小型的服务,每个服务都可以独立部署、扩展和管理。这种架构提高了应用程序的可靠性和可维护性。

(3) 自动化。云原生应用程序通常使用自动化工具(如 Kubernetes)进行部署、扩展、监控和故障处理。自动化提高了应用程序的效率和稳定性,同时减少了人为错误。

(4) 云原生技术栈。云原生应用程序通常使用一系列的技术栈,包括容器化、微服务、自动化、云原生数据库、云原生网络等。这些技术栈提供了更好的云原生开发和部署体验,从而加速了应用程序的开发和上线。

(5) 云原生文化。云原生还包括一种新的文化和思维方式,即 DevOps。DevOps 强调开发和运维之间的紧密协作和沟通,以便更好地实现软件开发和部署的自动化和持续化。

总之,云原生是一种将应用程序和服务设计为云环境下原生应用的开发和部署方法论,云原生应用是面向"云"而设计的应用,使用云原生技术后,开发者无须考虑底层的技术实现,可以充分发挥云平台的弹性和分布式优势,实现快速部署、按需伸缩、不停机交付等。

Kubernetes(简称为 K8s)是一个开源的容器编排和管理平台,也是目前最流行、最广泛采用的云原生容器编排平台,最初由 Google 公司设计和开发,旨在简化容器化应用的部署、扩展和管理。Kubernetes 提供了一组强大的功能,如自动化部署、弹性伸缩、服务发现和负载均衡、监控和日志记录等。其核心概念包括 Pod(容器组)、Service(服务)、Deployment(部署)和 ReplicaSet(副本集)等。基于云计算平台的 Kubernetes 集群网络典型模型包括 VPC 网络、Pod、容器网络接口(Container Network Interface,CNI)、虚拟机(Virtual Machine,VM)作为 Node 节点、提供服务发现能力的 DNS 和提供服务的 Service,Ingress 等。

Kubernetes 网络模型设计的一个基础原则是:每个 Pod 都拥有一个独立的 IP 地址,并假定所有 Pod 都位于一个可以直接相互通信的、扁平化的网络空间中。这意味着,不论 Pod 是否运行在同一 Node 上,它们都可以通过对方的 IP 地址直接进行访问。在使用 Kubernetes 集群时,虽然 Pod 拥有独立的 IP,但随着容器应用的启动或终止,Pod 会被快速地创建和删除,因此无法直接对外提供服务。为此,Kubernetes 提供了 Service 和 Ingress 等机制作为解决方案,此外,云厂商提供的负载均衡服务也可以在此场景下使用。

1.5.1 Service 负载均衡

在 Kubernetes 中,Service 是一种抽象,它定义了一个访问一组 Pods 的策略。通常可以理解为采用 Service 方式为一组容器提供固定的访问入口,并对这一组容器进行负载均衡。实现原理是创建 Service 对象时,Kubernetes 会分配一个相对固定的 Service IP 地址。

并通过选择一组容器，以将这个 Service 的 IP 地址和端口负载均衡到这一组容器 IP 和端口上。

Service 网络支持以下 4 种模式，分别对接不同来源和类型的客户端的访问。

（1）ClusterIP 类型的 Service。用于集群内部的应用间访问，如果应用需要暴露到集群内部提供服务，需使用 ClusterIP 类型的 Service 进行暴露。创建 Service 时默认的 Service 类型是 ClusterIP。

（2）NodePort 类型的 Service。将集群中部署的应用向外暴露，通过集群节点上的一个固定端口暴露出去，这样在集群外部就可以通过节点 IP 和这个固定端口来访问。

（3）LoadBalancer 类型的 Service。这种类型的 Service 也用于将集群内部部署的应用向外暴露。通过使用云平台的负载均衡实例，服务可以被暴露到公网或内部网络。客户端可以通过公网 IP 或 VPC 中的内网 VIP 和端口来访问这些服务。与前面提到的两种方式相比，LoadBalancer 类型的 Service 通常具有更高的可用性和性能。

在创建这种类型的 Service 时，Kubernetes 后端通常需要适配并调用各云厂商的负载均衡 OpenAPI 来创建实例。例如，通过调用百度云厂商提供的 OpenAPI 创建百度云 Baidu LoadBalancer 或通过调用阿里云厂商提供的 OpenAPI 创建阿里云 Application LoadBalancer 等。Kubernetes 会管理这个负载均衡实例的生命周期，包括创建、更新和删除。当 Service 被删除时，Kubernetes 也会尝试清理对应的负载均衡实例资源（具体行为取决于云厂商）。另外，Kubernetes 还支持绑定同一 VPC 下已有的负载均衡实例。通过使用 4 层负载均衡形态的 Service 接入流量如图 1-8 所示。

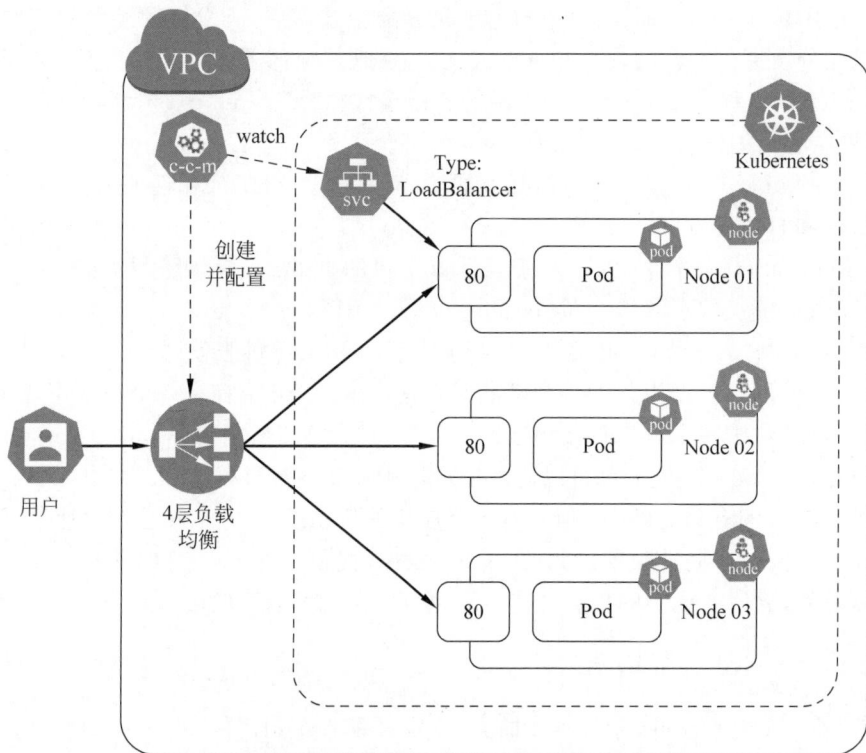

图 1-8　使用 4 层负载均衡形态的 Service 接入流量

（4）ExternalName 类型的 Service。如果服务不在集群内，而是位于外部，可以使用 ExternalName 类型的 Service。这种类型的 Service 不会创建负载均衡实例，而是通过 DNS 解析将服务名映射到外部服务的地址，然后客户端可以直接通过这个服务名访问服务。

1.5.2 Ingress 负载均衡

在 Kubernetes 中，Ingress 是一种资源对象，这种类型为集群提供了一种更精细的方式来管理外部访问到集群内服务的流量，特别是 HTTP 和 HTTPS 流量。Ingress 资源允许租户配置规则，将外部 URL（Uniform Resource Locator，统一资源定位系统）路径或域名映射到集群内的 Service，从而实现 7 层负载均衡、TLS 终止和基于路径的路由等功能。通常，Ingress 需要一个 Ingress Controller（如 Nginx Ingress Controller）来实现实际的路由和负载均衡控制逻辑。云厂商通常提供托管的 Ingress Controller，这些 Controller 能够直接与云上的负载均衡集成，如百度云的 Baidu LoadBalancer、阿里云的 Application LoadBalancer 等。使用 7 层负载均衡形态的 Ingress 接入流量，如图 1-9 所示。

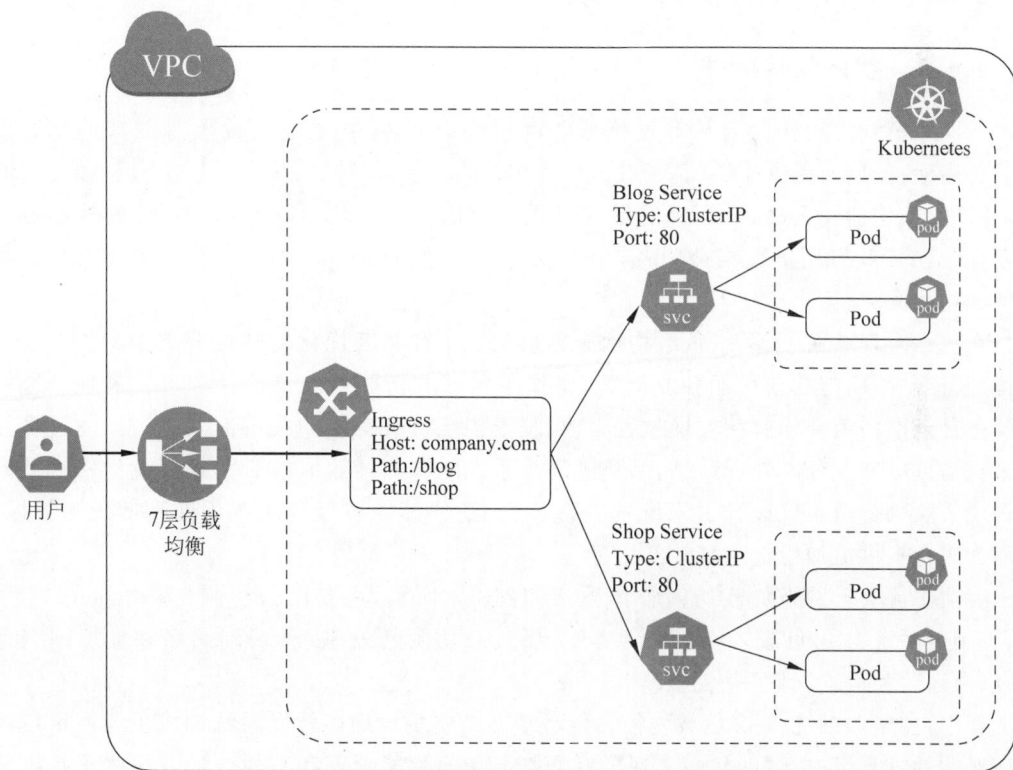

图 1-9 使用 7 层负载均衡形态的 Ingress 接入流量

Kubernetes 中 Service 处理集群内部的负载均衡和 Pod 访问，而 Ingress 则在此基础上提供了到外部世界的入口，以及更复杂的 HTTP 路由规则，Ingress 是建立在 Service 之上的更高层次的抽象，两者共同构成了 Kubernetes 中强大的网络服务模型。在实际应用中，可以根据具体需求选择使用 Service、Ingress 或它们的组合云厂商负载均衡来实现服务的内外部访问。

第2章

云网络负载均衡系统架构与功能

2.1 负载均衡整体框架

2.1.1 整体架构概述

云网络负载均衡作为云计算网络服务的核心组件,是各大云厂商不可或缺的基础设施。普遍地,云厂商提供4层(基于TCP/UDP)和7层(基于HTTP/HTTPS)负载均衡产品,并以负载均衡实例(Instance)的形式供租户使用。租户既可以通过云厂商的控制台界面便捷地购买和启用负载均衡服务,也可以选择通过调用OpenAPI实现自动化管理和配置负载均衡服务。

在技术实现层面,云网络负载均衡服务依赖于一种高度优化的转控分离架构。在这一架构中,控制平面与数据平面独立运行,确保了负载均衡服务的灵活性和可扩展性。这一设计也是云网络负载均衡在发展过程中,相较于传统负载均衡的关键区别之一。通过将控制逻辑与数据转发分离处理,云网络负载均衡系统能够更高效地应对大规模流量和复杂网络环境。这种分离不仅提升了系统的处理能力,还使其能够保持高可用性和低延迟特性,从而为用户提供更加稳定和高效的服务。

当前主流的云网络负载均衡整体框架如图2-1所示,主要由云控制台和OpenAPI系统、控制器系统、4层负载均衡转发系统、7层负载均衡转发系统、基础网络和虚拟网络系统,以及运营和运维支撑系统组成。

其中,控制器系统、4层负载均衡转发系统和7层负载均衡转发系统构成了云网络负载均衡架构的核心组成部分,共同实现了对网络流量的智能管理和高效分发。这些子系统紧密协作,为租户提供高可用、高性能的负载均衡服务,满足现代云计算环境下的复杂网络需求。

1. 云控制台和OpenAPI系统

云控制台是租户通过网页形式管理和使用云产品的入口。租户注册登录后,可以通过云控制台选购、查看、配置和统计分析云产品和服务,实现对云资源的可视化管理。

OpenAPI是云厂商提供的一组Web API,允许租户通过编程方式使用云厂商的各种产品,如云服务器、云网络、云数据库和云存储等。使用OpenAPI,租户可以在自己的应用程

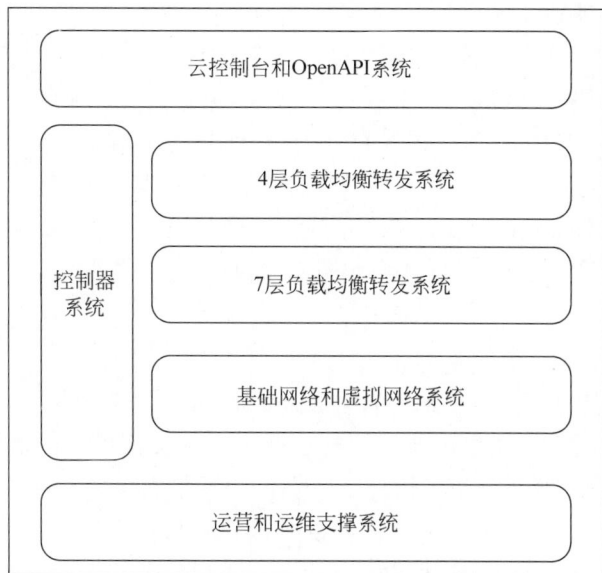

```
┌──────────────────────────────────────────────┐
│  ┌──────────────────────────────────────────┐ │
│  │          云控制台和OpenAPI系统             │ │
│  └──────────────────────────────────────────┘ │
│  ┌──────┐ ┌─────────────────────────────────┐ │
│  │      │ │        4层负载均衡转发系统        │ │
│  │      │ └─────────────────────────────────┘ │
│  │ 控制器│ ┌─────────────────────────────────┐ │
│  │ 系统 │ │        7层负载均衡转发系统        │ │
│  │      │ └─────────────────────────────────┘ │
│  │      │ ┌─────────────────────────────────┐ │
│  │      │ │      基础网络和虚拟网络系统       │ │
│  └──────┘ └─────────────────────────────────┘ │
│  ┌──────────────────────────────────────────┐ │
│  │          运营和运维支撑系统               │ │
│  └──────────────────────────────────────────┘ │
└──────────────────────────────────────────────┘
```

图 2-1　云网络负载均衡整体框架

序中实现自动化的资源管理、监控和数据分析等功能。这些接口遵循 RESTful 设计理念，采用 HTTP 传输数据，并支持多种编程语言和开发环境。通过调用 OpenAPI，租户可以实现自动化操作，从而提高工作效率。

2. 控制器系统

控制器系统作为云网络负载均衡的调度与控制中心，采用 SDN（Software Defined Network，软件定义网络）思想构建。其核心设计理念是利用控制器集中管控和编排网络转发设备与租户配置。这使得租户在使用负载均衡服务时无须关注复杂的转发设备、网络拓扑、分集群和机房容灾等管理工作，实现创建即用的便捷性。同时，控制器系统屏蔽了上层租户业务配置存储管理的复杂性，使 4 层、7 层负载均衡转发系统的开发更加专注于网络层面的功能实现。

3. 4 层负载均衡转发系统

4 层负载均衡转发系统工作在传输层（OSI 参考模型中的第 4 层），通常由多台功能相同的服务器设备组成集群提供服务，这些设备根据接收报文中的目的地址和端口，结合负载均衡实例配置的后端服务器调度算法，来决定选择某一台后端服务器。4 层负载均衡转发系统通常处理 TCP 和 UDP 类型的报文。例如，在接收到来自客户端的 TCP SYN 请求报文时，负载均衡转发设备会选择一台后端服务器，并修改报文中的目的 IP 地址（通常改为后端服务器 IP 地址），然后将报文直接转发给该后端服务器。在这个过程中，TCP 的连接建立是客户端和后端服务器之间直接进行的，负载均衡设备仅起到类似路由器的转发作用。4 层负载均衡通常具有可扩展性强、高性能等特点，采用 DPDK 实现高性能转发，单个集群可支持亿级以上并发连接的处理。

4. 7 层负载均衡转发系统

7 层负载均衡转发系统工作在应用层（OSI 参考模型中的第 7 层），通常由多台功能相同的服务器设备组成集群提供服务，这些设备可以通过检查报文中的应用层信息来实现更精细化的负载分配和路由决策。例如,7 层负载均衡能够理解 HTTP、FTP、MySQL 等应用协议。它根据虚拟的 URL 或 IP、域名接收请求,然后转向相应的后端服务器。此外,7 层负载均衡还支持 SSL 卸载(HTTPS/TLS),这意味着负载均衡可以对 SSL 流量进行加密与解密,而后端服务器仅需处理普通 HTTP 或 TCP 的应用数据,从而大量节省了后端服务器在加解密上的算力,有效控制了租户后端服务器的规模和成本。总的来说,相比 4 层负载均衡,7 层负载均衡提供了更精细化的负载分担方式,对于复杂的网络应用场景更为友好。然而,由于其复杂性,7 层负载均衡设备的配置和维护通常需要了解更广泛的技术。

5. 基础网络和虚拟网络系统

4 层和 7 层负载均衡转发系统依赖大量的物理设施和硬件,包括物理网络、数据中心服务器、公网、专线等。这个系统也需要规划物理网络中的交换机与网络协议来组成集群和引入流量。此外,负载均衡服务于多租户还特别依赖网络虚拟化 Overlay 技术与网络虚拟化控制器。在云计算场景中,网络虚拟化通常通过软件技术来实现,用于解决云数据中心网络支持多租户使用的问题。租户可以在云上创建 VPC,这相当于传统的自建数据中心网络,但使用的网卡、交换机、路由器等变成了逻辑设备。不同的 VPC 之间具有网络相互隔离的特性,除非经过授权互联,否则 VPC 间无法相互访问。

6. 运营和运维支撑系统

运营和运维支撑系统是云厂商进行日常运营和维护而建立的综合性系统,包括各种管理工具、软件系统、数据库、网络设备等信息技术系统,以及自动化工具和工作流引擎等。这些系统涵盖了计费及结算系统、账务系统、客户服务系统和决策支持系统等。租户使用负载均衡产品产生的实例计费、账单、操作日志、访问日志、工单、权限管理等都是由运营支撑系统来实现的;而运维支撑系统则提供安全生产的能力,包括对 IT 资源的规划部署、运行监控、水位监控巡检等。总的来说,运营和运维支撑系统是云厂商运营中不可或缺的一部分,它们能够帮助企业实现高效、可靠的运营和维修保养工作。

负载均衡的上述各子系统之间通过数据交换紧密相连,涉及的数据类型广泛,主要包括如下。

(1) 系统资源与配置数据:涉及负载均衡本身的资源配置,包括但不限于网络设置、性能指标、安全策略等。

(2) 租户资源与配置数据:涵盖租户自定义的负载均衡实例设置,如监听配置、后端服务器信息、健康检查参数等。

(3) 系统运行管理日志:记录系统层面的操作和事件,用于监控和审计,包括系统启动、配置变更、异常告警等信息。

(4) 租户业务日志数据:追踪租户服务的运行情况,包括请求处理详情、错误记录、性能统计等,帮助租户分析业务趋势和优化服务性能。

这些数据在负载均衡架构中扮演着至关重要的角色,不仅支撑着系统的正常运行和维护,还为租户提供深入的洞察和分析工具,以优化网络服务、提升租户体验和增强系统安全性。通过精细化的数据管理和分析,云负载均衡能够实现更智能的流量调度、更快速的问题定位和更全面的业务优化。

2.1.2　SDN 架构的控制器系统

SDN 如其名称所示,使得网络能够像通用软件一样,易于修改和增加新业务,从而使网络变得更加敏捷。随着云网络技术的迅猛发展,SDN 架构已经成为云网络的事实标准。

传统通信网络是分布式架构的,一般分为管理平面、控制平面和数据平面。传统网络中通常会部署一个集中的网管系统作为管理平面,而控制平面和数据平面都是分布式的,分布在每个数据平面设备上运行。当网管系统把网络业务配置到数据平面设备后,如果网络状态发生变化,分布式控制平面会在网络中自动扩散这些网络状态变化,然后各自根据新的网络状态自动重新计算路由,并刷新转发面的转发表以确保受到影响的租户业务得以恢复。例如,网络中的 BGP、MPLS(Multi-Protocol Label Switching,多协议标记交换)、组播等重要的分布式控制协议构成了 IP 网络的控制平面。

SDN 是对传统网络架构的一次重构,从原来的分布式控制的网络架构重构为集中控制的网络架构。SDN 架构分为协同应用层、控制层和基础设施层,如图 2-2 所示,具备转控分离、集中控制、开放接口三个基本特征。这三层的主要功能如下。

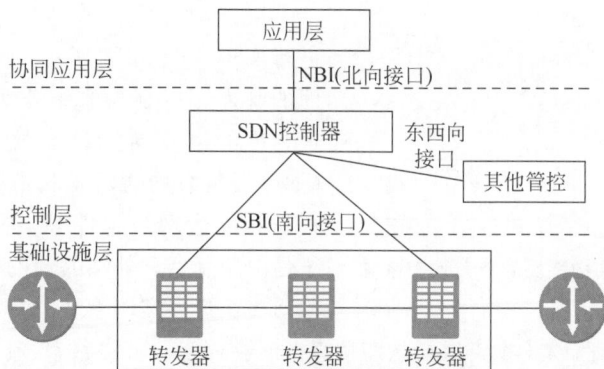

图 2-2　SDN 架构

(1) 协同应用层:位于架构的最上层,包含各种不同的业务和应用。开发者可以通过 SDN 控制器提供的北向接口(如 RESTful 应用接口)实现应用和网络的联动,例如,网络拓扑的可视化、监控等。

(2) 控制层:位于协同应用层之下,是整个网络的大脑和控制中心。这一层主要由 SDN 控制器组成,负责处理数据平面资源的编排,维护网络拓扑、状态信息等。它根据配置的业务规则,产生对应的数据平面的流转发规则,并通过南向接口(如 OpenFlow、NetConf 等)下发给网络设备。

(3) 基础设施层:位于架构的最下层,主要承担数据转发功能。它由各种网络设备构成,如数据中心的网络路由器、支持 OpenFlow 的硬件交换机等。这些设备通过南向接口接收控制层发过来的指令,配置位于交换机内的转发表项,并执行数据转发。

在 SDN 架构中,SDN 控制器位于控制层,其与上面的应用层、下面的转发层以及同层的其他控制器或其他网络之间需要有接口,这三个接口的主要功能如下。

(1) 北向接口(North Bound Interface,NBI):是控制器向上层应用提供的接口,用于协同应用层和控制层之间的通信。北向接口通常采用 RESTful HTTP、NetConf 等协议,使得应用程序可以通过这些接口访问网络资源和服务。例如,应用程序可以使用北向接口获取网络拓扑信息、配置网络设备、实现流量工程、安全策略、负载均衡等功能。

(2)南向接口(South Bound Interface,SBI):是控制器与底层转发设备之间的接口,用于控制层与转发层之间的通信。南向接口使得控制器可以收集转发设备的状态信息,并对转发设备进行编程和控制。常见的南向接口协议包括 OpenFlow、OVSDB(Open vSwitch Database)等。通过这些协议,控制器可以向转发设备发送流表项,控制数据包的转发路径,实现网络的灵活配置和管理。

(3)东西向接口:为 SDN 控制器跨域互连及分层部署提供了接口,使得不同控制器之间可以进行信息交换和协同工作。

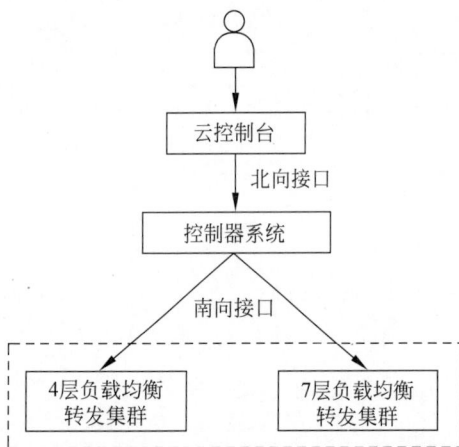

图 2-3 基于 SDN 架构特性的负载均衡系统

这些接口在 SDN 架构中起到了关键的作用,它们使得 SDN 能够实现对网络的集中控制、灵活配置和自动化管理。通过开放的应用接口,SDN 还使得第三方应用程序能够与网络设备进行交互,进一步扩展了网络的功能和服务。

负载均衡系统主要基于 SDN 架构的特性进行实现,如图 2-3 所示,即数据平面与控制平面的分离。控制器系统作为中央决策节点,通过标准的南北向接口与数据平面的网络设备(如 4 层负载均衡转发集群、7 层负载均衡转发集群和周边网络组件等)进行通信。控制器系统是由控制器和外围的辅助模块构成,核心功能包括多租户多实例管理、物理设备和网络资源管理、逻辑集群拓扑管理,以及收集运行状态信息(如设备状态、链路状态、流量分布等)。根据这些信息,控制器制定转发配置,并下发给对应的 4 层和 7 层转发集群。主要核心功能如下。

(1)多租户的实例管理。控制器支持多租户环境,即在一个系统中可以管理多个不同的租户或租户实例。每个租户有其自己的负载均衡需求和服务实例。控制器接收前端云控制台的实例相关请求,为每个租户创建、配置和管理其 VPC 内专属的负载均衡实例,并确保不同租户之间的隔离性和安全性。

(2)物理设备和网络资源管理。控制器负责管理和配置组成集群的物理网络设备,如服务器、交换机、路由器等,以优化网络流量和性能。同时也管理网络资源,如 VIP 地址网段、可用的带宽和实例对应的后端服务器信息等,确保这些资源得到存储和维护,满足日常租户使用需求。

(3)逻辑集群拓扑管理。控制器能够创建和管理逻辑上的服务集群,这些集群由多个物理服务器组成。根据一定的算法和策略,控制器负责创建、修改、删除和查询逻辑集群,以实现多集群高可用。

(4)收集运行状态信息。控制器具备实时监控功能,能够收集服务器、关联的网络设备以及租户实例的运行状态信息。这些信息包括设备状态、链路状态和流量数据等。这些详尽的信息对于制定有效的转发配置策略、进行故障诊断以及向云控制台报告展示,都具有至关重要的意义。

（5）制定转发配置并下发给转发集群服务器。基于收集到的运行状态信息和其他策略要求，控制器会制定租户实例的配置规则。这些规则决定了如何将租户创建的实例分配到不同的集群，以实现集群为单位的实例级别容量均衡。配置规则制定完成后，控制器会将它们下发给转发集群服务器，由服务器负责实际执行这些规则。

控制器本身还具备高可用性、可扩展性和安全性等特点。通过冗余部署和故障恢复机制，控制器可以确保网络的连续性和稳定性。此外，控制器还支持动态扩展，以适应网络规模的增长和业务需求的增加。在安全性方面，控制器可以通过访问控制和安全限速管理等功能，提高服务的安全防护能力。

2.1.3 4层＋7层集群转发系统

从数据报文转发的角度看，提供 4 层（TCP 和 UDP）与 7 层（HTTPS、HTTP 及 TCPSSL协议）负载均衡功能的模块框架，如图 2-4 所示。

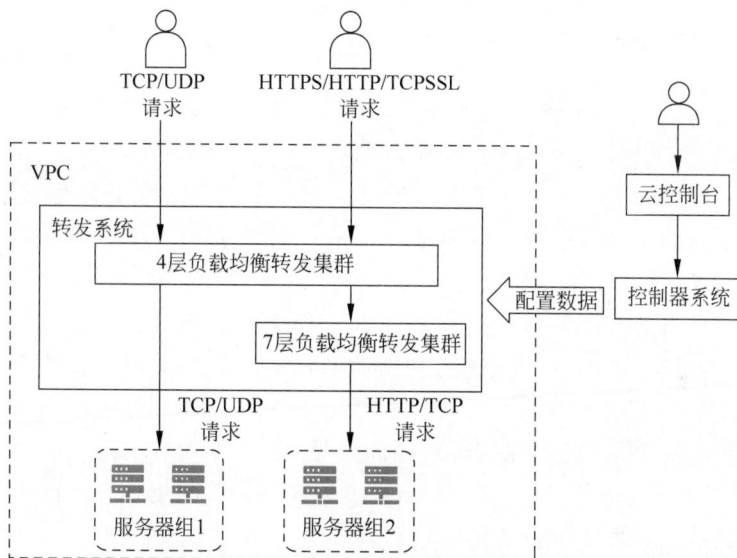

图 2-4 负载均衡转发功能模块框架

4 层负载均衡转发集群通过发布 VIP 地址的路由，引导流量进入系统。对于 4 层协议的流量，如 TCP 监听的 80 端口，由 4 层负载均衡集群接管处理。4 层转发的基本原理是依据 VIP 地址和目的端口将数据包定向至选定的后端服务器。此过程通常基于 LVS 开源软件的实现原理，经过定制化开发以满足云计算的特定需求。

当 4 层负载均衡集群中的某一台负载均衡服务器接收到初始连接请求时，它会运用调度算法选择一个后端服务器，并通过修改数据包的目的 IP 地址和端口来实现流量的均衡分配。在这个过程中，负载均衡服务器会维护数据包的连接五元组信息（即 Session，会话），用于后续数据包的识别和转发。重要的是，实际的连接是在客户端与所选的后端服务器之间建立的。负载均衡服务器则基于 Session 信息进行操作：在接收到数据包时，它会根据Session 信息查找相应的后端服务器或客户端，并执行数据包的转发动作。

对于 7 层协议的流量，例如，监听在 80 端口的 HTTP 流量，数据报文首先通过 VIP 路由被引导至 4 层负载均衡集群进行初步处理。紧接着，这些数据报文会被转发到 7 层负载均衡

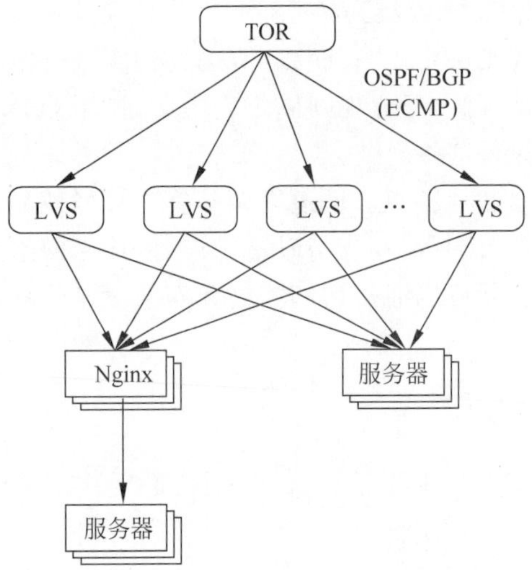

图 2-5　负载均衡转发集群拓扑架构

集群,负载均衡转发集群拓扑架构如图 2-5 所示。这种设计的优势在于,它既利用了 4 层负载均衡在 VIP 路由上的引流能力,又因为 4 层负载均衡具备后端服务器的挂载和健康检查功能,从而支持 7 层转发集群的快速水平扩展和容灾。

7 层负载均衡根据请求内容将数据包转发至合适的后端服务器,这个过程通常被称为反向代理。在这种架构中,连接是由客户端直接与 7 层负载均衡服务器建立的。7 层负载均衡服务器通过调度算法为每台后端服务器独立建立连接,并且以连接为单位进行调度和转发,而不是针对单个请求。在 7 层负载均衡服务器的软件处理模块中,不同的模块负责处理各类请求。例如,HTTP 处理模块能够解析 HTTP 请求的详细信息,根据请求中的 URI (Uniform Resource Identifier,统一资源标识符)、域名、Cookie 等信息,将请求分配到适当的后端服务器。这种做法实现了基于 HTTP 的智能内容分发和负载均衡。

通过这种精细的流量管理和调度策略,4 层和 7 层负载均衡系统能够高效且灵活地处理大量的网络请求,同时确保了服务质量、安全性和系统的可扩展性。

对于 HTTPS 请求,HTTPS 处理模块扮演着至关重要的角色。它能够解析 HTTPS 请求的细节,并对请求执行 SSL 解密,将加密的通信内容转换为明文。解密之后,HTTPS 处理模块将明文的 HTTP 请求分发至相应的后端服务器。这种机制既确保了 HTTPS 请求在传输过程中的安全性,又实现了请求的高效处理。同样,TCPSSL 处理模块专门负责处理 TCPSSL 请求。它能够解读 TCPSSL 请求的内容,并对其进行 SSL 解密。解密完成后,明文的 TCP 请求便被转发到适当的后端服务器,确保了基于 SSL 加密的 TCP 连接能够得到妥善处理并进行有效的负载均衡。

在 7 层负载均衡的领域内,Nginx 是一款备受推崇的开源软件,它以高效性、稳定性和高度可配置性而著称。Nginx 支持多种协议和负载均衡策略,能够根据不同的业务需求进行灵活配置和优化,从而显著提升网络服务的性能和可靠性。作为业界公认的优秀 7 层负载均衡解决方案,Nginx 为网络服务的高效运行做出了重要贡献。

2.2　负载均衡集群架构

2.2.1　物理网络与集群拓扑

在云计算服务领域,"地域"和"可用区"是两个核心概念。地域是指云厂商在其全球基础设施中划定的一个特定地理区域。每个地域都作为一个独立的运营单位,其主要目的是确保服务的高可用性和灾难恢复能力,如北京地域、广州地域等。在每个地域内部,分布着多个可用区,每个可用区代表着一个独立的互联网数据中心(Internet Data Center,IDC)机房。这种区域划分策略有助于实现服务的地理分散和冗余配置,从而显著增强服务的可用性和稳定性。下述内容将简要阐述数据中心网络的物理架构,以及负载均衡集群的结构设计。

1. CLOS 网络结构

CLOS 网络结构是数据中心网络设计中的一项里程碑式创新,其概念源自 1953 年由贝尔实验室的 Charles Clos 博士发表的论文 *A Study of Non-blocking Switching Networks*。Clos 博士在电话交换领域的工作,奠定了无阻塞网络的基础,即一种通过多级设备实现的网络架构,能够确保任意两个端点间的通信不会因网络拥塞而受阻。为了纪念这项开创性的工作,该架构以"CLOS"命名。

CLOS 网络结构,即无阻塞网络,是专门为数据中心网络设计的先进拓扑结构。2008 年,一篇名为 *A Scalable, Commodity Data Center Network Architecture* 的文章倡导将 CLOS 架构应用于数据中心网络中。CLOS 网络架构的核心思想是利用多级设备(通常为交换机或路由器)实现无阻塞的数据交换。CLOS 架构主要由三个关键阶段组成:输入阶段、中间阶段和输出阶段。对称三级 CLOS 交换网络如图 2-6 所示。每个阶段由多个小型、低成本的单元构成,通过每一级的每个单元与下一级的所有设备形成全连接,以实现大规模的数据传输和处理。

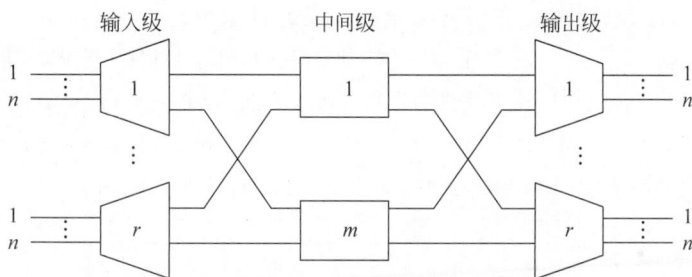

图 2-6　对称三级 CLOS 交换网络

在 CLOS 网络架构中,输入阶段负责接收来自服务器的数据包,并将其转发到中间阶段。中间阶段执行核心的交换和路由功能,将数据包转发到输出阶段。最后,输出阶段将数据包发送到目标设备或下一级 CLOS 架构。由于每个阶段的设备都可以并行处理数据包,CLOS 架构能够显著提高系统的吞吐量和性能。此外,这种设计支持递归扩展,理论上可以无限增长,且在严格意义上实现了无阻塞的数据传输,确保了网络的高效和可靠性。

2. 基于 CLOS 架构的两层 Spine-Leaf 架构

随着数据中心规模的扩大和云计算技术的发展,传统的三层网络架构已难以满足现代数据中心的需求。基于 CLOS 架构的两层 Spine-Leaf 架构应运而生,成为现代数据中心网络设计的热门选择。基于 CLOS 架构的两层 Spine-Leaf 架构如图 2-7 所示。这种架构由两个主要交换层组成:Spine 层和 Leaf 层。

在 Spine-Leaf 架构中,Leaf 层由接入交换机组成,这些交换机直接连接物理服务器,负责汇聚来自服务器的流量并转发到 Spine 层。Spine 层由核心交换机组成,它们以全网格拓扑

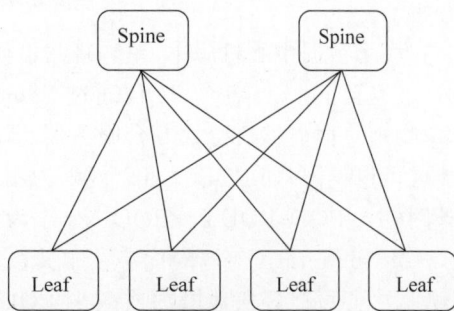

图 2-7　基于 CLOS 架构的两层 Spine-Leaf 架构

与所有 Leaf 交换机实现互连,提供高效的路由和转发功能。这种扁平化的网络结构不仅简化了网络设计,还提高了数据传输的效率和可靠性。

Spine-Leaf 架构的优势在于其低延迟、高带宽、灵活性和容错性。由于每个 Leaf 交换机都与多个 Spine 交换机相连,数据可以在两个交换机之间快速传输,降低了延迟。同时,通过增加 Spine 交换机的数量,可以轻松地扩展网络带宽,支持更多的设备和租户。此外,该架构还具有良好的灵活性和容错性,可以根据实际需求进行扩展或调整。

3. 大型数据中心 5 级 Spine-Leaf 架构

为了满足大型数据中心对高性能、可扩展性和灵活性的更高要求,5 级 Spine-Leaf 架构应运而生。这种架构在两层 Spine-Leaf 架构的基础上进行了扩展,形成了更为复杂的网络拓扑结构。

在 5 级 Spine-Leaf 架构中,网络被划分为多个层次,即每个 POD(Point Of Delivery)部署一个三级 CLOS 的 Spine-Leaf 网络,不同的 POD 之间再增加一层核心交换机进行互连,负责跨 POD 的数据传输和路由,跨 POD 流量可以经过 Leaf-Spine-Core-Spine-Leaf,5 跳可达。以 Facebook 在 2014 年公开的一篇文章 *Introducing Data Center Fabric*,*The Next-Generation Facebook Data Center Network* 介绍数据中心网络架构为例,其采用了 5 级 CLOS 架构,并经过对折后形成三层网络架构。大型数据中心 5 级 Spine-Leaf 架构如图 2-8 所示。在这种架构中,Facebook 将 Leaf 交换机称为 TOR,中间一层交换机称为 Fabric 交换机。Fabric 交换机和 TOR 交换机构成了三级 CLOS 结构,再与 Spine 交换机一起组成了数据中心的骨干网络。每个 POD 由多个 TOR 交换机和几个 Fabric 交换机组成,而 Spine 交换机则负责连接多个 POD,提供跨 POD 的数据传输和路由。

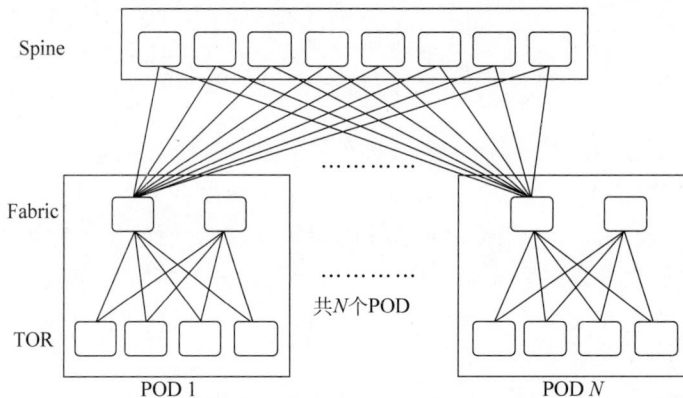

图 2-8   大型数据中心 5 级 Spine-Leaf 架构

在大型数据中心机房中,单物理集群网络架构一般将几十台 TOR 作为一组 POD,每台 TOR 上连至 Fabric,各个 POD 通过 Spine 进行水平扩展,确保 POD 之间可实现无阻塞通信,单物理集群能够支持数万台服务器。一个物理集群中可以规划多个 POD,各 POD 中的功能也可以不同,如 POD 1 可以规划为用于各种接入类网关服务器的基础设施服务区,用于外网接入 POD,POD 2～POD $N-1$ 为业务服务器 POD,POD N 为 IDC 间互连 POD。

5 级 Spine-Leaf 架构的优势在于其极高的可扩展性、灵活性和容错性。通过模块化设计,数据中心可以轻松地增加或减少 POD 数量,以适应业务发展的需求。同时,该架构还具备高度的容错性,即使部分设备或链路出现故障,数据也可以通过其他路径进行传输,确保网络的稳定性和可靠性。

综上所述,CLOS 网络结构及其衍生的 Spine-Leaf 架构为现代数据中心网络设计提供了强大的支撑。无论是两层还是 5 级的 Spine-Leaf 架构,都以其高性能、可扩展性和灵活性成为数据中心网络设计的首选方案。

4. 网关服务器集群物理拓扑

通常,4 层负载均衡这类流量接入网关服务器部署在机房中的基础设施服务区,以便于进行统一的路由发布管理。4 层负载均衡物理网络集群拓扑如图 2-9 所示。每台服务器一般采用双网口双上连的方式连接到不同的 TOR 交换机上,这样做可以有效避免单台交换机故障,从而提升网络稳定性。此外,通过服务器与交换机之间的协议协作,能够实现秒级的故障切换。

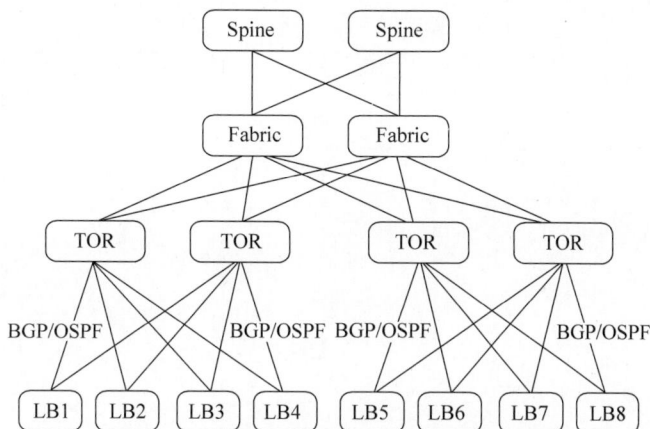

图 2-9 4 层负载均衡物理网络集群拓扑

4 层负载均衡为了实现可横向扩缩容和高可用的集群形态,通常在上连 TOR 交换机到多台负载均衡服务器之间使用了等价多路径(Equal Cost Multi Path,ECMP)协议,ECMP 是路由器领域使用的一项技术。其作用在于,当 IP 交换网络中存在到达同一目的地址(如 VIP 地址)的多条不同路径,且每条路径消耗的资源(cost)相同时,启用了 ECMP 功能的路由器会根据配置策略,将认定的"等价的 IP 报文"通过不同的路径均衡地转发出去,以实现负载均衡的目的。

具体实现方式是,负载均衡每台服务器上都需要安装 Quagga 软件,将负载均衡服务器模拟成路由器节点,使用 OSPF 或 BGP 对外发布相同的 VIP 地址或 VIP 网段路由。各级上连交换机能通过 OSPF 或 BGP 学习这些发布的 VIP 路由,形成可到达多台服务器的多条等价路由 ECMP。实现报文转发时会根据哈希因子计算得到的 hash key,进行 ECMP 下一跳链路数(member-count)求余数计算,以确定下一跳转发到达的服务器。

ECMP 的选路策略主要分为以下两类。

(1) Per-Packet,即每个 IP 报文独立转发,通常它能使转发线路利用率更高。

(2) Per-Flow,即同一条流(flow)始终走同一条转发路径,例如,同一条 TCP 连接的 IP 报文都转发到同一台服务器上。负载均衡服务器场景通常使用 Per-Flow 的转发策略。

4 层负载均衡的引流原理就是利用 ECMP 的特性,将访问 VIP 地址的不同流(flow)转发到不同的机器上进行独立处理,从而组成服务器处理集群。这样可以同时使用多个服务器的链路,不仅增加了传输带宽,还可以通过路由协议本身的保护机制在单台机器故障时将这台机器的路由动态地剔除出去,实现动态的故障切换(fail-over)。

2.2.2 服务器大集群架构

服务器大集群架构即同一个地域使用一套集中式控制器系统,管理了这个地域多个可用区的负载均衡服务器节点。以4层负载均衡服务器为例,这些服务器发布相同的路由,即服务于所有租户的实例。且每个服务器节点中都包括所有租户实例配置,节点可以横向扩容,从而增大带宽容量与连接数处理能力,但集群中租户实例的数量受限于单机个体的上限,不会随之增加。在云计算发展初期,这种架构可以满足小规模租户使用需求。地域级负载均衡服务器大集群如图 2-10 所示,一个地域中的三个可用区由多台4层负载均衡服务器组成了一个服务器大集群。

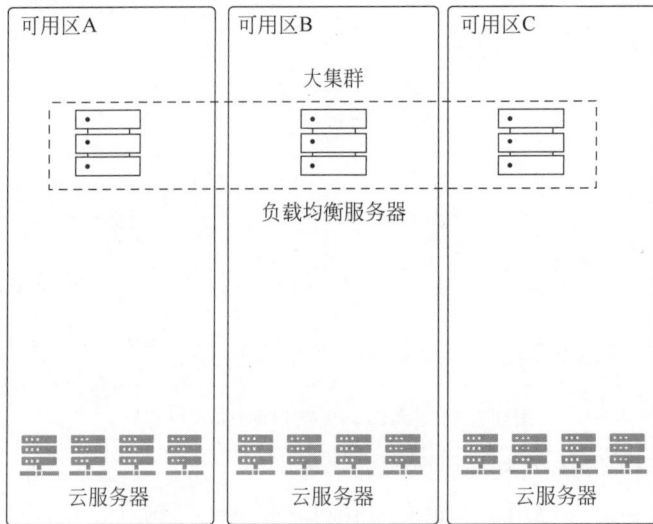

图 2-10　地域级负载均衡服务器大集群

集群中的所有负载均衡服务器都发布相同的 VIP 路由,一方面依靠 ECMP 实现路由均衡,另一方面依靠 BGP 路由决策实现本机房内的流量就近接入。负载均衡服务器大集群网络拓扑如图 2-11 所示。当其中一个可用区中的多台4层负载均衡服务器(如图中的 LB1、LB2、LB3 和 LB4)因受灾而全部下线后,流量会通过负责跨 IDC 流量转发的路由器转发到另一个可用区中的负载均衡服务器,从而实现高可用容灾。

这种大集群架构的优点在于管控简单,能够迅速响应新的服务需求。然而,在实际使用中,它也存在一些问题。

(1)维护全量租户实例配置。由于所有负载均衡服务器节点采用同构配置,每台服务器上都需要配置单地域的所有租户的配置。这导致在大地域容易达到配置数量瓶颈,无法支持更多的租户实例。

(2)容量受限。虽然各台负载均衡服务器之间支持 Session 同步,但每台服务器都存在全量 Session 容量上限的问题,因此无法支持更多的连接数。

(3)容灾能力较弱。由于每台服务器上的所有节点配置和流量都是同构的,当发生故障时,如集群满载或有缺陷的功能特性发布后,会影响到该地域的所有实例。这种大集群

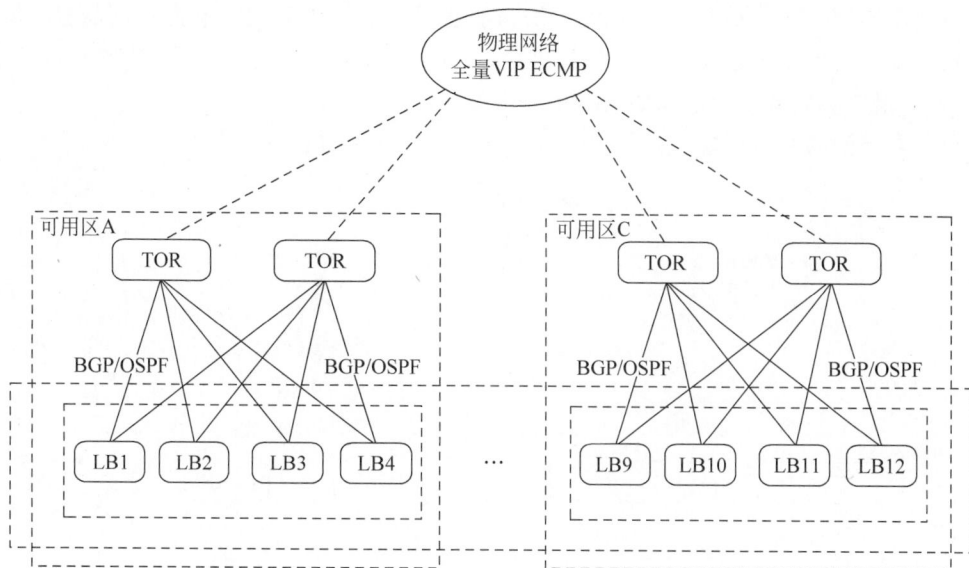

图 2-11 负载均衡服务器大集群网络拓扑

架构没有将故障快速转移到其他集群进行止损的能力,导致故障域过大。同时,它也不便于支持服务器的新版本分级灰度升级。

（4）适合小规模租户。在云计算发展的初期,这种架构尚能满足不是很大规模的租户需求。

2.2.3 服务器分集群架构

随着云上租户规模的快速发展和扩大,大集群架构中存在的问题对容量和规模的使用限制愈发明显。为了克服这些问题,提供更优的性能和可扩展性,集群管理模式已经从大集群架构演进为分集群架构。分集群架构如图 2-12 所示。

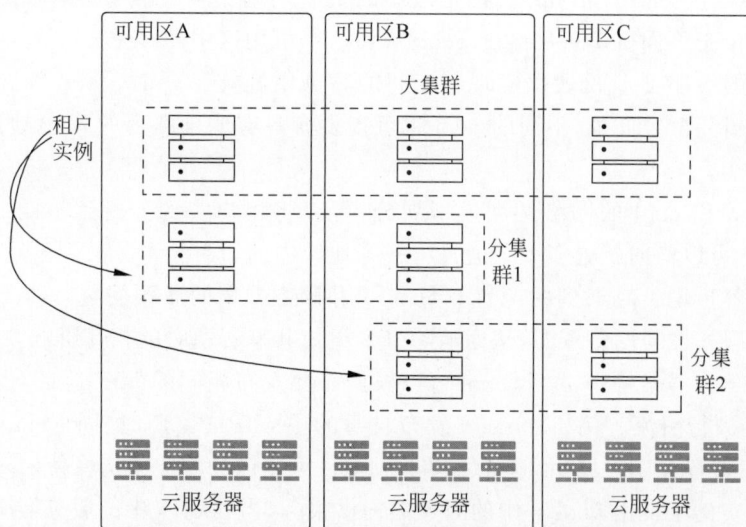

图 2-12 分集群架构

分集群架构是通过精细化划分负载均衡服务器,组成以服务器组为粒度的多个小集群。每个集群可以发布独立的 VIP 地址网段,控制器系统可以将租户实例创建在不同的集群中,或将租户实例调度到不同的集群中提供服务。

分集群架构的网络拓扑模型如图 2-13 所示,相关组成如下。

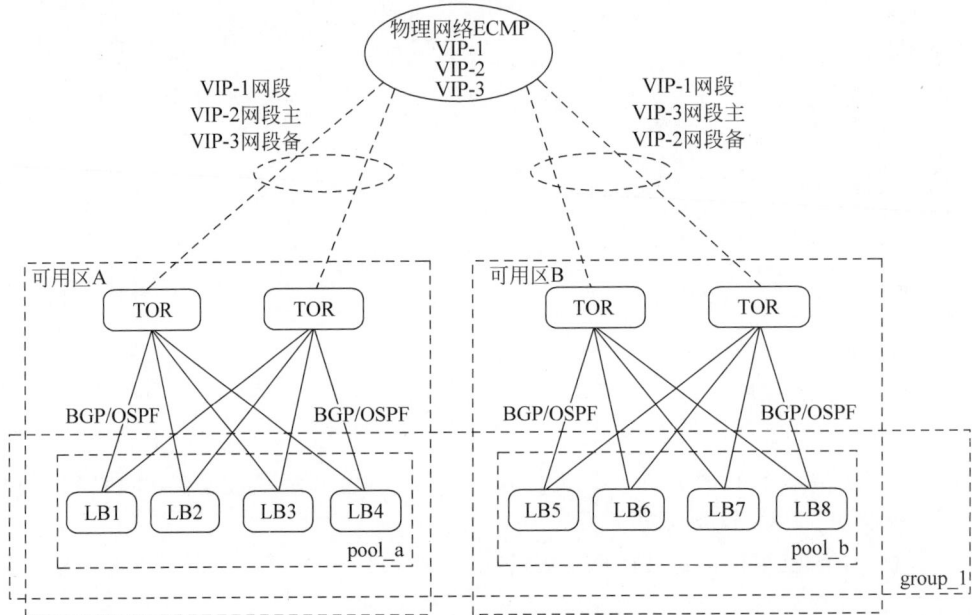

图 2-13　分集群架构的网络拓扑模型

(1) 同可用区服务器池(server pool)。这是一组多台负载均衡服务器的集合,具有机房可用区属性。一个 pool 中的所有服务器都属于同一个机房可用区。一个 pool 可以等同于一组服务单元,每个 pool 可以根据需要发布独立的 VIP 地址网段。

(2) 服务器组(server group)。这是最小的负载均衡集群逻辑调度单元。一个 group 可以关联多个位于不同机房可用区的 pool,或者一个可用区中的多个 pool。多个 pool 之间可以发布相同的 VIP 地址网段以实现相互间的高可用容灾。一个 group 等同于一组具备容灾能力的逻辑集群。此外,不同的 pool 也可以发布具有明细路由的 VIP 地址网段,以实现主备容灾功能。

基于 group 和 pool 的网络调度模型划分,可以将租户实例分配到不同的逻辑 group 中,并且 group 可以横向扩容多个。通过将一个地域内的所有租户分散到不同的 group 中,可以解决租户容量增长时遇到的配置数量和可用服务带宽的瓶颈问题。特殊租户还可以独占 group 的服务器与网络资源,从而消除多个租户共享资源时的相互影响。

在服务器分集群架构中,每个 pool 可以根据需要发布相同的 VIP 地址,也可以发布独立的 VIP 地址进行引流。例如,pool_a 发布自身的主 VIP-2 路由时,同 group 中对等可用区的 pool_b 发布备 VIP-2 路由,这样可以形成主备可用区的容灾架构。使用 VIP-2 作为引流的负载均衡实例正常由 pool_a 中的服务器提供服务,当 pool_a 中的服务器全部出现异常时,备路由自动将流量引入 pool_b 中的服务器提供服务。当 pool_b 发布自身的主 VIP-3 路由时,同 group 中对等可用区的 pool_a 发布备 VIP-3 路由,这两个 pool 就形成了互为主备可用区的容灾架构。当多个 pool 中使用相同的 VIP-1 地址发布路由时，形成多可用区共同承载流量的高可用架构。

通过分集群架构与实例控制调度方法，以下问题也能得到有效解决。

（1）故障逃逸场景。当某些负载均衡 VIP 地址所在的集群发生故障时，可以快速迁移到其他正常运行的集群上，实现故障的快速逃逸能力。例如，当租户某 VIP 所在的 group 因升级版本出现故障后，可以将租户 VIP 通过明细路由迅速迁移到未升级的 group 集群。

（2）容量与水位调度。当某个集群的租户数量过多或负载过高时，可以将其中部分租户迁移到其他集群以缓解压力。由于不同集群分别承载了不同的 VIP 地址服务，降低了同一设备端配置容量较大的风险。不同 VIP 地址的流量被导向不同集群，单一集群的故障不会影响其他集群中 VIP 的服务。此外，对于大客户的大流量场景，当某个租户需要大规格或高流量处理时，单个集群无法承载其压力，可以利用多个 group 集群的能力共同分担压力。

（3）最小粒度运维与灰度。按照 pool 粒度进行软件的灰度发布，出现问题时只影响最小范围的租户。在高危功能特性发布时，也可以仅在特定的集群进行灰度测试。

分集群架构的优点总结如下。

（1）更好的可扩展性。通过增加小集群的数量和规模，可以轻松扩展整个系统的容量和规模。

（2）更好的性能。由于每个小集群专门处理特定类型的租户实例，因此可以针对其特点进行优化，提高处理效率。

（3）更细粒度的管理。可以对每个小集群进行独立的资源分配和管理，从而更好地满足不同业务的需求。

然而，分集群架构也带来了一些如下挑战。

（1）复杂的系统管理。控制器系统需要管理多个小集群，这增加了系统管理的复杂性。

（2）资源碎片化。由于每个小集群拥有独立的资源，可能导致资源分配不够灵活，难以实现资源的全局优化。

总体而言，服务器分集群架构将一个大集群划分为多个小集群进行管理和实例调度。每个小集群拥有自己的负载均衡服务器节点，负责处理特定类型或特定租户的实例，从而能够更好地满足大规模租户实例的需求。这种架构能够根据不同的业务需求进行精细的资源分配和管理，解决集群间容灾互备、租户隔离、灰度/故障域隔离、VIP 故障逃逸等问题。同时，它也解决了租户配置数量、Session 容量无法随服务器横向扩容等问题。

2.3 网络虚拟化架构

2.3.1 支撑多租户的网络虚拟化原理

随着云计算技术的兴起，云计算多租户技术得到了较大的发展和应用。多租户技术（Multi-tenancy Technology）实际上是一种软件架构技术，能够实现多租户环境下计算、网络和软件资源的共享共用，确保各租户的业务互不干扰。在负载均衡多租户业务平台中，隔离方式主要包括物理隔离和逻辑隔离两种。

（1）物理隔离：租户开展业务所依赖的所有资源完全独立，如使用单独的主机和物理隔离的网络。这种隔离方式常见于私有云和专属云场景。

（2）逻辑隔离：通过技术手段，隔离租户的业务流程和业务数据，使得一个租户只能访问自身的数据。这种隔离方式通常应用于公有云场景，租户可以自己规划和定义自己的网络，如私网地址 CIDR、子网、路由等。

目前云网络中的 VPC 产品通过网络虚拟化提供了上述逻辑隔离多租户的能力，实现了租户内的连接和租户间的相互隔离。网络虚拟化的原理是将已有的物理网络（业界也称为 Underlay 网络）作为基础，通过网络虚拟化 Overlay 技术在其上建立叠加的多个逻辑网络实现网络资源的虚拟化，使得不同租户或不同部门在同一个物理网络上可以使用独立的逻辑网络资源，从而提高网络的利用率。建立在 Underlay 网络基础上的 Overlay 网络如图 2-14 所示。在云计算诞生之前，网络虚拟化技术就得到了广泛的应用，典型的是 VLAN（Virtual Local Area Network，虚拟局域网）技术。

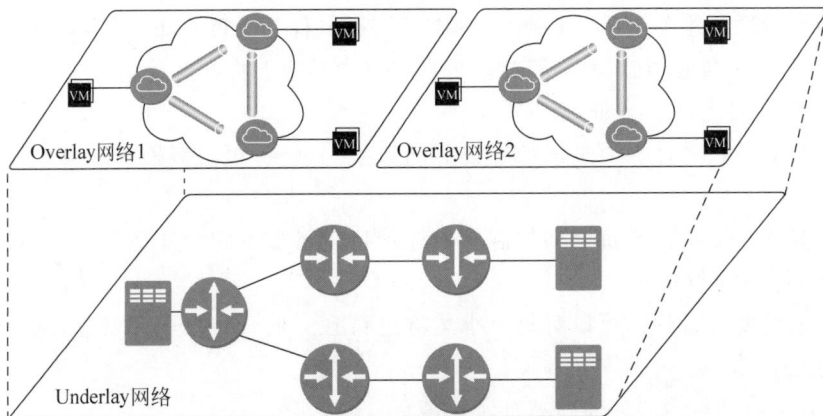

图 2-14　建立在 Underlay 网络基础上的 Overlay 网络

在云计算发展过程中，新的网络虚拟化 Overlay 技术得到了发展。Overlay 技术是指将原始报文封装到 4 层报文中并在三层网络中传输，是一种网络隧道技术。比较常见的网络虚拟化 Overlay 技术有虚拟扩展局域网（Virtual eXtensible Local Area Network，VXLAN）、网络虚拟化通用路由封装（Network Virtualization using Generic Routing Encapsulation，NVGRE）等。其中，VXLAN 技术较为常用。下面以较为常用的 VXLAN 为例，介绍其实现逻辑隔离的原理。VXLAN 是一种网络虚拟化技术，旨在解决传统以太网的限制，并提供更好的可扩展性和隔离性。VXLAN 通过在现有的 IP 网络上创建一个虚拟的二层网络，将传统的以太网帧封装在 UDP 报文中进行传输。这种封装使得 VXLAN 可以在现有的网络基础设施上运行，而无须对物理网络进行大规模改造。以 VXLAN 技术为基础的 Overlay 网络架构模型如图 2-15 所示。模型中相关概念如下。

（1）VXLAN 隧道端点（VXLAN Tunnel Endpoints，VTEP）：VXLAN 的边缘设备，是 VXLAN 隧道的起点和终点，进行 VXLAN 报文的封装、解封装等处理。VTEP 既可以部署在网络设备上（网络接入交换机），也可以部署以服务器模拟的虚拟交换机或虚拟路由器上。

（2）VXLAN 网络标识符（VXLAN Network Identifier，VNI）：VNI 是一种类似于

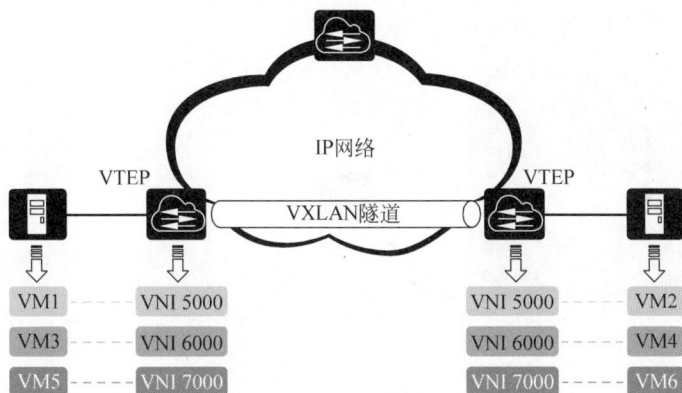

图 2-15　VXLAN 技术网络模型

VLAN ID 的网络标识，用来标识 VXLAN 二层网络。一个 VNI 代表一个 VXLAN 段，不同 VXLAN 段的虚拟机不能直接二层相互通信。RFC 7348 规定了 VXLAN 报文的格式，如图 2-16 所示。

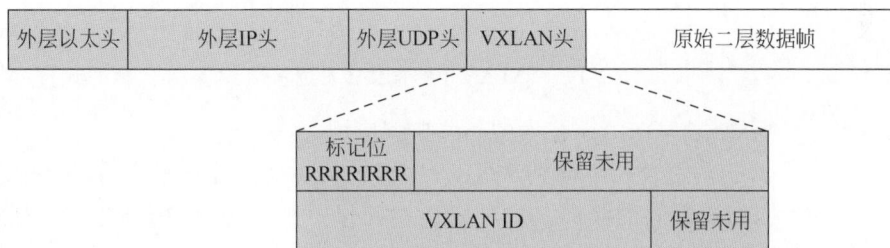

图 2-16　VXLAN 报文的格式

VXLAN 使用一个 24b 的 ID，简写为 VNI，来标识虚拟网络，允许同时存在多个独立的虚拟网络，数量可以达到 1600 万个。通过这个字段，VXLAN 能够在现有的 IP 网络上创建一个虚拟的二层网络，将传统的以太网帧封装在 UDP 报文中进行传输，从而实现跨不同二层网络的通信。正是这个技术原理使得多租户和隔离得以实现。

（3）VXLAN 隧道：两个 VTEP 之间建立的逻辑隧道，用于传输 VXLAN 报文。业务报文在进入 VXLAN 隧道时进行 VXLAN、UDP、IP 头封装，然后通过三层转发透明地将报文转发给远端 VTEP，远端 VTEP 对报文进行解封装处理。以同网段的虚拟机（Virtual Machine，VM）间通信为例，VXLAN 中的报文转发过程如图 2-17 所示，简要介绍如下。

① 封装：当 VM 发送一个以太网帧时，VXLAN 模块将这个以太网帧封装在一个 UDP 报文中。报文的源 IP 地址是 VM 所在主机的 IP 地址，目的 IP 地址是 VXLAN 隧道的远程端点的 IP 地址。VXLAN 头中的 VNI 字段用于标识目的虚拟网络。随后，这个 UDP 报文被发送到底层网络中，最终到达目的主机。

② 解封装：当目的主机接收到一个 VXLAN 报文时，VXLAN 模块会解析 UDP 报文头，从中提取出封装的以太网帧。通过查找 VNI 字段，VXLAN 模块可以确定目的虚拟网络，并将以太网帧发送到相应的虚拟机或物理主机。

这种封装和解封装的过程使得 VXLAN 能够在底层网络上透明地传输以太网帧，同时提供了逻辑上隔离的虚拟网络。

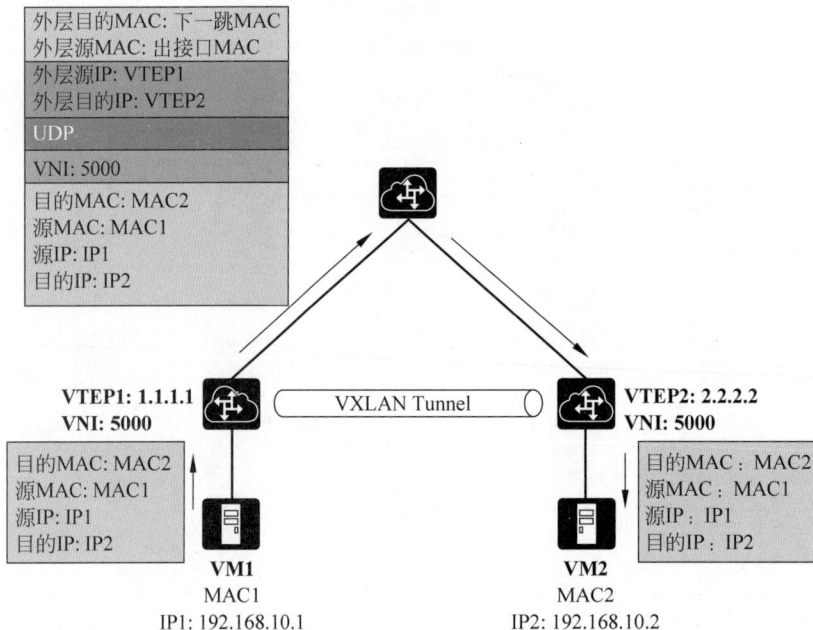

图 2-17　VXLAN 中的报文转发过程

以下是数据中心使用 VXLAN 技术的一些典型应用。

（1）多租户隔离。通过使用不同的 VNI，VXLAN 可以将数据中心划分为多个独立的虚拟网络，实现不同租户之间的隔离。这种隔离性确保了租户之间的数据安全和隐私，并且可以为每个租户提供独立的网络策略和服务质量保证。

（2）跨数据中心连接。VXLAN 技术可以扩展到跨多个数据中心的网络环境中，使得不同数据中心之间可以建立虚拟网络连接。这种功能支持数据中心间的资源共享、业务扩展和传输容灾备份数据等需求。

（3）虚拟机迁移。VXLAN 使得虚拟机能够在不同的物理主机之间自由迁移，而无须改变其 IP 地址。

在云计算网络中，通常采用通用服务器构建虚拟化网关。这些虚拟化网关包括公网网关、负载均衡网关、NAT 网关、虚拟路由器 vRouter 网关和连接 VM 的虚拟交换机 vSwitch 等。它们都使用 VXLAN 技术协同工作，实现了同一物理网络上的多租户逻辑隔离系统。

2.3.2　网络虚拟化后分集群架构

随着租户规模的增加，在网络虚拟化之后，较多地采用了分集群架构来提供服务。在前述大集群和分集群架构中，负载均衡服务器是通过发布租户的 Underlay VIP 地址的路由，在交换机侧汇聚形成 ECMP 作为集群的引入流量的入口。在网络虚拟化 Overlay 之后，需要在负载均衡服务器上部署实现 VXLAN 隧道端点功能。网络虚拟化后分集群架构如图 2-18 所示。每台负载均衡服务器需要发布自身所属 group 或 pool 的 VTEP IP 地址的路由，在交换机侧汇聚形成 ECMP 作为集群的流量入口。租户的负载均衡实例 VIP 地址将演进为 VPC 网络中的虚拟化 VIP(Overlay VIP，OVIP)，这里的 OVIP 不再需要路由流量引入的功能。负载均衡服务器与后端服务器通信时，发布独立的出向 VXLAN 隧道端点

（Output VTEP，OVTEP）地址的路由来进行流量引入。

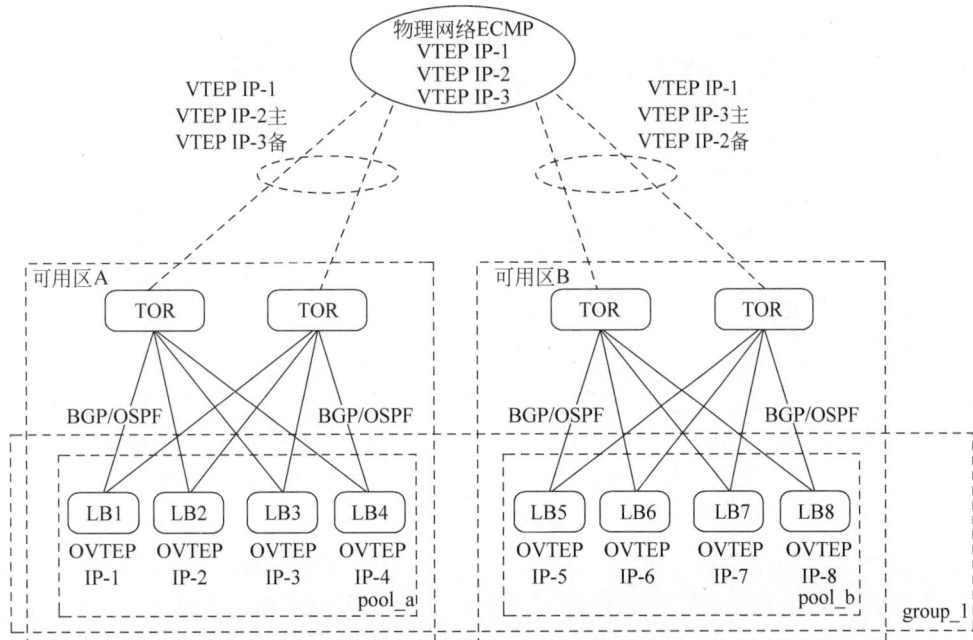

图 2-18　网络虚拟化后分集群架构

在这种分集群架构中，每个 pool 可以根据需要发布相同的 VTEP IP 地址，也可以发布独立的 VTEP IP 地址进行引流。例如，pool_a 发布自身的主 VTEP IP-2 路由时，同 group 中对等可用区的 pool_b 发布备 VTEP IP-2 路由，这样可以形成主备可用区的容灾架构。使用 VTEP IP-2 作为引流的负载均衡实例正常由 pool_a 中的服务器提供服务，当 pool_a 中的服务器全部出现异常时，备路由自动将流量引入 pool_b 中的服务器提供服务。当 pool_b 发布自身的主 VTEP IP-3 路由时，同 group 中对等可用区的 pool_a 发布备 VTEP IP-3 路由，这两个 pool 就形成了互为主备可用区的容灾架构。当多个 pool 中使用相同的 VTEP IP-1 地址发布路由时，形成多可用区共同承载流量的高可用架构。

2.4　访问负载均衡数据流处理

用户的请求在访问云网络负载均衡时，数据报文会经过内部各虚拟化网关服务器的处理，这一过程被称为访问负载均衡数据流处理。了解访问负载均衡数据流处理流程对于理解云负载均衡的原理和实现至关重要。接下来将介绍访问 4 层负载均衡数据流处理流程，包括提供公网服务的负载均衡和内网负载均衡是如何进行转发和处理的。

从数据流处理的视角来看，云网络负载均衡提供了 4 种典型的访问服务，如图 2-19 所示。

4 种典型访问服务的功能和作用如下。

（1）绑定 EIP 后可以提供面向互联网的公网负载均衡转发服务。

（2）内网负载均衡一般在同一 VPC 网络内部提供负载均衡转发服务。

（3）同地域 VPC 不同之间通过对等连接打通后可以提供跨 VPC 负载均衡服务。

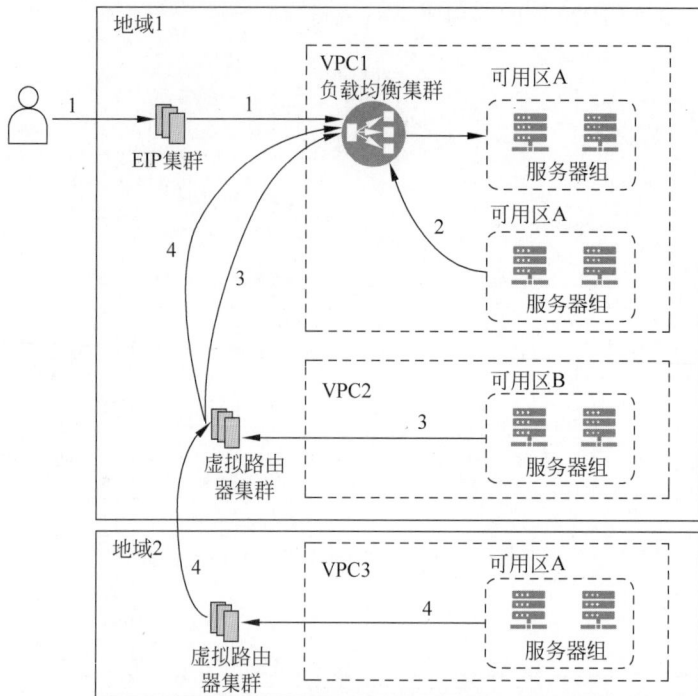

图 2-19　云网络负载均衡提供的 4 种典型访问服务

（4）跨地域场景下通过对等连接打通能跨地域 VPC 提供负载均衡服务。

2.4.1　访问公网 4 层负载均衡数据流处理

在云网络中创建的负载均衡实例具有 VPC 网络的隔离属性。默认情况下，它们分配有一个 VPC 网络中的 OVIP，这个地址是无法被公网直接访问的。只有配置或绑定了公网 EIP 地址后，公网客户端才能通过该 EIP 地址访问负载均衡服务。这里的 EIP 地址也是云网络的一种产品，是一种可以独立购买、分配、回收和重新分配的静态 IP 地址，可用于提供公网访问。以负载均衡经典的 FULLNAT 转发模式和 Linux 内核版本的虚拟交换机（Open vSwitch，OvS）为例，负载均衡与后端服务器在同一 VPC 场景下，访问公网 4 层负载均衡模块处理如图 2-20 所示，VXLAN 数据报文封装如图 2-21 所示，相关处理流程如下。

（1）客户端通过客户端地址（Client IP，CIP）和端口（Client PORT，CPORT）访问 EIP 地址提供的 4 层负载均衡服务。

（2）公网 EIP 集群根据 EIP 地址查询配置规则，发现 EIP 绑定在负载均衡实例上，将接收报文中的目的地址 EIP 替换成 OVIP，再封装成 VXLAN 隧道后转发给 4 层负载均衡集群处理。

（3）4 层负载均衡集群解封装 VXLAN，根据 OVIP＋VNI（示例 VNI 分配值是 3）查找负载均衡实例配置信息，使用实例监听配置的调度算法（如轮询、最小连接数等）选择某一台后端服务器。根据 FULLNAT 的处理逻辑，将报文中的客户端地址和端口（简写为 CIP：CPORT）替换为负载均衡回源的后端地址（Overlay Backend IP，OBIP）和端口（Overlay Backend PORT，OBPORT），将报文中的目的地址和端口（简写为 OVIP：OVPORT）替换为

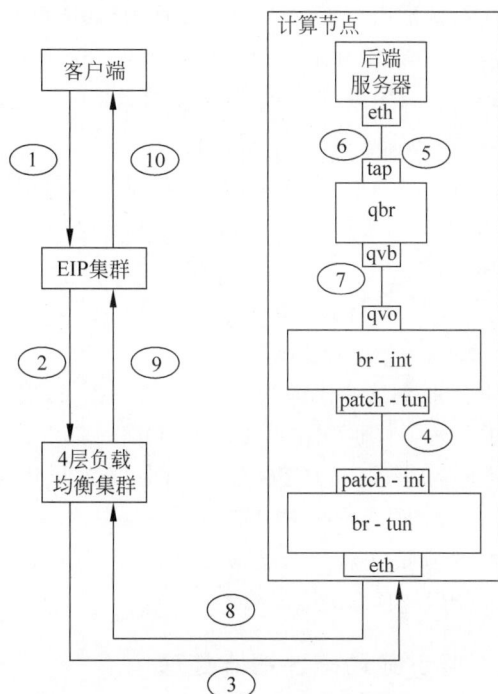

图 2-20 访问公网 4 层负载均衡模块处理

	VXLAN - outside			inside						
	SrcIP	**DstIP**	**VNI**	**SrcMac**	**DstMac**	**SrcIP**	**DstIP**	**SrcPort**	**DstPort**	**TTM**
①				gw-mac	EIP-mac	CIP	EIP	CPORT	OVPORT	
②	EIP-VTEP	LB-VTEP	3	EIP-mac	OVIP-mac	CIP	OVIP	CPORT	OVPORT	
③	LB-OVTEP	server-CN	3	OVIP-mac	RS-mac	OBIP	RSIP	OBPORT	RSPORT	CIP:CPORT
④				qr-mac	RS-mac	OBIP	RSIP	OBPORT	RSPORT	CIP:CPORT
⑤				qr-mac	RS-mac	CIP	RSIP	CPORT	RSPORT	
⑥				RS-mac	qr-mac	RSIP	CIP	RSPORT	CPORT	
⑦				RS-mac	qr-mac	RSIP	OBIP	RSPORT	OBPORT	
⑧	server-CN	LB-OVTEP	3	RS-mac	qr-mac	RSIP	OBIP	RSPORT	OBPORT	
⑨	LB-VTEP	EIP-VTEP	3	LB-mac	EIP-mac	OVIP	CIP	OVPORT	CPORT	
⑩				EIP-mac	gw-mac	EIP	CIP	OVPORT	CPORT	

图 2-21 访问公网 4 层负载均衡 VXLAN 数据报文封装

后端服务器的地址和端口(简写为 RSIP:RSPORT),并在内层报文中的 TCP 选项或 IP 选项里还要带上客户端 CIP:CPORT 信息。这些信息存入负载均衡服务器本地内存中作为一条 Session 记录,然后再封装成 VXLAN 将报文转发到后端服务器对应的计算节点(Computer Node,CN)。

(4)计算节点中运行的 OvS 和隧道直通模块(Tunnel Though Module,TTM)处理接收到的报文,解封装 VXLAN,提取内层报文 TCP 选项或 IP 选项里的 CIP 以及 CPORT 信息,将内层报文中的源地址和端口 OBIP:OBPORT 替换为真实的 CIP:CPORT。这里的隧道直通模块在业界实现中也称为 TCP 选项地址模块(TCP Option Address,TOA)。

(5)处理完成的报文转发给后端服务器(虚拟机形态)。

(6)后端服务器接收并处理来自客户端的请求,处理后返回响应报文。

(7)后端服务器计算节点的 TTM 做目的地址替换,即将报文中的目的 CIP:CPORT 信息替换为 OBIP:OBPORT。

(8)后端服务器计算节点中运行的 OvS 进行查路由等报文处理后,封装成 VXLAN 发送回 4 层负载均衡集群。

(9)4 层负载均衡集群接收到这个出向报文,根据报文中的信息查找内存中的 Session 记录,做反向 FULLNAT 的处理,将报文中的目的地址 OBIP:OBPORT 替换为 CIP:CPORT,源地址 RSIP:RSPORT 替换为 OVIP:OVPORT。出向报文遵循请求从哪进来,响应从哪出去的原则,封装成 VXLAN 发送给公网 EIP 集群。

(10)公网 EIP 集群接收到报文后解封装 VXLAN,查询 OVIP 配置信息,将报文中的源地址 OVIP 替换成 EIP,最后送回客户端。

2.4.2　访问内网 4 层负载均衡数据流处理

对于在一个 VPC 内网中的客户端访问同一 VPC 的负载均衡服务时,负载均衡实例在创建时也会分配一个 VPC 内的 OVIP 作为入口地址,然后通过 4 层负载均衡集群封装 VXLAN 报文后进入后端服务器计算节点。以负载均衡经典的 FULLNAT 转发模式和 Linux 内核版本的 OvS 为例,访问内网 4 层负载均衡模块处理如图 2-22 所示,VXLAN 数据报文封装如图 2-23 所示,相关处理流程如下。

(1)VPC 网络中的一个虚拟机客户端通过 CIP 地址和 CPORT 访问 OVIP 提供的内网负载均衡服务。

(2)请求报文经过客户端计算节点进行 VXLAN 封装后,外层源地址是 client-CN,目的地址是 LB-VTEP,内层源地址和端口是 CIP:CPORT,目的地址和端口是 OVIP:OVPORT,转发给 4 层负载均衡集群处理。

(3)4 层负载均衡集群解封装 VXLAN,根据 OVIP+VNI 查找负载均衡实例信息,使用实例监听配置的调度算法(如轮询、最小连接数等)选择某一台后端服务器。根据 FULLNAT 的处理逻辑,将报文中的 CIP:CPORT 替换为负载均衡回源的 OBIP:OBPORT,将报文中的 OVIP:OVPORT 替换为后端服务器的 RSIP:RSPORT,并在内层报文中的 TCP 选项或 IP 选项里带上客户端 CIP:CPORT 信息。这些信息存入负载均衡服务器本地内存中作为一条 Session 记录,然后再封装成 VXLAN 将报文转发到后端服务器对应的计算节点。

(4)计算节点中运行的 OvS 和 TTM 处理接收到的报文,解封装 VXLAN,提取内层报文 TCP 选项或 IP 选项里的 CIP 以及 CPORT 信息,将内层报文中的源地址和端口 OBIP:OBPORT 替换为客户端 CIP:CPORT。处理完成的报文转发给后端服务器。

(5)后端服务器接收并处理来自客户端的请求,处理后返回响应报文。后端服务器计算节点的 TTM 做目的地址替换,即将报文中的目的 CIP:CPORT 信息替换为 OBIP:OBPORT。

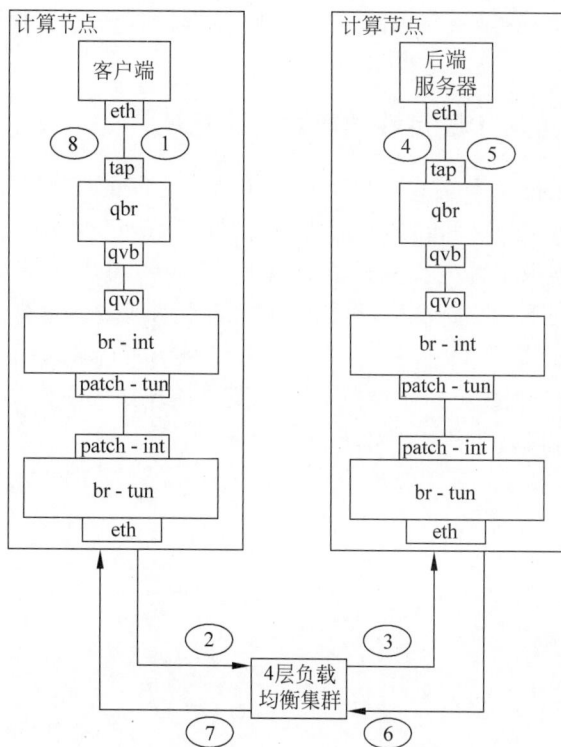

图 2-22 访问内网 4 层负载均衡模块处理

VXLAN - outside			inside							
SrcIP	DstIP	VNI	SrcMac	DstMac	SrcIP	DstIP	SrcPort	DstPort	TTM
①				client-mac	qr-mac	CIP	OVIP	CPORT	OVPORT	
②	client-CN	LB-VTEP	3	client-mac	OVIP-mac	CIP	OVIP	CPORT	OVPORT	
③	LB-OVTEP	server-CN	3	OVIP-mac	RS-mac	OBIP	RSIP	OBPORT	RSPORT	CIP:CPORT
④				qr-mac	RS-mac	CIP	RSIP	CPORT	RSPORT	
⑤				RS-mac	qr-mac	RSIP	CIP	RSPORT	CPORT	
⑥	server-CN	LB-OVTEP	3	RS-mac	OVIP-mac	RSIP	OBIP	RSPORT	OBPORT	
⑦	LB-VTEP	client-CN	3	OVIP-mac	client-mac	OVIP	CIP	OVPORT	CPORT	
⑧				qr-mac	client-mac	OVIP	CIP	OVPORT	CPORT	

图 2-23 访问内网 4 层负载均衡 VXLAN 数据报文封装

（6）后端服务器计算节点中运行的 OvS 进行查路由等报文处理后,封装成 VXLAN 发送回 4 层负载均衡集群。

（7）负载均衡集群接收到这个出向报文,根据报文中的信息查找内存中的 Session 记录,做反向 FULLNAT 的处理,将报文中的目的地址 OBIP:OBPORT 替换为 CIP:CPORT,源地址 RSIP:RSPORT 替换为 OVIP:OVPORT。出向报文遵循请求从哪进来,响应从哪出去的原则,封装成 VXLAN 发送给客户端对应的计算节点。

（8）客户端对应的计算节点接收到报文后，解封装 VXLAN，然后将报文送回虚拟机客户端。

2.4.3　跨地域访问 4 层负载均衡数据流处理

跨地域网络虚拟化技术旨在实现租户跨多个地域之间的互通。其实现原理主要是在云上的各个地域部署负责地域间互连的虚拟路由器（vRouter）集群。当各地域之间需要实现 VPC 间互访时，数据报文首先会发送给这些虚拟路由器集群。虚拟路由器集群会查找目的 VPC 的路由，找到下一跳路由后，将报文转发到目的地域的虚拟路由器。在报文处理流程中，采用的是网络虚拟化 Overlay 技术。以 A 地域的客户端访问 B 地域的 4 层负载均衡服务的数据流为例，跨地域访问 4 层负载均衡模块处理如图 2-24 所示，VXLAN 数据报文封装如图 2-25 所示，相关处理流程如下。

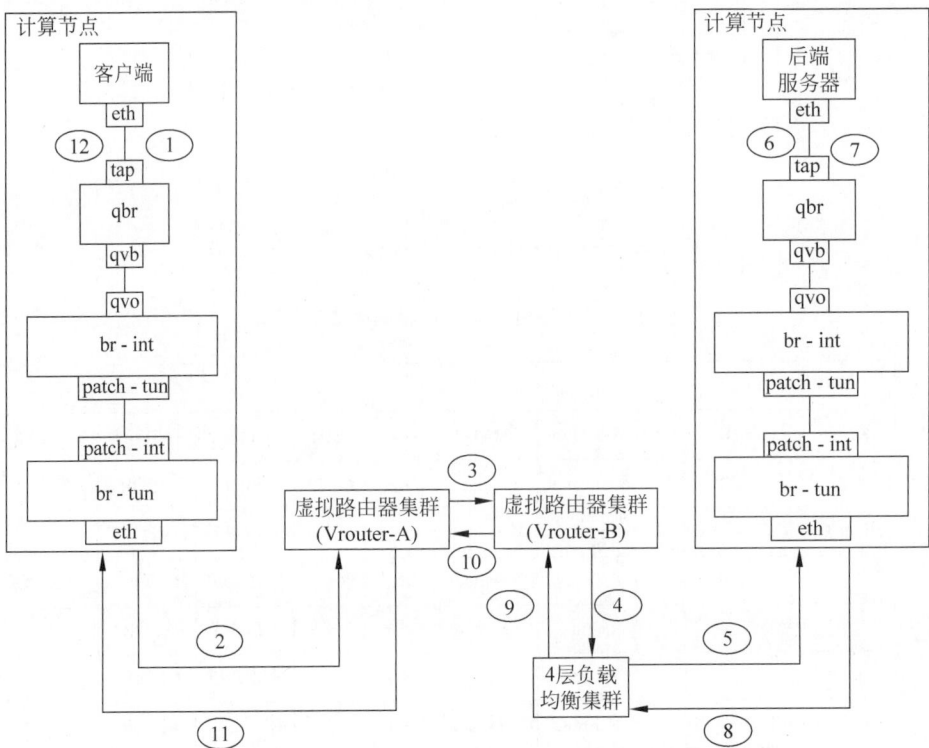

图 2-24　跨地域访问 4 层负载均衡模块处理

（1）A 地域 VPC 网络中的一个虚拟机客户端通过 CIP 地址和 CPORT 访问 B 地域 VPC 网络中 OVIP 提供的内网负载均衡服务，属于跨地域跨 VPC 内网访问场景。

（2）请求报文经过客户端计算节点中的 OvS，经过查找流表，发现目的地址不属于本 VPC（VNI 示例值 3），因此需要将报文转发给 A 地域的虚拟路由器集群（Vrouter-A）进行下一跳转发路由查找。转发前报文需要进行 VXLAN 封装，外层源地址是 client-CN，目的地址是 VrA-VTEP，内层源地址和端口为 CIP:CPORT，目的地址和端口为 OVIP:OVPORT。

（3）A 地域虚拟路由器集群通过查找路由表，确定到达目的地址的下一跳是 B 地域的虚拟路由器集群，并再次进行 VXLAN 封装转发报文。此时，外层源地址是 VrA-VTEP，目

VXLAN - outside			inside						
SrcIP	DstIP	VNI	SrcMac	DstMac	SrcIP	DstIP	SrcPort	DstPort	TTM
			client-mac	qr1-mac	CIP	OVIP	CPORT	OVPORT	
client-CN	VrA-VTEP	3	client-mac	VrA-mac	CIP	OVIP	CPORT	OVPORT	
VrA-VTEP	VrB-VTEP	x	VrA-mac	VrB-mac	CIP	OVIP	CPORT	OVPORT	
VrB-VTEP	LB-VTEP	5	VrB-mac	OVIP-mac	CIP	OVIP	CPORT	OVPORT	
LB-OVTEP	server-CN	5	OVIP-mac	RS-mac	OBIP	RSIP	OBPORT	RSPORT	CIP:CPORT
			qr2-mac	RS-mac	CIP	RSIP	CPORT	RSPORT	
			RS-mac	client-mac	RSIP	CIP	RSPORT	CPORT	
server-CN	LB-OVTEP	5	RS-mac	OVIP-mac	RSIP	OBIP	RSPORT	OBPORT	
LB-VTEP	VrB-VTEP	5	OVIP-mac	VrB-mac	OVIP	CIP	OVPORT	CPORT	
VrB-VTEP	VrA-VTEP	x	VrB-mac	VrA-mac	OVIP	CIP	OVPORT	CPORT	
VrA-VTEP	client-CN	3	VrA-mac	client-mac	OVIP	CIP	OVPORT	CPORT	
			qrl-mac	client-mac	OVIP	CIP	OVPORT	CPORT	

(行号 ① ② ③ ④ ⑤ ⑥ ⑦ ⑧ ⑨ ⑩ ⑪ ⑫)

图 2-25 跨地域访问 4 层负载均衡 VXLAN 数据报文封装

的地址是 VrB-VTEP，VXLAN VNI 采用跨地域通信专用值 X，内层源地址和端口为 CIP：CPORT，目的地址和端口为 OVIP：OVPORT。

（4）B 地域虚拟路由器集群通过查找路由表，确定下一跳路由是发送给 4 层负载均衡集群，进行 VXLAN 封装并转发报文。外层源地址是 VrB-VTEP，目的地址是 LB-VTEP；VXLAN VNI 是目的 VPC 的 VNI 值（示例分配值 5），内层源地址和端口为 CIP：CPORT，目的地址和端口为 OVIP：OVPORT。

（5）4 层负载均衡集群解封装 VXLAN，根据 OVIP＋VNI 查找负载均衡实例信息，使用实例配置的调度算法（如轮询、最小连接数等）选择某一个后端服务器。根据 FULLNAT 的处理逻辑，将报文中的 CIP：CPORT 替换为负载均衡回源的 OBIP：OBPORT，将报文中的 OVIP：OVPORT 替换为选择服务器的 RSIP：RSPORT，并在内层报文中的 TCP 选项或 IP 选项里还要带上客户端 CIP：CPORT 信息。这些信息存入负载均衡服务器本地内存中作为一条 Session 记录，然后再封装成 VXLAN 将报文转发到后端服务器对应的计算节点。

（6）计算节点中运行的 OvS 和隧道直通模块处理接收到的报文，解封装 VXLAN，提取内层报文 TCP 选项或 IP 选项里的 CIP 以及 CPORT 信息，将内层报文中的源地址和端口 OBIP：OBPORT 替换为真实的 CIP：CPORT。处理完成的报文转发给后端服务器。

（7）对于后端服务器中的应用而言，它看到的来源 IP 就是客户端 CIP。处理请求报文后，发出响应报文。

（8）响应报文再次经过后端服务器计算节点的 TTM，命中之前的 Session 记录，进行 DNAT 转换，将 CIP：CPORT 转换回 OBIP：OBPORT。随后，后端服务器计算节点中运行的 OvS 进行路由查找等处理后，封装成 VXLAN 发送回 4 层负载均衡集群。

（9）4 层负载均衡集群接收到这个出向报文，根据报文中的信息查找内存中的 Session 记录，做反向 FULLNAT 的处理，将报文中的目的地址 OBIP:OBPORT 替换为 CIP: CPORT，源地址 RSIP:RSPORT 替换为 OVIP:OVPORT。出向报文遵循请求从哪进来，响应从哪出去的原则，封装成 VXLAN 发送给 B 地域虚拟路由器（Vrouter-B）集群。

（10）B 地域虚拟路由器集群通过查找路由表，确定目的地址下一跳是 A 地域虚拟路由器集群，进行 VXLAN 封装后转发。外层源地址是 VrB-VTEP，目的地址是 VrA-VTEP；VXLAN VNI 采用跨地域通信专用值 X，内层源地址和端口为 OVIP:OVPORT，目的地址和端口为 CIP:CPORT。

（11）A 地域虚拟路由器集群（Vrouter-A）通过查找路由表，将报文转发给下一跳客户端对应的计算节点。

（12）客户端对应的计算节点接收到报文后，解封装 VXLAN，然后将报文送回虚拟机客户端。

2.4.4 健康检查数据流处理

负载均衡可以通过主动发送健康检查请求来判断后端服务的可用性，从而避免在新建连接时将请求转发给异常的后端服务，进而提高业务可用性。通常在业界负载均衡集群的实施中，选择使用 100.64.0.0/10 作为 OBIP 网段地址，或者以 VPC 子网中的地址作为 OBIP 地址，发送健康检查探测请求。健康检查数据模块处理如图 2-26 所示。

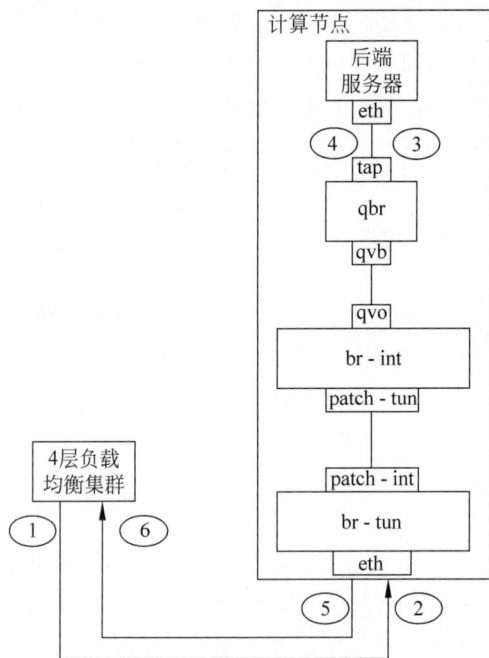

图 2-26　健康检查数据模块处理

健康检查 VXLAN 数据报文封装如图 2-27 所示，相关处理流程与访问内网 4 层负载均衡类似，因此在本节中不再进行详细展开。

VXLAN - outside			inside						
SrcIP	DstIP	VNI	SrcMac	DstMac	SrcIP	DstIP	SrcPort	DstPort	TTM
①			gw-mac	RS-mac	OBIP	RSIP	OBPORT	RSPORT	
② LB-OVTEP	server-CN	3	gw-mac	RS-mac	OBIP	RSIP	OBPORT	RSPORT	
③			qr-mac	RS-mac	OBIP	RSIP	OBPORT	RSPORT	
④			RS-mac	qr-mac	RSIP	OBIP	RSPORT	OBPORT	
⑤ server-CN	LB-OVTEP	3	RS-mac	gw-mac	RSIP	OBIP	RSPORT	OBPORT	
⑥			RS-mac	gw-mac	RSIP	OBIP	RSPORT	OBPORT	

图 2-27　健康检查 VXLAN 数据报文封装

2.5　负载均衡功能特性

云网络负载均衡通常提供的功能和特性概述，如表 2-1 所示。

表 2-1　云网络负载均衡通常提供的功能和特性

功　　能	4 层	7 层
监听类型	TCP、UDP	HTTP、HTTPS(含国密)、QUIC、gRPC、TCPSSL
调度算法	支持加权轮询、加权最小连接数、源地址哈希和一致性哈希等	支持加权轮询、加权最小连接数、源地址哈希等
会话保持(负载均衡提供会话保持功能。在会话的生命周期内，可以将同一客户端的请求转发到同一台后端服务器上)	源地址哈希调度算法	基于 Cookie 会话保持、源地址哈希调度算法
健康检查类型(负载均衡会检查后端服务器的运行状况，当探测到后端服务器运行状况异常时，会及时剔除故障后端服务器，新建连接时将流量转发给其他正常运行的后端服务器)	TCP、UDP、ICMP(Internet Control Message Protocol,互联网控制报文协议)、HTTP 类型或者关闭健康检查	TCP、HTTP 类型或者关闭健康检查
虚拟服务器组(也称为后端服务器组,将多个云服务器添加到后端服务器组中后,请求会在后端服务器间按后端服务器组的负载均衡算法和后端服务器的权重来做请求分发)	支持 IP 组、服务器组、主备服务器组	支持 IP 组、服务器组、主备服务器组
控制客户端访问防护(支持添加 ACL(Access Control List,访问控制列表)和 SG(Security Group,安全组)规则)	ACL 和 SG 防护	在对应的 4 层监听上提供支持,7层不额外提供
安全防护(具备防攻击能力)	具备 SYN 代理能力和结合公网云安全产品可提供防 DDoS 攻击能力	在对应的 4 层监听上提供防 DDoS,7 层额外提供 WAF 防护能力

续表

功　　能	4 层	7 层
限速能力	有规格型实例或者提供连接、带宽限速能力	有规格型实例或者提供连接、请求限速能力
高可用容灾能力(负载均衡支持多可用区部署,当一个可用区出现故障时,可自动切换可用区提供服务,也可以将流量转发给多个可用区的后端服务器)	能提供多可用区和转发给多可用区的高可用部署能力;提供域名型负载均衡当单 VIP 发生故障时,可自动替换故障 VIP	能提供多可用区和转发给多可用区的高可用部署能力;提供域名型负载均衡当单 VIP 发生故障时,可自动替换故障 VIP
网络类型支持(提供公网和私网类型的负载均衡服务)	实例上绑定 EIP 时可提供公网负载均衡服务	实例上绑定 EIP 时可提供公网负载均衡服务
监控和告警(控制台提供云监控服务)	新建连接、并发连接、带宽、丢包、健康检查等指标并可以设置告警规则	对应 4 层的指标外还提供各状态码的请求数量、丢弃的请求数量指标并可以设置告警规则
释放保护和配置修改保护(需要输入一能证明身份的凭证,身份验证通过后方可进行相关操作)	防止因误操作导致实例或监听的配置被修改或被删除	防止因误操作导致实例或监听的配置被修改或被删除
高级转发规则(监听支持高级转发规则,可以将来自不同特征的请求转发到不同的后端服务器上)	一般不支持	域名 URL 转发请求到不同的后端服务器上 重定向至监听 HTTP 访问重定向至 HTTPS HTTPS 监听支持挂载多个 SNI (Server Name Indication)证书
证书管理和 TLS 安全策略(针对 HTTPS 协议,提供统一的证书管理服务。证书无须上传到后端服务器,加解密处理在负载均衡上进行,降低后端服务器的 CPU 开销)	一般不支持	HTTPS 和 QUIC 监听上支持证书管理、加解密处理和选择默认策略或自定义策略
记录访问日志(将访问日志存储到云存储空间提供给使用方)	有些可以提供 Session 级别日志	提供访问请求日志
权限管理(使用统一身份认证服务(Identity and Access Management, IAM)进行精细的账号权限管理,给企业中不同职能部门的员工创建 IAM 账户,让员工拥有唯一安全凭证,并设置不同的访问权限,以达到用户之间的权限隔离和分级)	支持	支持
云审计日志(通过云审计服务,可以记录与弹性负载均衡相关的操作事件,便于日后的查询、审计和回溯)	开启了云审计服务后,系统记录 N 天的云服务资源的操作	开启了云审计服务后,系统记录 N 天的云服务资源的操作
支付方式(先付费再使用或者先使用再付费方式)	实例级别预付费或后付费	实例级别预付费或后付费

第3章

云网络负载均衡控制器原理

3.1 负载均衡控制器概述

3.1.1 云网络控制器发展简介

云网络控制器承载着集群集中化管理和调控网络实例的重任。它通过为上游租户开放 API,将网络控制平面与数据平面解耦,对云端网络资源进行灵活配置与管理。云网络控制器的发展历程可以概括为以下 4 个阶段。

(1) 传统网络管理阶段。在云计算和虚拟化技术普及之前,网络管理主要依赖于分散的、基于硬件的设备和解决方案。网络控制面和数据转发面紧密耦合,由网络设备自身的操作系统负责路由决策和数据报文转发。缺乏全局的、集中的控制和管理能力,管理分散、强硬件依赖以及灵活性受限。

(2) 虚拟化技术的引入阶段。随着虚拟化技术的发展,物理网络资源开始被抽象化、隔离化和灵活化。虚拟化技术允许在单一物理网络上创建多个虚拟网络,从而提高云计算的灵活性和可扩展性,为云网络控制面的发展奠定了基础,云计算灵活性得到提升。

(3) SDN 的兴起阶段。SDN 网络架构的出现是云网络控制器发展的重要转折点。SDN 将网络的控制平面与数据转发平面分离,实现了网络行为的软件编程控制。SDN 控制器作为逻辑实体,负责管理和指示交换机和路由器的数据平面行为。

正如 2.1.2 节所述,在 SDN 网络架构中,控制平面与数据平面被巧妙地分离开来,实现了网络控制逻辑与数据报文转发功能的深度解耦。这一设计原则的核心在于,控制平面由一组集中化、高智能的网络控制器集群构成,它们作为网络的大脑,负责全局性的策略制定与资源调度。这些控制器通过网络协议这一桥梁,与数据平面中的各类网络设备(如交换机、路由器等)建立起紧密而灵活的通信机制。这种通信不仅确保了控制指令的准确传达,还实现了网络状态的实时感知与动态调整。

(4) SDN 网络架构控制器的发展阶段。随着 SDN 网络架构的日益成熟与完善,一系列功能强大、性能卓越的控制器应运而生。这些控制器不仅丰富了网络管理的功能集,还通过优化算法与架构设计,实现了更高的处理性能与更强的可扩展性。此阶段见证了控制器在功能全面性、处理效率及系统兼容性等方面的全面飞跃,为构建更加智能、高效、灵活的云网络体系奠定了坚实的基础。

3.1.2　负载均衡控制器架构

负载均衡控制器是云网络控制器家族中的一员。随着云网络控制器架构的发展和演进,当前的负载均衡控制器架构如图 3-1 所示。

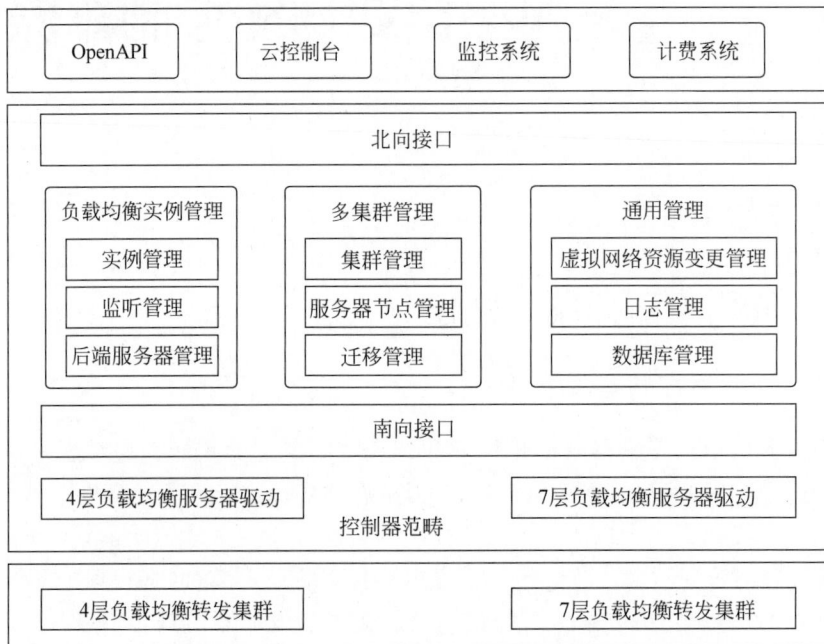

```
┌──────────┐  ┌──────────┐  ┌──────────┐  ┌──────────┐
│ OpenAPI  │  │  云控制台  │  │  监控系统  │  │  计费系统  │
└──────────┘  └──────────┘  └──────────┘  └──────────┘
┌─────────────────────────────────────────────────────────┐
│                        北向接口                            │
├─────────────────────────────────────────────────────────┤
│  负载均衡实例管理        多集群管理           通用管理          │
│  ┌──────────┐        ┌──────────┐    ┌────────────────┐ │
│  │  实例管理  │        │  集群管理  │    │ 虚拟网络资源变更管理 │ │
│  ├──────────┤        ├──────────┤    ├────────────────┤ │
│  │  监听管理  │        │服务器节点管理│    │     日志管理      │ │
│  ├──────────┤        ├──────────┤    ├────────────────┤ │
│  │后端服务器管理│        │  迁移管理  │    │    数据库管理     │ │
│  └──────────┘        └──────────┘    └────────────────┘ │
├─────────────────────────────────────────────────────────┤
│                        南向接口                            │
├─────────────────────────────────────────────────────────┤
│ 4层负载均衡服务器驱动      控制器范畴     7层负载均衡服务器驱动      │
└─────────────────────────────────────────────────────────┘
┌─────────────────────────────────────────────────────────┐
│  4层负载均衡转发集群              7层负载均衡转发集群            │
└─────────────────────────────────────────────────────────┘
```

图 3-1　负载均衡控制器架构

控制器的北向接口接收上游来自 OpenAPI、云控制台、监控系统、计费系统等外部应用层的请求,利用东西向接口与第三方网络控制器进行深度交互,通过其核心业务逻辑,处理北向配置变更请求,将元信息转换为配置信息,存储到持久化介质之中,并及时向调用者反馈处理结果,实现请求响应的闭环。控制器的南向接口,通过采用统一的元数据抽象模式,将复杂的配置指令转换为服务器易于理解的格式,发送到统一的配置中心或者消息通道中。南向负载均衡服务器驱动准确接收并解析这些配置信息,将其准确无误地配置到对应负载均衡服务器上,确保网络配置的快速生效与稳定运行。

在控制器的核心业务逻辑中,管理着云上负载均衡业务的关键资源——负载均衡实例及其相关组件如监听、后端服务器的创建、修改与删除等基本操作,响应租户对资源配置的变更请求,确保云上服务的高可用性与灵活性。此外,还承担着负载均衡服务器分集群相关的管理任务,包括服务器的日常运维、实例分配策略的优化调整、迁移与调度的灵活执行、集群容灾能力的构建与提升,以及集群建设与运维管理的全面覆盖。同时,控制器还实时感知虚拟网络拓扑变更,通过东西向通道捕捉虚拟网络侧的资源变更,并迅速调整负载均衡服务器的配置策略,以适应网络拓扑的动态变化。这种即时响应能力,为网络服务的连续性与稳定性提供了有力保障。另外,控制器还涉及了横向管理,包括日志管理、存储管理、链路管理等。这些功能不仅有助于提升网络运维的效率与质量,还为网络服务的持续优化与改进提供了数据支持。

1. 控制器模块组成

基于 SDN 架构的网络控制器通常被划分为多个核心模块,负载均衡控制器模块组成如图 3-2 所示。

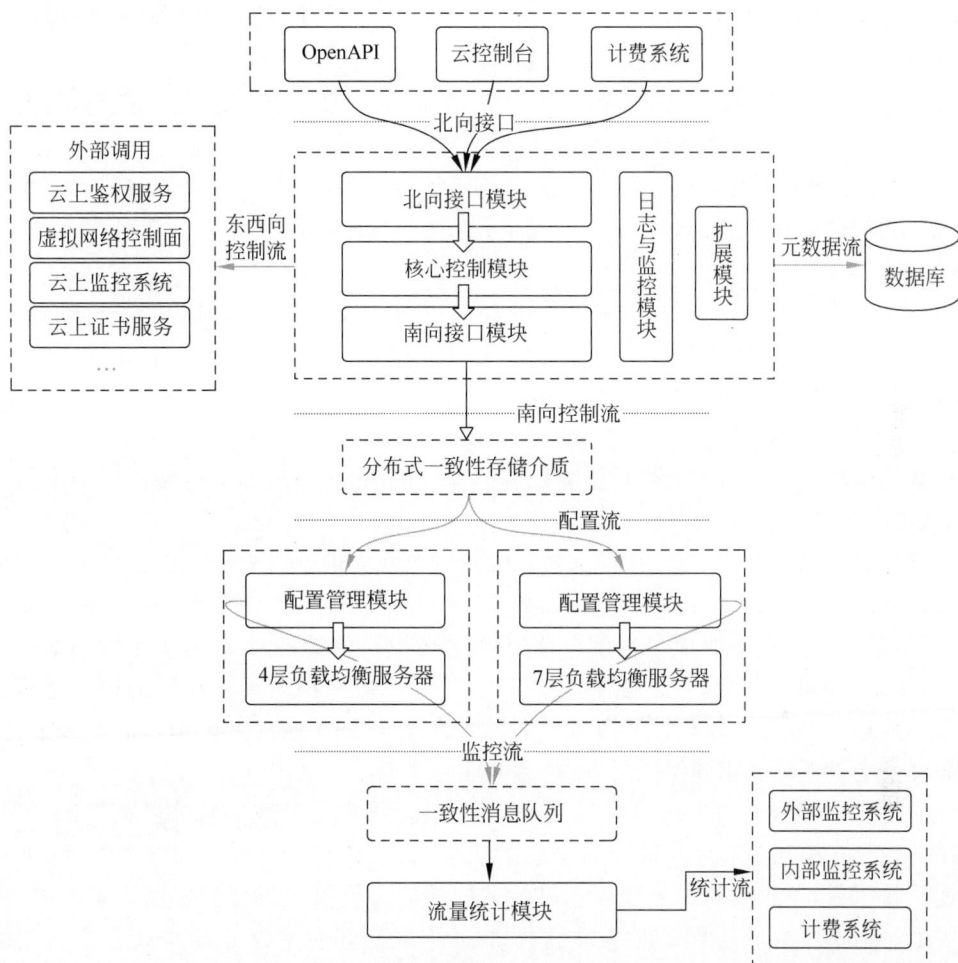

图 3-2　负载均衡控制器模块组成

负载均衡控制器的核心模块包括北向接口模块、核心控制模块、南向接口模块,以及日志与监控模块和扩展模块。辅助模块涵盖了配置管理模块和流量统计模块。这些模块的功能划分如下。

(1) 北向接口模块:此模块对外提供标准 RESTful API,充当上游系统与控制器之间的桥梁,负责负载均衡网络资源的灵活配置与高效管理,实现负载均衡实例相关网络资源的动态下发、精细管理及实时查询等功能。

(2) 核心控制模块:负责全局负载均衡网络策略的制定与流量调度的核心控制,同时与周边第三方控制面模块完成东西向控制流交互,将负载均衡元数据持久化进数据库等持久化介质。主导着业务逻辑策略的制定与执行,确保网络运作的顺畅与高效。

(3) 南向接口模块:该模块通过特定的通信协议发起配置变更指令,实现负载均衡网络配置的下发与网络流量的精准转发、控制，确保了控制器与负载均衡服务器之间的无缝对接与高效协同。

（4）日志与监控模块：日志收集、记录与网络状态实时监控。记录控制器运行过程中的各类日志，包括系统日志、网络日志等，为故障排查、性能评估及安全审计提供资料。同时，还提供网络状态监控界面，使运维人员实时掌握网络拓扑、设备状态及流量情况，及时响应网络事件，确保网络运行的安全与稳定。

（5）扩展模块：提供一系列扩展模块接口，这些模块可根据特定业务需求进行定制开发，满足多样化的网络管理需求，提升整体网络管理的扩展性。

（6）配置管理模块：直接与负载均衡服务器集群交互，将南向模块下发的元数据准确翻译成负载均衡服务器接收的配置与指令，确保网络配置的准确无误与即时生效，是网络配置的基石。

（7）流量统计模块：收集负载均衡服务器关键网络性能指标，如带宽利用率、延迟、丢包率等，并将这些数据精准推送给第三方管理平面、内外部监控系统、云上计费系统等，为网络优化与决策提供数据支撑。

2. 控制器北向高可用

负载均衡控制器北向接口模块作为控制器对外的门户，通过如下策略确保与上游系统的高效、可靠及可扩展的交互能力。

高效的交互包括极致的响应时间、高吞吐量以及强大的并发处理能力。极致的响应时间通过优化内部处理逻辑与资源调度策略，确保对上游请求的响应速度达到最低延迟标准，提升租户体验与系统响应灵敏度。高吞吐量采用高效的并发处理机制与数据缓冲策略，以支撑大规模并发请求下的高吞吐量需求，保障系统在高负载环境下的稳定运行。强大的并发处理能力，通过分布式架构与水平扩展技术，增强系统对并发请求的承载能力，确保在高并发场景下依然能够保持高效、稳定的性能表现。

可靠性方面通过极致的高可用性、灵活的限速能力以及高效的故障恢复机制来保证。高可用性通过实施冗余部署与故障自动切换机制来保证，确保在单点故障发生时，系统能够迅速恢复服务，保障业务的连续性。灵活的限速能力通过提供可配置的限速策略，有效防止因上游请求量激增而导致的系统过载，保护系统资源免受恶意攻击或异常流量的冲击。高效的故障恢复机制通过建立完善的监控与告警体系，及时发现并快速响应系统故障，通过自动化的故障恢复流程，缩短故障恢复时间，降低对业务的影响。

在可扩展性方面，主要通过标准化接口、模块化设计以及易于扩展的架构来达成。标准化接口通过遵循业界通用的 API 标准与协议规范，确保接口的一致性与互操作性，降低集成难度与成本。模块化设计通过采用模块化架构，将接口功能划分为多个独立的模块，便于根据实际需求进行灵活配置与扩展。易于扩展的架构通过预留充足的扩展接口与资源空间，支持后续功能的无缝集成与性能瓶颈的平滑升级，确保系统能够随着业务需求的变化而持续演进。

为了达成上述性能目标，控制器可以采取以下一系列措施。

（1）多可用区部署策略，负载均衡控制器北向模块部署示意图如图 3-3 所示，结合前端智能域名系统技术，实现按请求来源的智能就近解析，从而显著提升访问效率。通过这一分布式架构模式，确保系统能够轻松应对高并发访问需求，并维持高度的服务可用性。

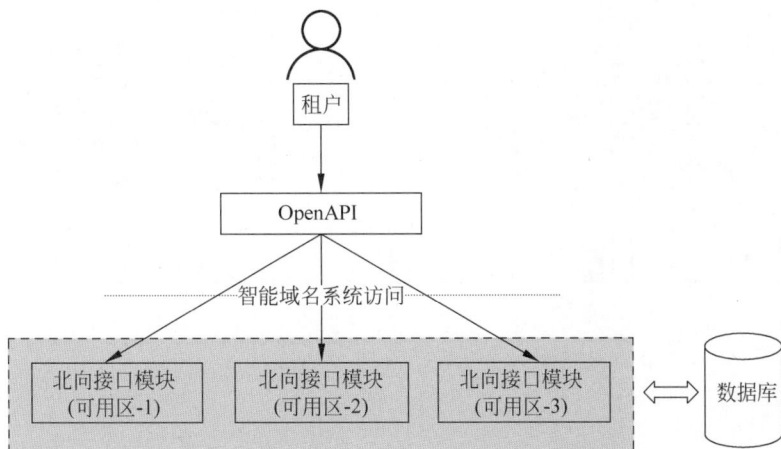

图 3-3 负载均衡控制器北向模块部署示意图

（2）进行南北向拆解，优化数据库交互逻辑，通过减小锁的使用粒度与范围，有效降低系统资源竞争，提升 API 的响应速度。这些优化措施不仅可以缩短单次请求的处理时间，还能显著增强系统的并发处理能力。

（3）集成幂等性支持，提升系统的可用性。无论操作被重复执行多少次，系统都能保证结果的一致性，有效避免因重复请求导致的资源浪费或数据错误，从而增强了系统的稳定性和租户体验。

（4）支持多种灵活的限速策略，保障系统的安全与性能。这些策略涵盖基于接口的限速控制，基于租户的限速控制，确保系统资源得到合理分配，能够在遇到异常流量或突发状况时，自动采取必要的限流措施，保护系统免受潜在损害。

3. 控制器南向配置加载

负载均衡控制器南向接口模块主要聚焦于提升加载效率、确保数据一致性、增强设备兼容性以及实现统一的配置加载模式。控制器设计了一套南向配置加载机制，旨在全面优化控制器的南向运作效能与灵活性。负载均衡控制器南向配置加载机制示意图如图 3-4 所示。

南向配置加载流程如下。

（1）全量与增量配置加载。采用了全量配置与增量配置加载相结合的方式，根据具体场景灵活选择应用。全量配置适用于初次部署负载均衡服务器或需要全面更新服务器配置的情况；而增量配置则适用于日常运维中的小规模变更，减少了不必要的冗余配置，提高了配置更新的效率。

（2）全局版本号管理。通过引入全局版本号机制，提升加载配置的时效性与数据一致性。每次配置更新都会伴随版本号递增，确保所有组件能够识别并应用最新的配置变更，避免了配置冲突和数据不一致的问题。

（3）任务队列与重试策略。为了有效解决配置失效问题，实施任务队列管理机制。所有配置请求均被有序地放入队列中处理，确保了配置的顺序性和完整性。同时，针对可能发生的配置失败情况，设计了智能重试策略，根据失败原因自动调整重试次数和间隔，直至配置成功或达到最大重试次数限制。

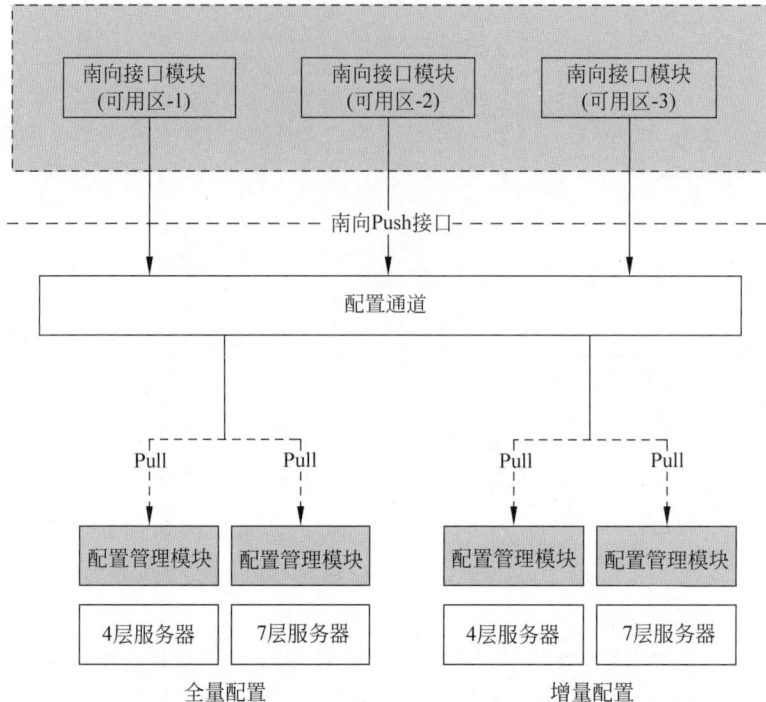

图 3-4　负载均衡控制器南向配置加载机制示意图

（4）统一的配置通道与接口隔离。建立统一的配置通道，用于控制器南向接口与负载均衡服务器之间的所有配置交互。这一设计不仅简化了配置流程，还通过接口隔离技术有效保护了南向控制器的安全性与稳定性。任何外部请求都需要通过该统一通道进行验证和授权后才能访问南向接口，从而避免了非法访问和数据泄露的风险。

4. 控制器东西向交互

负载均衡控制器与周边控制器的交互是云环境内部网络架构的重要组成部分。负载均衡控制器东西向访问流程如图 3-5 所示。在云环境中，控制器需要与 IAM、VPC 控制器进行交互，涉及权限验证、网络配置、流量管理等多个方面。这些交互通过标准化的接口和协议进行，以确保云环境的稳定性和安全性。具体交互内容如下。

图 3-5　负载均衡控制器东西向访问流程

1）与 IAM 的交互

IAM 是云环境中一个至关重要的组件，它专注于管理和保护云服务中的资源和数据访问，它的主要目的是确保只有经过授权的租户或服务能够访问云资源，并按照预定的权限策略执行操作。IAM 主要负责租户身份管理、权限策略与访问控制、身份验证与授权等内容。控制器与 IAM 的交互主要包括以下内容。

（1）权限验证。验证访问其服务的租户或服务的身份和权限。这通常涉及 API 请求的认证和授权过程，确保只有具有适当权限的租户或服务才能配置和管理负载均衡实例。IAM 会提供身份验证令牌，如 AWS 的 Access Key 和 Secret Key，或 OpenStack 的 Token

等,控制器在接收到请求时会验证这些令牌的有效性。

(2)策略执行。除了基本的身份验证外,IAM还可能定义了一组安全策略,用于控制对负载均衡实例的访问和操作。这些策略可能基于租户角色、资源标签、时间条件等多种因素。控制器会执行这些策略,确保符合策略要求的请求被允许,而不符合的请求被拒绝。

2)与VPC控制器的交互

Neutron是OpenStack项目中的一个核心组件,负责提供和管理云计算环境中的网络服务,包括网络、子网、网卡、路由器等的创建和管理。控制器与Neutron的交互主要包括如下内容。

(1)获取网络配置。获取可用的子网、路由器、安全组、ACL信息、VIP和虚拟服务器的信息,以获取网络拓扑和配置信息。

(2)进行流量管理。将入站流量分发到后端服务器池中的多个虚拟服务器上。这涉及网络流量的路由在VPC路由器上的配置。

(3)动态感知网络变更。通过东西向通道感知以上网络拓扑与配置信息的变动情况,并及时将变更配置发布到负载均衡服务器,确保虚拟网络配置的全局生效。

3.1.3　负载均衡控制器发展阶段与展望

1. 负载均衡控制器发展阶段

随着云上租户体量与规模的持续扩大,控制器面临着日益严峻的性能挑战。控制器的交互方式、内部架构及运作模式均经历了持续的演进与优化。业界负载均衡控制器发展演进的4个典型阶段如下。

(1)阶段一:中心化架构与南北向紧耦合。控制器采用中心化的架构设计,南北向接口紧密耦合。中心化负载均衡控制器架构如图3-6所示,所有的南北向逻辑处理均集中在核心控制器上,该核心控制器扮演着至关重要的角色,负责统一处理来自上游应用的请求以及向下游负载均衡服务器节点发送配置指令和收集状态信息。这种设计在初期确保了系统的集中管理与控制,但随着业务规模的增长和复杂度的提升,其局限性也逐渐显现,如逻辑耦合复杂、可扩展性受限以及处理瓶颈等问题。

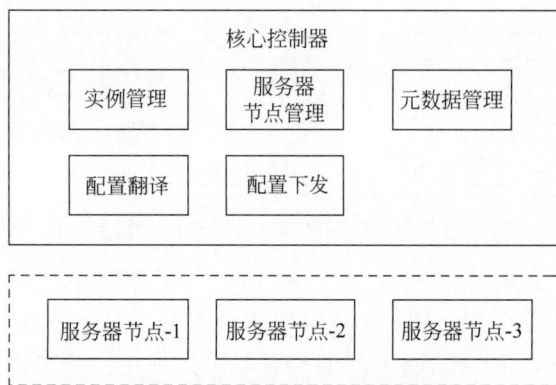

图3-6　中心化负载均衡控制器架构

(2)阶段二:分布式架构与南北向解耦。在这一阶段,明确区分南北向的功能边界,借鉴云原生的设计理念,引入统一的存储介质作为南北向通信的核心枢纽,实现了控制平面与数据平面的分离,减轻了核心控制器的负担。分布式负载均衡控制器架构如图 3-7 所示,在新的架构设计中,南向接口更加贴近服务器节点,负责具体的配置下发与状态收集任务,北向接口则更加聚焦于对外提供轻量级、易扩展的服务接口。这种架构转型不仅提升了系统的可扩展性与灵活性,还增强了系统的容错能力与性能表现,为应对未来更复杂的业务场景奠定了坚实的基础。

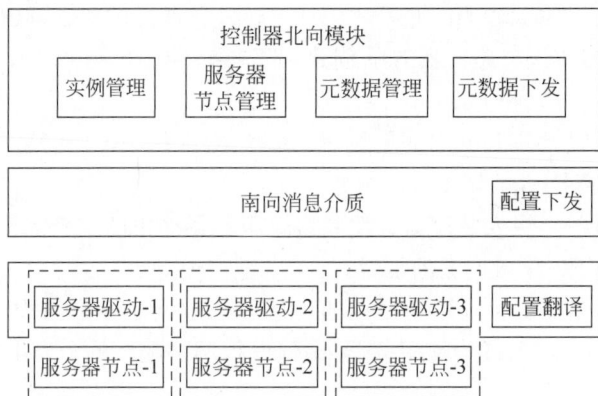

图 3-7　分布式负载均衡控制器架构

（3）阶段三:支持服务器分集群架构。在这一阶段,实施了服务器的分集群部署策略,有效分散了单一集群的负载压力,提升了系统的整体性能与稳定性,引入了更为丰富的容灾手段,确保了在高并发、高负载或故障场景下,系统仍能保持连续、稳定的服务能力。负载均衡控制器支持服务器分集群架构如图 3-8 所示。

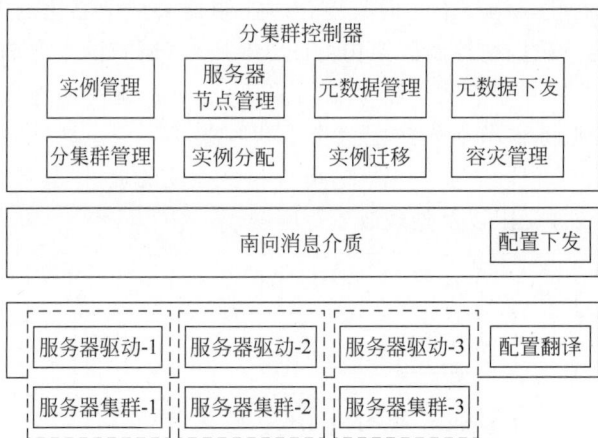

图 3-8　负载均衡控制器支持服务器分集群架构

（4）阶段四:云原生化架构的控制器。在这一阶段,全面拥抱云原生理念,将负载均衡控制器的架构推向云原生阶段。通过引入微服务管理和虚拟化技术,实现系统组件的细粒度划分与独立部署,极大地提升了系统的灵活性与可扩展性。控制器在支持分集群架构的基础上,进一步支持服务器的弹性伸缩与动态编排能力,使得转发系统能够根据业务负载的实时变化自动调整资源分配。负载均衡控制器云原生化架构如图 3-9 所示。

以上负载均衡控制器各发展阶段的优缺点以及适用场景的对比,如表 3-1 所示。控制

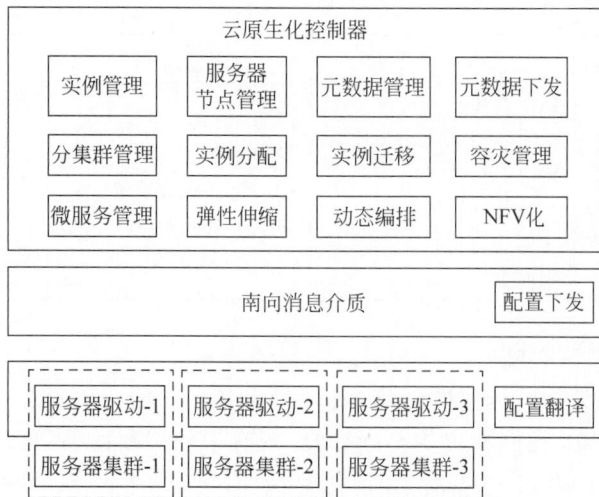

图 3-9 负载均衡控制器云原生化架构

器的每种架构都有其适用场景与优势,在实施过程中控制器的架构设计并非一味追求高度先进,而是需根据当前业务场景、规模、业务特性及性能需求等多维度因素,量身定制最适合的架构方案。

表 3-1 负载均衡控制器各发展阶段对比

架构模型	优 点	缺 点	适 用 场 景
中心化架构	逻辑简单 便于部署 同步接口	逻辑耦合严重 分层不清晰 适配所有类型服务器,差异化严重 可扩展性不强 时延难以降低 性能优化有限 排查问题困难	业务逻辑简单 集群规模不大 整体链路层次低 时延、并发、性能要求不高
分布式架构	南北向解耦 分层清晰 去除中心化节点 统一的元数据结构 强扩展性 时延提升,性能优化明显 排查问题清晰	逻辑较为复杂 数据一致性要求更高	集群规模较大 时延、并发、性能有一定要求 主流负载均衡控制器架构
分集群架构	实例精准导流 配置异构,分而治之 多种容灾场景 主备容灾/主主容灾 灵活的故障逃逸手段 实例迁移/主备切换 实例多场景分配策略	逻辑较为复杂 集群管理较为复杂 集群水位管理不够灵活 集群管理自动化程度较低	集群规模较大 租户规模较大 实例规模较大 实例整体流量较大 容灾场景要求高 故障逃逸灵活性要求高

续表

架构模型	优　　点	缺　　点	适 用 场 景
云原生化架构	微服务化 灵活部署,适配更多环境 资源占用率更低 支持弹性伸缩 支持动态编排 集群管理智能化	逻辑复杂 中心化的决策系统 单点失效问题	支持边缘 支持混合云 支持快速部署 集群水位管理更加智能化 人工运维成本低

2. 负载均衡控制器展望

负载均衡控制器架构的迭代进化是一个不断演进的过程。随着业务规模的持续扩大、复杂度的逐步增加,以及性能要求的不断提高,现有架构不断面临新的挑战。从长远角度来看,控制器的发展将展现出多样化、智能化、高效率和安全性增强的特点。这些发展趋势不仅标志着技术进步的必然走向,而且与云计算、大数据、人工智能等前沿技术的快速进步紧密相连。

(1) 集中化与智能化。随着 SDN 技术的不断发展,负载均衡控制器正逐渐实现集中化和智能化。SDN 控制器作为一个逻辑实体,可以管理和指示交换机和路由器的数据平面如何处理网络流量,从而协调并促进应用程序和网络元素之间的通信。这种集中化的管理方式提高了网络管理的灵活性和效率。

(2) 高性能与可扩展性。随着负载均衡业务丰富性和租户规模的增加,对负载均衡控制器的性能要求也越来越高。此外,负载均衡控制器还需要具备可扩展性,以支持不断增长的网络规模和业务需求。

(3) 安全性与可靠性。随着网络安全威胁的不断增加,负载均衡控制器在安全性方面也面临着更高的要求。例如,零信任平台、扩展检测和响应以及安全访问服务边缘(Secure Access Service Edge,SASE)等技术被广泛应用于增强虚拟化安全性。此外,负载均衡控制器还需要具备高可靠性,以确保网络的稳定性和业务的连续性。

(4) 定制化与灵活性。随着云计算、大数据等技术的推动,不同类型企业的应用场景不断细分且差异越来越大。因此,负载均衡控制器需要提供定制化的解决方案,以满足不同企业和应用场景的需求。这种定制化的解决方案可以提高企业的业务效率和竞争力。

(5) 技术创新与融合。负载均衡控制器行业正面临着技术创新和融合的趋势。例如,OpenFlow 作为最初广泛使用的南向 API,为网络控制器的创新提供了可能。

3.2　负载均衡控制器核心技术

3.2.1　控制器北向技术

1. 控制器北向模块概述

负载均衡控制器北向模块负责与上层应用、资源管理系统等进行交互,在云计算环境中占据着至关重要的地位。其向上层提供了统一的网络资源抽象,使得上层应用能够灵活、高效地调用和管理网络资源。北向模块是实现业务功能、满足租户需求的关键。通过

北向模块提供的接口,租户可以方便地定制网
络策略、调度网络资源,从而实现各种复杂的网
络业务场景。负载均衡控制器北向提供的业务
如图 3-10 所示。

北向模块位于上游云控制台/OpenAPI 与
下游南向接口模块之间,通过设定标准的 API,
接收来自上游租户的请求,根据业务需求,灵活
调度和管理网络资源。北向模块提供了丰富的
应用程序接口,使得开发者可以方便地调用网
络资源来构建新的网络应用或集成现有应用。
北向模块是整个控制链路上核心的业务流程处
理模块,它需要运用数据模型抽象,将前端的产

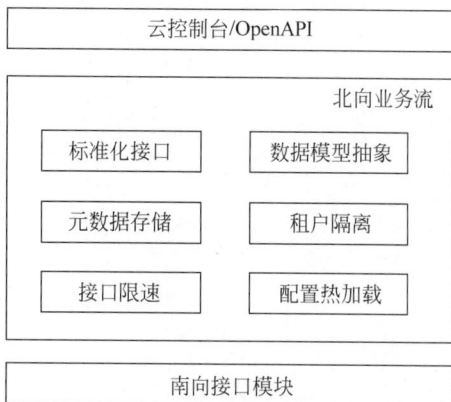

图 3-10　负载均衡控制器北向提供的业务

品形态抽象成控制器定义的元数据模型,同时通过特定的持久化介质对以上元数据完成存
储,实现对租户资源、实例的管理工作,同时针对云上多租户的场景,设计合适的租户隔离
机制,确保云环境下多租户之间的资源隔离,保障每个租户的数据安全和隐私。此外,北向
模块还内置了多项安全与优化机制,如接口限速和配置热加载,以确保系统的稳定性和高
效性。这些机制如同"安全卫士",时刻守护着网络资源的顺畅运行。最终,北向模块将处
理好的元数据传递给下游的南向接口模块,再由南向模块将这些配置下发给具体的负载均
衡服务器,实现了网络配置的完整加载。

北向模块是连接控制器与上层应用、下游负载均衡服务器的关键桥梁。随着云计算技
术的不断发展和应用场景的不断拓展,北向模块的重要性和作用将会更加凸显。

2. 北向数据模型

在云环境中,数据模型抽象是一个关键的概念,它涉及对数据及其属性的高级描述和
结构化表示。这种抽象机制对于实现云服务的灵活性、可扩展性和高效管理至关重要。元
数据模型抽象涉及将数据从底层物理实现中抽离出来,形成更高层次更适配产品的逻辑表
示。这种抽象有助于简化复杂的数据结构,使得上层应用能够更加专注于业务逻辑的处
理,而不是数据的物理存储和访问细节。

负载均衡控制器北向业务实体关系模型如图 3-11 所示,图中展示了一个标准的负载均
衡服务抽象出的北向数据模型。

一个负载均衡实例作为一组负载均衡业务的整体数据模型抽象,拥有 VPC 内的一个
特定 VIP,作为租户从 VPC 内访问负载均衡实例的入口,同时可以绑定多个监听,一个监听
有一个特定的端口,提供 TCP/UDP/HTTP/HTTPS/QUIC/TCPSSL 等协议层的监听,支
持带权重轮询、最小连接数、源地址哈希等负载均衡策略,同时一个负载均衡实例可以拥有
多个服务器组,服务器组里包含一组云上虚拟服务器,作为后端回源真实服务器。负载均
衡服务的一组策略可以关联一个特定监听与一组服务器组,从而实现访问虚拟负载均衡实
例的特定端口回源到后端真实服务的映射功能。同时,一个监听可以通过一组策略绑定后
端多个服务器组,通过配置分流策略,如按 Host 分流、按 URL 分流等,实现同一负载均衡
端口不同策略的分流。基于云上虚拟网络实例的安全访问需求,云网络抽象出安全组与
ACL 产品的数据模型,其中可设置多条带权重的进出向规则,通过将 ACL、安全组与负载
均衡实例关联,实现对特定负载均衡实例的安全访问控制。

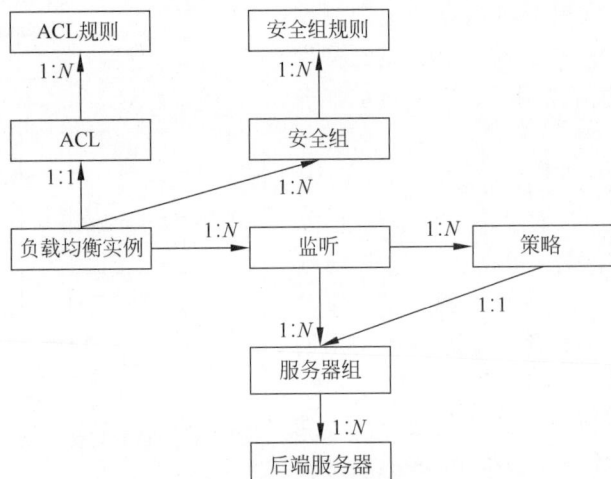

图 3-11 负载均衡控制器北向业务实体关系模型

通过高度抽象化的方式,将云上虚拟网络产品中的负载均衡功能进行提炼与整合,为租户呈现一个更加直观、易于理解和配置的云上负载均衡解决方案。这样的抽象化处理不仅简化了复杂的技术细节,还使租户能够迅速把握负载均衡的核心功能与配置要点,从而高效地在云端环境中部署和管理其负载均衡实例,也便于控制器北向基于此数据模型进行一系列业务逻辑的展开与深入。

3. 元数据持久化

在负载均衡控制器完成对上述实例产品逻辑层面的抽象设计后,为了确保这些实例的元数据能够被有效管理,以及租户查询与修改操作,控制器北向需要接入持久化存储介质。此存储介质存储实例元数据,为租户的各项操作提供一个稳定、可靠的数据基础。在控制器中,北向元数据一般可使用如下几种存储介质。

1)数据库

使用关系数据库或非关系数据库来存储元数据,提供了强大的数据管理能力,包括数据的增删改查、索引优化、事务处理等。同时,数据库还支持多种查询语言和接口,方便上层应用进行访问和管理。常用介质包括 MySQL、MongoDB 等,负载均衡控制器中绝大部分元数据都通过数据库实现持久化。在使用数据库存储元数据时,需要设计高效的索引与分区策略,针对元数据表的核心字段(如负载均衡实例 ID、租户 ID)构建索引,以显著提升查询效率。同时,集成事务与锁机制(如乐观锁、悲观锁),确保高并发环境下的数据一致性。通过数据加密与严格的访问控制,保护敏感元数据免受泄露风险。实施严格的访问控制策略,确保只有授权租户才能访问和修改元数据表中的数据。负载均衡实例表如表 3-2 所示。

表 3-2 负载均衡实例表

字 段 名 称	字 段 类 型	字 段 描 述
ID	INT PRIMARY KEY	元数据唯一标识符
LoadBalancerID	VARCHAR(255)	负载均衡实例唯一标识符
UID	VARCHAR(50)	所属租户 ID

字 段 名 称	字 段 类 型	字 段 描 述
Name	VARCHAR(255)	负载均衡实例名称
VpcID	VARCHAR(255)	所属 VPC ID
OVIP	VARCHAR(255)	负载均衡实例 IP
Timestamp	VARCHAR(255)	记录创建或更新时间

2）键值存储

使用键值存储来存储元数据，具有极高的读写性能，常用介质包括 Redis、Memcached 等，主要适用于需要快速读写操作的场景以及极高频率读写的数据，如业务 Token、缓存数据等。

3）自定义存储

采用自研的存储机制与介质来存储元数据，这种机制可以结合多种存储技术的优点，且根据实际需求进行优化设计，满足控制器特定的性能或安全要求。

4. 北向 API 设计

北向 API 作为负载均衡控制器的核心设计要素之一，其重要性不言而喻，它构筑了控制器与上层 OpenAPI 或云控制台之间高效、安全的沟通桥梁。在精心规划北向 API 时，需细致考量多重维度，旨在实现资源的无缝整合与灵活管理。首要任务是资源的抽象化，即将网络环境中纷繁复杂的物理与虚拟资源（涵盖负载均衡实例、监听、后端服务器等）提炼为易于管理的对象模型，并通过北向 API 进行精准表达与操控。这一步骤奠定了资源高效配置与管理的基础。接下来，定义一套标准化的操作集，包括但不限于创建、读取、更新、删除等核心功能，确保上层应用或管理系统能够依托负载均衡控制器，实现对网络资源的全面配置与管理。这不仅提升了操作的便捷性，也增强了系统的灵活性与响应速度。数据模型的设计同样至关重要，它需清晰、一致地描绘网络资源的状态与属性，为上层应用或管理系统提供准确的信息解读与处理依据。这一设计原则确保了信息的透明化与可理解性，降低了系统间的沟通成本。此外，完善的错误处理与状态反馈机制也是不可或缺的，能够及时发现并报告问题，为上层应用或管理系统的稳定运行提供有力保障。在追求上述功能实现的同时，北向 API 的设计还需遵循一系列明确的目标。标准化与兼容性是首要原则，确保 API 遵循行业规范或广泛认可的标准，以实现与多种上层应用或管理系统的无缝对接。可扩展性则要求设计应预留足够的空间与接口，以应对未来网络需求与技术的不断演进。易用性方面，力求接口直观、操作简便，降低开发门槛与成本。最后，高性能是保障网络管理实时性与准确性的关键所在，确保接口能够轻松应对高并发请求的挑战。在北向 API 安全性方面，通过认证与授权，实现基于角色的访问控制等机制，确保只有授权租户才能访问北向 API。数据加密，对敏感数据（如密码、密钥等）进行加密处理，防止数据泄露。日志审计，记录所有对北向 API 的访问和操作，以便进行安全审计和故障排查。

在云厂商中，通常会采用 RESTful 设计风格，将负载均衡相关的资源（如策略、目标、健康检查等）表示为 URL 路径，使用标准的 HTTP 方法（如 GET、POST、PUT、DELETE）来表示对资源的操作，采用 JSON 或 XML 作为数据交换格式，确保接口的跨平台兼容性和易用性，为 API 设计版本号，以便在更新或扩展功能时保持向后兼容性。如下为一个简化的负载均衡控制器北向 API 设计示例，用于展示如何通过北向 API 管理负载均衡实例。

```
# 创建负载均衡实例
POST /api/v1/loadbalancers
Content - Type: application/json
{
  "name": "my - loadbalancer",
  "description": "A load balancer for web traffic",
  "algorithm": "least - connections",
  "virtual_ip": "192.168.1.100",
  "port": 80,
  "backend_servers": [
    {"ip": "192.168.1.101", "port": 8080, "weight": 1},
    {"ip": "192.168.1.102", "port": 8080, "weight": 2}
  ],
  "health_check": {
    "type": "http",
    "uri": "/",
    "interval": 5,
    "timeout": 2,
    "unhealthy_threshold": 3,
    "healthy_threshold": 2
  }
}
# 读取负载均衡实例信息
GET /api/v1/loadbalancers/{loadbalancer_id}
# 更新负载均衡实例配置
PUT /api/v1/loadbalancers/{loadbalancer_id}
Content - Type: application/json
# 删除负载均衡实例
DELETE /api/v1/loadbalancers/{loadbalancer_id}
```

5. 北向接口限速

在限速功能的实现上，针对负载均衡控制器系统集群式部署的特点，常见的限速算法包括滑动窗口限速算法、令牌桶限速算法、漏斗限速算法等，相比较滑动窗口限速算法时间复杂度适中，集群环境下实现难度较低。

1）限速策略

限速策略是确保系统在面对大流量或异常流量冲击时保持稳定性的关键手段。当系统遭遇此类流量冲击时，需根据大流量或异常流量的特性，如特定的 API 请求、租户行为等，实施精确的限流措施，以确保其他正常租户的访问不受影响。为了满足这一需求，必须具备动态调整限流配置的能力，以便迅速响应并限制大流量或异常流量，从而维护系统的整体稳定性和性能。

为了实现限速配置的持久化和动态调整，负载均衡控制器系统将限速配置信息存储于数据库中，确保其在系统重启或故障恢复后依然有效。当限速配置需要变更时，只需简单地修改数据库中的相应字段，随后，这些更新后的限速配置将被自动下发至限速模块，从而实现动态限速配置。负载均衡控制器系统制定了基于租户、租户接口和全局接口三个维度的滑动窗口限速方案，确保系统在面对异常流量时依然能够稳定运行。

2）限速算法

滑动窗口限速算法要求将集群内多个机器在特定限速窗口内的访问量进行汇总,并与预设的阈值进行比较。

（1）限速配置检索：通过定时任务获取所有的限速配置。查看针对当前请求是否存在相应的限速配置。若不存在,则直接放行。

（2）请求量记录与监控：设计了一个变量用于跟踪和记录每个限速租户、每个限速接口在单个窗口内的请求量。其中,当前秒和下一秒之间的所有请求都将被记录到对应的缓存介质中。每当一个请求通过时,缓存中相应值加1,确保在高并发情况下精确计算每个时间窗口内的请求量。同时,为该变量设置合适的过期时间。

通过上述策略,能够有效地实现滑动窗口限速算法,确保系统在高并发场景下依然能够稳定运行,并为租户提供优质的服务体验。滑动窗口计算策略如图 3-12 所示。

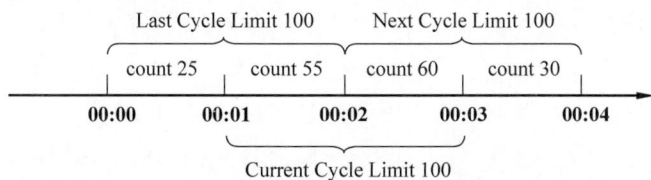

图 3-12 滑动窗口计算策略

3）请求限速逻辑

在数据库的限速配置中,可以设定全局单接口、租户全接口、租户单接口三种粒度的限速配置,其具体的思路如下。

（1）根据当前请求的租户和接口,从数据库配置表中获取和该请求相关的限速配置,并按照全局单接口、租户全接口、租户单接口,从粗到细的粒度进行遍历判断。

（2）查看限速配置中窗口的数量,获取从当前窗口到之前 N 个窗口下每个窗口的请求量,并累加。

（3）将加和的请求量和配置中设定的阈值做比较,如果请求量之和大于设定的阈值,则返回给租户限速的状态码,否则进行正常请求。

租户请求限速判断示意图如图 3-13 所示。

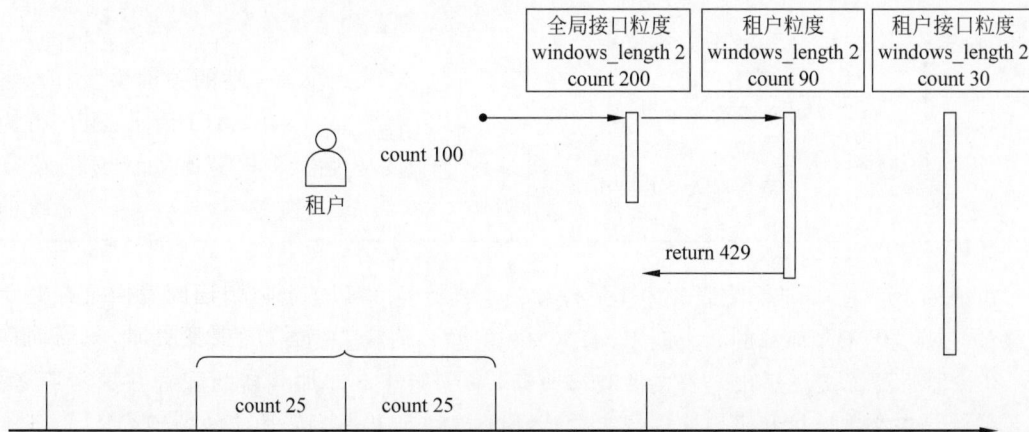

图 3-13 租户请求限速判断示意图

6．云上的租户隔离

相比于传统环境单租户管理，云环境下是所有租户数据都存储在一个控制器中。因此在云环境中，如何做好租户隔离是一个至关重要的概念，也是北向纳管的主要内容之一，从而保证不同租户之间的数据、资源和服务的独立性，保障每个租户的安全性和隐私性。一般而言，负载均衡控制器通过如下机制保证云上租户共享存储数据的安全性、隔离性以及避免滥用共享资源。

1）访问控制

通过实施严格的访问控制策略，限制租户对资源的访问权限，防止未经授权的访问和数据泄露。常见机制包括基于角色的访问控制、基于属性的访问控制和基于声明的访问控制等。通过该策略可以根据租户的身份、角色、属性或声明来动态授予或撤销访问权限。

2）资源配额和限制

通过实施资源配额和限制机制，确保租户不会滥用共享资源。常见机制包括限制租户可以使用的资源数量（如 CPU 核心数、内存大小、存储容量等）以及资源的使用率（如带宽、I/O 速率等）。通过该策略，当租户的资源使用超过配额或限制时，系统可以采取相应的措施（如限制速率、拒绝服务、发送警告通知等）来确保其他租户的正常使用。

3）数据隔离

通过实施数据隔离，每个租户的数据只能被其自己访问和管理，而不会被其他租户访问或窃取。常见的机制包括数据加密、数据脱敏、数据分段存储等。通过该策略对数据的存储、传输和使用过程中提供安全保障，防止数据泄露和非法访问。

7．配置热加载

负载均衡控制器具有业务复杂、新功能上线频繁、迭代周期快的特点，很多相关业务的开关、变量等都有高频变更的需求，且需要服务器能满足快速加载。一般而言，控制器有两种加载配置的方式：冷加载与热加载，这两种配置加载机制的比较如表 3-3 所示。

表 3-3　配置加载机制比较

比 较 项	加 载 方 式	优 点	缺 点
冷加载	配置文件静态存储，通过修改配置文件并重启服务的方式使得配置更新	加载方式简单、固定	效率低下，可能导致服务中断，影响租户体验
热加载	配置存储在内存中，在系统运行时通过一定方式实时加载并应用新的配置文件或配置数据	确保服务的连续性和稳定性，同时支持快速响应业务变化	实现机制相对复杂

由表 3-3 可见，对于保障服务的连续性和稳定性以及支持响应业务的快速变化，配置热加载都是明显优于冷加载的。一般来说，实现配置的热加载主要有以下几种方式。

（1）监听配置文件变化。当文件被修改时，系统能够自动加载新的配置并更新服务。需要系统具备文件监控和事件处理的能力，以便在文件变化时触发相应的处理逻辑。

（2）使用动态配置中心。动态配置中心是一个集中式的配置管理平台，它允许开发者将配置文件或配置数据存储在中心化的服务器上,并通过 API 进行实时查询和更新。系统可以定期或按需从配置中心拉取最新的配置,以实现配置的动态更新。常见配置中心包括 Nacos、Apollo 等。

（3）消息通知机制。当配置发生变化时,可以通过消息通知机制将配置变更的消息推送给系统。系统收到消息后,可以根据消息内容加载新的配置并更新服务。常见策略包括发布/订阅模式、WebSocket 等。

8. 高可用与容灾

为了实现系统的高可用性和无缝的故障转移机制,负载均衡控制器采用了多机房、多集群的部署策略实现单机房单服务器的容灾。这一策略确保了当网络架构中的任一服务器遭遇故障时,其他冗余服务器能够迅速且无缝地接管其职责,从而保障网络服务的连续性和不间断性。此外,通过依赖持久化一致性元数据存储,系统能够维持服务的无状态特性与数据一致性,即使租户请求跨越多个服务器,也能确保数据处理的准确性和一致性。北向模块高可用部署示意图如图 3-3 所示,展现了负载均衡控制器高度可扩展、高可用以及故障自恢复的能力。

3.2.2 控制器南向技术

1. 控制器南向模块概述

在云负载均衡中,控制器南向模块接口扮演着至关重要的角色,它是控制平面与数据平面交互的桥梁。南向接口主要用于负载均衡控制器与服务器节点之间的通信。通过南向接口,控制器能够将配置数据发送到服务器节点,同时实现对服务器节点的精细化管理。南向接口向上层控制系统有效屏蔽了底层服务器之间的复杂差异,实现了控制平面与数据平面的解耦。通过控制器南向模块,云上租户能够摆脱对底层设备具体实现细节的依赖,通过控制器北向模块,实现对特定负载均衡实例的管理与调度。负载均衡控制器南向模块提供的业务如图 3-14 所示。

图 3-14 负载均衡控制器南向模块提供的业务

在负载均衡控制器架构的层次结构中,南向接口位于北向接口与服务器节点之间,扮演着承上启下的关键角色。当北向接口完成租户配置请求的元数据持久化后,启动南向异步任务流,南向接口随即启动,生成定制化的配置流,并将其推送至统一的配置管理中心或消息队列中。随后,这些配置流被服务器节点上的控制模块所接收,并依据特定协议进行解析与转换,最终生成精确的配置指令并加载至服务器节点,从而完成整个配置的加载与下发。

负载均衡控制器北向模块专注于将租户的配置变更请求转换为结构严谨、易于管理的元数据形式。这些元数据被存储在数据库中以确保其持久性与可追溯性。南向控制流则进一步利用这些元数据,通过一系列精心设计的优化策略,生成特定服务器的配置指令,并将其快速推送至服务器节点进行加载。这一过程涵盖了配置生成与配置加载两大核心环节,确保了配置信息的准确传递与高效执行。负载均衡控制器南向技术的设计主要聚焦于两个关键问题:一是缩短配置从下发到生效的时间间隔,以确保网络调整能够迅速响应并准确无误地执行;二是强化系统在高并发环境下的配置一致性管理,以保障网络服务的连续性与稳定性。

2. 配置生成

负载均衡实例的配置生成主要依靠异步机制。异步机制是一种重要的编程模型,它允许程序在等待某个操作完成时继续执行其他任务,从而提高应用程序的响应性和性能。由于具备非阻塞特性,异步编程在提升系统性能、响应性和效率方面起着关键作用。异步机制在多种场景下都有广泛的应用。首先,在 I/O 密集型操作中,如文件读写、网络通信等,异步编程可以显著提高程序的运行效率。由于 I/O 操作通常耗时较长,如果采用同步方式,程序将长时间处于阻塞状态,无法处理其他任务。而异步编程则允许程序在等待 I/O 操作完成的同时,继续执行其他任务,从而充分利用系统资源。其次,在事件驱动架构中,异步通信是核心特性之一。事件驱动架构通过监听和响应事件来驱动程序的执行。当某个事件发生时,程序会触发相应的回调函数或事件处理程序来处理该事件。由于事件的处理是异步的,因此程序可以在处理一个事件的同时,继续监听其他事件,从而实现高效地并发处理。此外,异步机制还有助于提高系统的可扩展性和可维护性。由于异步操作是独立的,因此可以方便地添加或删除操作,而不会影响其他部分的代码,使得代码更加易于理解和维护。常见的异步机制包括线程异步、消息队列以及任务流机制。

线程异步是一种最为基础的异步实现方式,它通过创建一个新的线程来执行耗时操作,从而避免阻塞主线程。线程异步处理的核心思想是将程序的执行过程划分为多个独立的线程,每个线程可以独立地执行不同的任务。这些线程在操作系统中并行运行,互不干扰,从而实现了程序的并发执行。在异步处理模式下,当一个线程需要等待某个操作完成时(如 I/O 操作),它不会阻塞其他线程的执行,而是将控制权交还给操作系统,让其他线程继续执行。当操作完成时,操作系统会通知相应的线程继续执行后续操作。

消息队列是另一种常见异步实现方式。作为一种高效的通信机制,消息队列不仅支持跨进程间的信息传递,还能在同一进程的线程间实现无缝对接。其核心功能在于以异步的方式发送和接收消息,从而实现了应用程序或组件间的非直接调用通信。这种独特的通信模式极大地促进了应用程序各部分的解耦,进一步提升了系统的可扩展性和可维护性,为现代软件开发带来了极大的便利和灵活性。

在云网络的业务场景中,负载均衡控制器主要管理的业务通常有资源的生命周期管理、租户配置的处理及下发、业务及流量的调度及相关配置下发等。几乎所有的业务场景都可以抽象为一组小任务做成的一个任务流。在真实的业务场景中,控制器每收到来自租户或者横向服务的请求后,就会去执行一串对应的逻辑,控制器的工作其实就是在调度执行这样一堆任务流。任务流的核心思想是将串行执行的长流程事务拆解成多个子任务,并对这些子任务按照一定编排机制进行调度,从而达到与其他组件(如数据库)的解耦,解决在高并发场景下长流程带来的系统压力风险。任务流架构如图 3-15 所示。

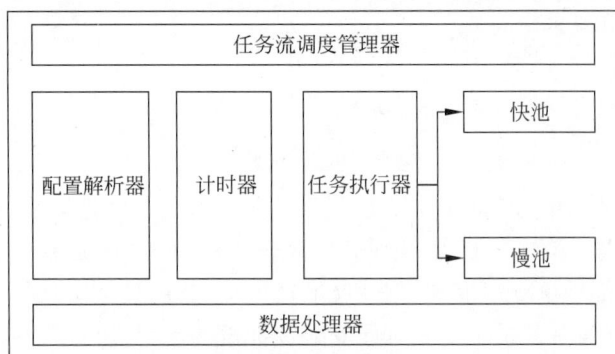

图 3-15 任务流架构

任务流调度管理系统主要由配置解析器、任务执行器、计时器和数据处理器等几个核心组件构成,以实现高效的任务编排与执行。首先,配置解析器负责从配置文件中精准提取任务编排的详细信息,随后将这些信息传递给任务执行器进行后续处理。任务执行器内部设计了两个独立的线程池:快池与慢池,以应对不同类型的任务需求。快池专注于快速响应并处理新生成的任务,确保系统对新任务的即时响应能力。而慢池则承担起处理重试任务的职责,当某个任务因故未能成功执行并达到预设的重试阈值时,该任务将被自动转移至慢池进行调度执行。这一设计有效地避免了重试任务过度占用资源,保障了新任务得以顺利执行,从而提升了系统的整体稳定性和效率。此外,系统中还集成了计时器组件,该组件负责精准触发定时任务的执行,为系统提供了灵活的调度能力。同时,数据处理器作为与数据库交互的封装层,为其他任务组件提供了便捷的数据操作接口,进一步简化了任务执行过程中的数据处理流程。通过合理配置与高效执行,该系统能够确保任务流调度的顺畅进行,同时优化资源利用,提升整体性能。

在北向接口完成业务逻辑的处理流程,并将关键元数据安全持久化至数据库之后,随即触发了南向异步任务。南向异步任务流高效地从数据库中检索出指定的元数据,经过组装与格式化,转换为针对特定实例的配置指令,包括负载均衡实例、监听、后端服务器、安全组、ACL 等。随后,这些配置指令被智能地推送至预定义的配置中心、专门的配置通道,或是直接广播给所有相关的南向负载均衡服务器,以确保配置的广泛覆盖与精准送达。以创建监听为例,生成的配置指令如下。

```
virtual_server TCP 192.168.255.4 1 {
    svc_name 591399_overlay
    sch_name wrr
    max_session 1000000
    …
    real_server 192.168.255.3 80 {
        weight 51
        connect_retry 3
        d2u_retry_thresh 2
        connect_timeout 1
```

```
            rs_mode 6
            mtu 1500
            vni 517197
            mac fa:27:00:0f:10:74
            vlb 10.191.96.3
            remote_ip 10.93.15.49
        }
        …
    }
```

在配置生成的过程中,南向异步任务流会综合使用多项优化策略,全面提升配置加载的效率与精确度。这些策略包括但不限于版本合并机制,它有效整合了多个版本间的差异,减少了多次加载;增量变配策略,通过仅推送变更部分,显著降低了数据传输量与处理时间;下配削峰机制确保了在高并发场景下配置推送的平稳进行,避免了系统资源的过度消耗;快慢池策略则根据配置的紧急程度与优先级,智能分配处理资源,进一步提升了整体效率。这些策略不仅优化了配置加载的流程,还显著缩短了配置变更生效的时延,为下游数据的稳定运行提供了强有力的保障。同时,为了应对可能出现的异常情况,任务流还集成了对账处理机制与不一致数据处理慢任务,进一步提升数据的一致性与准确性。关于这些优化策略的具体实施细节与效果分析,见 3.4 节。

3. 配置加载

在云网络环境中,配置加载作为整体配置链路中至关重要的收尾环节,是配置加载链路的"最后一千米",负责将配置准确无误地部署至每一台负载均衡服务器。配置加载机制需要满足以下特性。

(1)兼容性与灵活性。支持多种协议,包括 OpenFlow 这一业界主流协议,同时广泛兼容 OF-CONFIG、SNMP(Simple Network Management Protocol,简单网络管理协议)、XMPP(eXtensible Messaging and Presence Protocol,可扩展消息与存在协议)等多种协议及其私有接口。推行标准化的配置加载流程,向上屏蔽设备端的差异性,实现控制平面与数据平面的深度解耦。

(2)提高加载性能,优化加载效率,通过精细的优化策略缩短配置生效的延时,确保网络调整能够迅速响应并准确执行。同时,提升整体配置的一致性,确保网络状态的稳定与可靠。此外,还需要具备良好的横向扩展能力,以应对不断增长的云网络规模与性能需求。

通常配置加载在业界存在两种主要模式:集中式配置加载与分布式配置加载,它们的主要机制与特点如下。它们各自在架构设计、操作效率、系统可扩展性及维护成本等方面展现出鲜明的特点与优势,适用于不同规模和需求的云应用场景。

1)集中式配置加载

集中式配置加载机制是一种高效而集中的管理模式,通过一个集中化负载均衡控制器来统筹单地域内所有租户的完整配置体系。在此架构下,所有服务器节点均统一从负载均衡控制器获取配置信息,配置数据进行集中存储与统一管理。这种方式的显著优势在于其对下游服务器节点的无差别配置能力,即所有服务器节点均遵循相同的配置规范与流程,简化了配置的复杂性与多样性。当负载均衡控制器需要进行版本迭代升级时,通常会执行一次全量配置同步,所有服务器节点会依次接收并执行一次全量配置变更。集中式配置加载的两种模式如图 3-16 所示,详细说明如下。

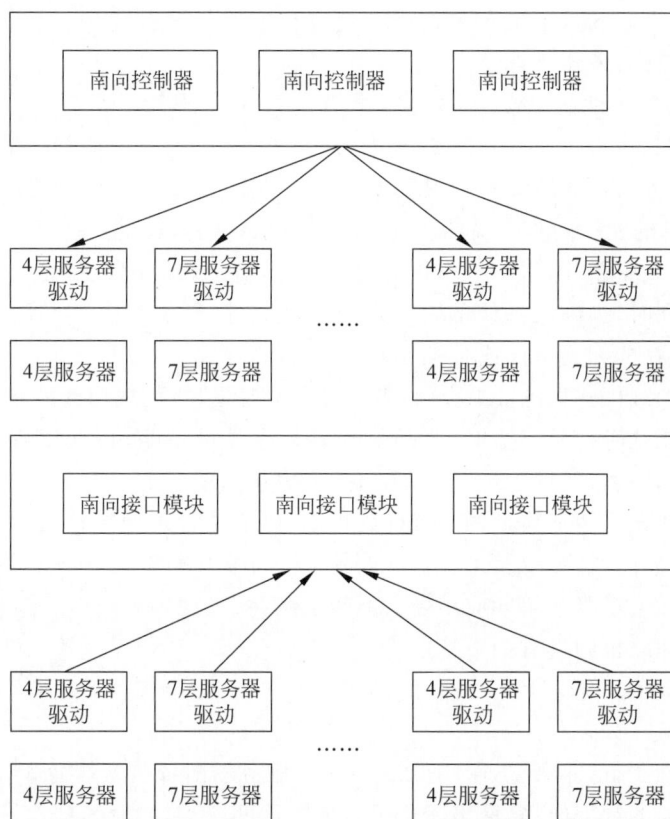

图 3-16　集中式配置加载的两种模式

(1) 南向接口模块主导配置下发。在此模式下,南向接口模块扮演了核心调度者的角色,它主动地将最新、最准确的配置信息统一推送给所有服务器节点。这种方式确保了配置更新的及时性与一致性,使得各个服务器节点能够迅速响应并应用新的配置策略,从而优化网络性能与服务质量。

(2) 服务器节点自主定期拉取。与下发模式不同,该模式赋予了负载均衡服务器更多的主动性与灵活性。所有服务器节点会按照预设的时间间隔或触发条件,主动向南向接口模块发起请求,拉取最新的配置信息。这种方式不仅减轻了南向接口模块的负载压力,还使得服务器节点能够根据自身状态与需求进行灵活的配置更新,增强了网络系统的自适应性与鲁棒性。

2) 分布式配置加载

相比于集中式加载,分布式配置加载更具灵活性与可扩展性。此机制允许下游服务器节点从多个分布式处理控制器灵活加载配置信息,通过统一的配置通道或高效的消息队列系统,实现配置的快速传递与部署。整个分布式配置加载流程包含如下几个关键阶段。

(1) 配置信息的分布式存储。为了确保配置数据的一致性与广泛可访问性,采用先进的分布式存储系统(如分布式数据库、云存储或分布式文件系统)来安全地保存配置信息。这种存储方式不仅提升了数据的冗余性与可靠性,还便于多个控制器间的快速访问与共享。

(2) 配置信息的智能分发。借助云平台的强大配置管理组件,实现配置信息的智能分发策略。这些策略包括但不限于基于规则的主动推送、按需拉取模式,或是两者相结合的混合模式,以适应不同场景下的配置需求。通过精准的分发机制,确保了配置信息能够高效、准确地送达目标服务器节点。

(3)配置信息的个性化加载。在接收到配置信息后,各服务器节点将根据自身的角色、功能需求及当前状态,执行个性化的加载与配置过程。这一过程可能涵盖软件包的安装、关键参数的调整、服务组件的启动与配置等多个环节,旨在实现网络环境的定制化与最优化。

(4)配置信息的实时同步与灵活更新。云平台内置的监控机制持续追踪配置信息的变更情况,一旦检测到更新,即启动自动化的同步流程,将最新的配置信息快速推送到所有相关服务器节点。同时,为确保系统的稳定性与可恢复性,还提供完善的版本管理机制与回滚策略,以应对潜在的配置错误或系统故障。

分布式配置加载模式如图 3-4 所示,当配置发生变更时,负载均衡控制器仅需在配置通道中执行更新操作,随后自动化的分发机制便会根据预设策略,将配置变更精准地推送至相应的服务或应用实例,实现了配置的差异化、高效化部署。

集中式与分布式是两种典型的配置加载机制,以下从管理便捷性、网络开销、监控与故障排查效率、单点故障风险,以及系统扩展性等方面分别比较这两种加载模式的优缺点,从而了解不同配置加载策略在不同应用场景下的适用性。

集中式配置加载机制具有如下特点。

(1)管理便捷性。由于所有配置信息集中于一个中心服务器管理,管理操作相对直观且集中。

(2)网络开销。在配置更新时,主要通过中心服务器向各负载均衡服务器推送配置,相较于分布式服务器的频繁通信,网络流量更为集中且可控。

(3)监控与故障排查。集中式架构简化了监控复杂度,所有配置活动都通过中心服务器进行,便于追踪和定位问题。

(4)单点故障风险。一旦中心服务器发生故障,将影响整个配置系统的可用性,构成单点故障风险。

(5)扩展性。随着服务数量的增加,中心服务器的处理能力和网络带宽可能成为瓶颈,限制了系统的扩展能力。

分布式配置加载机制具有如下特点。

(1)管理便捷性。虽然分布式架构提供了更高的灵活性,但管理复杂度也相应增加,需要跨多个服务器进行配置协调。

(2)网络开销。服务器间需频繁通信以同步配置信息,可能导致较高的网络带宽消耗,特别是在大规模系统中。

(3)监控与故障排查。分布式架构增加了监控和故障排查的难度,需要跨多个服务器分析日志和状态信息。

(4)单点故障风险。由于配置信息可存储在多个服务器,并通过冗余机制确保可用性,因此降低了单点故障的风险。

(5)扩展性。分布式架构天然支持水平扩展,通过增加服务器即可提升系统容量和处理能力,满足系统大规模服务的需求。

对于服务数量较少、配置更新实时性要求不高的场景,集中式加载以其管理便捷性和较低的网络开销展现出优势；而对于服务数量众多、对高可用性和可扩展性要求高的场景，分布式加载则成为更加合适的选择。

3）基于 ETCD 的负载均衡实例配置加载

在云原生环境的浪潮中，基于 ETCD 的分布式配置加载机制已跃升为业界云控制器广泛采用的配置加载方案。这一机制凭借其高效性、可扩展性和强一致性，为云控制器在海量配置信息采集与管理方面提供了坚实的支撑。ETCD 作为一款高可用的键值存储系统，其设计初衷即是为了满足分布式系统的数据存储与共享需求。通过 ETCD，分布式配置加载机制实现了配置信息的集中化存储与分布式访问，确保了配置数据的一致性与实时性。当云控制器需要加载或更新配置时，该机制能够迅速响应，利用 ETCD 提供的强大功能，将最新的配置信息准确无误地推送到各个服务器节点或微服务实例。这一过程不仅简化了配置管理的复杂度，还显著提升了配置变更的效率和准确性。此外，基于 ETCD 的分布式配置加载机制还具备出色的可扩展性。随着云原生应用规模的不断扩大，配置信息的数量与复杂度也随之增加。通过水平扩展 ETCD 集群的方式，提升系统的整体承载能力与处理速度。

以云网络 4 层负载均衡服务器配置加载流程为例，基于 ETCD 的分布式下发模块架构如图 3-17 所示。

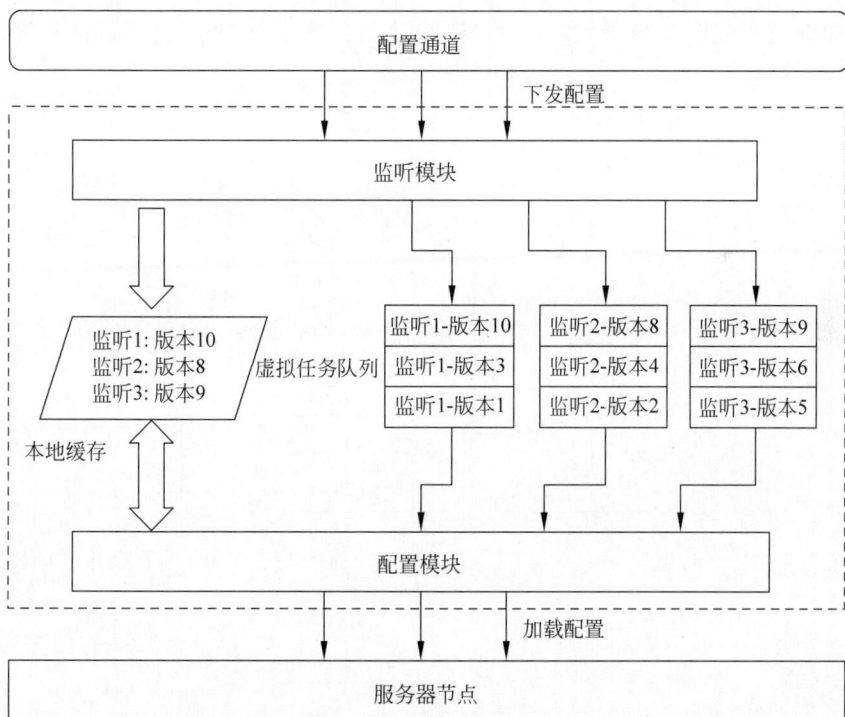

图 3-17 基于 ETCD 的分布式下发模块架构

在配置管理模块的内部架构中，会划分为监听模块与配置模块，两者各司其职，协同工作。监听模块扮演着哨兵的角色，它紧密监控上游配置通道的变动，确保监听到任何配置更新。同时，它还承担着本地缓存与虚拟任务队列的管理与维护职责。本地缓存存储着加载到负载均衡服务器的全量配置及其版本号，虚拟任务队列则是一个高效的调度中心，它按照特定的任务格式（如实例 ID 与版本号 ID 的组合），有序地排列着待处理的配置变更任务。每当监听到新的配置变更时,监听模块将这些变更任务插入队列中,等待配置模块的进一步处理。

配置模块则是执行者的角色,它通过轮询虚拟任务队列中的任务,逐一完成配置加载工作。这一过程主要聚焦于增量同步,即利用本地缓存中的最新配置作为起点,遵循版本号的顺序性,采用覆盖式的策略,精准地将配置变更同步到服务器节点。这种机制确保了配置的时效性与准确性,同时也大大减少了不必要的数据传输与处理开销。

在实际应用中,还会遇到诸如负载均衡服务器上下线、配置模块重启服务或配置不一致快速恢复等特殊情况。这时,全量同步便显得尤为重要。在全量同步机制下,配置模块会一次性从上游配置通道拉取全量的最新配置信息,并直接加载到服务器节点上,完成配置的全面生成或更新。这一过程严格遵循事务性与原子性的原则,确保了配置的完整性与一致性。

在增量同步的过程中,负载均衡配置模块引入了版本号机制来优化加载速度。当配置模块从任务队列中获取的任务对应的版本号小于已成功加载的版本号时,系统会智能地跳过这些重复或无效的任务,从而实现基于终态的高效加载。同时,针对可能出现的加载失败情况,设计失败容错机制。该机制会将失败的任务重新插入虚拟任务队列中,确保这些任务不会阻塞后续配置的同步进程,并为其提供下一次执行的机会,从而提高了整个配置系统的容错能力与稳定性。

配置加载流程如图 3-18 所示,通过监听模块与配置模块的紧密协作,以及增量同步与

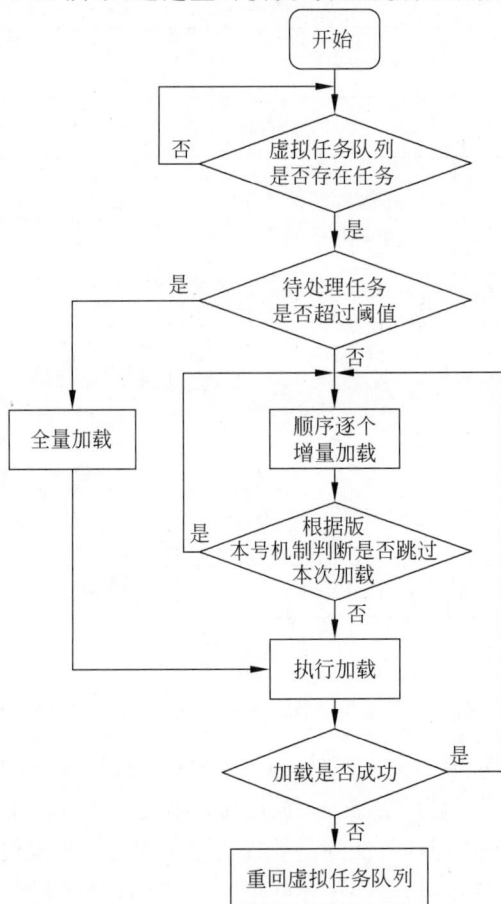

图 3-18 配置加载流程

全量同步的灵活切换,实现了配置信息的快速、准确与可靠加载。

4. 服务器节点管理

南向接口不仅承担着配置下发的管理职责,还负责接收上游请求进行服务器节点状态的维护与管理。在云网络环境中,服务器节点主要展现出三种典型状态:脱机状态、预上线状态以及上线状态,每种状态具有各自的特点与操作要求。

(1)脱机状态:在此状态下,服务器节点并未与互联网或其他网络建立连接,无法进行数据交换或通信。因此,在此阶段,无须对服务器节点进行任何配置加载操作,而需要持续监测服务器节点的状态变化,以确保设备配置管理的正常运行。

(2)预上线状态:服务器节点正处于启动与初始化的关键阶段,虽未完全融入网络环境,但已准备就绪以接收配置信息。在此状态下,服务器节点需优先完成与自身全量配置的加载任务,同时保持对后续配置变动的监测,为正式进入上线状态做好准备。

(3)上线状态:服务器节点成功与互联网或其他网络建立连接,即进入上线状态,此时可进行数据交换与通信。在此阶段,服务器节点需持续追踪并加载后续的增量配置变动,确保网络服务的连续性与高效性。

服务器节点管理机制在设计上与配置加载机制相呼应,同样可以采用集中式或分布式两种模式运作。分布式服务器节点加载流程如图 3-19 所示。

服务器节点状态的变更由南向控制面经由特定的配置通道传达至监听模块。监听模块负责将接收到的

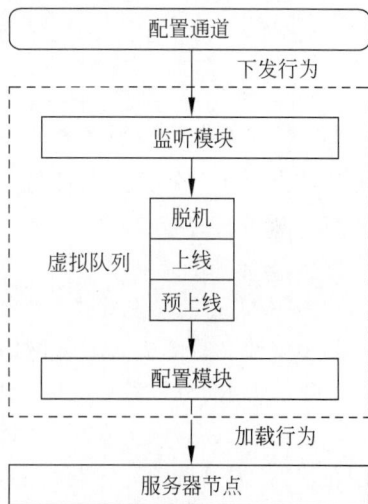

图 3-19 分布式服务器节点加载流程

服务器节点状态信息有序地插入虚拟管理队列中。随后,下游的配置模块通过轮询机制从队列中提取任务,根据服务器节点的当前状态执行相应的状态变更操作。这一流程涵盖了从脱机状态的无配置加载到预上线状态的全量配置加载,再到上线状态的持续增量配置更新,确保了服务器节点状态的精准管理与配置的及时生效。

3.2.3 控制器流量采集技术

控制器流量采集系统融合了数据采集、处理、分析与展示等多种功能,构成了一套综合性的监控平台。该系统主要致力于监控和分析经过服务器的网络流量。在云环境下构建一个全面的流量采集系统,能够迅速发现网络异常,优化网络性能,并保障网络安全。此外,系统还能够根据云上负载均衡实例的粒度,精确采集相关网络流量数据,这些数据不仅用于内部监控和外部计费,还用于向租户展示。控制器流量采集系统作为负载均衡控制器的重要组成部分,扮演了一个关键的旁路监控角色。

1. 流量采集系统整体架构

负载均衡流量采集系统架构如图 3-20 所示,其中各层次的作用如下。

(1)数据采集层:从服务器节点中,根据预设的时间间隔(如分钟、秒或特定时长),定期采集流量、带宽以及监控数据等信息。

(2)数据传输层:将采集到的流量数据通过可靠的网络通道传输到分析系统。

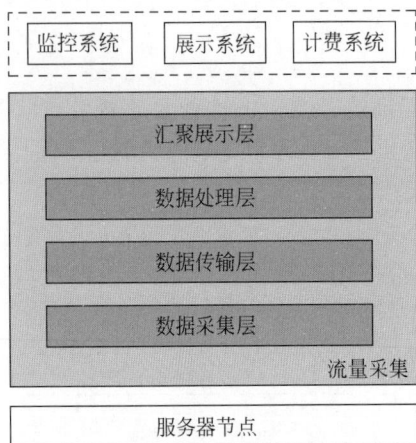

图 3-20　负载均衡流量采集系统架构

（3）数据处理层：将采集到的流量数据进行分析加工汇总，生成基于实例粒度、机器粒度、集群粒度等的监控数据。

（4）汇聚展示层：将存储的流量数据进行分析、展示、计费、内外部监控等，通过图表、仪表盘等形式，将监控数据直观地展示给租户、内部运维人员等。

由于在云网络环境，流量采集系统需要对多台服务器节点完成采集，并基于实例粒度生成流量监控数据，因此对整体系统的性能要求包括：全面性，能够覆盖云上和云下的网络流量，实现全网监控；灵活性，能够适应不同云环境和复杂场景的需求，灵活部署采集设备；高性能，可满足云环境多服务器节点多实例的数据采集与分析；可扩展性，支持大规模网络流量的采集和分析，满足云环境不断扩展的需求。

2. 流量采集模式分类

1）集中式流量采集模式

集中式流量采集模式在云网络环境中，通过在负责转发的服务器节点上部署流量采集软件，将采集到的流量数据实时或批量传输至汇聚软件。汇聚软件负责接收、存储、处理和分析这些流量数据，以实现对网络流量的全面监控和管理。汇聚软件通常安装在高性能的处理器、具备大容量的存储与计算服务器中，以应对大规模流量数据的处理需求。集中式流量汇聚存储与计算服务器一般是双机部署，主备模式工作，以实现在单机故障时的主备容灾。集中式流量采集模式示意图如图 3-21 所示。

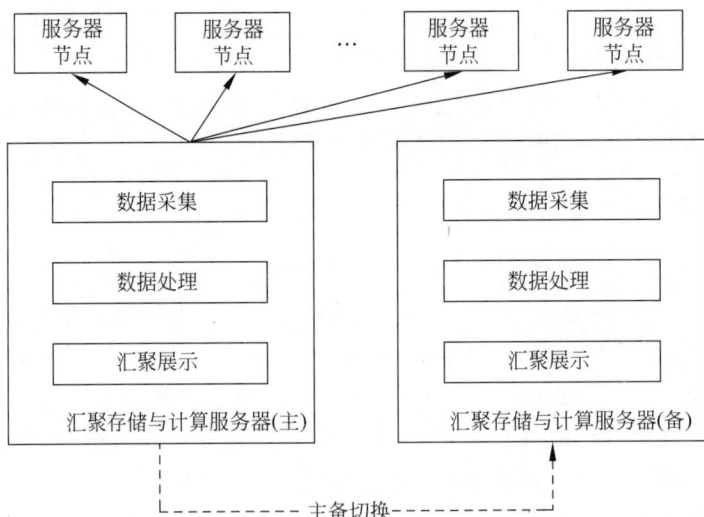

图 3-21　集中式流量采集模式示意图

集中式流量采集模式整体模式简单，能够获取全面的网络流量数据，进行深入的分析和挖掘。但是集中式流量采集模式也具有单机处理的缺点，主要包括数据传输压力大，大规模流量数据的实时传输可能对网络带宽和稳定性提出较高要求；系统可扩展性差，随着网络规模的扩大和流量数据的增长,需要确保系统具备良好的扩展性以应对未来的需求。

2) 分布式流量采集模式

在云网络环境下,负载均衡流量采集技术采用分布式采集计算模式,该模式将采集和处理任务有效地分散到多个汇聚存储与计算服务器上,实现高效、可扩展的流量采集和处理。分布式流量采集模式示意图如图 3-22 所示,其工作原理主要包括如下几个步骤。

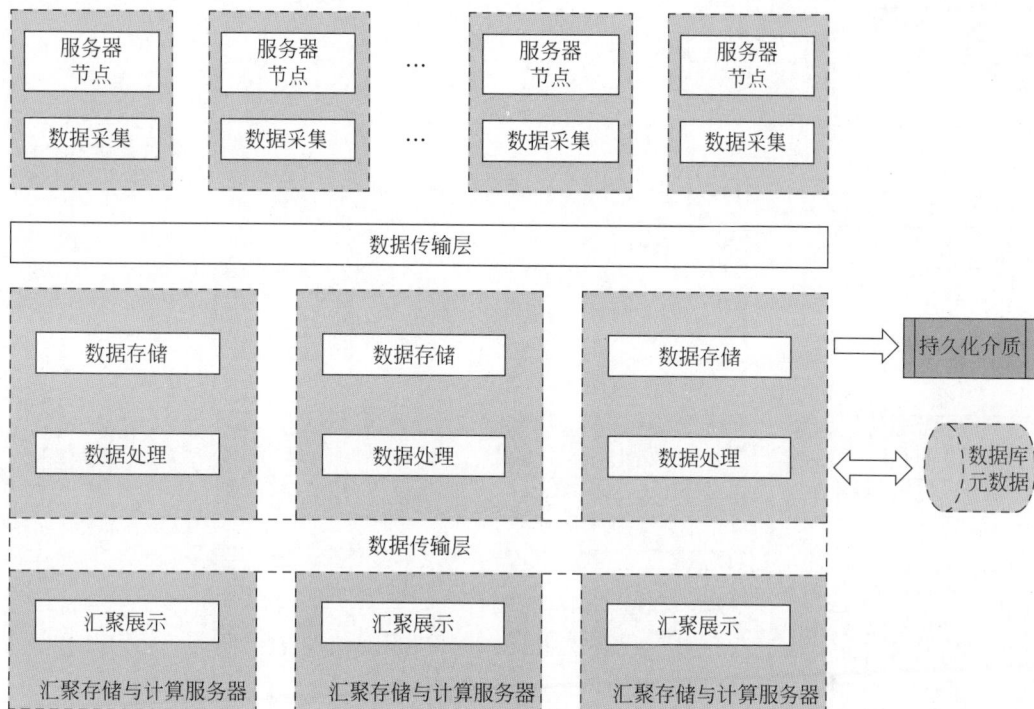

图 3-22 分布式流量采集模式示意图

(1) 数据采集。在服务器节点中部署数据采集软件。这个软件负责捕获经过服务器节点的流量数据。

(2) 数据传输。采集到的流量数据通过云网络内部的高效传输机制,如消息队列、流处理框架等,分发到多个汇聚存储与计算服务器上。

(3) 数据存储。汇聚存储与计算服务器将接收到的数据通过特定的持久化介质如数据库、Redis 等存储下来,等待接下来的分布式处理。

(4) 数据处理。分布式汇聚存储与计算服务器并行地进行数据解析、统计、分析等处理任务。这些处理任务可以根据实际需求进行定制,如流量分类、异常检测、性能分析等。

(5) 汇聚展示。处理完成后,通过云网络中的协调机制(如分布式数据库、分布式缓存等),各分布式处理服务器的处理结果得以汇总和整合。汇总后的数据通过可视化界面展示给网络管理员或相关人员,同时,对于检测到的异常流量或性能问题,系统触发告警机制。

分布式流量采集计算模式有效地利用了云网络中众多汇聚存储与计算服务器的计算资源,从而实现了高效的数据流量采集与处理。随着云网络规模的不断扩展和数据流量的增加,这种模式能够轻松地增添采集和汇聚处理服务器,以应对更高的性能要求。此外,该模式具备出色的容错能力,即便某些服务器发生故障,其他服务器仍可继续运作,确保了系统的稳定性和可靠性。

3. 服务器流量采集模块框架

负载均衡服务器流量采集模块框架如图 3-23 所示,其中各模块的详细介绍如下。

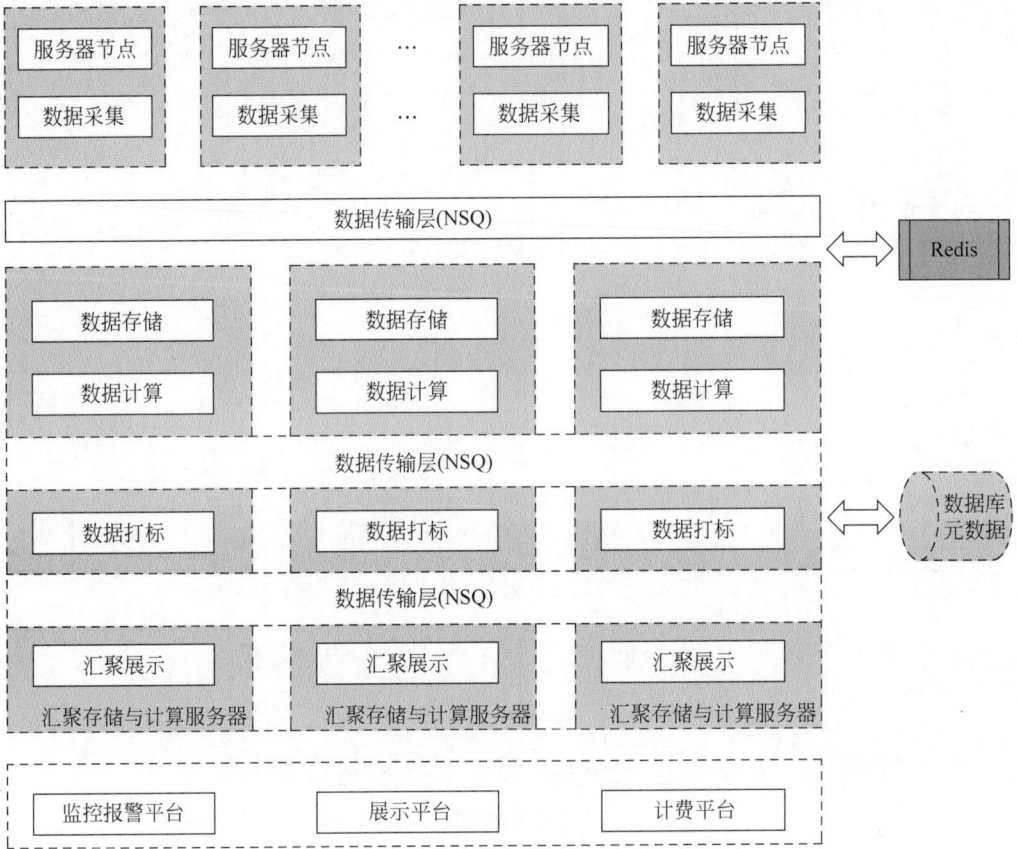

图 3-23 负载均衡服务器流量采集模块框架

1) 数据采集

以单独采集模块的形式部署在各台服务器节点上,以特定的时间间隔,如秒级或者是分钟级,定期从负载均衡服务器拉取监控数据,以特定的大小分批发送到下游数据传输层。在数据采集层,一般需要过滤下游不感兴趣的数据,以及需要以合适的包大小发送到下游数据传输层。数据采集层发送的数据中需要加上特定的采集时间戳,以标注本次数据对应的采集时刻,供下游计算使用。

2) 数据传输

在数据传输层,一般是采用消息队列,多个生产者-多个消费者的模式,消费上游发送上来的数据,以业界常用的 NSQ 消息队列为例,通过采集层传送到特定的 Topic 下,上游处理模块订阅特定的 Topic,实现消息在不同的模块以及不同的分布式处理服务器上进行处理,实现分布式的策略。

3) 数据处理

(1) 数据存储模块。

数据存储模块的核心功能是将从上游数据采集层接收的数据,安全且可靠地存储至指定的持久化存储介质中,以便下游数据计算模块进行访问和使用。在公有云环境下,数据采集层负责收集来自多台服务器节点的不同租户在各个时间点的数据。数据存储层需按照时间戳和特定的负载均衡服务器对数据进行组织存储,并设定合适的时间窗口,超出该时间窗口的数据将执行丢弃操作。这意味着上游数据采集层需确保在规定的时间窗口内,将原始数据完整地发送至存储层。

（2）数据计算模块。

数据计算模块的核心任务是利用数据存储模块所积累的原始数据,通过设定恰当的计算公式,计算出云环境中不同租户各实例在特定时间点的监控数据值。数据计算模块所采用的计算公式并非固定不变,需要根据上游数据采集层所采集的数据特性进行调整。通常,可以采用如下两种通用的计算策略。

① 若数据采集层所采集的数据为特定时间窗口内的数据,例如,按秒或按分钟采集,数据计算模块则只需针对特定时间戳,计算不同负载均衡服务器中同一租户实例的数据累加值。

② 若数据采集层提供的是特定时刻的累加数据,数据计算模块首先需要计算相邻时间戳之间各服务器节点的数据差值,随后将这些差值在同一时间戳下跨不同服务器节点进行累加,以此为基础,计算出不同租户特定实例的监控数据。

在上述策略中,①的处理方式相对较为直接,而②则更为复杂,它要求综合考虑多种特殊情况,如相邻时间戳的负载均衡服务器数据可能出现对齐问题、丢失的负载均衡服务器数据导致无法计算差值,以及差值可能出现翻转为负值等情况,并针对这些情况实施相应的处理措施。

在数据计算模块中,数据的准确性是至关重要的保障。因此,必须采取周密的策略以确保数据的完整性和唯一性,防止数据的重复或丢失。鉴于这是一个分布式处理模块,必须实施适当的锁机制,以确保特定时间戳的数据仅由一个数据计算进程进行处理,从而避免数据的遗漏和多个模块的重复计算。计算任务完成后,还需进行相应的确认,标记数据处理状态为已完成,防止数据的再次计算。通过这些机制,能够实现性能的最优化、系统的横向扩展能力,以及数据的精确性,确保数据的处理既无遗漏也不重复。

在云计算环境中,面对多租户和多实例的场景,可以采用滑动时间窗口机制。滑动时间窗口机制如图 3-24 所示。

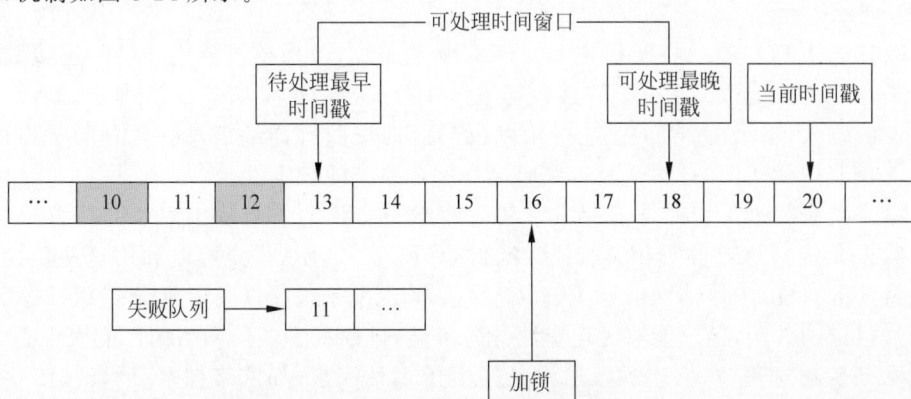

图 3-24 滑动时间窗口机制

该机制涉及从持久化存储介质中检索上一次处理成功或失败的时间节点。部署在不同服务器节点上的数据计算模块将定期激活,通过从当前时间戳减去一个特定的时间窗口,计算出当前可处理的时间戳范围。这样可以确定上一次成功/失败处理的时间戳以及当前最新的时间戳,进而界定最新的时间窗口。随后,对时间窗口内的各个时间节点进行加锁,并按照既定的计算策略处理实例数据。计算成功后,处理时间节点向前推进,从而实现处理时间节点的持续滑动。若处理失败,时间节点将被加入失败队列。在下次计算节点唤醒时,将从未处理的失败队列中提取失败时间节点进行重新处理,确保失败时间节点得到重试,同时处理时间节点持续向前滚动,以实现数据的完整性和准确性。

(3)数据打标模块。

数据打标模块的主要职责是与负载均衡控制器的持久化数据库中的元数据进行交互,将上游数据计算模块输出的数据与其对应的负载均衡控制器元数据进行匹配,从而转换成下游系统可识别的租户侧数据。这包括为数据补充负载均衡实例的标识 ID、所属租户的UUID 以及其他必要的标签信息等,然后将其转发给下游进行处理。数据打标模块在整合负载均衡服务器数据与负载均衡控制器存储的元数据方面扮演着至关重要的角色。

4)汇聚展示

经过数据打标模块的处理,所有下游系统所需的元数据以及负载均衡服务器数据已成功整合。在汇聚展示层,将根据不同下游处理任务的具体需求,进行精准的数据筛选,剔除不必要的部分。随后,按照各个下游系统接收数据的规范要求,将精简后的数据分发至相应的接收端,确保数据的有效传递和使用。

5)数据使用

经过处理,最终的数据结果可供多个依赖系统使用,其主要应用场景如下。

(1)监控报警平台。

监控报警平台主要分为内部和外部两大类。外部监控报警平台旨在为云服务租户提供服务,而内部监控报警平台则是专为内部运维团队设计的。租户可通过这些平台,根据监控数据配置个性化的告警策略,以便在实例出现异常时主动接收通知,从而及时诊断服务故障,提升服务的稳定性。传统的关系数据库、NoSQL 数据库以及流式计算引擎在处理此类数据时,性能提升空间有限。因此,监控报警平台的数据更适合存储于时序数据库中,如 InfluxDB、OpenTSDB、Druid 和 TiDB 等。在实际业务应用中,应根据数据存储的需求规模、查询负载、数据一致性、实时性以及成本等因素,综合考虑并选择最适宜的时序数据库产品。

(2)展示平台。

主要向云上租户展示特定租户和实例的流量曲线,包括整体流量、带宽、连接数、请求数以及丢包数等关键数据指标。连接数与流量相关监控数据页如图 3-25 所示,展示了负载均衡实例的输入/输出流量、新建连接数以及当前连接数等详细信息。这有助于租户实时掌握云上负载均衡实例的运行状态,从而提升整个系统的稳定性。

流量采集系统进一步提供了针对负载均衡不同协议的监听输出以及与协议报文相关的采集数据支持。TCP 监听相关监控数据页如图 3-26 所示,租户可以利用这些监控数据,结合自身业务特性,来评估网络延迟、负载均衡策略的有效性以及流量分布状况等关键指标。通过这样的分析,租户能够优化资源分配策略,进而提升整体网络的性能表现。

在网络传输过程中,丢包现象通常是指由于多种因素(如网络拥堵、设备故障、配置错误等)导致的数据报文未能成功抵达目的地的情况。限速丢包相关监控数据页如图 3-27 所

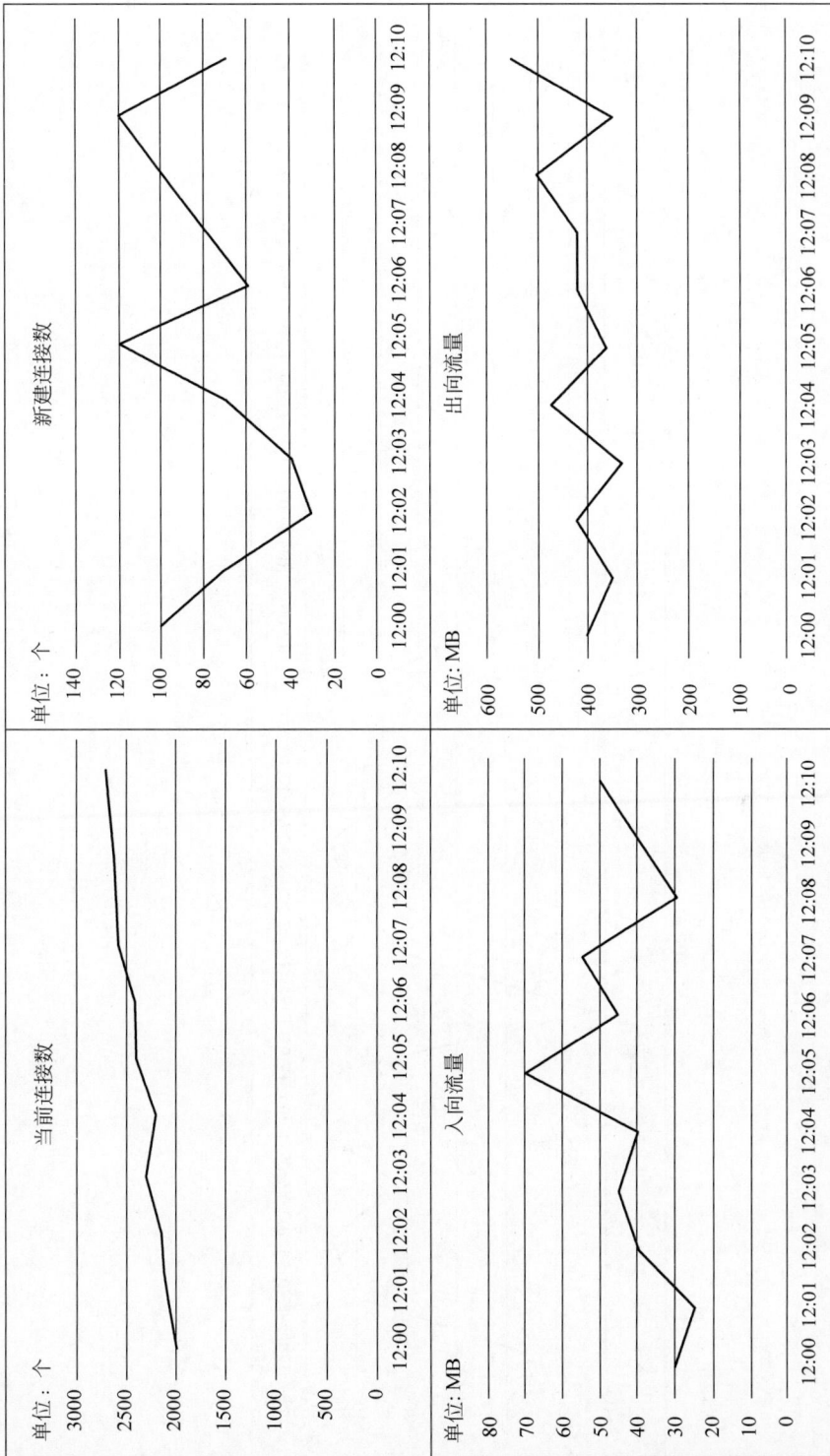

图 3-25 连接数与流量相关监控数据页

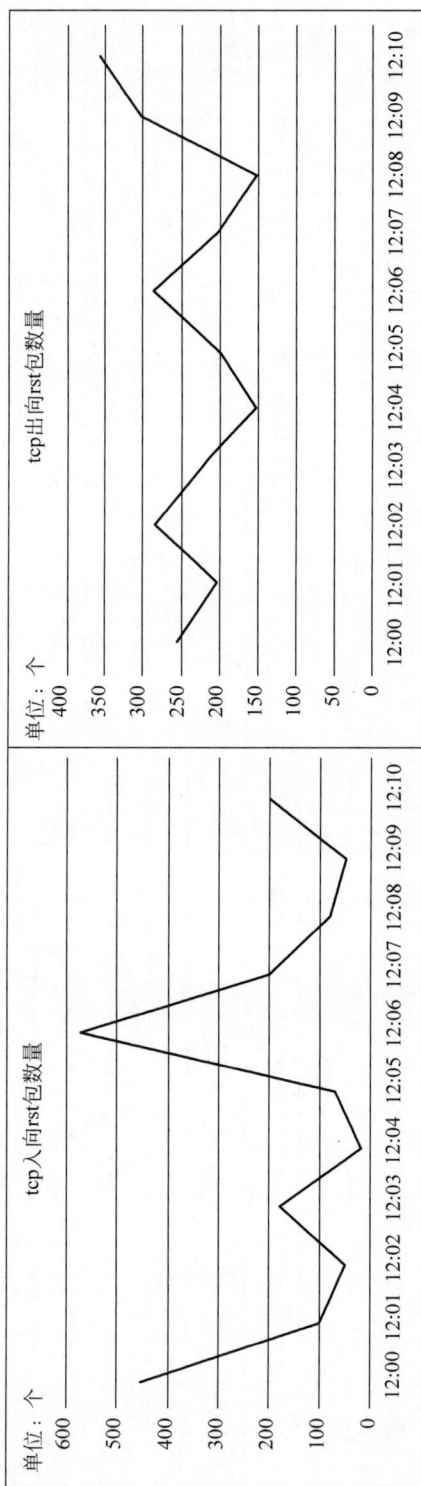

图 3-26 TCP 监听相关监控数据页

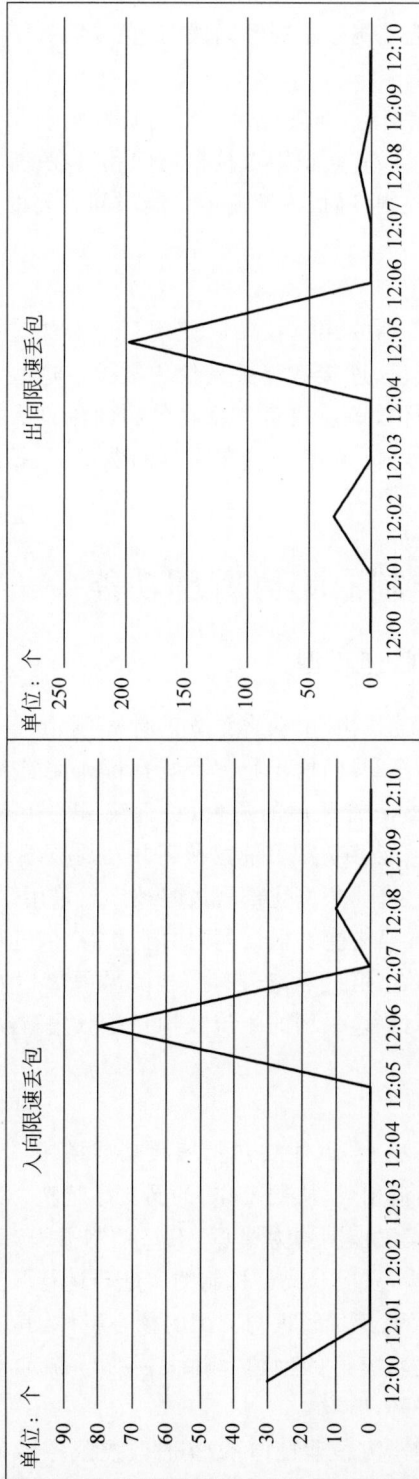

图 3-27 限速丢包相关监控数据页

示,这些监控数据直观地反映了负载均衡实例的网络性能和服务质量,是衡量这些指标的重要参数。高丢包率往往指示网络存在瓶颈或潜在问题,这要求进行及时的排查与解决。通过分析丢包统计数据,租户能够洞察不同时间段、路径或服务下的负载状况,进而优化资源分配,提升网络的整体性能。

ACL 负责子网级别的流量控制,而安全组则针对负载均衡实例级别的流量进行管理。租户通过深入分析丢包统计,可以有效识别未授权访问和潜在的网络攻击行为。这有助于租户动态调整 ACL 和安全组规则,确保外部流量仅能访问必要的服务和端口,从而显著降低遭受攻击的风险。

(3)计费平台。

目前,主流的云服务厂商普遍推出了按实际使用量计费的负载均衡实例。例如,这些实例的计费依据包括出入向流量、连接数等关键使用数据。这些计费数据的生成,依赖于控制器流量采集模块的精确工作,该模块负责将收集到的流量数据实时传输至计费系统。计费系统随后根据既定的计费规则,计算出特定实例的费用,并据此生成收费订单,实现对租户的实时扣费。

3.3 负载均衡控制器集群管理功能

3.3.1 服务器分集群管理模型

集群是一种高度集成的系统架构,由众多独立的计算单元——节点构成。这些节点通过高效的网络互联机制紧密协作,共同构建起一个既具备高性能又具有高可用性的系统整体。在云计算领域,负载均衡扮演着关键的角色,负责流量的接入和分发。它不仅需要支持多租户和多实例服务,还必须能够应对大带宽和高并发的极端流量挑战。为了实现资源的最优分配和确保良好的可扩展性,集群化部署策略被广泛采用。

正如 2.2.3 节所述,分集群架构能够根据不同的业务需求,进行精细化的资源分配和管理,有效解决集群间的容灾互备、租户隔离、灰度/故障域隔离以及 VIP 故障逃逸等问题。目前,业界在负载均衡集群方面普遍采用的主流架构正是分集群架构。分集群的管理和实施主要在控制器层面完成。

1. 分集群架构

服务器分集群架构如图 3-28 所示,主要包括三大功能模块:VPC 控制器、分集群控制器以及服务器集群。这三者相辅相成,协同工作,共同支撑起整个架构的高效运行。

以上三大功能模块,以分集群控制器为核心,VPC 控制器为旁路支持模块,服务器集群为基石,共同构造了分集群架构,完成分集群机制的实施与运行。三大模块的功能如下。

(1)分集群控制器作为实例、集群管理与分配的核心组件,其功能描述如下。

① 逻辑集群管理:负责逻辑集群的创建、删除、更新与查询,依据业务需求、性能预期及地理位置等因素,精准划分逻辑集群。

② 集群监控与告警:构建全方位监控体系,实时监控服务器集群与逻辑集群的资源消耗、性能及健康状态,一旦发现异常或超出预设阈值,立即触发告警通知,运维人员可以响应并处理问题。

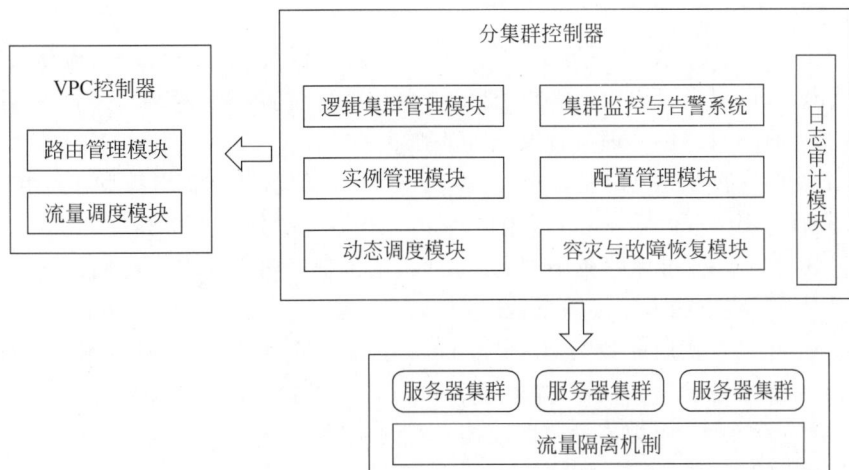

图 3-28 服务器分集群架构

③ 实例管理：精细管理负载均衡实例的生命周期与集群归属，依据负载均衡策略与性能要求，智能分配实例至最合适的逻辑集群。同时，密切关注实例健康与性能，保障集群整体可用性。

④ 配置管理：支持版本控制、回滚与灰度发布，集成配置中心，实现配置的动态更新与即时推送，提升配置管理的灵活性与效率。

⑤ 动态调度：依据集群负载与业务需求，动态调整实例分配，实现资源的弹性伸缩与负载均衡。

⑥ 容灾与故障恢复：制定全面的容灾策略，确保在单点或地域性故障发生时，系统能够迅速切换至备份集群，或采取熔断降级等措施，保障租户服务不中断。

⑦ 日志审计：全面记录逻辑集群相关操作日志与事件数据，提供强大的审计功能，支持日志查询、报表生成与安全审计，确保所有操作合规、透明。

（2）VPC 控制器作为网络流量调度的关键组件，VPC 控制器专注于 VPC 内部路由的精细管理与流量的精准调度。其核心功能如下。

① 路由管理：构建并维护路由规则集，确保请求流量准确地转发至目标逻辑集群。支持路由规则的动态发布与更新，集成优先级、权重分配、条件匹配等高级路由策略。

② 流量调度：运用智能算法，如轮询、最少连接数等，实现全局流量的高效调度，优化资源利用与响应速度。

（3）服务器集群作为架构的基石，接收来自上游分集群控制器的指令，构建底层的流量隔离机制。通过网络隔离、服务隔离或资源隔离等手段，确保不同逻辑集群间的流量互不干扰，提升系统的容错能力与可用性。

2. 分集群模型

在行业内，分集群模型通常由逻辑集群、服务器节点池、服务器节点以及负载均衡实例组成。分集群逻辑实体模型如图 3-29 所示，各个逻辑实体

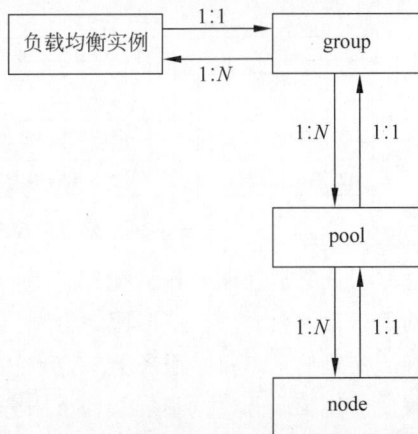

图 3-29 分集群逻辑实体模型

功能如下。

（1）group：作为分集群逻辑调度最小单元，逻辑集群负责承载特定的流量转发任务。在同一地域内，可以根据租户业务需求、性能考量或地理位置等因素，灵活划分出多个逻辑集群，以实现资源的精细化管理与转发服务的弹性扩展。

（2）pool：作为服务提供的基础单元，由同一可用区的多个负载均衡服务器组成。根据性能容量、资源利用率等因素，一个可用区可以被进一步细分为多个独立的 pool。值得注意的是，一个逻辑 group 可以跨越不同的可用区，包含来自两个或多个可用区的 pool，从而构建出高可用性与容灾能力更强的系统架构。

（3）node：负载均衡服务器节点，作为 pool 中的成员，直接参与网络流量的处理与转发。每个 node 都归属于一个 pool，并遵循该 pool 内的配置与调度策略。

（4）负载均衡实例：作为流量调度的核心实例，根据预设的策略与规则，将请求流量精准地分发至对应的逻辑 group 中。

每个 group 作为逻辑上的独立单元，可以关联多个 pool。当某个 pool 或可用区遭遇故障时，其他 pool 能够迅速接管服务，确保业务的高可用性。通过跨多个 pool 部署服务，有效降低了单可用区故障对集群的影响。每个 pool 是由多台服务器节点组成的实体单元，这些节点共同承担着网络流量的处理与转发任务。而负载均衡实例作为流量调度的核心对象，被分集群负载均衡控制器精准地调度到特定的 group 中。这种调度机制确保了实例能够根据 group 的业务逻辑与流量水位信息实现精准匹配。当外部流量进入系统时，负载均衡实例会依据这些规则，将流量准确地分发到目标 group 内的服务器节点上，从而实现流量的高效利用与租户服务的负载均衡。

分集群控制器与服务器节点配置交互示意图如图 3-30 所示。

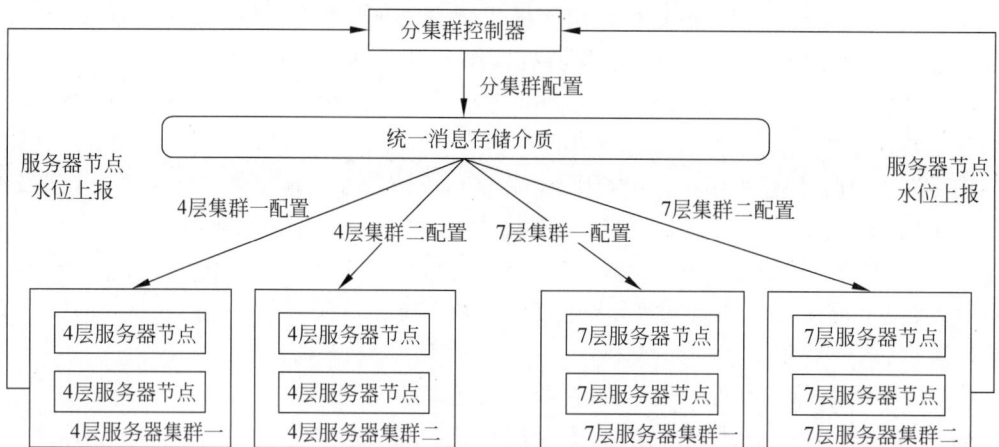

图 3-30 分集群控制器与服务器节点配置交互示意图

北向分集群控制器作为配置管理的核心，负责将每个集群的定制化配置信息发布到统一的消息存储介质中。南向服务器节点作为服务的实际提供者，通过订阅机制获取其所属集群的配置信息。每个服务器节点仅需加载与其业务相关的集群配置，这种按需加载的策略改变了传统服务器大集群架构下服务器节点需要加载全地域配置的繁重任务，有效避免了配置容量瓶颈与内存使用风险。同时，由于配置信息的实时同步与更新，服务器节点能够迅速响应业务需求的变化,确保服务的持续稳定与高效运行。此外,随着业务的发展与需求的增长,新的集群与配置信息可以添加到统一的消息存储介质中,而无须对现有的服务器节点进行大规模改造或升级。这种模块化、松耦合的设计思想,为分集群架构的灵活扩展与持续优化提供了有力支持。

3. 分集群划分

依托上述分集群架构,可以构建出符合多种业务需求的分集群划分策略。分集群划分逻辑集群如图 3-31 所示,划分策略如下。

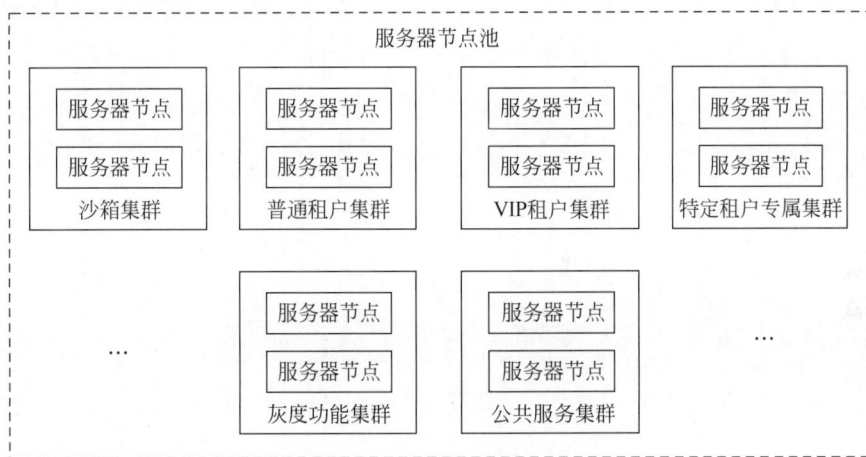

图 3-31 分集群划分逻辑集群

（1）根据租户群体进行集群划分,以实现租户流量的精准调度与服务的个性化定制,按照特定租户及租户等级划分集群。

（2）根据业务类型的差异性划分,旨在通过区分不同业务场景,优化资源配置,提升整体处理效率。

（3）根据可用区划分,使得集群具备可用区属性,满足指定可用区集群的需求。

（4）考虑功能模块的独立性,根据上线版本的灰度功能划分,维护功能灰度上线期间的稳定性与可靠性。

（5）考虑版本迭代的稳定性,根据稳定性需求划分,维护系统的整体稳定性。

以上策略不仅实现了租户、业务与功能模块的细粒度划分,还充分考虑了版本迭代稳定性需求,为业务的持续发展提供了有力保障。同时,该策略还具备高度的灵活性与可扩展性,能够轻松应对未来业务变化与技术升级带来的挑战。

基于上述分集群划分策略,分集群负载均衡控制器可实现一套动态的实例分配策略。这一策略不仅实现了既定的分集群划分原则,还确保系统资源能够随着业务需求的变化而灵活调整,实现了实例智能、动态的分配。分集群负载均衡控制器通过系统实时监测各集群的负载情况、资源利用率以及水位趋势,动态地调整实例分配策略,确保各个逻辑集群间的流量均衡。无论是新增实例的部署、现有实例的迁移,还是实例资源的扩容与缩容,都能在短时间内完成,确保系统保持平稳的运行状态。负载均衡实例分配集群流程如图 3-32 所示。整体实例分配策略如下。

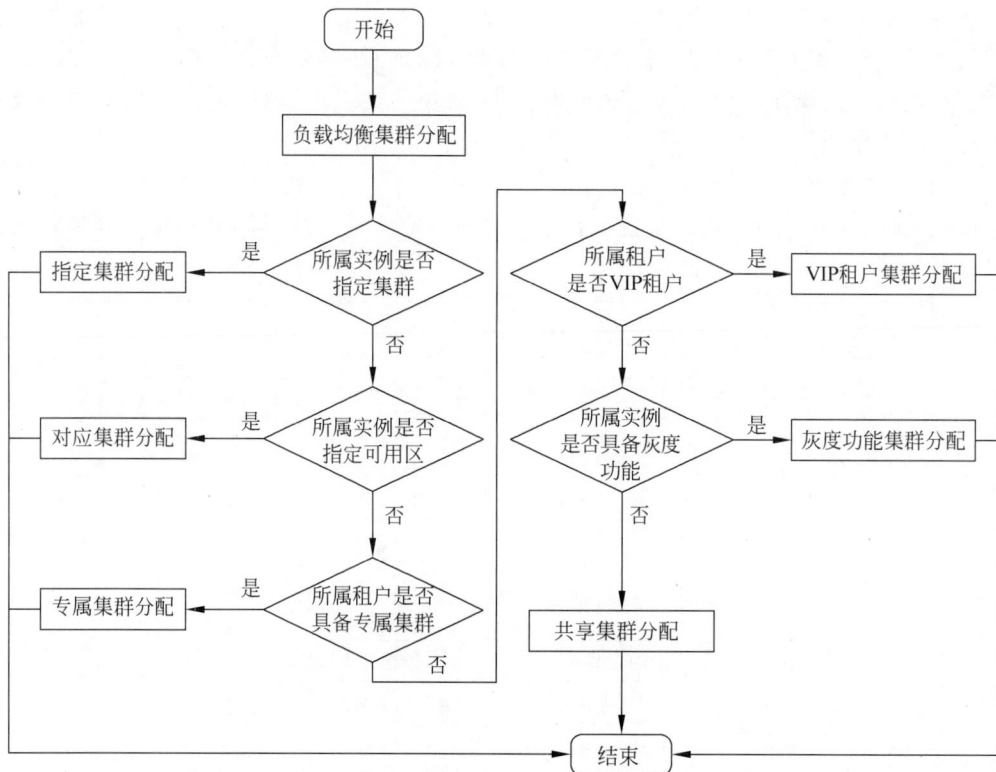

图 3-32   负载均衡实例分配集群流程

（1）根据租户属性进行精细化的分配，区分租户身份为普通租户、VIP 租户，以及是否拥有独立的专属集群，选择特定集群池分配。

（2）根据实例属性，是否指定了特定的可用区，并据此优先在指定可用区的集群池内分配资源，以满足实例的特定需求与可用区偏好。

（3）根据功能导向集群分配，即根据实例所需执行的特定功能，选择最适宜的集群，以确保功能的顺利实现。

（4）根据实例的性能规模差异分配，通过评估实例的性能需求与规模，为其选择能够满足这些要求的集群，从而实现资源的合理配置与高效利用。

（5）为了应对动态变化的集群性能，可以引入集群性能与落入概率相结合的动态分配算法。综合考虑集群的当前性能状态与实例落入该集群的概率，进行智能决策，以实现资源的动态平衡与最优分配。

（6）选择特定集群池后的动态分配策略。这一策略不仅涵盖了上述所有分配原则，还通过实时监控、智能预测与动态调整等手段，选择集群池中的最合适集群进行分配。

3.3.2   服务器分集群运维

1. 逻辑集群生命周期管理

在分集群的架构中，针对逻辑集群定义了多种状态，具体包括创建中、不可用、可用、扩容中、缩容中以及已释放等。其中，可用、不可用及已释放三种状态为稳态，它们代表了集群运行的基本稳定阶段。除此之外，其余状态（如创建中、扩容中、缩容中）均属于非稳态，它们关联于特定的运维指令与操作过程,涵盖了从集群初始上线的创建与调试,到根据性能评估结果进行的动态扩容与缩容调整,直至最终集群资源的释放流程。这些非稳态体现了集群在运维管理下的动态变化。只有当逻辑集群处于可用状态时,才能有效支持增量实例的指定与分配操作,逻辑集群状态转化流程如图 3-33 所示。

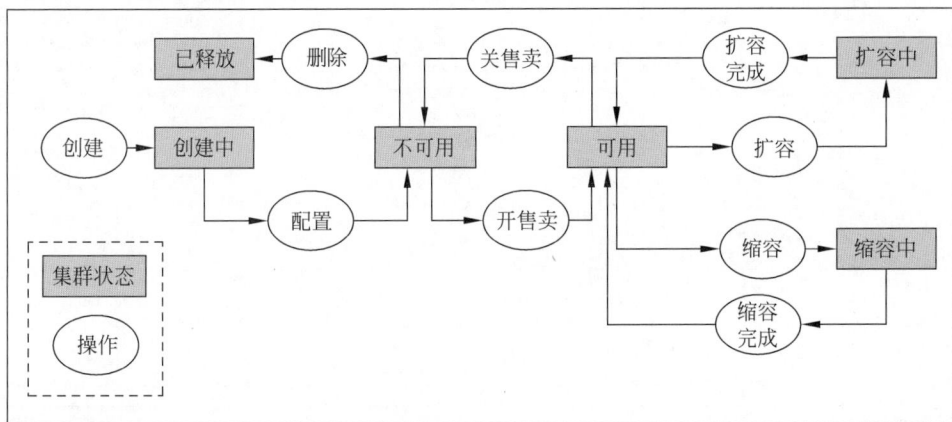

图 3-33 逻辑集群状态转化流程

2. 分集群过载保护与扩容

在分集群场景中,鉴于逻辑集群池被进一步细化和扩展,确保这些集群池的性能维持在预期水平且避免性能瓶颈成为至关重要的任务。这一挑战的核心在于实施有效的过载保护与智能扩容策略。过载保护机制是基石,它要求集群在达到预设的监控阈值时,能够自动或者手动触发扩容流程,同时确保这一过程不会对租户造成干扰或导致集群服务中断。

为了高效应对过载保护与扩容挑战,可以采取如下措施。

(1)全面集群性能监控与数据采集。单 group、单 pool 乃至单服务器节点的层面,实时统计并分析整体流量、带宽利用率、连接数、cps(connection per second,每秒新建连接数)、每秒数据报文数(packets per second,pps)等关键性能指标。系统还需要具备 TopN 实例分辨能力,能够迅速识别出性能瓶颈所在。集群性能监控与实例 TopN 如图 3-34 所示,为精准施策提供数据支撑。

(2)智能触发扩容机制。基于监控数据,系统通过内置算法判断何时启动扩容流程。一旦检测到任何指标接近或超过预设的过载阈值,系统将通过自动或者人工方式触发扩容操作,确保集群资源充足。

(3)优化扩容过程。在扩容过程中,需要确保服务的连续性和稳定性。通过资源调度与负载均衡策略,确保扩容操作平滑进行,避免造成服务中断或性能波动。

(4)特定实例迁移。对特定 TopN 性能瓶颈实例实施主备切换或实例迁移策略。这些动作旨在将高负载的实例转移至水位较低、风险较小的 group 或 pool 中,从而有效分散压力,缓解高水位 group 或 pool 面临的性能风险。

3. 分集群容灾

在构建了一个包含分集群划分策略与实例动态分配机制的服务器分集群系统之后,如何在不同集群间乃至同一集群内的不同可用区服务器节点池之间,构建强健的容灾体系以

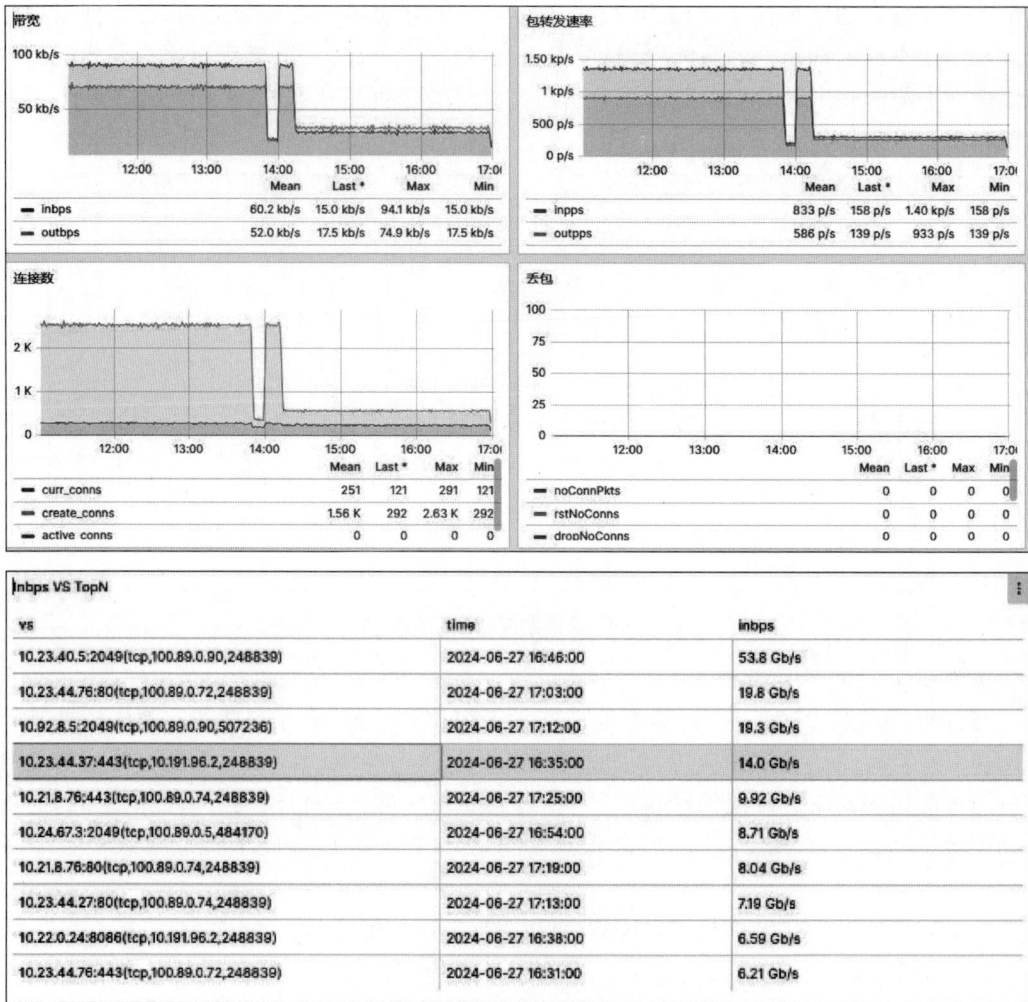

图 3-34　集群性能监控与实例 TopN

实现高可用性,以及如何利用分集群架构加速故障场景下实例的逃逸与恢复,是分集群架构设计中另一个重要议题。

1) Session 同步机制

由于负载均衡集群为有状态服务器集群,需要保证在不同服务器或服务器集群之间保持租户 Session 信息一致性的过程,这一过程即 Session 同步。因为租户的请求在非预期情况下可能会在不同的服务器之间跳转,而系统需要确保无论请求被哪个服务器处理,租户都能得到一致的会话体验。在服务器大集群架构下,服务器节点需要同步整个地域的全量 Session 信息,在分集群架构下,由于流量被隔离在不同的集群,Session 同步机制得到了显著优化,只需要精准地同步同一集群内其他服务器节点的 Session 即可。这一改变极大地减轻了服务器节点 Session 同步负担与容量瓶颈,同时确保了当实例发生 Session 漂移至集群内其他服务器节点时,通过高效的 Session 同步机制,能够有效地将流量转发至后端同一台后端服务器处理。

2）单一集群内多可用区容灾

（1）主主容灾模式：通过在同一 group 中部署不同 pool，并分配相同的 VIP 网段，利用 ECMP 路由实现路由均衡与就近接入。在此模式下，当任一可用区发生故障时，另一可用区能够无缝接管流量，确保服务不中断。

（2）主备容灾模式：基于明细路由的 VIP 网段分配，在无故障状态下，通过 BGP 路由将流量精准导入细粒度 pool 池。一旦检测到 pool 整体故障，路由将自动收敛至粗路由的备 pool，实现故障的快速逃逸与服务的持续提供。

上述容灾策略的核心在于路由的主动收敛能力，它确保了流量在 pool 级别的自动切换。

3）多集群容灾，特定实例动态迁移策略

在分集群场景，还可以利用多集群基于特定实例的定向迁移功能实现更丰富的容灾能力。这一功能允许在检测到单 pool、单 group 的性能瓶颈、大象流现象或特定异常实例影响时，通过分集群负载均衡控制器与 VPC 控制器的紧密协作，快速调整特定实例的 VIP 路由，并在底层不同集群服务器节点上刷新配置，实现秒级恢复的定向流量调度。这一策略的实施，不仅增强了系统的故障逃逸能力，还确保了服务的快速恢复与资源的优化配置。

4．分集群灰度发布与使能

在服务器大集群架构体系中，服务器节点的新版本上线时，由于流量分配依赖于 BGP 路由决策以实现本可用区内的就近接入，导致升级操作可能以较高概率影响整个地域的租户流量，从而构成了一个较大的故障域。在分集群架构中，灰度发布策略得以按集群粒度精准实施，这意味着新功能的上线预计仅影响特定集群内的租户，显著缩小了故障域的范围。在此架构下，运维团队能够灵活制定更为细致的升级策略，如首先升级沙箱集群以进行初步测试，随后逐步推广到普通共享集群、VIP 租户集群，直至特定租户的专属集群。此外，在新功能的灰度上线期间，通过动态调整已上线集群的参数（如新实例的随机分配概率），运维人员能够有效控制新功能对生产环境的影响，进一步平衡了迭代升级与稳定之间的风险。

分集群灰度使能是指在服务器大集群架构中新功能通常需要等待该地域所有服务器节点完成升级后才能对外开放，这一过程耗时较长，限制了功能的快速响应能力。在分集群架构的支撑下，可以基于集群粒度的独立升级与开放能力。这意味着，对于有高需求的特定集群及租户，可以优先为其开放新功能，极大地缩短了 VIP 租户等关键租户群体获取新功能的等待时间，提升了整体服务的灵活性和响应速度。

3.3.3 服务器分集群的价值

服务器分集群架构相较于传统的服务器大集群架构，提供了良好的扩展性，能够轻松应对业务量的快速增长；通过更精细化的资源管理与分配，实现了性能的优化升级；同时，依托分集群的灵活性，导流能力得到了显著提升，能够更精确地引导流量至目标服务；此外，分集群架构还赋予了实例管理更高的精确度，使得运维人员能够监控与调整每一个集群的状态。在容灾与故障处理方面，分集群架构同样表现出色。它构建了更丰富的容灾场景，有效降低了单一故障点对整个系统的影响；同时，通过故障逃逸机制，能够在检测到异常时迅速隔离故障源，确保系统整体的稳定运行。运维方面，分集群架构还支持灰度发布策略，为新产品上线提供了有力保障。然而随之而来的，是负载均衡控制器业务复杂度的提升。分集群架构的引入，要求负载均衡控制器具备更高的智能化与自动化水平，以应对更为复杂的集群管理与调度任务。同时,资源碎片问题也变得更加突出,需要采取有效措施进行优化,以提高资源利用率。此外,随着业务需求的不断变化,对弹性扩缩容能力的需求也日益迫切,要求系统能够根据实际负载情况动态调整资源分配,确保服务的高可用性与稳定性。整体服务器分集群与大集群特点对照如表 3-4 所示。

表 3-4 整体服务器分集群与大集群特点对照表

集 群 架 构	分 集 群	大 集 群
扩展性	更灵活,更小粒度,快速扩缩容	不够灵活
精细导流	具备差异化的 VIP 发布	就近访问
容灾能力	多可用区容灾,具备主备/主主容灾能力	多可用区容灾
故障逃逸	支持多种故障逃逸能力	没有逃逸能力
精细化管理	单实例粒度的精细化管理与深度优化	不具备
负载均衡控制器复杂性	复杂	简单
资源碎片	更多	较少
灵活扩缩容	结合 NFV 技术在分集群场景实现灵活快速扩缩容	不具备

服务器分集群架构在带来一系列收益价值的同时,也面临如下许多新的挑战待解决。

(1)管理复杂性挑战,主要体现在如下方面。

① 集中化配置管理与自动化部署。在分集群架构的复杂环境中,实现配置的集中化管理与自动化部署成为降低管理难度的核心策略。这要求构建一套高效的配置管理系统,能够跨集群统一配置策略,减少重复劳动与人为错误。同时,利用自动化部署工具,实现配置的快速下发与验证,确保各集群配置的一致性与准确性,提升管理效率。

② 监控与智能维护体系。面对集群数量激增带来的监控挑战,构建一套全面的监控体系至关重要。该系统需能够实时捕捉各集群的运行状态,包括性能指标、资源利用率、错误日志等,通过智能分析预测潜在问题。此外,引入自动化维护工具,如智能巡检、预防性维护等,确保系统在第一时间发现并解决潜在故障,保障系统的持续稳定运行。

(2)故障处理策略挑战,主要体现在如下方面。

① 高效故障检测机制。为了快速准确地定位故障源,分集群架构下的服务器集群必须配备高效的故障检测机制。这包括部署全面的监控探针,覆盖服务、服务器节点乃至网络层面。同时,利用机器学习等先进技术,对监控数据进行深度分析,实现故障的即时预警与精准定位。

② 灵活多样的故障恢复策略。一旦故障被检测,迅速实施故障恢复措施是减少业务中断的关键。这要求制定一套灵活多样的故障恢复策略,包括但不限于自动故障切换、快速重启服务、手动干预恢复等。通过预设的故障处理流程与应急响应计划,确保在故障发生时能够迅速响应,有效隔离故障点,恢复系统正常运行,最大限度地减少对业务的影响。

(3)动态监控与灵活扩缩容挑战,主要体现在如下方面。

针对分集群架构下监控与扩缩容的复杂性,需要构建一套完备的监控与调度系统。该系统需能够实时、精确地监控各分集群的水位情况,包括流量、负载、响应时间等关键指标。结合 NFV 技术,实现资源的灵活调配与弹性扩缩容。当检测到某个集群出现性能瓶颈时,系统能够自动触发扩容流程,增加资源供给;反之,在资源利用率较低时,则执行缩容操作,优化资源分配。通过这样的动态监控与灵活扩缩容策略,确保分集群架构下系统始终保持最佳运行状态,满足业务发展的需求。

3.4　负载均衡控制器性能优化

3.4.1　控制器性能优化概述

OpenAPI 是云网络负载均衡产品性能优化的核心,无论是云控制台、移动端应用还是使用 SDK,所有云上业务的操作请求入口都是 OpenAPI。在云网络负载均衡 OpenAPI 的调用链路中,从前端的界面展示,到云控制台的响应,再到负载均衡控制器和负载均衡服务器的执行,每个环节都存在可优化的空间。在前端展示层面,利用 CDN 加速服务、压缩并合并静态图片、脚本和样式资源,以及采用延迟加载和并行加载等策略,均可以有效提升响应速度。在系统内部层面,通过使用线程池、利用并行计算和异步处理技术,可以有效地优化资源利用和响应效率。在数据库层面,通过创建合理的索引、优化 SQL 查询语句等工作,同样可以达到提升数据库性能的目的。

性能优化是一个系统化工程,不仅需要设定明确的性能指标,同时需要具备基于性能指标进行数据分析和度量的能力。为确保性能优化效果的有效性,在每次业务迭代过程中,需要持续关注各项性能指标数据,确保产品的功能迭代不会导致性能的下降。当性能优化至预期目标时,系统还需保持一定的性能冗余度。这意味着需要预先考虑极端情况下可能出现的性能瓶颈并制定相应的优化方案。在性能优化工作中,性能冗余就像银行中的存款,可以不用,但不能没有。一个优秀的负载均衡控制器,不仅要满足业务的常规运行。同时,需要在极端业务场景下,依然具备稳定运行的能力。

1. 优化目标

云产品的核心性能指标包括响应时间、qps(query per second,每秒查询数)、生效耗时,具体含义如下。

(1)响应时间:指的是从系统接收到请求开始,到处理完成返回结果所需的总时间。衡量响应时间的标准有很多,如单次响应用时、多次响应平均用时,以及 P99 或 P95 用时等。常见的响应时间指标,如表 3-5 所示。

表 3-5　常见的响应时间指标

类　　型	含　　义
单次响应用时	用于衡量系统或设备对单一请求的响应速度,通常以秒、毫秒、微秒为单位
多次响应平均用时	通过对一系列请求响应时间的汇总结果取平均值,反映系统处理效率的总体性能趋势
P99 或 P95 用时	用于标识出 99% 或 95% 的请求可以在指定时间内完成,强调高峰负载下系统的稳定响应能力

(2)qps:计算公式为 qps=请求数/时间,表示每秒内系统能够响应的查询请求数量。高 qps 值,意味着单位时间内能够同时处理更多的请求。

(3)生效耗时:在云服务中,生效耗时特指"变配生效耗时"。即租户对资源配置进行更改后,从提交更改请求到实际生效所消耗的时间。租户业务对变配生效耗时有强依赖,优化生效耗时对于保障租户业务的连续性与稳定性至关重要。

2. 分析与检测

1）数据可分析

通常来说，系统的数据分析体系由链路追踪、日志和指标统计三部分构成。指标统计提供系统运行的宏观概览；链路追踪深入各条请求链路之中，揭示系统与组件之间的潜在问题；而日志则记录执行细节，为问题定位提供更详细的分析信息。通过三者结合，形成了一个完整的数据分析体系，为性能优化工作提供了全方位、多维度的数据与分析支持。

（1）指标统计：用于展示监控系统的运行状态和性能表现，指标项包括响应时间、每秒查询数、生效耗时等性能数据，支持多维度数据聚合。在指标统计分析工具中，Prometheus和Grafana是业内常用的开源解决方案。Prometheus用于指标监控、采集与持久化，而Grafana则用于数据汇聚与可视化展示。通过指标统计大盘的建设，可以从租户、接口、时间多个维度进行性能分析，为性能优化提供数据支持。

（2）链路追踪：用于追踪分布式应用系统中请求的处理过程。通过透传唯一的追踪ID，记录上报请求在途经所有执行节点中的详细信息，从而构建出详尽的调用数据链。凭借这些数据，开发人员可以深入分析请求流程，识别性能瓶颈，诊断错误和异常，从而精准定位并解决系统中的潜在问题。链路追踪系统的分析能力，体现在构建调用链数据图谱与各环节的响应与生效耗时数据中。通过结合追踪ID、请求ID、租户ID和时间范围，可以快速定位请求，从云控制台端到负载均衡控制器，再到各个负载均衡服务器，在配置下发的整条链路中，性能数据均可在调用链视图中清晰展现。

SkyWalking链路追踪视图，如图3-35所示。图中展示了通过云控制台或者OpenAPI创建负载均衡接口的调用链，其中，顶端实心进度条代表总响应耗时，下方各进度条依次表示各操作阶段，空心进度条代表多个串行执行环节。

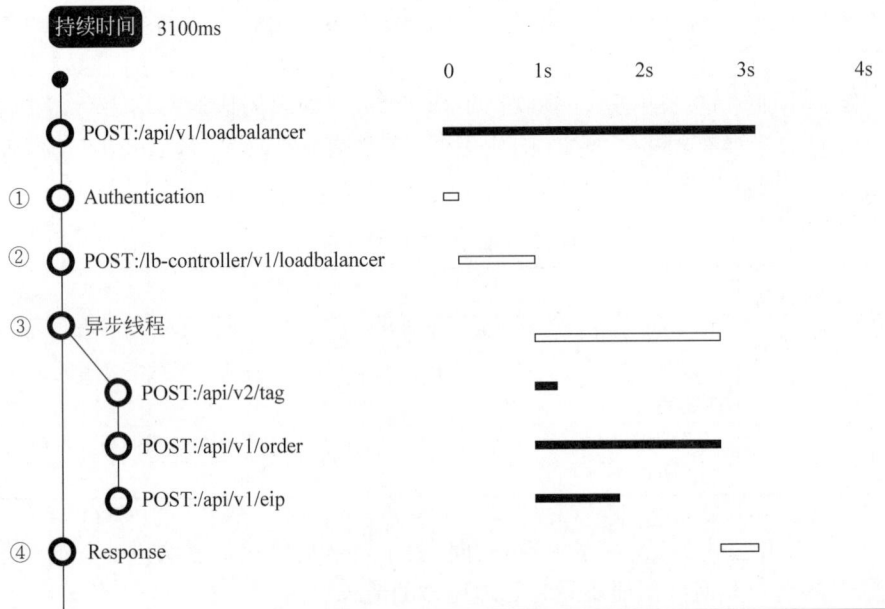

图3-35 SkyWalking链路追踪视图

在异步线程执行环节中,其下关联三项业务操作几乎同步启动,但结束时间各不相同,代表它们为并行执行关系。在评估并行操作的总体耗时时,会以操作集合中用时最长的操作项作为整个并行操作集合的总耗时。本次请求总响应时间为3100ms,由以下4个操作组成。

① 租户请求云控制台接口后,首先进行鉴权操作。

② 云控制台调用负载均衡控制器负载均衡实例创建接口。

③ 并行调用标签、订单、EIP接口,异步线程的总响应时间与并行调用中耗时最长的接口相等。

④ 构建数据并返回结果。

在调用链视图中可以清楚地看到,本次调用中的创建订单环节耗时最长,可以通过订单内部调用链进一步分析定位。通过引入分布式链路追踪系统,可以快速呈现全链路响应耗时的详细数据,为应用层各组件的优化提供了数据基础。

注:分布式链路追踪技术的历史可追溯至2002年,eBay率先推出了CAL(Centralized Application Logging),为早期的分布式应用提供了追踪能力。Google内部随后推出了Dapper,直至2010年Google内部Dapper才以论文的形式向外界披露。在国内,许多链路追踪系统都深受上述系统的影响。其中,CAT(Centralized Application Tracer)作为CAL的衍生品,于2014年开源。SkyWalking以及阿里巴巴的EagleEye等系统,在Dapper论文的理论基础上,实现了对分布式系统更为精细、高效地追踪与管理。由于高性能、低侵入性等特点,使SkyWalking成为业内的首选方案。

(3)日志:在程序执行过程中,日志扮演着记录程序运行状态、关键事件以及异常的重要角色,为业务系统提供了详细的运行记录。这些记录不仅是定位问题根因的关键工具,也是后续审计、监控、告警等操作的数据基础。日志数据分析能力主要是通过集中式日志管理系统实现。日志管理系统通过整合来自不同系统和组件(如服务器、应用程序、网络设备等)的日志数据,经过清理、过滤与转换后,汇聚至日志系统的数据仓库。通过日志管理系统强大的检索和分析功能,使开发人员能够迅速定位问题。

ELK(Elasticsearch、Logstash、Kibana)是一个著名的日志服务开源解决方案,提供分布式搜索引擎、日志搜集工具和可视化界面等功能,除此之外,各家云厂商均提供了功能丰富的日志服务产品,如阿里云的SLS、百度智能云的BLS、腾讯云的CLS等。

在数据可分析环节,指标统计通过数据面板以宏观方式展现系统整体运行状态;链路追踪则以请求链路视角提供各系统与组件间清晰的脉络视图,通过深入追踪请求在系统中的流转路径,揭示出潜在的性能瓶颈;日志则聚焦于具体的操作细节,为排查问题提供了详尽的执行信息。这三者相互结合,形成了点、线、面三位一体的数据分析体系,为性能优化工作提供了全面、细致、深入的数据分析能力。

2)性能可检测

在接口性能达到优化目标后,如果未能及时跟踪检测性能指标,性能优势将会随着产品的迭代逐步退化至性能红线以下。性能可检测旨在通过工具实时追踪并反馈版本性能指标,确保优化目标可以持续、稳定地达成。根据检测场景的不同,可以将其分为线下、线上、大盘三种方式。

(1)线下检测。为确保性能在版本迭代中不出现回退,通常在版本测试通过之后增加一组性能场景测试。由于性能场景对外部影响较为敏感,需要搭建一套专用环境用于线下测试。考虑到线下环境与线上环境在设备规模和网络环境上存在差异,测试场景与性能指标会针对专用环境进行特殊标定。标定指标除了满足优化目标中的响应时间、qps、生效耗时外,还需要考虑到系统的配置规模、配额、容量等因素。

（2）线上巡检。在生产环境中通过模拟租户操作进行端到端的验证,接口范围会涉及OpenAPI 全量接口,并以生效耗时、响应耗时为主要验证指标。出于系统稳定性考虑,线上巡检通常不会增加压力测试场景。在配置规模、配额、容量等方面,线上巡检会采用线上实际使用的平均值为标准。线上巡检是线下检测的补充,通过观察性能指标,可以直观对比上线前后间的数据差异。

（3）大盘跟踪。用于监测线上系统整体的性能趋势。通过可视化界面,实时跟踪线上OpenAPI 的优化目标数据,并针对各项优化目标数据设定基础指标和告警项,以确保系统性能的稳定性和优化目标的持续达成。由于线上租户业务场景各异,利用大盘数据可以呈现单一接口在不同场景下的性能指标变化,通过最大响应耗时等指标反馈版本间的性能差异。

3. 优化策略

在计算机系统中,从 CPU 读取 L1 Cache 到较为耗时的硬盘寻址,这些操作的响应时间均可以通过特定的数据来衡量,时间涵盖了从纳秒(ns)到毫秒(ms)的不同区间。随着硬件架构的不断升级,计算操作的响应时间也在逐年缩短。截至 2020 年,计算机各项操作的响应耗时数据如表 3-6 所示。CPU 读取 L1 Cache 的时间与 SSD 读取相比有着高达 1.6 万倍的差距,而与硬盘寻址相比更是有 200 万倍差距。可见,操作耗时与 CPU 的距离成正比,距离越近,响应越快。通过减少网络与磁盘 I/O 操作,能够显著缩短系统的响应耗时。

表 3-6　截至 2020 年计算机各项操作的响应耗时数据

操　　作	响 应 耗 时	操　　作	响 应 耗 时
L1 Cache 读取	1ns	通过网络发送 2KB 数据	44ns
L2 Cache 读取	4ns	SSD 随机读取	$16\mu s$
互斥锁定/解锁	17ns	硬盘寻址	2ms
内存读取	100ns		

注：数据来源 https://colin-scott.github.io/personal_website/research/interactive_latency.html。

此外,充分利用现代计算机系统的多核处理器架构,通过多线程(协程、进程)技术,可以最大化利用计算资源,大幅缩短整体执行时间。下面介绍几种常见的优化策略。

1) 使用缓存

使用缓存在绝大多数场景下都是性能优化的首选。从 CDN 技术到图形显示中的双缓存,再到 NoSQL 缓存集群,缓存优化在架构设计中几乎无处不在。缓存优化是利用系统中空间、计算响应与读写频率的不对等性,通过利用空间换时间的策略以达到性能优化的目的。当数据计算逻辑响应过长时,将计算结果缓存起来可以有效减少 CPU 计算以及等待磁盘、网络 IO、RPC(Remote Procedure Call,远程过程调用)的响应时间。常用的缓存有以下三种。

（1）内存缓存：应用程序为加速数据访问,在其运行时内存中存储数据副本,通过减少对原始数据(如数据库、RPC 接口)的访问,从而提升系统响应速度和性能。内存缓存最大生命周期一般设计与宿主应用程序相同,一旦宿主应用程序停止,缓存数据也将丢失。

(2)单机缓存:也称为本地缓存或服务器缓存,通常运行在单台服务器或逻辑节点上。与内存缓存不同,单机缓存采用 Redis、Memcached 等专用缓存软件,具有独立的生命周期。部分软件具备缓存持久化能力,确保缓存程序重启后数据不会丢失。

(3)分布式缓存:将缓存数据分散存储于由多个服务器组成的集群中,每台负载均衡服务器节点负责缓存中的一部分数据,集群对外提供统一的访问接口。分布式缓存可以有效提升缓存的访问速度和可靠性,降低单节点负载,提升系统性能和可扩展性。分布式缓存相较于前两者,数据容量更大,容灾能力更强。

2)异步优化

异步优化是指在程序设计过程中,利用计算机支持多线程并行执行的特点,将某些操作或函数逻辑调度至后台的一个或多个线程(协程)中执行,使前后台程序并行执行以达到缩短整体执行时间的一种优化方案。在云计算产品变配过程中,由于链路中涉及多个中间环节,处理时间较长。因此,OpenAPI 往往被设计为异步接口。当租户调用变配接口后,接口会返回一个唯一的任务 ID,通过任务 ID 代表本次变配任务,租户通过在任务查询接口中传入任务 ID 来获取任务的执行状态。这种设计既减少了租户与 OpenAPI 之间的连接等待时间,确保请求不会因为冗长的变配业务而导致超时,同时通过接口与业务程序的异步优化相结合,从而实现整个调用链路中整体性能的提升。当租户调用变配接口时,前台程序负责将租户变配任务调度至后台执行,任务可以调度至本机的后台,也可以利用数据库、消息队列等中间件在多台设备之间实现均衡调度。前台程序负责执行任务创建工作,创建成功后将当前任务 ID 返回给客户端。后台任务的主线程会根据业务特点进行并行优化,将可并行执行多个过程与函数异步化,由主线程负责整体协同调度直至完成。客户端可以通过调用任务查询接口了解到任务的执行状态。

一旦租户变配任务创建成功,系统需要确保业务稳定执行并返回最终结果,期间不能中断。在实际执行过程中,变配线程会由于各种不确定因素而退出。为解决这个问题,需要支持异步任务的持久化与可重入能力,即无论执行到哪个阶段,系统都允许在失败点继续执行。为了实现这一能力,需要开发相应的组件来支持容灾、可重入、配置与持久化及调度等功能,同时变配逻辑也需要进行相应的适配。

3)资源复用

资源复用是指多个进程或系统组件,对一组预先创建好的资源,通过资源共享的方式进行反复利用,从而减少资源创建和销毁的时间,达到优化系统性能的目的。与缓存技术不同,资源复用更侧重于在资源池中缓存一组可循环使用的资源对象。在程序中,资源复用技术的应用非常广泛,如数据库连接池、线程(或协程)池、对象池等都是典型的实现形式。以数据库连接池为例,每次应用程序执行数据库操作时,网络连接过程会极大地降低性能。而数据库连接池则通过预先创建和维护一组数据库连接,实现了资源的高效复用,从而避免网络连接频繁地建立和断开过程,提升了数据库访问的效率。远程调用生命周期示意图如图 3-36 所示。在每次本地系统请求远程业务系统时,需要经历初始化对象、建立连接、业务交互逻辑、释放连接与销毁对象 5 个阶段,在频繁调用的场景中,除业务交互逻辑之外(图中灰色条状图所示部分)均可以通过资源复用的方式达到耗时优化的目的。

在使用连接池情况下的生命周期示意图如图 3-37 所示。

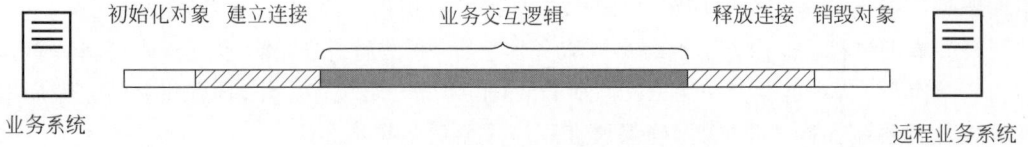

图 3-36　远程调用生命周期示意图

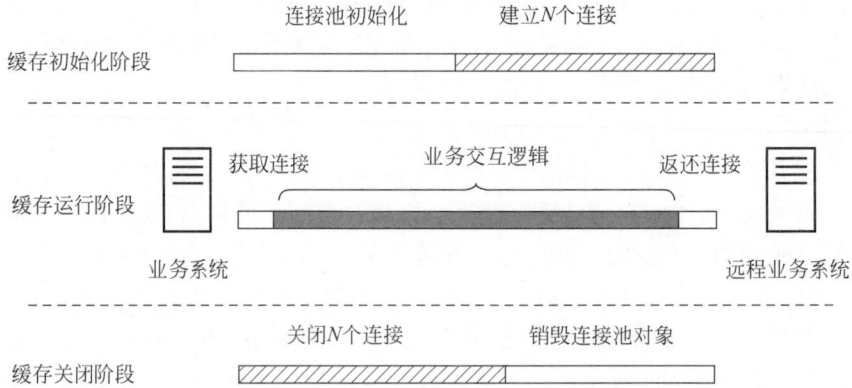

图 3-37　在使用连接池情况下的生命周期示意图

在程序初始阶段,系统预先创建并初始化对象,同时建立并维护一定数量的数据库连接,这些连接被存储在连接池中等待使用。在系统运行阶段,当业务逻辑需要访问远程业务系统时,不再需要临时创建新的连接,而是从连接池中取出一个已建立的、空闲的连接使用。一旦业务系统操作完成,连接将被归还给连接池,以供后续请求再次使用。在系统关闭阶段,连接池负责关闭所有剩余的连接,并释放与之相关的所有对象资源,以确保系统能够优雅退出。通过采用资源复用技术,有效减少了创建和销毁连接的操作,从而大大减少了因此带来的性能损失。

4）数据优化

数据优化是指在不丢失有效信息的前提下,减少转换时间、缩减数据体量,进而提升其传输、存储和处理效率。无论优化多短的耗时,放到足够频繁的调用场景下,所消耗时间都会变得极为可观。使用合理的序列化框架可以显著提升转换与传输性能,在选择序列化框架时,需要综合考虑稳定性、支持语言、版本兼容性与性能等因素。以 JSON 与 ProtoBuf（Protocol Buffers）为例,两者在稳定性和支持语言方面相差无几,但 ProtoBuf 在转换效率与压缩比上更具优势。相同条件下,ProtoBuf 的转换耗时大约是 JSON 的 2～3 倍,但数据量却仅为 JSON 的一半。在高性能场景中,ProtoBuf 无疑是更理想的选择；但在业务压力较小的环境中,JSON 因其更好的可读性而更具优势。业务发展前期采用 JSON 可以获得更好的可读性与业务迭代速度,在遇到性能瓶颈时,采用 ProtoBuf 则可以更好地优化数据处理时间与传输效率。

3.4.2　控制器变配模型

在前文中谈到,业内成熟的负载均衡控制器架构一般分为北向和南向两大模块：北向模块面向租户,着重于提供一套标准化的内部 API,便于管理与配置负载均衡实例；南向模块则聚焦于数据平面,负责调控配置指令的下发路径及设备生命周期的管理,确保控制指令能够准确无误地转换为负载均衡服务器上的配置设定。下面将结合前文内容,探讨一下控制面的变配模型。

4 层与 7 层负载均衡集群通常在监听层面接收配置指令并提供数据处理服务。当变配请求到达负载均衡控制器时,首先会修改北向数据表项,之后根据北向数据生成数据面可识别的监听配置,并通过南向变配链路,下发给指定 4 层、7 层负载均衡集群。负载均衡集群,一般基于监听粒度接收配置信息。因此,配置变更在控制器南向业务中,会被简化为一系列独立的监听配置,从而实现与租户及负载均衡实例的解耦。针对涉及同一监听的多次变配场景,可以看作一个虚拟队列中的多个变配消息。变配消息按 FIFO(First In First Out,先进先出)的方式,有序地下发到负载均衡集群中。为了更直观地阐述这一过程,下面将以租户对"负载均衡实例 LB1"的多次变配场景为例,进行详细说明。租户操纵"负载均衡实例 A"执行变配操作。南向业务变配流程如图 3-38 所示,整体操作流程如下。

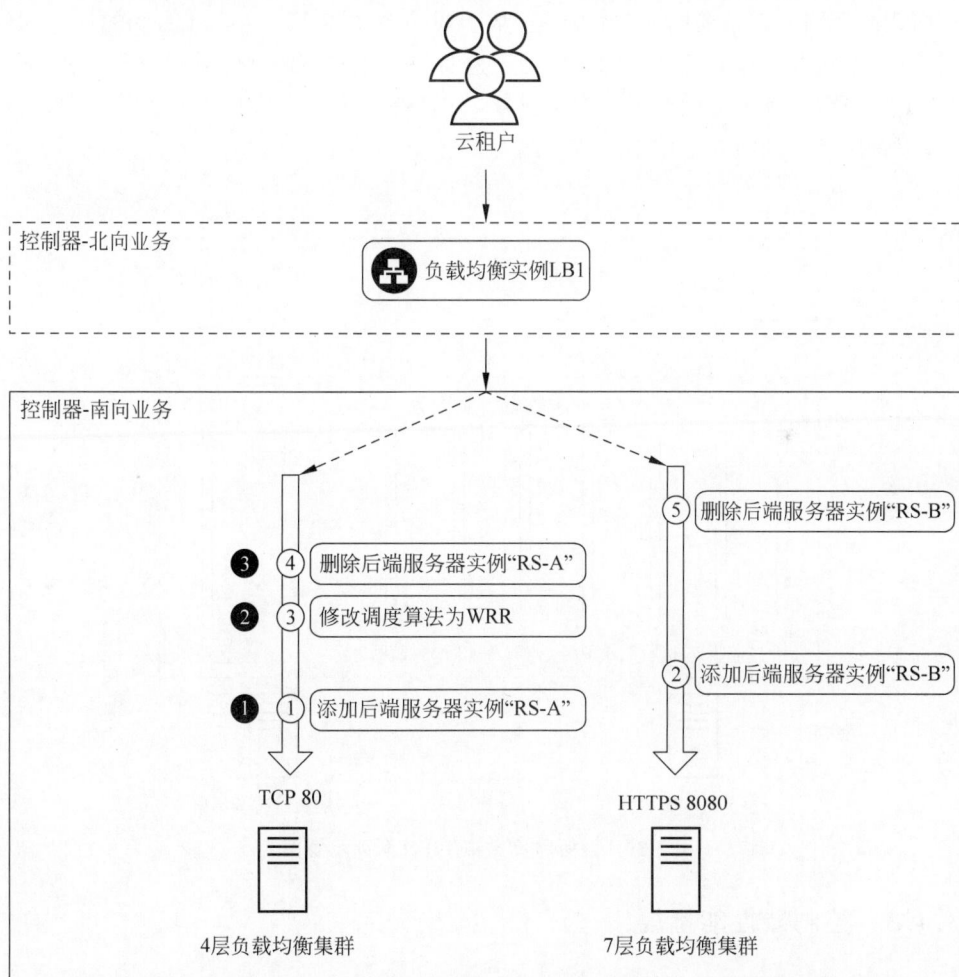

图 3-38 南向业务变配流程

(1) 操作①在 4 层 TCP 80 监听的服务器组中增加后端服务器,服务器名称为"RS-A"。

(2) 操作②在 7 层 HTTPS 8080 监听的服务器组中增加后端服务器,服务器名称为"RS-B"。

（3）操作③调整 4 层 TCP 80 监听的调度算法为 WRR。

（4）操作④从 4 层 TCP 80 监听的服务器组中删除后端服务器实例，服务器实例名称为"RS-A"。

（5）操作⑤从 7 层 HTTPS 8080 监听的服务器组中删除后端服务器实例，服务器实例名称为"RS-B"。

4 层监听 TCP 80 上的变配操作包括①、③、④。7 层监听 HTTPS 8080 上的变配操作包括②、⑤。在南向业务中，每当监听产生新的变配操作时，这些变配操作被拆分为包含监听配置的变配消息，推送到这个监听关联的虚拟 FIFO 队列，并按顺序推送到对应的负载均衡集群中。

由于虚拟 FIFO 队列的存在，每个操作都可以通过一个唯一的自增版本号来标识其在队列中的位置。例如，TCP 80 上的三个操作①、③、④在队列中的版本号分别对应为❶、❷、❸。

南向变配链路一个重要的业务特性是，基于同一个虚拟 FIFO 队列的变配操作通过串行方式执行，以确保操作的顺序性和一致性。监听粒度虚拟 FIFO 队列示意图如图 3-39 所示，针对负载均衡实例下不同监听的变配操作，可以打散至各个虚拟 FIFO 队列中，实现并行变配，从而提高系统的处理效率和响应速度。

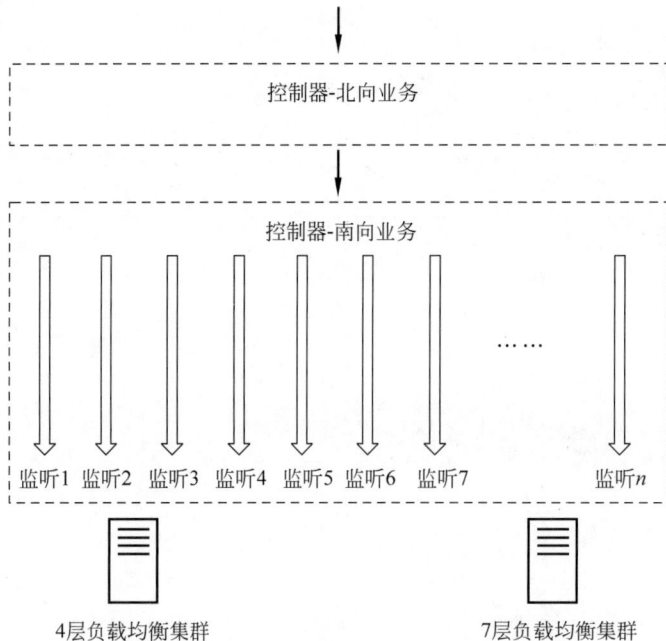

图 3-39　监听粒度虚拟 FIFO 队列示意图

3.4.3　控制器性能挑战

1. 关联变配挑战

北向业务对象主要包括负载均衡实例、监听、转发规则、后端服务器与服务器组及安全组与 ACL。在北向业务对象中，由于某一对象的单次变配操作，引发与之关联对象的多次变配操作的特性称为关联变配。负载均衡控制器北向主要业务对象如图 3-40 所示，可以看到后端服务器、ACL、安全组等业务对象都可能触发关联变配，且关联变配的影响范围会随着相关联对象数量的增加而扩大。

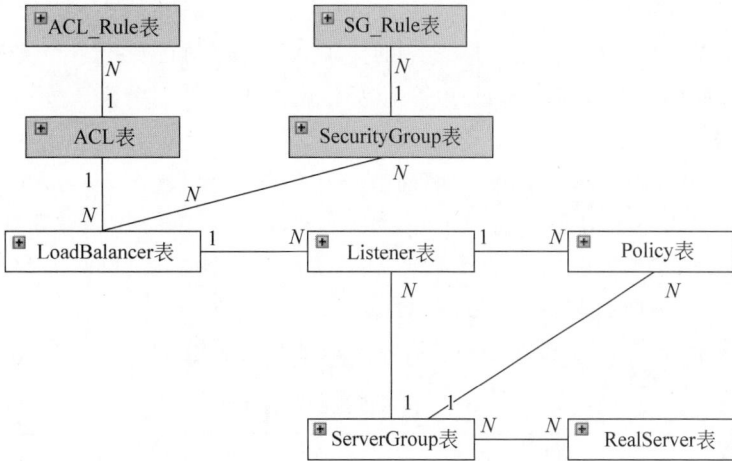

图 3-40　负载均衡控制器北向主要业务对象

　　ACL 关联变配关系示意图如图 3-41 所示,租户有 20 个开启 ACL 功能的负载均衡实例分别命名编号为 1～20,每个负载均衡实例都配置了两个 4 层监听和两个 7 层监听。ACL 的配置信息存储在监听配置中,当 ACL 发生变配时,这些包含 ACL 信息的监听也需要关联执行相应的变配操作。详细流程描述如下。

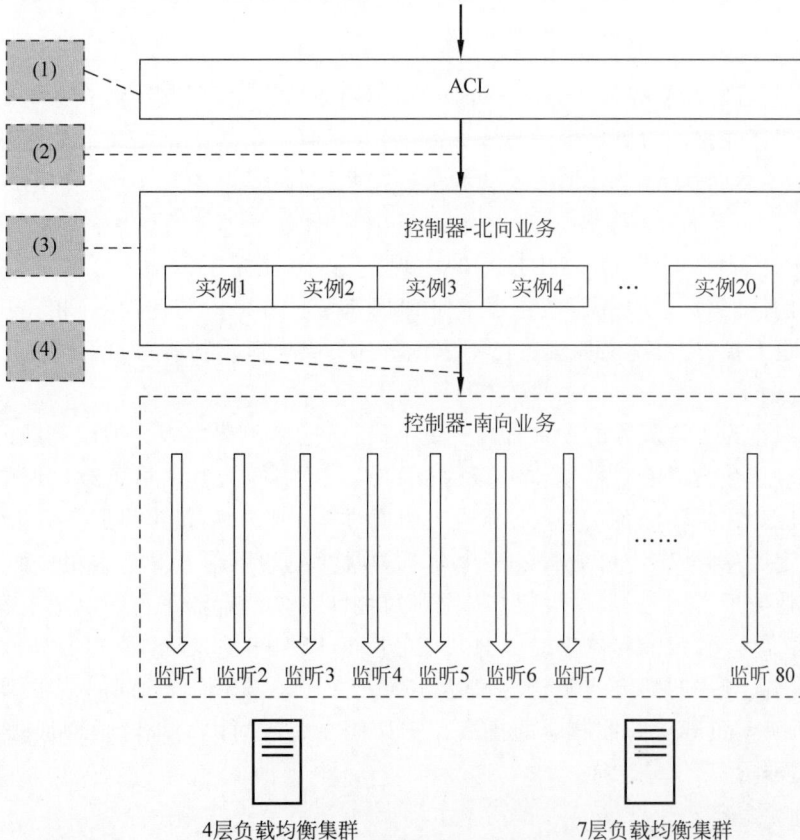

图 3-41　ACL 关联变配关系示意图

（1）租户通过在云控制台修改 ACL 规则，触发关联变配。

（2）控制器北向业务监测到 ACL 变更，生成 ACL 全量配置信息。

（3）北向业务根据 ACL 与负载均衡实例的关联关系信息，执行所有 20 个实例的监听变配。

（4）配置在南向变配链路中通过 80 个监听粒度的虚拟队列分别下发至 4、7 层负载均衡集群完成最终变配。

很明显，ACL 的 1 次变配操作，在南向业务中最终扇出（Fan-out）到 80 个监听变配。线上偶发的关联变配一般对控制器稳定性影响不大，但在面临海量关联变配场景时，因为少量实例的关联变配会扇出大量变配操作，从而挤占控制器变配资源，导致正常租户的变配操作因等待资源而超时或失败，进而引发故障。

在负载均衡业务中，有三类业务对象存在关联变配的风险，如表 3-7 所示。

表 3-7　关联变配的风险表

业 务 对 象	扇 出 粒 度	扇 出 条 件	变 配 量
ACL、ACL 规则	子网粒度	同子网且开启 ACL 功能的负载均衡实例	关联此 ACL 所有负载均衡实例中监听的数量
安全组、安全组规则	负载均衡实例粒度	关联此安全组的负载均衡实例	关联此安全组所有负载均衡实例中监听的数量
服务器组、后端服务器	监听粒度	关联此服务器组的监听	关联此服务器组中所有监听的数量

2. 云原生挑战

近年来，随着容器服务（Container Service）与函数计算技术的普及，企业上云和用云的方式发生了明显变化。为更好地满足业务需求，云厂商开始将云网络负载均衡服务引入云原生业务中，以处理大量的南北向入口流量。在此过程中，潮汐算力、削峰填谷、自动扩缩容等相关概念应运而生，导致了对服务器组中后端服务器数量的需求增长。以 ENI-Trunking 技术为代表的虚拟 ENI 技术的出现，极大地提高了云服务器中容器的密度和 ENI 热插拔的性能，后端服务器数量需求呈现加速增长趋势。与此同时，相关技术对变配频率的需求也大幅提升，这对原本就已不堪重负的负载均衡控制器构成了严峻的挑战。

1）滚动升级

滚动升级作为容器服务的一种常规变更手段，通过逐步替换服务器组挂载的部分容器实例以达到对整个集群中容器版本升级的目的。容器实例与云网络负载均衡的后端服务器实例相对应。在实际应用中，单个容器实例通过多个监听端口提供服务。因此，单一容器实例的绑定、解绑操作均可能引发多个监听关联变配的风险。对于大租户而言，其容器集群规模可达数千实例之多，每次版本升级都可能涉及多个容器集群。以单个容器集群包含 1000 个容器实例，每个容器仅提供 HTTP 80 和 HTTPS 443 两个端口服务为例，服务器组中后端实例高频率的绑定与解绑会高达 4000 次（1000 实例×2 监听×2 次变配操作）。显然，滚动升级对负载均衡控制器的挑战在于如何在短时间内处理海量增加、删除后端服务器的变配操作。

2）海量扩缩容

云上租户以提供互联网业务为主，租户流量往往呈现为一条特定曲线。租户流量分时图如图 3-42 所示,租户业务流量自上午 9 点起逐步上升,在中、晚餐时段流量会短暂减少,随后在晚间 22 点左右达到流量峰值,之后便逐渐降低,在凌晨 5 点左右降至最低点。通过流量分时图可以看出,该租户的业务流量高低峰之间流量相差 70%,这恰好可以通过云原生的弹性能力来优化用云成本。

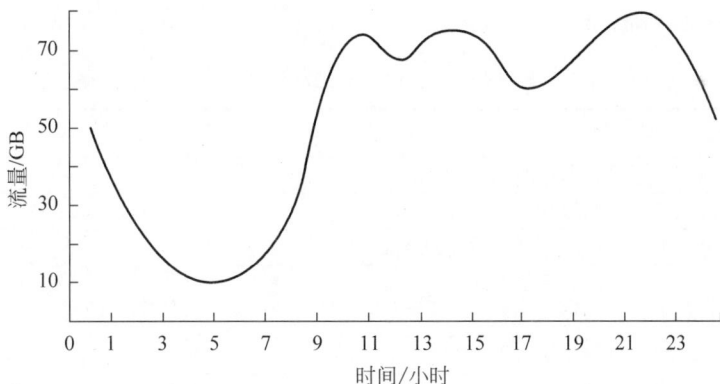

图 3-42 租户流量分时图

租户针对这一流量特点,一般会采用"谨慎缩容,快速扩容"的优化策略,扩缩容的时间点可以选在 3—7 点。在此优化策略背景下,负载均衡控制器在每天 24 点后会分批收到后端服务器摘流请求,7 点左右会在短时内收到 70% 容器实例挂载请求。由于大租户业务的复杂性,业务扩缩容除了容器集群还会涵盖微服务化组件及各类中间件集群等,涉及实例相对较多。通常,同类型租户(如电商类、直播、打车类等)的业务流量曲线大体相似,低峰期也基本一致。因此,控制器会在各类业务的特定时段内,集中接收到同类租户的海量变配请求。这种场景与关联变配问题极为相似,不同的是,关联变配一般为非预期的偶发场景,而海量扩缩容由于租户体量与业务特性,是一个有规律性的可预期的持续过程。对控制器的挑战也仅限在特定时间段内多个租户触发的增加或删除后端服务器的操作。相对滚动升级来说,变配操作更为单一,但变配量级与范围要更大。

3)探活抖动

容器集群需要定时确认容器实例的存活状态,对于探活失败的容器实例,容器业务会将此实例从关联的负载均衡实例中解绑,待恢复后重新绑定。当容器集群中一定比例的容器按一定频率、持续出现从负载均衡中绑定、解绑操作时基本可以判定是探活抖动。导致容器探活失败抖动的原因读者可以自行网上检索,这里不再继续探讨。当探活抖动涉及的容器节点较少时,只会导致部分监听后端服务器周期性的绑定、解绑。当集群中异常容器达到一定量级时,会导致这一过程持续占用控制器变配资源。由于缺乏检测手段,待控制器发现时往往资源占比已达到预警水位,甚至已影响到正常租户的变配操作。探活抖动具有一定隐蔽性与突发性,在优化方案中可以考虑针对这两种特性,通过一定策略实现与普通租户变配之间的隔离。

3. 规模增长挑战

1)配额峰值

云上产品为防止云上资源的不当使用和过度消耗,一般通过配额机制来限制租户。云网络负载均衡产品的配额指标设定与关联变配紧密相关,随着大租户对负载均衡产品需求的增长,各项业务配额限制也在不断被突破。公开配额是指云厂商对外提供的标准规格,而峰值配额则是通过系统内部评估所得,不对外公开。针对大租户,配额会在公开和峰值两个参数值之间灵活调整,具体配额受到负载均衡控制器性能和租户消费规模的影响。负载均衡常见配额数据如表 3-8 所示,表中列出了常见的配额值,由于各云厂商的负载均衡控制器能力差异较大,峰值配额仅供参考。

表 3-8　负载均衡常见配额数据表

配　额　项	公　开　配　额	峰　值　配　额
单个负载均衡实例下最大监听数量	50	200＋
单个监听下最大转发规则数量	40	200＋
单个负载均衡实例最大可挂载后端服务器数量	200	5000＋
单个服务器组中最大后端服务器数量	50	2000＋
单个服务器组最大关联转发规则数量	20	200＋
单个后端服务器最大可关联服务器组数量	50	200＋
单个 ACL 中最大规则数量	300	1000＋
单个安全组中最大规则数量	100	1000＋

在满足大租户业务规模增长,提高配额数量的同时,随之而来的是关联变配风险的增加。以"单个服务器组最大关联转发规则数量"为例,当后端服务器变配时,在峰值配额情况下会产生高达 200＋的监听粒度并发变配。由于存在关联变配关系,这个配额变配数量会与"单个后端服务器最大可关联服务器组数量"的配额产生乘积,服务器摘流操作会产生:(200＋)服务器组数量×(200＋)单个服务器组关联转发规则数量＝40 000＋次变配。

2) 配置容量

配额的增加,会带来配置容量过大的问题。每次北向的变配操作都会生成一份监听粒度的全量配置,并通过南向业务将这些配置下发至负载均衡集群。特别是在 ACL 规则、安全组规则、监听下关联的大量转发规则及每个转发规则关联的服务器组中保存大量后端服务器数据时,配置容量会随之增长。以常用的 JSON 格式为例,单台后端服务器信息会多达十余项信息。以每台后端服务器配置为 100B 估算,一个包含 2000 个后端服务器的服务器组所需的存储空间为 100B×2000＝196KB。当这样的服务器组与 40 个转发规则关联时,配置容量约为 7.7MB。算上监听、转发规则、安全组、ACL 等配置后,整体配置量可轻松达到 8MB 以上。考虑到关联变配可能产生的 40 000＋并发变配的极端情况,单个变配会导致整个系统处理接近 80GB 的配置数据量。大容量的变配操作会消耗负载均衡控制器大量的 CPU、内存、带宽等资源,不及时处理会影响正常租户的变配性能与成功率。

3.4.4　控制器性能优化

1. 前端优化

前端业务包括云控制台及 APP 与桌面终端。前端的优化策略涵盖了数据压缩、多级缓存、利用 CDN 实现就近访问,以及异步处理、并行加载和延迟加载等技术。

(1) CDN 加速。前端资源可大致分为静态资源和动态资源两类。静态资源包括图片、音视频、文本、样式文件及配置类资源,其特性相对固定,查询频繁但修改较少,适合采用

CDN 缓存策略进行优化。

（2）使用本地缓存。通常缓存是最简单有效的优化方式。在浏览器端可通过在 HTTP 头中设置 Cache-Control 和 Expires 参数定义静态资源的缓存时间，达到资源缓存效果。在 APP 与桌面端可以利用缓存组件实现类似功能，从而减少资源重复加载，提升加载效率。

（3）数据压缩与合并。前端界面渲染通常依赖大量静态资源文件，因终端设备由于浏览器等因素导致并行加载能力受限，这些文件一般只能串行加载，导致加载周期较长。为此，可采取以下策略。

① 通过文件合并减少文件加载数量，降低网络请求次数和串行加载耗时，提升页面加载速度。

② 在服务器端启用如 Gzip、Brotli 等压缩算法，减少数据传输量，加快文件传输速度，减轻网络带宽压力，缩短资源加载等待时间。

③ 针对不同类型文件，采用精细压缩策略。例如，图片可选择更高压缩比格式以减小体积而不损失过多质量；CSS(Cascading Style Sheets，级联样式表)和 JavaScript 可通过移除冗余字符和注释、采用短变量名等方式减小文件大小。

2. 云控制台优化

在 OpenAPI 调用链路中，云控制台位于负载均衡控制器上层，是 OpenAPI 业务的核心组件。在业务上除了支持控制面业务以外，还包括订单、计费、配额、标签、资源、鉴权等依赖方交互逻辑。由于云控制台位于云上服务化架构的上层，可以利用更丰富的中间件来优化系统性能。

1) 数据优化

根据业务数据存储方式不同，云控制台分为以下两种架构形态。

（1）租户数据冗余架构。云控制台业务中存储部分控制面北向业务数据，实现对租户业务数据的本地冗余存储。数据的冗余存储可以有效减少与负载均衡控制器的交互次数，结合高效的数据缓存机制，可以大幅提升数据查询性能。在 OpenAPI 变更与配置操作时，云控制台无须再调用控制器接口进行资源状态与账户权限的确认，从而减少了网络调用和数据交互，进而提升系统整体性能。这种设计同时会面临云控制台与控制器数据不一致问题，为解决这一问题，需设计一套完善的对账机制，确保能够及时发现并处理数据不一致的情况。

（2）租户数据下沉架构。租户相关业务数据保存在负载均衡控制器中，云控制台业务中不保存任务控制面数据。当业务中依赖相关数据时，需调用控制器接口执行相关查询操作。由于存在较多 RPC 接口调用，下沉方案在性能表现上较差。但由于数据一致性较好，因此无须引入额外处理机制。

租户数据冗余架构，负载均衡控制器将很多查询与鉴权逻辑卸载到云控制台层，在减轻控制器压力的同时，接口响应、qps 与生效耗时等都得到不同程度的提升。同时，也要看到优化后的系统业务复杂度较数据下沉方案有所上升，由于冗余数据的存在，需求迭代需要云控制台共同参与。而由于巡检等容错机制的加入，整体人力成本也会有较大增加。因此，建议在业务初期采用下沉架构，当出现性能瓶颈时再进行架构升级。

2) 异步与并行优化

在单个变配接口中，存在订单、计费、配额等多个业务方交互逻辑，其执行周期较长，交互逻辑复杂，存在可优化空间。以创建负载均衡实例为例，业务流程包括以下 6 个环节：①实

例查询；②产品规格查询；③配额确认；④创建实例（调用负载均衡控制器）；⑤创建标签
（调用标签系统）；⑥创建订单（调用订单、计费系统）。串行执行链路追踪视图如图 3-43 所
示，整个业务流程的响应时间是所有操作时间之和，即 4.1s。

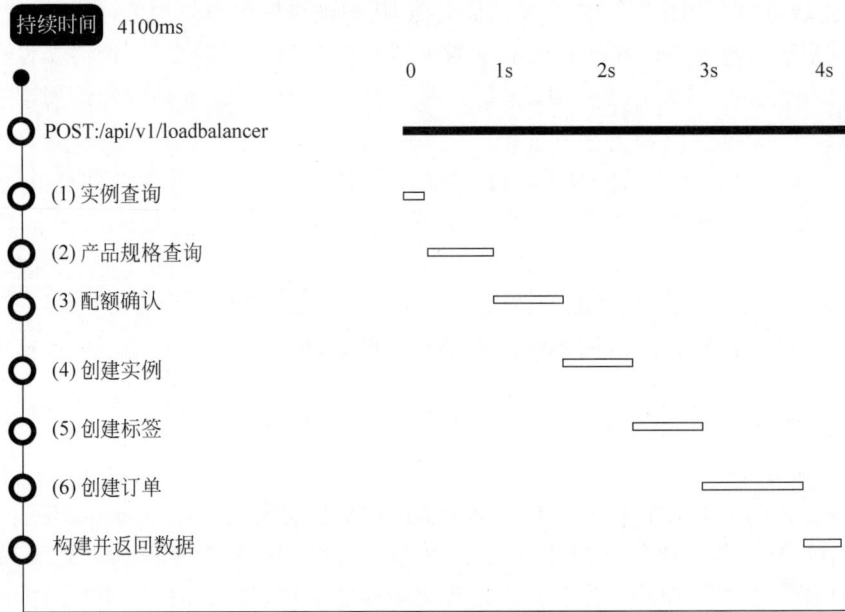

图 3-43　串行执行链路追踪视图

经过深入分析后发现：①～③属于前置验证操作，它们之间无依赖关系，完全符合并行
执行条件，④～⑥也同样具备并行执行条件。并行优化后用时缩小到 2.4s。并行执行链路
追踪视图如图 3-44 所示，将原本串行的 6 个环节优化为两个并行环节，响应时间也相应优
化为两个最长操作时间之和。

3) 任务流优化

变配类接口在业务中展现出任务流所具有的线性执行与回滚特点。在异步任务创建
后，变配操作将按任务顺序逐一执行，并在失败时按执行顺序逆向逐一回滚。因此，云控制
台在变配类接口中可以通过引入任务流做如下优化。首先，支持有序、并行的任务执行，并
具备回滚能力。其次，任务流在创建与执行结束时会持久化至数据库，以支持异常情况下
任务的正向与逆向重试。虽然在创建、结束时具备数据库持久化能力，但在执行过程中会
基于缓存中间件存储中间执行结果，以提高执行效率。通过引入缓存中间件可以减少数据
库交互，从而提高任务流的执行效率。这一优化策略利用了其对一致性要求不高的特点，
通过降低宕机、重启、网络抖动等小概率场景的一致性，结合缓存、异步、并行等手段，从而
实现整体性能的提升。

3. 负载均衡控制器北向业务优化

负载均衡控制器北向业务的核心在于维护各项租户业务数据与业务对象间的关联关
系，以确保数据表项信息的完整性和准确性。因此，北向业务中出现的性能问题很多与数
据库使用不当有关。一般性问题短期内可通过提升数据库实例规格来缓解，但考虑到数据
库规格不能无限提升，升配只能是临时策略。从长远来看，需要从合理使用数据库入手，从

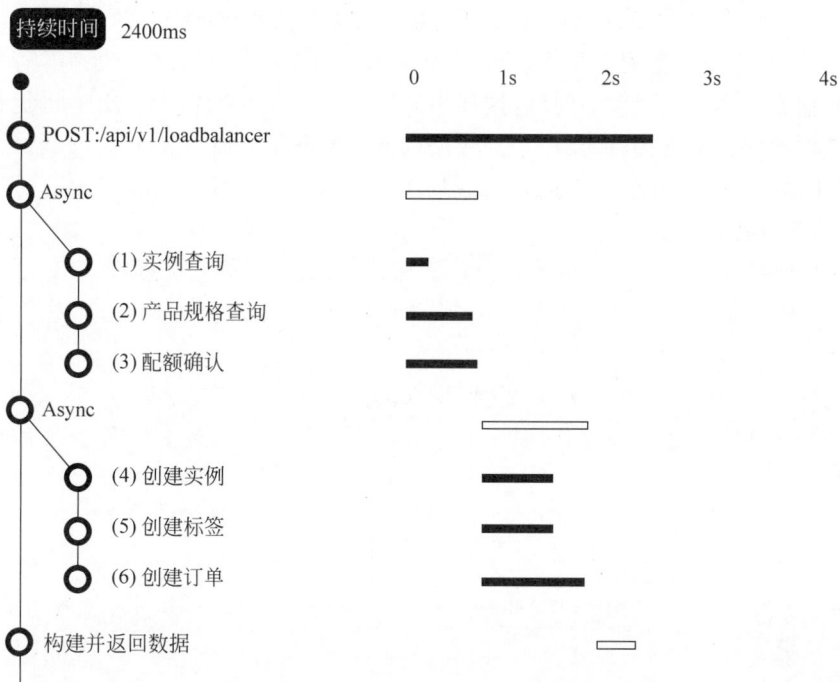

图 3-44 并行执行链路追踪视图

根本上解决这一问题。随着负载均衡控制器系统架构与业务的持续迭代进化,许多数据库性能问题在控制器初期设计阶段就已埋下伏笔。早期研发侧重于业务快速迭代,因为数据规模较小,慢查询等问题并不突出。但当数据量突破临界点时,这类风险会没有任何征兆地突然出现,处理起来会非常棘手。因此,数据库性能问题不应拖延,必须提前分析,前置优化。

1)缩小锁粒度

在北向业务中,监听、后端服务器等都是负载均衡实例内部的业务对象。为防止租户在负载均衡实例粒度的并发操作,在对实例内部对象执行变配前会在负载均衡实例上增加数据库写锁。写锁在保障强一致性的同时,也会制约负载均衡实例及内部业务对象的并行变配能力。基于负载均衡实例粒度锁串行执行示意图如图 3-45 所示,云租户有负载均衡实例 A,实例 A 下有 TCP 80 与 HTTP 8080 两个监听。租户在云控制台针对这两个监听发起 4 次变配请求分别用数字 1~4 序号代替,变配操作涉及的两个监听均在同一负载均衡实

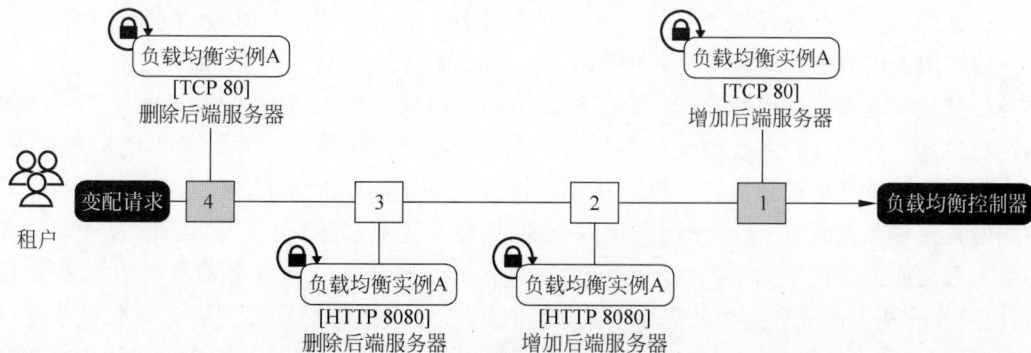

图 3-45 基于负载均衡实例粒度锁串行执行示意图

例上。由于锁的存在,4 次变配操作在北向业务中只能在实例粒度串行执行。

南向业务中,为保障变配有序性,仅在监听粒度加锁,多个监听之间支持并行下配。如果将南北向业务锁都细化至监听粒度,这样不同监听上的变配操作可以由串行优化至并发执行。加锁粒度细化至监听后,操作中需注意以下变配操作的加锁顺序。

(1)实例修改、删除操作。需先对负载均衡实例加锁,再逐一获取实例下所有监听的锁,之后进行后续操作。

(2)监听创建操作。需先对负载均衡实例加锁,再执行后续变配操作。

(3)监听删除操作。需先对负载均衡实例加锁,再对特定监听加锁,再执行后续变配操作。

(4)监听变配操作。仅对操作涉及的监听加锁,再执行后续变配操作。

上述变配操作在缩小锁粒度后,基于监听粒度锁并行执行示意图如图 3-46 所示。

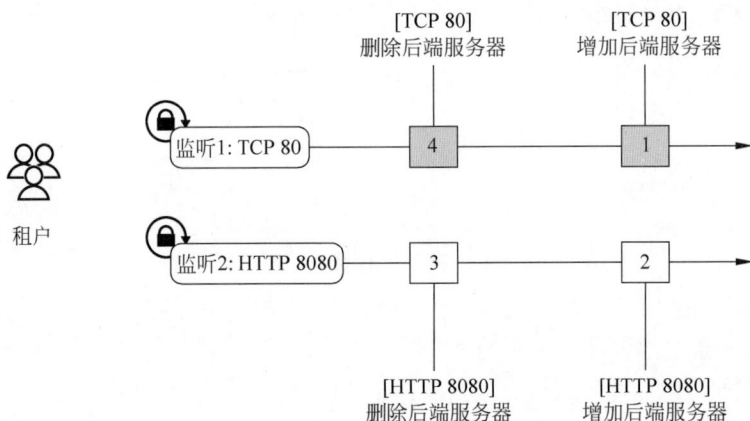

图 3-46　基于监听粒度锁并行执行示意图

优化后租户的 4 次串行变配操作,在北向业务中根据监听粒度拆分成为两个并行操作队列。在实际业务场景中,后端服务组、服务器、与 ACL 安全组等监听粒度变配操作的频率远远高于其他场景。因此,通过调整锁粒度,负载均衡控制器能够在几乎不影响其他变配场景性能的前提下,提升监听并行变配能力。

2)减少锁等待

早期的负载均衡控制器系统,通常采用数据库写锁以确保在并发变配过程中的数据一致性。这导致同一个负载均衡下的并发变配之间会产生锁等待。当并发请求量激增时,大量后续请求会因为数据库锁等待超时而失败。在面临上述问题时,有两种解决思路:第一种是尽量让所有请求都得到处理;第二种是当判断请求无法执行时,快速失败。第一种策略在特定场景下会导致系统中大量线程、CPU 等系统资源被少量租户的频繁变配所挤占,从而影响其他正常请求的执行。第二种策略通过及时终止异常请求,可以迅速释放被异常占用的系统资源,确保正常请求得到优先处理,保障系统更高效地执行。因此,在业务对象中引入数据库锁的同时,需要配合业务对象状态机一起使用。当业务对象正在进行变配时,应首先将相关的业务对象状态更新为"变配中"。后续操作在检测到业务对象处于变配状态时,将自动中止操作,并向租户返回业务对象正在变配中的提示。这样可以将大量租户操作通过资源"变配中"状态,阻塞在 OpenAPI 调用之外,从而解决等锁超时与线程挤占问题。

3）可重入接口设计

可重入指一个接口或函数在执行过程中,同一操作的多次调用每次都能返回一致的结果。在微服务化系统中,可重入接口设计对程序异常重试逻辑显得尤为重要。以负载均衡实例的创建为例,当租户通过负载均衡的 OpenAPI 发起请求时,可能会因网络抖动、超时等原因导致失败。可重入接口设计,可以保障后续具备相同请求 ID 的重试请求都会返回 200 成功的响应;反之,需要在代码逻辑中判断上次请求中每一步操作的执行结果,并根据执行结果决策哪些逻辑可以执行,哪些逻辑需要跳过与回滚,这将使程序逻辑变得异常复杂。负载均衡业务通常依赖于更底层的云服务器控制器、VPC 控制器等内部 API 服务。为确保系统的稳定运行,这些服务之间也都应具备可重入能力,这样即使在请求中出现故障,通过内部重试也能迅速恢复。

4. 负载均衡控制器南向变配优化

在性能挑战一节中,探讨了云网络负载均衡所面临的性能问题,具体可以归纳为以下几个问题:如何处理高并发场景下的变配,大配额实例在频繁变配场景下的配置容量,少量实例频繁变配对正常租户变配资源的挤占,关联变配场景下的变配量扇出问题。

显然,解决这些性能问题的核心在于如何高效处理高并发场景下的变配。负载均衡控制器配置变更的流程由请求调用开始,在控制器北向接口生成库表记录,在南向业务中以监听为粒度,通过变配链路将配置信息传送至负载均衡服务器上的代理程序中。代理程序将配置信息进一步推送至负载均衡软件。整个变更流程在到达负载均衡集群前采用串行方式,在南向业务中,配置会被分发至多个以监听为粒度的虚拟队列中,继而发往后端。在南向监听的虚拟队列中,短时间、高并发关联变配场景下会产生大量串行配置。若逐一串行下发至设备,不仅效率低下,还可能给数据面带来风险。从实际操作角度看,在频繁的配置变更中,租户更关注的是最终配置结果而非每次变更的中间过程,单监听每秒 100 次变配示意图如图 3-47 所示。

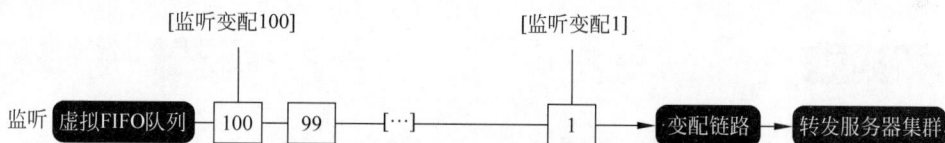

图 3-47 单监听每秒 100 次变配示意图

以每秒 100 次的频率进行配置变更时,真正关心的并非中间每次变更后的中间状态,而是连续变配后最终的生效结果。实际上,在这一系列请求中,绝大部分变配都是过渡性的中间状态,真正的变配需求通常集中在最后一次全量变配中。因此,负载均衡控制器在这一系列变配中,只需要确保版本号为 100 的配置在数据面生效,即可满足需求。这种在高并发场景下只关注最终配置结果,而忽略短暂中间配置变更过程的特性,被称为"终态变配"。负载均衡控制器在高并发场景下配置变更的本质就是终态变配。有如下几种策略可以优化以上"终态变配"。

1）版本合并

在南向虚拟队列中,因租户高并发变配而产生的配置,在队列内部按版本号有序排列。由于负载均衡控制器终态变配的特点,在推送配置时,只需保留队列中最后一次全量配置变更,其余的变配操作均可被清除。这种通过在变配队列中合并多次变配操作,以提升变配性能的策略称为"版本合并"。单监听版本合并示意图如图 3-48 所示。

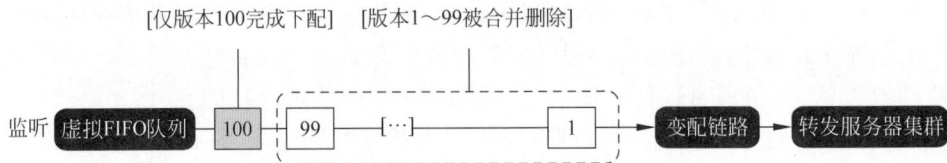

图 3-48　单监听版本合并示意图

以每秒 100 次的频率进行配置变更时,虚拟队列中仅保存最后版本号为 100 的全量变配,其中,版本号为 1～99 的变配操作将被清理而不会执行下配逻辑。在版本合并后,变配队列中因并发变配导致的性能压力会明显降低。

2) 增量变配

大配额实例变配与容器频繁探活抖动场景中,租户的单监听配置因存储 2000＋后端服务器信息达到兆字节(MB)级别,通过关联变配扇出后单次下配操作可以达到 80GB,对性能影响较大。通过对两个版本配置对比,可以看到配置间的差异仅在少量后端服务器配置的变化上,而其他 99％的配置信息都属于冗余配置。显然,如果将每次下配由全量改为增量,可以很好地解决配置容量过大的问题,但在方案设计上有以下几点要注意。

(1) 严格保序。增量变配需要与版本机制相结合,严格保障变配顺序。以在监听上频繁添加、删除同一台后端服务器为例:将向监听后端挂载这台服务器定义为操作 A,将从监听后端删除这台服务器定义为操作 B,那么下面的一组操作:①A 增加后端服务器→②B 删除后端服务器→③A 增加后端服务器→④B 删除后端服务器,可以转换为以下操作序列 A→B→A→B。单监听增量变配保序示意图如图 3-49 所示。按照 A→B→A→B 的变配顺序,最终变配结果是后端服务器并未挂载在监听上。

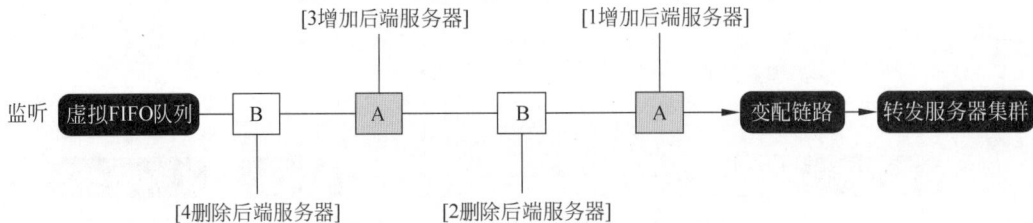

图 3-49　单监听增量变配保序示意图

单监听增量变配乱序示意图如图 3-50 所示。如果 A→B→A→B 的操作因乱序转换为 A→B→B→A,那么最终的结果就是后端服务器挂载在监听,显然顺序的变化改变了租户变配语义。因此,在增量变配场景下要严格保序。

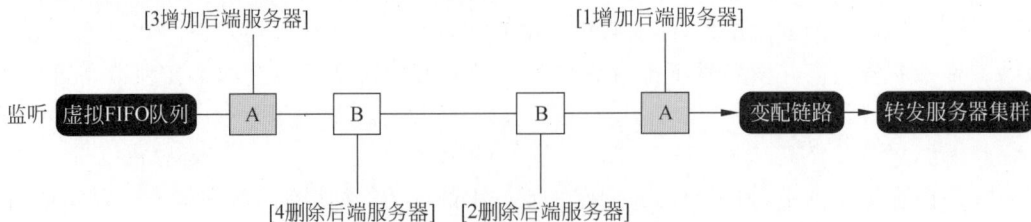

图 3-50　单监听增量变配乱序示意图

（2）适配版本合并。版本合并优化是通过终态变配来实现的,在增量变配场景下,A→B→A→B 的操作顺序显然不能通过最后一次操作 B 的增量配置实现。单监听增量变配版本合并示意图如图 3-51 所示。在增量变配场景下,版本合并时推送的最后一次变配是全量配置而不是增量配置。这样既减少了冗余配置,又减少了变配数量。

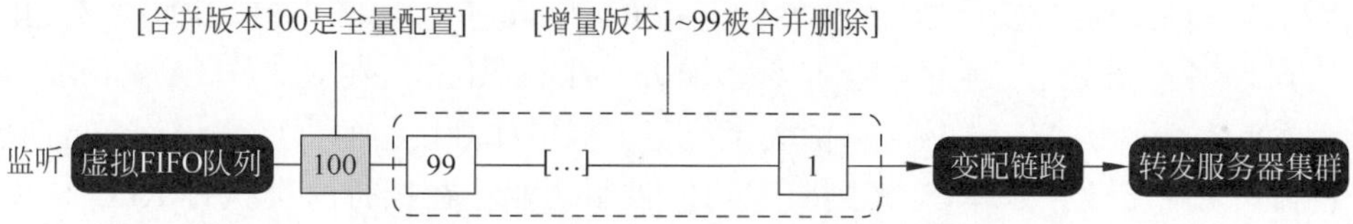

[合并版本100是全量配置]　　[增量版本1~99被合并删除]

监听　虚拟FIFO队列　100　99　[...]　1　变配链路　转发服务器集群

图 3-51　单监听增量变配版本合并示意图

（3）增量变配语义。增量变配语义是指在增量变配时用于表达变配内容的语义。增量变配语义一般包括变配实体与变配操作。变配实体是指变配资源项的唯一标识。变配操作一般包括创建、更新、删除三项,用于描述资源的具体变配行为。以删除后端服务器为例,在 4 层监听 vs-1 中,删除后端服务器实例 rs-1,其增量配置可以做如下描述。

```
{
    listener_id:"vs - 1",
    rs_list:
    [{
        rs_id:"rs - 1",
        operation:"DELETE"
    }]
}
```

3）异步调度

在关联变配场景中,租户的一次变配在负载均衡控制器南向业务中会产生不同虚拟队列的变配操作。以配额峰值一节中的极端场景为例,单个服务器可以关联 200＋个服务器组,一个服务器组最大可关联 200＋个监听,那么单个服务器变配会产生 40 000＋监听同时变配。前面通过增量变配、与版本合并,虽然在减小了配置容量的同时解决了监听并发变配的风险,但不同监听上的数万次变配操作却没有优化效果。下面探讨一下针对这一场景的优化思考。

（1）系统影响。首先,在北向业务中,每次变配操作均需要执行加锁、查询后端服务器、更新后端服务器至少三次数据库操作,4 万个监听变配会产生十多万次数据库操作。其次,数万级别不同监听的变配操作又会侵占请求线程池、数据库线程池等系统资源,阻塞正常租户的变配操作。

（2）业务分析。从负载均衡控制器整体变配请求上分析,这类关联变配频率占比不高。单个租户连续频繁执行关联变配情况也并不多,由于涉及变配量较多,租户一般对变配生效时间没有强制要求。

基于上面两点分析,可以采用如下三点优化策略。

首先,采用异步接口。经过分析,海量关联变配是一类小概率出现但对控制面系统资源占用较高的变配场景,可以通过减少对其他租户的影响角度去优化系统整体的变配性能。负载均衡控制器的接口同样是基于异步任务流实现的异步接口形式。在海量关联变配场景下,租户变配操作就是一次异步 OpenAPI 调用,请求到达控制器后,北向业务会生成一个主任务流与监听粒度的 N 个子任务流,主子任务流之间相互关联。调用返回至租户时会收到主任务流的一个唯一 ID,租户可以通过特定接口查询任务流执行状态。

其次,采用快慢池优化。当代 CPU 普遍采用多核心技术,在服务器领域双 NUMA(非统一内存访问)架构成为云厂商标配。以 Intel(R) Xeon(R) Gold 6252 CPU 为例,其单颗 CPU 拥有 24 个物理核心,通过开启超线程(Hyper-Threading),在双 NUMA 架构加持下单台服务器可以提供 96 个逻辑核心。除去系统与支持组件对核心的占用,理论上单台服务器 90 个逻辑核可用于业务处理,考虑到负载均衡控制器业务在执行时会执行 RPC 与数据库等外部 I/O 调用,存在线程的上下文切换,线程池会根据 IO 密集型业务进行配置,即 CPU 核心数×2=180 线程。为提升变配性能,一般会将一个任务流或子任务流放到一个独立线程中执行,在 4 万个监听同时变配的情况下,所有负载均衡控制器上的线程均会瞬间被打满。显然海量关联变配不能与正常租户变配放到一个线程池中执行,可以通过快慢池与调度优化相结合的方式进行优化。

快慢池优化是指在异步任务流执行时,设计两个线程池:一个快池,一个慢池。快慢池示意图如图 3-52 所示。

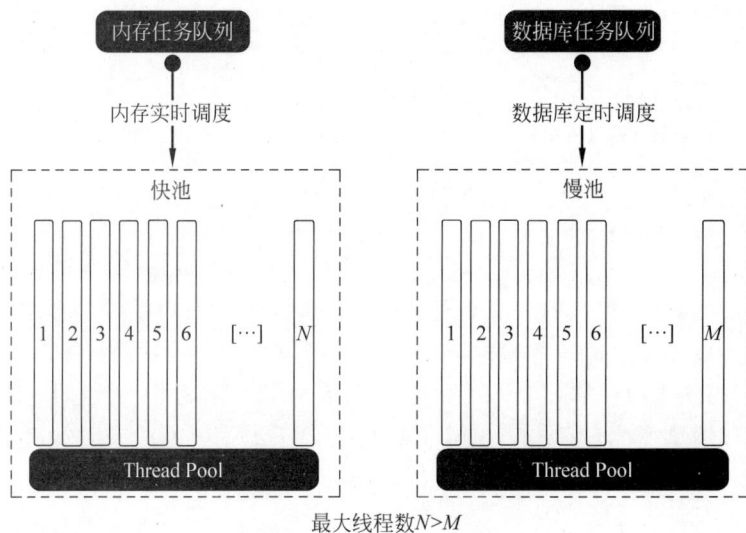

图 3-52 快慢池示意图

快池配置最大执行线程数较多,正常租户变配均在快池中执行。由于快池在内存中直接调度,因此性能与执行效率高。慢池配置最大执行线程数远远小于快池,适合处理执行失败或异常变配任务流,慢池任务流并不通过内存直接调度,而是通过定时任务通过一定调度策略从数据库或外部组件中按一定调度规则选择一部分任务执行。

最后,采用优化调度策略。调度策略是指在异步任务流的调度过程中,符合什么条件的任务流,在哪个线程池中执行的策略。按调度环节分为快池调度策略、重试调度策略、慢池调度策略三个环节。

(1)快池调度策略:是指符合什么条件的任务流可以在快池中执行。

(2)重试调度策略:是指无论是在快池中还是慢池中,任务流其中一项任务失败后以什么样的策略重新执行。

（3）慢池调度策略：是指定时任务从数据库中筛选符合什么条件的任务流在慢池中执行。

有了这三个环节的调度策略，负载均衡控制器系统可以根据业务特点自由编排任务流的执行，以达到预期的优化目的。以关联变配场景为例，快池调度策略可以根据变配任务流的子任务数设定一个阈值，小于这个阈值的任务流可以在快池中直接调度。高于阈值的任务流可以先持久化至数据库中，根据慢池调度策略逐一执行。基于单个数据面集群变配能力也可以设定一个阈值，当快池中数据面集群任务流数量超过阈值时，出于保护目的可以将这部分变配操作调度至慢池中执行。为保障正常变配请求的顺利执行，重试调度策略会设定为慢池调度以快速释放快池资源。慢池调度时会从数据库中筛选出符合调度条件的异步任务流，根据调度次数筛选最少被调度的 TopN 个任务流放入线程池中执行。TopN 与慢池中空闲线程数与线程池待执行队列长度有关，一般情况下，$N =$ 待执行队列阈值＋慢池最大执行线程数，同样也可以根据队列与线程池空闲情况进行灵活调整。

云计算服务中的大租户也是互联网行业内的流量大户，面临的问题、场景与业务复杂度会更高，需求常常会突破云产品的配额峰值。作为云网络负载均衡服务提供方，一方面需要从客户第一的角度出发，尽力达成客户的需求，另一方面随之而来的就是海量关联变配的压力。通过快慢池拆分与削峰填谷的优化策略，既保障了正常变配请求的变配性能，又保障了关联操作的稳定执行。异步调度是负载均衡控制器的重点优化工作之一，调度策略也并非千篇一律，需要基于自身业务特点量体裁衣，以达到优化的目的。

4）解除关联

关联变配问题，主要与数据面支持的变配粒度有关。如果数据面协同控制面，将后端服务器组、安全组、ACL 优化为可独立变配的实体，那么，由关联变配扇出的大量变配操作，只需要在独立实体上的一次变配即可完成。从变配链路优化的角度上看，可以极大地优化变配生效耗时，提升租户大规格产品的使用体验。在业内，部分云厂商已经完成部分业务对象的解除关联优化。在海量关联变配场景下，性能提升非常明显。关联变配优化涉及控制面与数据面协同，对数据面架构调整较大，优化的成本也更高，不一定适用于所有厂商。从云网络负载均衡控制系统的长期演进角度来看，配额峰值与关联变配能力是负载均衡控制器性能的重要指标，同样也是云厂商自身产品力的重要体现。未来，控制面与数据面协同优化是大势所趋。

第4章

云网络4层负载均衡关键技术原理

4.1 4层负载均衡技术演进

随着时间的推移和业务应用需求的不断发展,云网络4层负载均衡技术也在持续进化。回顾过去10年的云计算发展历程,可以看到,初期阶段主要是利用新兴技术和硬件的进步来提升单服务器的性能,以此实现系统的迭代升级。然而,随着云计算的深入发展,为了应对高流量场景并进一步提高系统性能,业界开始转向采用软硬件融合的技术策略。这一领域的发展并未止步,而是进一步演变为支持云原生特性的弹性NFV组件。这种转型的目的是快速实现资源的水平扩展,以适应业务需求的动态变化。

4.1.1 LVS 内核态软件负载均衡

自1998年LVS项目问世以来,网络负载均衡领域在通用服务器硬件(包括x86和ARM架构服务器)上迈入了软件负载均衡的新时代。LVS本质上是一种基于IP地址的虚拟化技术,为IP流量提供了高效的负载均衡解决方案,并已融入Linux内核。该项目由章文嵩博士发起,是中国最早的自由软件项目之一。利用虚拟服务器技术,LVS能够构建出高度可扩展的负载均衡服务器集群。

LVS项目的核心技术目标是利用Linux内置的IPVS(IP Virtual Server,IP虚拟服务)负载均衡工具,建立起同时具备高性能与高可用性的服务器集群。这样做旨在确保系统具有卓越的可靠性、出色的扩展性和简便的维护性,从而以经济高效的方式实现性能最大化。LVS负载均衡技术基于IPVS内核模块实现,IPVS是LVS集群系统的核心软件组件。其主要职责包括:在安装了Linux系统的通用服务器上部署,并在该服务器上虚拟化一个或多个VIP地址,用户通过这些VIP访问服务。客户端通过VIP地址发起请求,然后请求报文被转发到负载调度器,负载调度器从后端服务器池中选择一个节点来响应用户请求。IPVS技术的关键在于,当用户请求到达负载调度器后,调度器如何根据特定的调度算法有效地将请求转发到实际提供服务的服务器节点,以及这些节点如何将数据返回给用户。基于LVS内核态软件负载均衡,如图4-1所示。

IPVS是基于Netfilter框架实现的,其可以在数据报文到达内核网络协议栈时对数据报文进行拦截处理。Netfilter是Linux内核中的一个框架,用于对网络数据报文进行过滤、

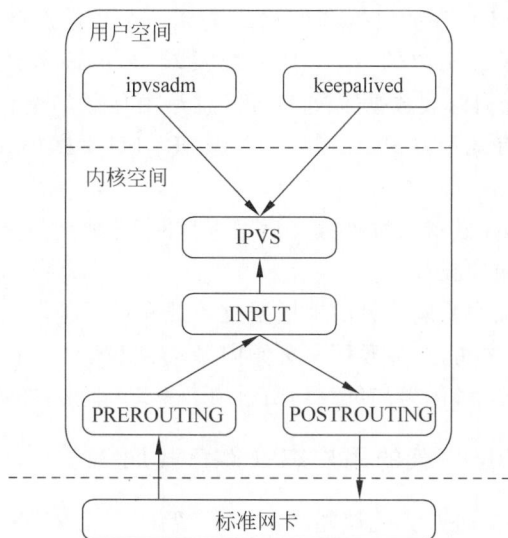

图 4-1　基于 LVS 内核态软件负载均衡

修改和路由。它为开发者提供了一种机制,可以在数据报文通过网络协议栈的不同点时插入自定义的处理模块。具体实现是该框架在网络协议栈处理数据报文的关键流程中定义了一系列钩子点(HOOK),并在这些钩子点中注册一系列函数对数据报文进行处理。这些注册在 HOOK 的函数即为设置在网络协议栈内的数据报文通行策略,也就意味着,这些函数可以决定内核是接受还是丢弃某个数据报文。这些 HOOK 分别对应着数据报文在 Linux 内核中的不同阶段:PREROUTING(数据报文进入协议栈查找路由之前)、INPUT(数据报文到达本地主机)、FORWARD(数据报文转发时)、OUTPUT(本地生成的数据报文输出前)和 POSTROUTING(数据报文路由查找后)。

　　Netfilter 的工作流程如下,当数据报文到达 Linux 系统时,它会依次经过 PREROUTING、INPUT 和 FORWARD(如果数据报文需要被转发的话)这些钩子点。在每个钩子点,Netfilter 会调用注册的模块来处理数据报文,这些模块可以检查数据报文的内容,修改数据报文的头部信息或决定数据报文的命运(接受、拒绝或继续传递)。当数据报文需要从 Linux 系统输出时,它会经过 OUTPUT 和 POSTROUTING 钩子点,在这些点上 Netfilter 也会调用相应的模块来处理数据报文。每个钩子点都有一个链表,包含一系列的模块,数据报文会按照链表中模块的顺序依次进行匹配,直到有一个模块决定如何处理该数据报文。

　　IPVS 起作用的方式是将其相关处理函数挂载到 Netfilter 框架提供的 INPUT、FORWARD 和 OUTPUT 这三个钩子点上。

　　(1)当客户端向负载均衡提供服务的 VIP 地址发起请求,服务器网卡将接收的报文发送至 Linux 内核空间。

　　(2)内核 IP 协议层的 PREROUTING 链首先会接收到用户请求报文,判断目的 IP 是本机的 IP,将数据报文发往 INPUT 链。

　　(3)IPVS 工作在 INPUT 链上(在不同内核版本上可能有差异)。当用户请求到达 INPUT 链时,IPVS 会将用户请求与定义好的集群服务进行比对。如果用户请求的是已配置的集群服务,那么此时 IPVS 会根据调度算法选择一个后端服务器,建立连接并转发请求,同时会强行修改数据报文中的目的 IP 地址及端口,并将修改后的数据报文发送至 POSTROUTING 链。如何修改数据报文中的信息是由负载均衡传输机制决定的。IPVS 实现负载均衡转发机制有几种方式,分别是 NAT、DR、TUN 及 FULLNAT,将在后续章节进行详细说明。

（4）POSTROUTING 链接收数据报文后发现目的 IP 地址是后端服务器,通过选路路由将数据报文发送给后端的服务器。

由于软件定义的负载均衡能够灵活地根据业务规模进行部署与调整,并且具备快速迭代的特性,在云计算兴起之初,众多云厂商更倾向于选择基于 Linux 内核的 LVS 与 x86 服务器相结合的软件转发技术,作为其负载均衡解决方案。

4.1.2   基于 DPDK 框架的用户态软件负载均衡

随着每一代 CPU 的演进及其处理能力的不断增强,CPU 核心数量也在持续增长。然而,以内核态 LVS 项目为代表的软件负载均衡技术,受限于 Linux 内核在内存复制、中断处理、系统调用、资源锁定等方面的机制,其性能表现受到影响,无法充分挖掘 CPU 核心数增加所带来的性能提升潜力。因此,在技术发展的进程中,基于用户态协议处理框架的 DPDK 应运而生。DPDK 是由 Intel 专为 x86 架构设计的数据平面优化技术,作为一个开源软件,它也适用于其他 CPU 架构。其中,开源项目 DPVS 是典型的基于 DPDK 的负载均衡软件,其名称结合了 DPDK 与 LVS 的特点。DPVS 的工作原理,如图 4-2 所示。

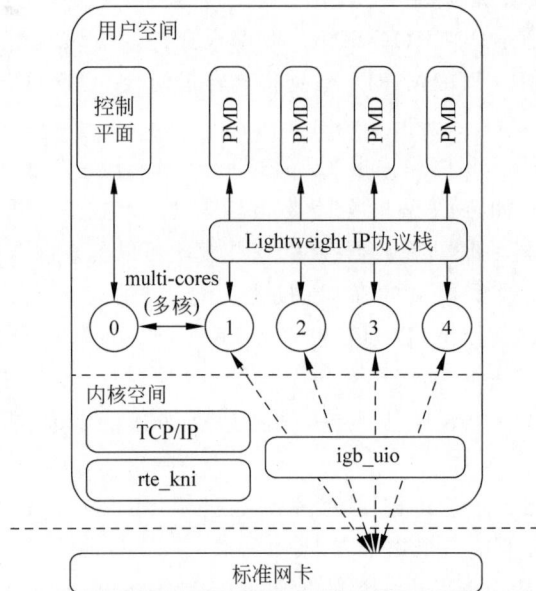

图 4-2   DPVS 的工作原理

为了适应高性能 CPU 硬件,DPDK 用户态协议软件采用了内核旁路网络技术,并结合了一系列优化策略,旨在降低延迟并增强转发性能。例如,DPDK 允许用户空间程序直接管理网络接口(或其部分功能),绕过内核处理；采用 RTC(Run To Completion)模型减少数据处理中的线程切换和多核锁竞争；在请求处理流程中,通过缓存池技术管理数据零拷贝、上下文对象和内存分配,降低了分配与释放的开销,提升了效率;并利用 polling 机制主动检查 I/O 操作以读取数据,避免报文到达引发的中断密集型 CPU 处理瓶颈。从内核 LVS 到 DPDK 版本的 LVS 的演变,实现了性能的显著提升。以 x86 服务器和 DPDK 软转发技术为例,在相同的硬件配置下,性能提高了数倍以上。DPVS 负载均衡软件内部模块,如图 4-3 所示。

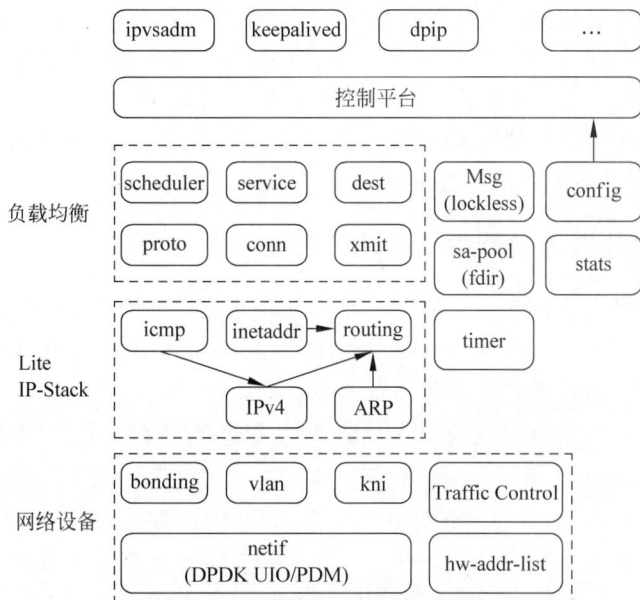

图 4-3　DPVS 负载均衡软件内部模块

百度自主研发的 4 层负载均衡软件 BGW 同样基于 DPDK 框架设计,现已广泛应用于数据中心及云计算的多元化业务场景中。它实现了高性能的负载处理,具备灵活的调度机制,同时提供了丰富的健康检查功能,还集成了服务冗余与攻击防护特性,为百度各类产品线的业务稳定高效运行提供了坚实的基础与保障。BGW 在代码框架与软件开发层面完全自主完成,相较于 DPVS,它创新性地设计了一层适配不同硬件平台的抽象层(Platform Abstraction Layer,PAL),为上层的数据面和控制面提供了统一的底层接口封装,包含基础组件(如 slab、ring、hash 等)和基础服务(如 ipgroup、定时器、时钟、虚拟网卡等),以适应不同的网卡设备及对接其他第三方用户态协议,特别是 DPDK。

采用基于 DPDK 的软件负载均衡技术结合 x86 通用服务器硬件的方案,已成为当前国内云厂商的主流应用模式。同期,内核技术领域的两项创新,即 XDP(eXpress Data Path)和 eBPF,推动了负载均衡软件的进一步发展,催生了如 Katran、Unimog 等典型软件负载均衡作品。

XDP 允许程序直接附着于网络接口,在数据报文进入主网络堆栈前执行,提供了一个快速可编程的网络数据路径,无须完全旁路内核,与 Linux 网络栈无缝集成。它使得数据报文在被传递至内核进行标准处理之前即可被程序修改,从而奠定了负载均衡转发的基础。

eBPF 作为一项内核技术,赋予开发者无须改动内核代码即可部署定制功能的能力。源于贝尔实验室的 Berkeley Packet Filter,eBPF 相比其前身,应用范围更为广泛,涵盖网络监控、安全过滤及性能分析等领域。eBPF 使用户空间程序得以将逻辑编译为字节码,当特定事件(钩子点)触发时,由内核执行,为与 Linux 内核互动及功能拓展提供了一种灵活高效的新途径。

XDP 与 eBPF 的结合,为数据报文处理提供了高效快速通道,无须依赖全面的内核旁路技术。Katran 即是运用 XDP 与 eBPF 并行处理数据报文的实例。在 XDP 驱动模式下,数据报文处理逻辑通过 eBPF 程序在网卡接收到数据报文且内核尚未介入时立即执行。每个入站数据报文都会触发 XDP 调用 eBPF 程序,若网卡有多条接收队列,则为每条队列并行执行该程序。数据报文处理过程无锁,并利用 CPU 特定的 eBPF 映射,得益于这种并行机制,性能随网卡 RX 队列数目的增加而线性增长。与内核态 LVS 相比,这种负载均衡方式在性能、灵活性和扩展性方面均有了显著的提升。

4.1.3 软硬件融合的软件负载均衡

DPDK 的引入促使基于 x86 的转发任务从内核态迁移至用户态,显著提升了性能。然而,在以云为核心的新一代应用场景,如在线游戏、视频流媒体处理及 AI 数据分析等大数据传输中,基于 CPU 的软件转发遇到了新的挑战。

(1) CPU 单核性能瓶颈。在处理大带宽流量或遭遇大量小报文(大象流场景,即少量连接承载大流量)时,CPU 易于过载,导致处理能力饱和,进而引发延迟增加和丢包问题。特别是在对时延敏感的场景,如内存型数据库中,软件转发难以进一步缩短时延。

(2) CPU 提升转发性能有局限。随着 CPU 频率与核心数增长空间日益受限,在使用 x86 服务器结合 DPDK 软转发技术的配置中,当带宽需求超过 400Gb/s 时,性能提升遭遇瓶颈。

(3) 时延高且不稳定。相对于硬件处理,软件处理通常具有较高的时延。在软件网关中,一个报文的处理流程如下:报文首先从网卡接收,随后通过 PCIe 接口传送到 CPU 上的 DPDK 驱动,之后网关软件执行相应的业务逻辑处理。处理完成后,报文再次提交给 DPDK 驱动,最终通过 PCIe 接口下发到网卡并发送出去。从实际测试结果来看,x86 软件网关在一般负载水平下,报文的平均处理时延通常为 $50\sim100\mu s$,同时,超过 $100\mu s$ 的长尾时延也较为常见,极端情况下甚至可能出现毫秒级的时延。

近年来,软硬件一体化的创新技术为应对上述难题提供了新的解决方案。基于可编程硬件的负载均衡如图 4-4 所示。其中,负载均衡软硬件结合技术的发展方向有以下两个主要路径。

(1) 基于网卡硬件 Offload 的软硬件集成。通过将连接相关的转发规则预设至网卡驱动及硬件中,单台服务器可支持百万级的并发连接,由网卡硬件直接接收并处理流量,无须经过 CPU,大幅减轻了 CPU 负担,并将转发时延降至微秒级别以下。

(2) 可编程交换芯片的应用。另一路径是利用可编程交换芯片的流表技术,实现数十万级别的流规则下发。结合可扩展的 FPGA(Field-Programmable Gate Array,现场可编程门阵列)芯片以扩充流表容量,可进一步支持千万级别的业务流量直接由硬件接收与处理,极大地降低了 CPU 压力,同时保持数微秒级的超低时延转发能力。

这些技术进展充分展现了软硬件协同在克服传统 CPU 限制、提升网络性能以及降低时延等方面的显著优势与巨大潜力。

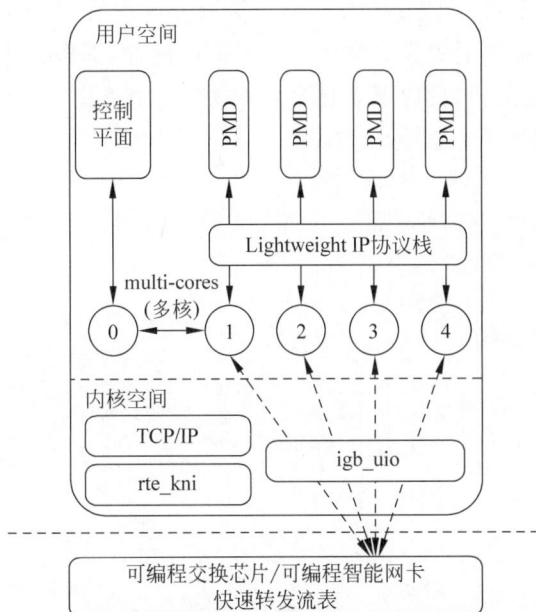

图 4-4 基于可编程硬件的负载均衡

4.1.4 NFV 弹性能力软件负载均衡

随着企业对云计算应用的使用不断扩展,云计算的规模正在迅速增长,同时业务场景也变得更加复杂和多样化。在这种背景下,传统的基于 x86 服务器架构的负载均衡网关模式正面临着多重挑战和限制。这些挑战主要集中在两个核心问题上:一是系统缺乏必要的弹性,二是运维效率不高。

关于系统弹性的缺失问题,在 x86 服务器架构的背景下,从采购新服务器硬件、配置,到软件的安装与调试,再到负载均衡功能最终投入使用,这一整个过程往往要耗费数月之久。这样的漫长周期使得系统难以迅速适应市场的突发业务需求。例如,在电商促销期间,用户流量可能在短时间内急剧上升,对负载均衡系统的能力提出了极高的挑战。然而,受制于 x86 服务器架构的局限性,企业通常不能在短时间内快速部署和扩展现有服务器资源,这可能会导致服务性能的下滑,甚至出现服务中断的情况。

为了应对这一挑战,一些云厂商可能会选择预先建立大量的网关服务器储备,以应对可能出现的业务高峰。但这种做法不仅增加了运营成本,也无法确保资源的有效利用。在实际情况中,这些储备资源可能长时间处于闲置状态,造成资源浪费。与此同时,云计算的核心价值之一在于其能够提供按需即时供给的服务。用户应能够根据业务需求,随时购买和释放计算或网络资源,以降低成本、提高效率。然而,在 x86 服务器架构下,由于网关系统缺乏弹性,云厂商往往无法为用户提供这种灵活性。

为了解决这些问题,NFV 技术应运而生。NFV 技术打破了传统网络功能与物理设备之间的紧密绑定,将网络功能以软件形式运行在通用虚拟服务器上。这些虚拟服务器实例对云用户开放,用户可以根据需求随时购买和释放资源。由于这些资源是基于共享云环境提供的,它们可以实现按需即时购买,并在数分钟内完成配置和使用。与传统的 x86 服务器架构相比,NFV 技术提供了更高的灵活性和可扩展性,能够根据用户需求快速调整资源分配,确保系统始终高效运行,同时显著提升和解决了运维效率问题。基于虚拟机的 NFV负载均衡,如图 4-5 所示。

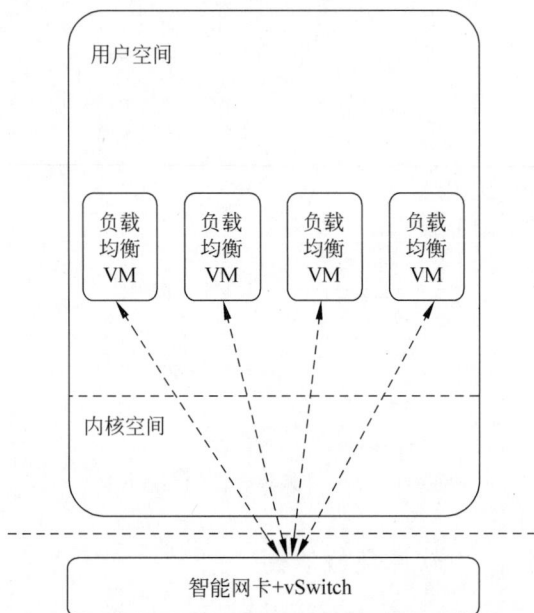

图 4-5   基于虚拟机的 NFV 负载均衡

基于 NFV 架构的云网关具备了灵活性与可扩展性,这极大地推动了云网络网关技术的快速发展。然而,在某些场景下,NFV 方案也会遇到难以解决的问题,具体体现在以下两个主要方面。

(1) 无法有效处理极端大流量。虽然 NFV 通过横向扩展以应对大流量,但有一个前提条件,即流量分布均匀且单一流量不宜过大。当流量中出现极高的单一流或因哈希算法将大量流量集中至少数虚拟机时,NFV 方案会遭遇性能瓶颈。因为 NFV 的网络转发依赖于虚拟机内 CPU 的软件处理,而单一 CPU 的转发能力有限,一旦单 CPU 负载超出其处理极限,会发生丢包现象,影响大流量租户及该 CPU 上其他租户的服务。

(2) 大规模流量场景下的高成本问题。NFV 横向扩展在处理巨大带宽需求时,会导致集群规模急剧扩大。举例来说,若目标为 1Tb/s 带宽,每虚拟服务器处理能力如果选用 32核 10Gb/s,则至少需 100 台虚拟服务器;如果选用 48 核 15Gb/s,则至少需要 67 台;若考虑冗余量和虚拟机自身虚拟化的损耗等因素,实际需要更多的虚拟机。这导致 NFV 集群的总体成本相比物理机大幅上升。

综上所述,NFV 技术在云计算领域的应用开启了新的发展机遇并带来了相应的挑战。云厂商通过采用 NFV 技术,能够更加灵活地调配网络资源,提升系统性能与效率,从而为用户带来更优质的体验。面对高流量需求和低时延的场景,结合软硬件技术以处理大带宽需求显得尤为适宜。

4.2　与转发相关的关键机制

4.2.1　数据报文转发处理

1. 数据报文转发处理流程

4 层负载均衡主要负责在传输层处理和转发数据报文。其核心任务是将客户端的请求有效地分发到后端服务器,并确保响应能够正确返回给客户端。4 层负载均衡数据报文转发处理的通常流程如下。

(1) 接收客户端请求。4 层负载均衡接收来自客户端的网络请求,这些请求通常封装在 TCP 或 UDP 数据报文中。

(2) 解析请求。负载均衡程序解析客户端请求的 5 元组信息(源 IP 地址、源端口、目的 IP 地址、目的端口、传输层协议),并根据这些信息确定客户端请求的目的地。

(3) 健康检查。在将请求转发给后端服务器之前,4 层负载均衡会执行健康检查,以确保后端服务器处于可用状态。健康检查可以包括发送特定的 TCP 或 UDP 请求,并根据响应来判断服务器是否健康。

(4) 选择后端服务器。使用负载均衡算法(如轮询、最少连接数、哈希等)选择一个合适的后端服务器,该选择过程可能还包括考虑服务器的权重、健康检查是否正常等因素。

(5) 修改报文头。负载均衡修改客户端请求中的目的 IP 地址和端口号,使其指向选定的后端服务器;对于响应报文,负载均衡还需要修改源 IP 地址和端口号,以便客户端能正确接收响应。

(6) 转发请求。修改后的请求被转发给选定的后端服务器,这一步骤通常涉及网络地址转换或直接路由等技术。

(7) 处理响应。负载均衡接收后端服务器的响应报文,并修改其中的源 IP 地址和端口号,以便客户端能够正确接收响应。

(8) 发送响应给客户端。修改后的响应报文被发送回客户端,这个过程可能还需要进行一些额外的处理,以确保数据的完整性和安全性。

从软件负载均衡的实施演进来看,上述处理流程没有较大的改变,但内核态和用户态在底层收发报文采用了不同的转发处理方式。

2. 从内核到 DPDK 用户态报文转发处理

在传统 Linux 内核中,当网卡上收到数据以后,首先系统会采用 DMA(Direct Memory Access,直接存储器访问)的方式把网卡上收到的报文帧写到 ring buffer(环形缓冲区)中,再由中断控制器向 CPU 发起一个中断信号,以通知 CPU 有数据到达。当 CPU 收到中断请求后,会去调用网络驱动注册的中断处理函数。网卡的中断处理函数并不做过多工作,发出软中断请求,然后尽快释放 CPU。内核 ksoftirqd 线程检测到有软中断请求到达,调用驱动层 poll 方法开始轮询收包,收到后交由 Linux 各级协议栈处理。内核收包流程如图 4-6 所示。这种中断模式在大多数情况下是有效的,但在高吞吐量和低延迟的应用场景中存在局限性。

(1) 中断开销。每次中断都会导致 CPU 从用户态切换到内核态,再从内核态切换回用户态,这种上下文切换会产生额外的开销。

(2)中断风暴。在高负载情况下,大量的中断会导致所谓的"中断风暴",进一步加剧 CPU 的负担。

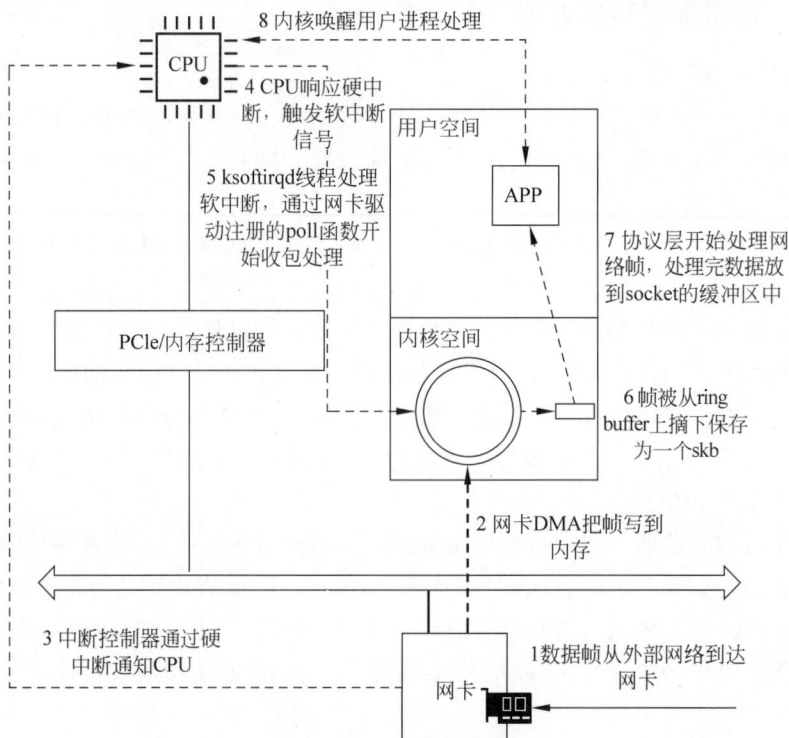

图 4-6　内核收包流程

在传统 Linux 内核中,用户态程序与内核态之间的数据通信主要通过系统调用及 sysfs 接口实现,用户空间 I/O 框架如图 4-7 所示。然而,随着 Linux 技术的发展,内核系统引入 了用户空间 I/O 框架(UIO),为用户态程序直接管理内核设备提供了新的途径。其中,igb_ uio 内核模块作为该框架的关键组成部分,利用 UIO 技术巧妙地在用户态与内核态之间架 设了一座"桥梁"。通过创建/dev/uio 设备文件,igb_uio 实现了网卡硬件寄存器的用户态映射,使得用户态应用程序能够直接访问这些寄存器。这种设计不仅简化了数据传输流程,还允许用户态程序接管网卡中断处理的下半部分,即中断信号的后续处理工作,而中断信号的上半部分,如通知处理,仍由内核态线程高效完成。这一创新机制极大地增强了用户态程序对硬件设备的控制能力与灵活性,同时保持了内核对中断管理的核心职责,实现了两者之间的和谐共存与高效协作。

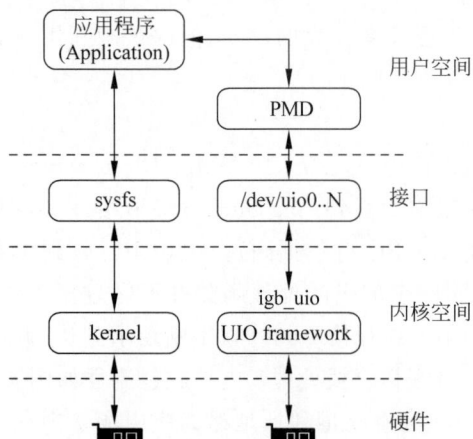

图 4-7　用户空间 I/O 框架

数据平面开发工具包 DPDK 是在用户态运行的一组软件库和驱动程序,专为用户空间应用程序设计,旨在加速数据报文处理速度。其底层通过与用户空间 I/O 框架集成,绕过传统的 Linux 内核网络栈,直接与网卡交互,从而显著提高了数据报文处理的性能。DPDK的一个关键特性是使用 PMD(Poll Mode Driver,轮询模式驱动器)来收发报文,取代了传统的内核中断模式,这使得 DPDK 能够实现极低的延迟和高吞吐量。DPDK PMD 的优势如下。

(1)减少 CPU 上下文切换。由于使用了轮询模式,避免了频繁的中断和上下文切换,降低了 CPU 的开销。

(2)提高数据报文处理速度。通过并行处理和零拷贝技术,DPDK 能够显著提高数据报文处理的速度。

(3)低延迟。PMD 的设计使得数据报文处理延迟极低,这对于需要快速响应的应用场景非常有益。

(4)多核并行处理。DPDK 支持多核处理器上的并行数据报文处理,可以充分利用现代 CPU 多核架构的优势。

另外,由于 DPDK 应用程序完全管理网络接口,Linux 内核和运行在其 TCP/IP 栈上的程序无法直接接收来自 DPDK 接口的数据报文。为了支持像 sshd、zebra/ospfd 这样的 Linux 程序,DPDK 引入了 KNI(Kernel NIC Interface,内核 NIC 接口)设备。DPDK 接管网卡收包数据,如图 4-8 所示。这使得 Linux 程序能够在 KNI 设备上使用 Linux TCP/IP 栈运行,从而处理 ssh/OSPF/BGP 等类型的报文。重要的是,这些在 Linux 应用层运行的程序能够处理这些数据报文,而无须将 sshd/ospfd/bgpd 等程序移植到 DPDK 环境。

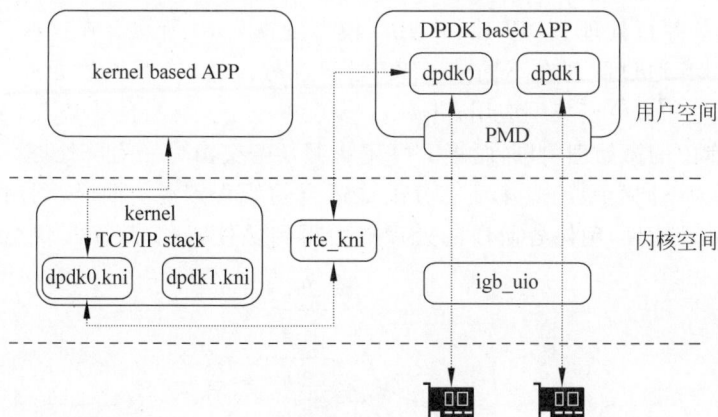

图 4-8 DPDK 接管网卡收包数据

3. DPDK 报文转发处理模型

DPDK 提供了两种数据报文转发处理模型,即 RTC 和 pipeline 模型。这两种模型各有特点,适用于不同的应用场景。

1)RTC 模型

RTC 模型是一种高效的数据报文处理策略,其核心在于数据报文从接收到发送的全过程均在同一个 CPU 核上完成。在 DPDK 框架下的 RTC 实现中,数据报文一旦从网卡被接收,便在该核上进行初步解析,并随后直接处理至发送阶段,无须跨核传递。这种模型之所以高效,是因为它避免了数据在多个 CPU 核之间的迁移与同步开销,所有相关操作都在单一上下文中连贯执行。在此类应用中,每个 CPU 核处理数据报文的能力被视为等价,因此采用 RTC 模型能够最大化地发挥多核并行处理的优势,从而提升整体效率。DPDK RTC 模型如图 4-9 所示。在 RTC 模型中,所有 CPU 核均可用于业务处理,这显著提升了单机处理效率,并对报文处理时延有明显的改善。

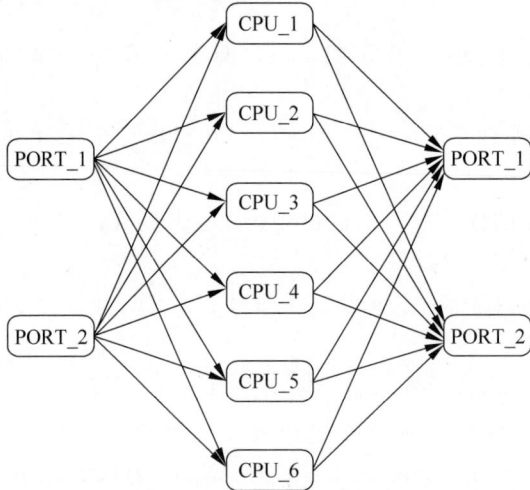

图 4-9　DPDK RTC 模型

2)pipeline 模型

pipeline 模型通过将复杂功能分解为类似工业上的流水线式多个独立且有序的处理阶段,实现了高效的并行处理。DPDK pipeline 模型如图 4-10 所示。在这些阶段之间,报文(即待处理的数据)通过队列在不同的 CPU 之间进行传递,确保了数据流的顺畅与高效。针对 CPU 密集型和 I/O 密集型应用,pipeline 模型展现了其独特的优势:能够将 CPU 密集型任务分配给专门的微处理引擎,而将 I/O 密集型任务交由另一引擎处理。通过灵活的过滤器机制,可以为不同类型的操作动态分配最适合的线程资源。同时,利用连接各阶段的队列智能调节处理速度,确保各阶段的处理能力得到最佳匹配,从而实现系统整体并发效

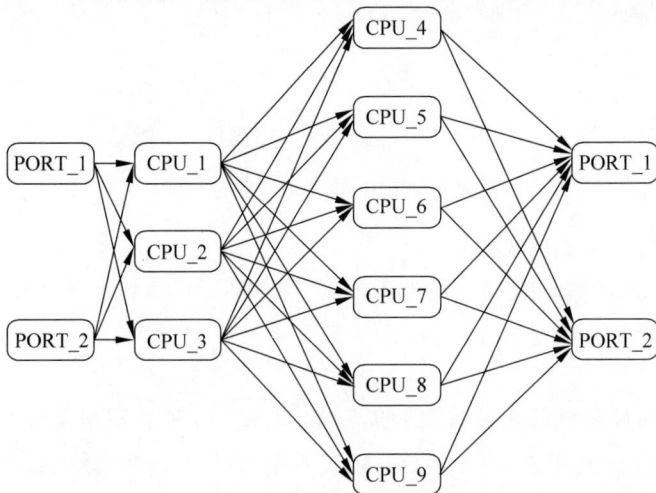

图 4-10　DPDK pipeline 模型

率的最大化。

在常用的 pipeline 模型报文转发处理中,CPU 被明确划分为报文接收 CPU 核与报文处理 CPU 核。报文接收 CPU 核专注于从网卡接收数据报文,进行初步解析,并智能地将数据报文分发至相应的报文处理 CPU 核进行处理。这种分工机制极大地提升了 I/O 密集型和 CPU 密集型操作的并发处理效率。例如,在负载均衡场景中,可以采用 pipeline 模型来进行报文转发处理。具体而言,将报文的接收与初步解析任务分配给专门的接收 CPU(称为 receiver CPU),而将涉及负载均衡业务逻辑的处理(如执行调度算法、限速、安全策略和地址转换等)交由处理 CPU(称为 worker CPU)执行。为了最大化 CPU 资源的利用效率,receiver CPU 与 worker CPU 的配置比例通常遵循 1 : 2,这样可以将更多的计算资源分配给业务处理环节。与 RTC 模式相比,这样的设计使得 worker CPU 专注于处理具体的业务行为,而在 receiver CPU 层面,实现了报文的一致性分发调度算法机制,确保属于同一条flow 的报文能够准确无误地落在同一个 worker CPU 核上进行处理。

在 pipeline 模式中,由于 CPU 核之间通过 ring 队列来通信和传递报文数据,存在入队和出队操作以及缓存(cache)问题,相比 RTC 模式的报文转发处理时延可能会有所提高。在业界实现的负载均衡软件中,通常采用 RTC 模式进行报文转发。

4. 负载均衡转发处理模式

1) DPVS 报文转发框架

DPVS 是基于 DPDK 开发的高性能 4 层负载均衡,旨在提供高效的数据报文处理能力。它的名字来源于 DPDK 和 LVS 项目,继承了 DPDK 的高性能和 LVS 的负载均衡特性。DPVS 的工作原理如图 4-2 所示。DPVS 采用了 RTC 模式进行报文转发处理,根据线程功能的不同,分为 master 线程和 worker 线程。

在 DPVS 中,master 线程负责处理控制平面任务,如网络设备的初始化、路由表的配置、负载均衡规则的设置、系统监控和日志记录等。它不直接参与用户数据平面的数据报文转发,而是专注于维护系统的整体状态和配置。相对地,worker 线程专注于数据平面任务,即实际的数据报文接收、处理和转发。在 RTC 模式下,每个 worker 线程完整地处理一个数据报文,从接收开始,直到发送结束,这种模式简化了线程间的同步和通信,减少了上下文切换的开销,从而提升了数据报文处理的效率。另外,worker 线程通常绑定到特定的CPU 核心,以实现最佳性能和最小化缓存干扰。这种方式使得 DPVS 能够提供高吞吐量和低延迟的网络服务,非常适合高性能网络处理需求。

针对负载均衡场景,DPVS 摒弃了传统网络处理中对完整协议栈的依赖,创新性地引入了一个用户态的轻量级 IP 协议栈。该协议栈专注于 IP 数据报文的快速接收、解析、处理与转发,有效提升了数据报文的处理效率与吞吐量,同时减少了内核空间与用户空间之间的频繁切换所带来的性能损耗。

在数据报文转发逻辑上,DPVS 继承了 IPVS 的精髓,如 4.1.1 节所述,即在 Netfilter框架的关键位置注册处理函数,以捕获并处理数据报文。根据 IPVS 规则中定义的多样化包转发模式,DPVS 能够灵活地对数据报文进行智能转发。特别地,在 INET_HOOK_PRE_ROUTING 钩子点,DPVS 注册了高优先级的 IPv4 协议处理回调函数(如 dp_vs_pre_routing 和 dp_vs_in),确保数据报文能够按照预设的逻辑顺序被高效处理。对于 IPv6 协议的支持,DPVS 同样提供了对应的回调函数(dp_vs_pre_routing6 和 dp_vs_in6),以确保网

络环境的全面兼容性。DPVS 收包函数处理调用流程,如图 4-11 所示,直观地展示了
DPVS 的收包流程,揭示了其高效处理数据报文的内在机制。

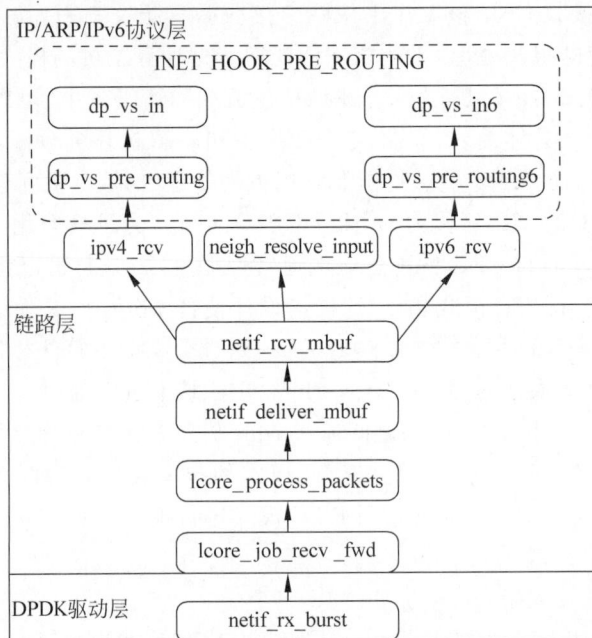

图 4-11 DPVS 收包函数处理调用流程

以处理 IPv4 协议报文为例,dp_vs_pre_routing 函数中做基础校验,包括对报文 IP 层
格式检查、分片报文检查、VS 查找校验工作。dp_vs_in 函数中做真正负载均衡转发处理,
内部调用__dp_vs_in 函数对报文进行负载均衡逻辑处理。__dp_vs_in 中 TCP/ICMP/UDP
报文分发流程,如图 4-12 所示。

__dp_vs_in 函数的主要执行步骤概述如下。

(1)协议判定与分流。首先,根据接收到的报文 IP 层标识的负载协议类型(如 ICMP、
TCP、UDP),决定后续的具体处理流程。对于 ICMP 报文,调用 dp_vs_in_icmp 函数进入处
理 ICMP 错误报文(ICMP_DEST_UNREACH、ICMP_SOURCE_QUENCH、ICMP_TIME_
EXCEEDED)转发流程。

(2)协议族选择。利用报文中的 IP 层协议信息,通过 dp_vs_proto_lookup 函数查找并
选定对应的协议族处理函数集。目前,支持 TCP/UDP/ICMP/ICMPv6 报文,协议族分别
是 dp_vs_proto_tcp、dp_vs_proto_udp、dp_vs_proto_icmp、dp_vs_proto_icmp6。

(3)连接信息检索。对于 TCP、UDP、ICMP/ICMPv6 报文,分别通过各自的连接查找
函数(tcp_conn_lookup、udp_conn_lookup、icmp_conn_lookup)尝试获取现有的连接(conn)
信息。如果发现连接信息不在当前 CPU 核心上,则调用 dp_vs_redirect_pkt 函数将报文重
定向到负责该连接的 CPU 线程进行处理。

(4)新建连接处理。若未找到对应的连接信息,则根据报文协议类型(TCP、UDP、
ICMP/ICMPv6),分别通过 tcp_conn_sched、udp_conn_sched、icmp_conn_sched 函数启动
新建连接的调度过程。

(5)连接老化处理。定期检查并处理超时的连接,通过调用协议族特定的老化函数(如

tcp_conn_expire_quiescent、udp_conn_expire_quiescent)来清理不再需要的连接资源。

（6）SYN 代理防护。对于开启了 SYN 代理防攻击功能的连接,执行 SYN 代理处理流程,以增强系统对 SYN 洪水攻击的防御能力。

（7）状态机更新。根据报文的处理结果和协议类型(TCP、UDP、ICMP/ICMPv6),调用相应的状态机转换函数(tcp_state_trans、udp_state_trans、icmp_state_trans)来更新连接的状态。

（8）报文转发。最后,根据报文的流向(客户端到 DPVS 或后端服务器到 DPVS),决定使用 xmit_inbound 函数或 xmit_outbound 函数将处理后的报文转发至目的地。

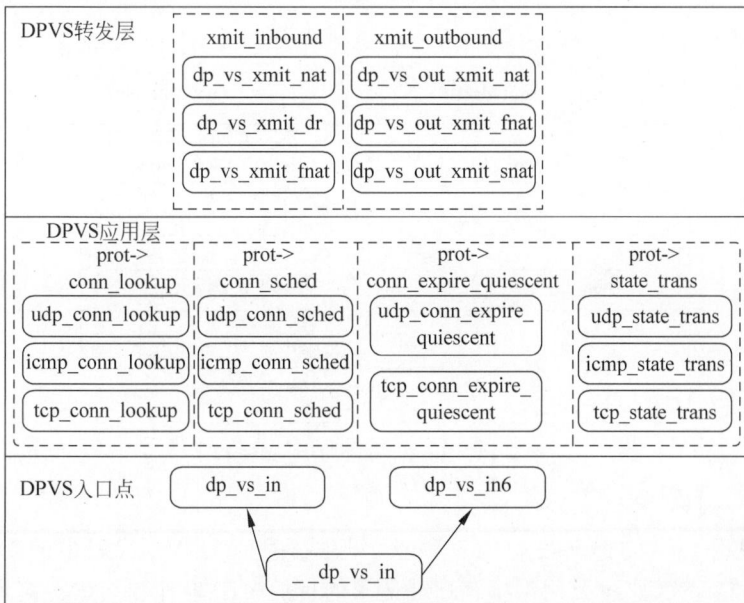

图 4-12　__dp_vs_in 中 TCP/ICMP/UDP 报文分发流程

DPVS 在 xmit_inbound 和 xmit_outbound 函数处理完报文发送后返回 INET_STOLEN,告知上层 INET_HOOK 函数结束本次报文处理。

在上述 xmit_inbound 和 xmit_outbound 函数处理过程中会针对后端服务器应用场景的不同(如 dp_vs_conn_bind_dest 函数中根据后端服务器使用的模式进行分类处理),DPVS 通过不同的转发模式来实现报文的转发和处理,主要转发模式包括 Direct Route (DR)模式、NAT 模式以及 FULLNAT 模式。以下是这三种转发模式的概述。

2）DR 模式

DR 模式是一种高性能的负载均衡转发模式,对应 DPVS 代码中的 DPVS_FWD_MODE_DR 模式,它允许后端服务器直接将响应数据返回给客户端,而无须经过负载均衡进行二次转发。在 DR 模式中,DPVS 只处理客户端进入的请求,将流量分发给后端服务器,但返回的数据报文由后端服务器直接返回到客户端。具体实现方式是当接收到客户端请求报文时,DPVS 通过修改二层报文头中的 MAC 地址来实现这一功能,确保数据报文能够正确地路由到客户端。DR 模式对应的关键处理函数为 dp_vs_xmit_dr。dp_vs_xmit_dr 内只处理 IP 层协议为 IPv4 和 IPv6 的报文,IPv4 对应__dp_vs_xmit_dr4 函数,IPv6 对应

__dp_vs_xmit_dr6 函数,这些函数通过将报文中的 MAC 地址修改为后端服务器的 MAC 地址,从而实现将该报文转发至指定的后端服务器。dp_vs_xmit_dr 处理流程如图 4-13 所示。由于 DR 模式为单向处理数据流,即 DPVS 不处理后端服务器返回的流量,其工作优点是高性能且低延迟,但以 MAC(Medium Access Control,介质访问控制)地址寻找后端服务器的转发模式也限制了其后端服务器与负载均衡必须位于同一物理网络中(即同一广播域内,以支持 MAC 地址的修改和转发)。后端服务器也需要将 VIP 绑定到 loopback 接口上,并通过修改 ARP(Address Resolution Protocol,地址解析协议)设置来避免 IP 地址冲突。

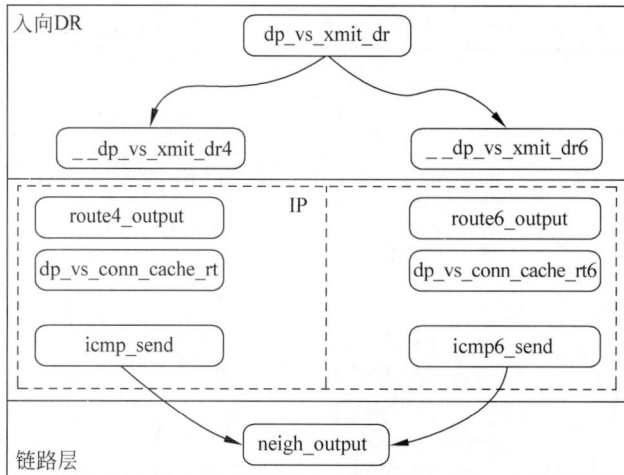

图 4-13 dp_vs_xmit_dr 处理流程

3) NAT 模式

NAT 模式是负载均衡转发中的一种重要模式,对应 DPVS 代码中的 DPVS_FWD_MODE_NAT 宏定义,它主要用于将客户端请求的目的 VIP 地址和端口转换为后端服务器的 IP 地址和端口,以实现负载均衡 VIP 地址和服务器群组内某一个服务器地址的映射。NAT 模式关键函数为 dp_vs_xmit_nat。dp_vs_xmit_nat 中将 VIP 地址和端口修改为目的后端服务器 IP 地址和端口,然后转发处理。dp_vs_xmit_nat 处理流程如图 4-14 所示。

后端服务器发送到 DPVS 的数据报文,在 dp_vs_out_xmit_nat 函数中完成源 IP 和端口替换工作,将源 IP 换成为负载均衡服务的 VIP 地址和端口。dp_vs_out_xmit_nat 处理流程如图 4-15 所示。

由于 DPVS 未在 INET_HOOK_LOCAL_OUT 和 INET_HOOK_POST_ROUTING 阶段注册任何 HOOK 函数,负载均衡报文转发的逻辑均在__dp_vs_out_xmit_nat4 和__dp_vs_out_xmit_nat6 函数中完成处理。

4) FULLNAT 模式

FULLNAT 模式是 NAT 转发模式的一种扩展,对应 DPVS 代码中的 DPVS_FWD_MODE_FNAT 宏定义,主要用于实现包括源地址和目的地址完整的网络地址转换。当客户端发送请求到 VIP 地址时,DPVS 接收请求,并根据负载均衡算法选择一个后端服务器。DPVS 不仅将请求中的 VIP 地址和端口替换为选中的后端服务器的 IP 地址和端口,还修改请求中的源 IP 地址和端口,使其变为 DPVS 上的一个本地地址和端口。后端服务器处理完请求后,将响应发送回 DPVS。DPVS 再次进行地址转换,将报文中的目的 IP 地址和

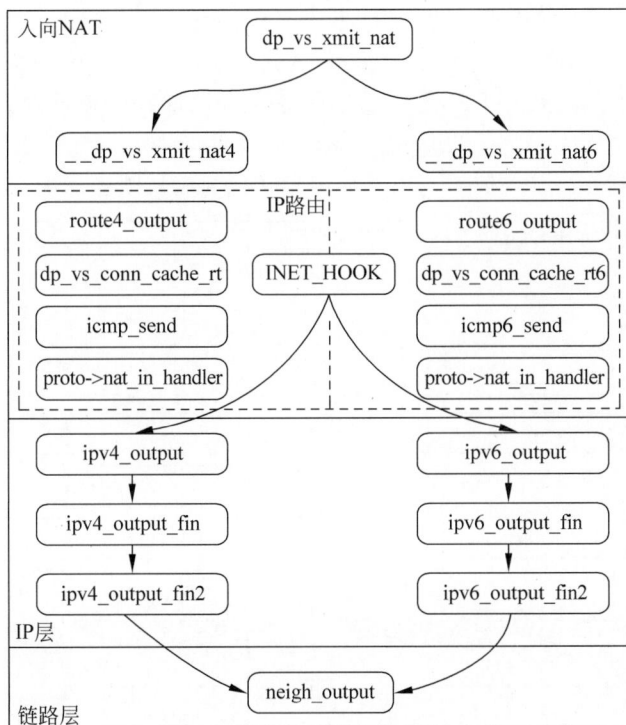

图 4-14 dp_vs_xmit_nat 处理流程

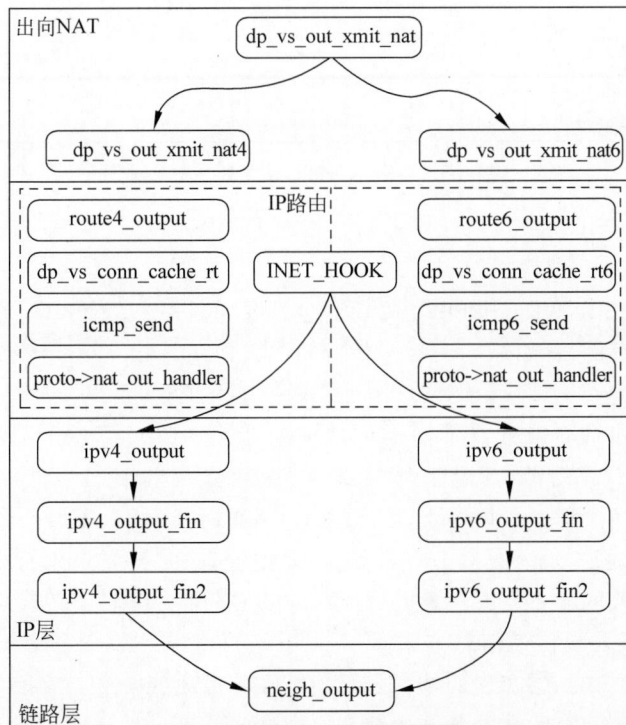

图 4-15 dp_vs_out_xmit_nat 处理流程

端口修改为原始的客户端 IP 地址和端口,将源 IP 地址替换为 VIP 地址和端口,然后将报文发送回客户端。FULLNAT 关键函数为 dp_vs_xmit_fnat 和 dp_vs_out_xmit_fnat。其中,dp_vs_xmit_fnat 负责处理 DPVS 到后端服务器的地址和端口转换。dp_vs_xmit_fnat 处理流程如图 4-16 所示。图中__dp_vs_xmit_fnat64 涉及客户端和后端服务器不同类型的地址转换,将客户端到来报文的地址从 IPv6 类型转换为后端服务器的 IPv4 地址。

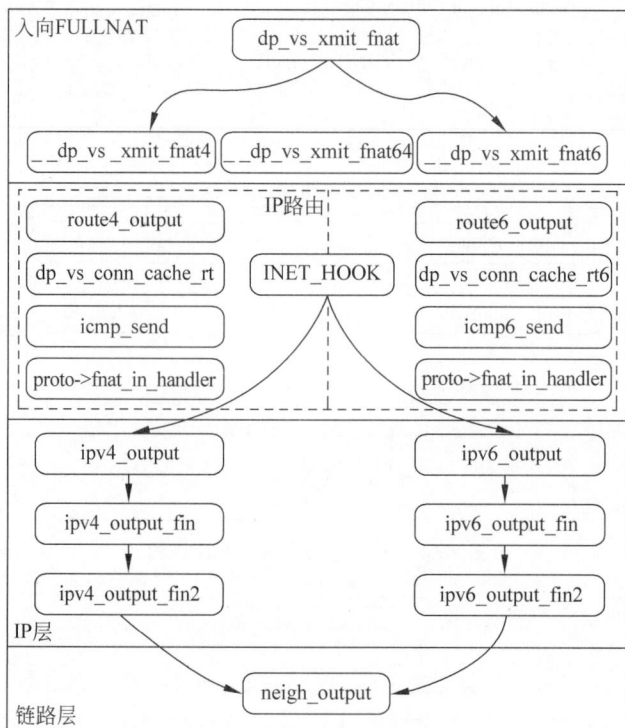

图 4-16　dp_vs_xmit_fnat 处理流程

　　dp_vs_out_xmit_fnat 负责后端服务器发送给 DPVS 回送到客户端的地址和端口转换。dp_vs_out_xmit_fnat 处理流程如图 4-17 所示。

　　由于 DPVS 未在 INET_HOOK_LOCAL_OUT 和 INET_HOOK_POST_ROUTING 阶段注册任何钩子点函数,负载均衡报文转发的逻辑均在__dp_vs_out_xmit_fnat4 和__dp_vs_out_xmit_fnat6、__dp_vs_out_xmit_fnat46 函数中完成处理。其中,__dp_vs_out_xmit_fnat46 涉及客户端和后端服务器不同类型地址的转换,将后端服务器到来报文的地址从 IPv4 类型转换为客户端的 IPv6 地址。

　　从上述地址转换流程中可以看出,在 FULLNAT 模式下,后端服务器收到的请求源地址是 DPVS 的本地地址,而不是客户端的真实 IP 地址,因此需要采用特定的技术手段来实现。常见的源地址获取解决方案有两种,即使用内核态模块获取报文选项中插入的信息和 Proxy Protocol 通信协议传递信息方式。

　　TOA 是一种在 TCP 层实现的技术,通过在 TCP 选项(Option)字段中携带客户端的真实 IP 地址和端口信息,使后端服务器能够获取到这些信息。具体实现步骤如下。

　　(1) 负载均衡在 TCP 三次握手的 ACK 数据报文中,将客户端的真实 IP 地址和端口信息插入 TCP 选项字段中。

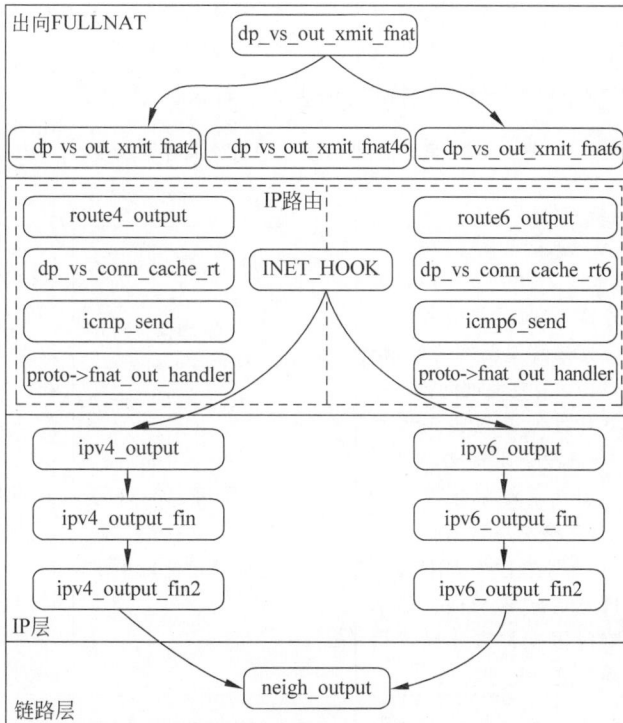

图 4-17 dp_vs_out_xmit_fnat 处理流程

（2）后端服务器（装有 TOA 模块）在接收到带有 TOA 选项的数据报文后，通过 TOA 模块解析 TCP 选项字段，获取到客户端的真实 IP 地址和端口信息。

（3）应用程序通过调用 getpeername 等系统函数时，TOA 模块会劫持这些函数的调用，从 TCP 连接的 socket 中返回解析得到的客户端真实 IP 地址。

针对使用 UDP 报文转发的场景，因 UDP 报文中无类似 TCP 的可选项字段，所以实现了一种称为 UOA 的私有协议，实现时负载均衡会将客户端的真实 IP 地址和端口信息插入 IP 报文头与 UDP 报文之间作为私有数据，并将 IP 报文头中的下一层协议号（如 UDP）修改为私有协议号。另外，后端服务器内核中也需要安装相应的内核模块进行系统函数的劫持处理。

Proxy Protocol 是一种由 HAProxy 社区提出的创新通信协议，旨在解决在代理服务器与后端服务器通信过程中，后端服务器难以直接获取客户端原始网络连接信息的难题。在传统的代理转发机制中，代理服务器往往会修改或重写请求头部，将原本代表客户端源 IP 地址和端口的信息替换为代理服务器自身的信息，从而导致后端服务器无法直接识别出真实的客户端连接细节。为了克服这一限制，Proxy Protocol 被设计用于在代理服务器与后端服务器之间传输一个包含客户端原始网络连接信息的额外协议层。这一协议层详细地记录了客户端的 IP 地址、端口号以及可能的其他连接属性，确保后端服务器即便多次通过代理转发的情况下，也能准确获取到客户端的完整网络连接信息。为了满足源地址获取这一需求，许多业界负载均衡软件也增加了对 Proxy Protocol 的支持。当然，使用这种方式的前提是后端服务器软件需要支持解析 Proxy Protocol 协议。目前，众多主流的网络服务软件，包括但不限于 HAProxy、Nginx、Apache、Squid 以及 MySQL，都内置了对 Proxy Protocol

协议的支持或提供了相应的扩展模块。

5. 转发处理模式对比

三种转发处理模式的工作原理与特点，如表 4-1 所示。

表 4-1　三种转发处理模式的工作原理与特点

模式\特点	工作原理	优　　点	缺　　点
DR 模式	负载均衡服务器收到报文后，将报文直接转发给后端服务器，同时后端服务器的响应直接转发给客户端，响应报文不需要经过负载均衡	性能最好，因为数据报文的转发直接在数据链路层进行，不需要修改 IP 地址，减少了处理时间	要求负载均衡服务器和后端服务器必须在同一物理网络（即同一广播域内），以支持 MAC 地址的修改和转发
NAT 模式	负载均衡服务器收到报文后，会修改请求报文的目的 IP 地址为后端服务器的 IP 地址，并将响应数据报文的源 IP 地址修改为 VIP 地址后再发送给客户端。请求和响应报文都需要经过负载均衡进行地址转换	后端服务器可以是任意操作系统，且支持端口映射，使得配置和使用更加灵活	由于所有数据报文都需要经过负载均衡进行地址转换，因此网络延迟和负载可能会增加
FULLNAT 模式	通过引入负载均衡本地内部 IP 地址，解决了 NAT 模式和 DR 模式使用范围限制的问题	提高了运维部署的便利性，扩大了负载均衡可用于更大范围，解决了跨网段问题	需要进行两次地址转换（请求和响应），其转发效率可能略低于其他模式；需要额外的方式来获取客户端地址和端口

在云计算环境中，根据应用场景的不同，这三种模式都有采用，以 FULLNAT 模式的云网络负载均衡数据流可以参考 2.4 节。

4.2.2　健康检查

1. 健康检查功能原理

在使用负载均衡的场景中，健康检查功能通过向后端服务器发送特定的请求来测试其是否正常运行。如果服务能够正常响应，则表明后端服务器处于健康状态；反之，则表明后端服务器存在问题，可能已无法提供服务。健康检查机制具备及时发现后端服务器故障的能力，并能自动将请求转移到其他健康的服务器上。当故障服务器恢复正常后，健康检查会重新将其纳入服务列表中，从而实现故障的自动转移和恢复功能。

健康检查的类型主要分为两种：主动健康检查和被动健康检查。

（1）主动健康检查：这是指负载均衡服务器定期向后端服务器发送特定的请求，以检测其是否能够正常响应。

（2）被动健康检查：被动健康检查则是负载均衡服务器在转发请求的过程中，根据接收到的来自后端服务器的错误响应或遇到的超时等异常情况，来监测服务是否出现了问题。

1）主动健康检查

主动健康检查通过定期主动向所有后端服务器发送健康检查请求，然后根据服务器的响应情况来判断其健康状态。如果服务器能够正常响应,那么说明处于健康状态;如果服务器无法响应或者响应超时,则说明出现了问题。主动健康检查具有以下几个特点。

(1)主动周期性检查。主动健康检查按照预设的时间间隔发送请求至后端服务器,以验证其是否正常运行。健康检查通常会定期进行,以持续监控服务器的健康状态。可以设置不同的间隔时间来适应不同的业务需求。如果多次连续的健康检查失败,服务器可能会被标记为不可用,并暂时从后端服务器可用组中移除,直到恢复健康状态。一些高级的健康检查机制还支持自动恢复机制,即当服务器恢复正常后,自动将其重新加入负载均衡池。

(2)适配支持多种协议。为了满足不同类型服务的需求,需要适配多种协议,包括但不限于 ICMP、TCP、UDP、HTTP 和 HTTPS 等。

(3)额外的资源消耗。虽然负载均衡与后端服务器都需要消耗一定的网络带宽和服务器资源来执行健康检查,但这种方式可以及时发现后端服务器的问题,从而保证了系统的可用性。

在使用主动健康检查时,有多种配置方式来满足不同业务的需求,包括基本健康检查、附加健康检查、脚本健康检查和服务器组健康检查等。基本健康检查提供最基础的后端服务器健康检查方法,如使用 ICMP、UDP、TCP、HTTP、HTTPS 等。附加健康检查适用于由多个服务构成的业务场景,例如,网站服务通常包含 HTTP 服务、数据库服务等多个服务,单一的健康检查无法准确反映整个业务的健康状况,因此需要对后端依赖的其他服务进行健康探测。脚本健康检查允许用户根据实际情况自定义健康检查的内容和逻辑,适用于流程复杂或具有特殊需求的业务场景。服务器组健康检查为一组后端服务器提供相同的健康检查方式,对于有大量提供相同服务的后端服务器来说,这是一种快捷方便的健康检查配置方式。

云网络负载均衡产品中,最常用的配置方式是基本健康检查。

ICMP 健康检查是一种最简单的健康检查方法,负载均衡服务发送一个 ICMP echo 报文到后端服务器,然后等待响应。如果响应时间过长或超时,则认为该服务器一次不可用。ICMP 健康检查常用在 UDP 监听上。ICMP 健康检查原理如图 4-18 所示。

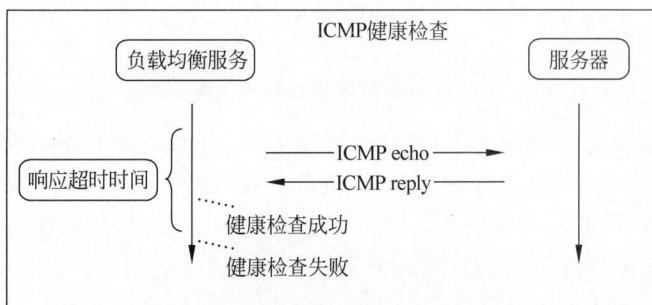

图 4-18 ICMP 健康检查原理

UDP 健康检查通过负载均衡服务会向后端服务器发送一个 UDP 报文,并根据服务器的响应来判断服务器的健康状态。这个 UDP 报文中的数据可以根据后端服务器提供的服务协议等具体内容进行填写,例如,可以模拟成 DNS 请求数据发出。随后,负载均衡服务会等待响应。如果响应时间过长或发生超时情况,则认为该后端服务器当前一次不可用。UDP 健康检查适用于 UDP 监听。UDP 健康检查原理如图 4-19 所示。

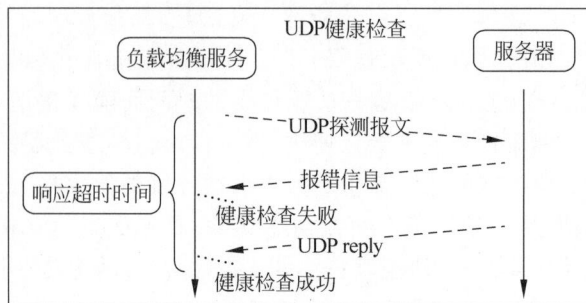

图 4-19　UDP 健康检查原理

TCP 健康检查通过模拟客户端与服务器之间的 TCP 连接建立过程来判断服务器是否处于正常工作状态。在 TCP 健康检查的过程中,负载均衡服务作为客户端,向后端服务器发起 TCP SYN 包,开始三次握手过程。后端服务器收到 SYN 包后,回应一个 SYN/ACK 包。负载均衡服务健康检查器收到 SYN/ACK 后,发送一个 ACK 包作为确认,完成 TCP 连接的建立。

完成建立 TCP 连接后,负载均衡服务发送 FIN 包(有些负载均衡发送 RST 包)来关闭 TCP 连接。服务器如果收到 FIN 包后,回应一个 ACK 包确认连接关闭。如果服务器成功完成三次握手,则认为服务器健康。如果服务器未能及时响应或返回异常响应,则认为服务器不健康。TCP 健康检查可适用于 TCP、HTTP 或 HTTPS 监听。TCP 健康检查原理如图 4-20 所示。

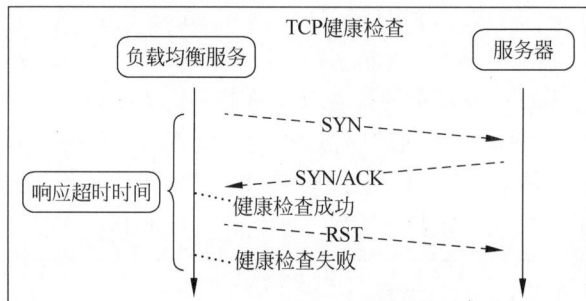

图 4-20　TCP 健康检查原理

HTTP 健康检查通过发送 HTTP 请求到服务器,并根据服务器的响应来判断服务器的健康状态。在 HTTP 健康检查的过程中,负载均衡服务作为客户端,向后端服务器发起 TCP 连接。在完成 TCP 三次握手后,建立 TCP 连接。然后,负载均衡服务通过已建立的 TCP 连接向后端服务器发送一个简短的 HTTP 请求,通常是 GET 请求。请求的目标通常是预先定义好的健康检查可访问的 URI,如/healthcheck 或/status。负载均衡服务等待服务器的响应,并分析响应的状态码、响应时间以及其他预定义的指标来判断服务器是否健康。

服务器接收到请求后,处理请求并返回一个 HTTP 响应。通常期望服务器返回一个特定的状态码,如 200 OK,表示服务器处于健康状态。如果服务器成功返回预期的状态码和响应内容,则认为服务器健康。如果服务器未能及时响应或返回异常状态码,则认为服务器不健康。

完成健康检查后,负载均衡服务发送 FIN 包来关闭 TCP 连接。服务器收到 FIN 包后,回应一个 ACK 包确认连接关闭。

HTTP 健康检查适用于 HTTP 监听,HTTP 健康检查原理如图 4-21 所示。

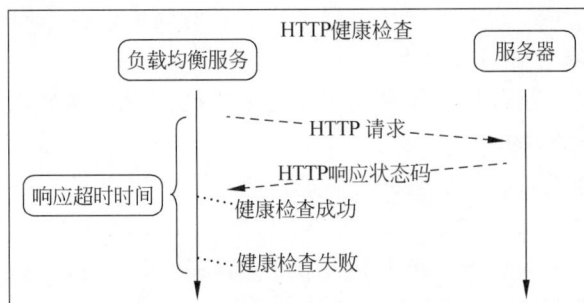

图 4-21　HTTP 健康检查原理

HTTPS 健康检查是通过发送 HTTPS 请求到服务器,并根据服务器的响应来判断服务器的健康状态。在 HTTPS 健康检查的过程中,负载均衡服务作为客户端,向后端服务器发起 TCP 连接。在完成 TCP 三次握手后,建立 TCP 连接。随后,负载均衡服务与服务器进行 TLS/SSL 握手,以建立安全连接。服务器提供证书,健康检查器可以选择忽略验证证书的有效性。然后,负载均衡服务通过已建立的安全连接向后端服务器发送一个简短的 HTTP 请求,通常是 GET 请求。请求的目标通常是预先定义好的健康检查可访问的 URI,如/healthcheck 或/status。

服务器接收到请求后,处理请求并返回一个 HTTP 响应。通常期望服务器返回一个特定的状态码,如 200 OK,表示服务器处于健康状态。如果服务器成功返回预期的状态码和响应内容,则认为服务器健康。如果服务器未能及时响应或返回异常状态码,则认为服务器不健康。

完成健康检查后,健康检查器发送 FIN 包来关闭 TCP 连接。服务器收到 FIN 包后,回应一个 ACK 包确认连接关闭。

HTTPS 健康检查适用于 HTTPS 监听,HTTPS 健康检查原理如图 4-22 所示。

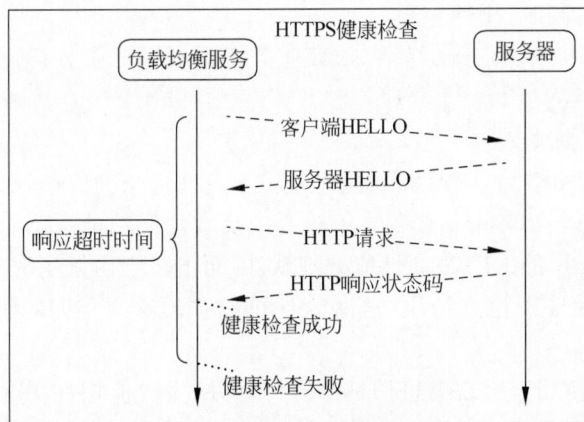

图 4-22　HTTPS 健康检查原理

云网络负载均衡通常提供了主动健康检查的可配置选项,用户可以根据实际情况进行设置。

（1）检查类型：指明负载均衡服务对后端服务器进行什么类型的健康检查，常见的有ICMP、TCP、UDP、HTTP、HTTPS等。

（2）检查频率与间隔：指明负载均衡服务在多长时间内进行一次健康检查，可以根据服务器的性能和网络条件进行调整。

（3）检查端口：指明负载均衡服务用于进行健康检查的后端服务器的端口号，通常应设置为应用程序实际运行的端口。

（4）检查路径：指明负载均衡服务用于进行健康检查的HTTP路径或资源，通常应设置为应用程序的主要路径或资源。

（5）检查关键字：指明负载均衡服务用于进行健康检查以判断后端服务器是否正常的关键字，通常设置为响应状态码或特定的响应内容。

（6）超时时间：指明负载均衡服务在等待后端服务器响应时的最大等待时间，可以根据网络条件和服务器的性能进行适当设置。

（7）健康与不健康阈值：指明负载均衡服务在判断后端服务器正常与不正常时，需要连续检测到正常或异常的次数，以避免一些误判。

2）被动健康检查

被动健康检查不需要主动发送健康检查请求，而是根据服务器的响应情况来判断其健康状态，通过负载均衡服务在转发过程中持续分析来自服务器流量中的各种指标，如错误响应、成功率、超时等异常情况，来监测服务器是否出现了问题。被动健康检查具有以下几个特点。

（1）不增加服务器负载：由于不发送额外的健康检查请求，因此不会给服务器带来额外的处理负担。

（2）简单适配复杂协议：对于复杂的协议，被动健康检查能更容易地适配，无须针对每种协议定制健康检查机制。

（3）实时监控：能在不增加额外网络负载的情况下实时监控服务的状态。

（4）延迟发现问题：依赖业务流量进行健康分析可能导致服务器问题被延迟发现，影响系统的即时响应能力和可用性。

（5）影响系统性能：在业务高峰期，依赖业务流量进行健康分析可能会占用更多系统资源，影响整体性能。

2．健康检查的实现方式

1）使用Keepalived软件实现健康检查

开源的4层负载均衡软件通常专注于核心的负载均衡功能，例如，基于Linux内核的LVS软件和基于DPDK的DPVS高性能处理软件，而不一定内置了完整的健康检查机制。然而，通过添加专门的健康检查模块，这些软件可以扩展其功能，以确保服务本身的高可用性。

Keepalived是一款用于实现高可用性的开源软件，主要应用在Linux系统应用层。它最初的设计目的是提供一种轻量级的解决方案，以确保IPVS服务的高可用性。Keepalived的健康检查功能是其提供高可用性和负载均衡服务的重要组成部分。它支持多种类型的健康检查，包括但不限于TCP连接检查、HTTP请求检查、ICMP Ping检查、UDP请求检查以及自定义脚本检查等。通过灵活多样的健康检查方式和算法，Keepalived能够确保即使在部分服务器出现故障的情况下,服务仍然能够不间断地运行,从而保证了服务的连续性和稳定性。

在部署使用时,Keepalived 通过配置文件的方式加载服务器的配置,并通过 ipvsadm 工具将这些配置同步到 DPVS 中。通过健康检查机制,Keepalived 会检测后端服务器的状态。如果发现某个服务器出现故障,Keepalived 就会将该服务器的状态更新,并通过 ipvsadm 工具从 DPVS 中将对应服务器删除。DPVS+Keepalived 交互原理如图 4-23 所示。

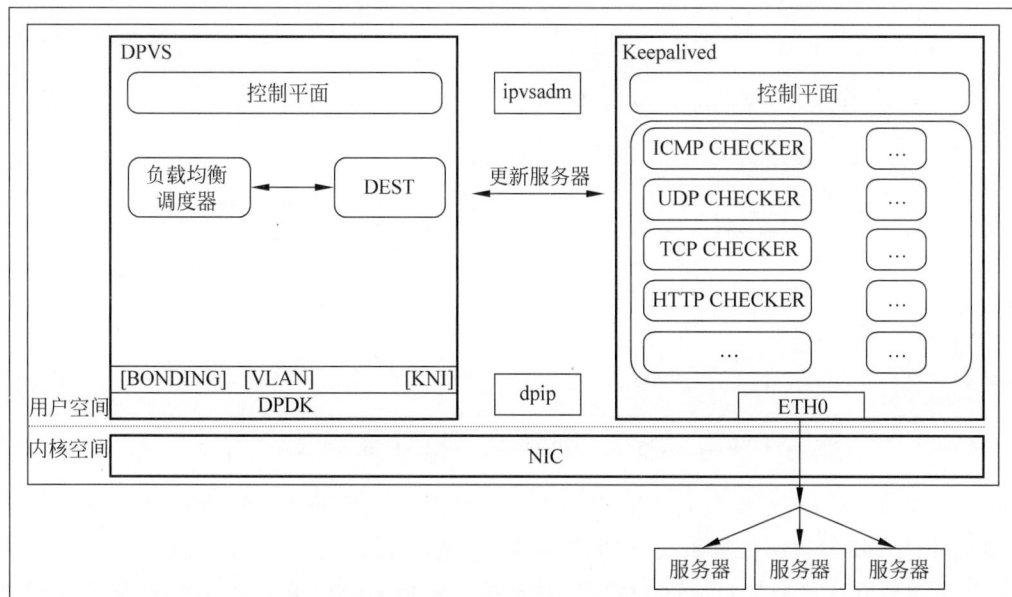

图 4-23 DPVS+Keepalived 交互原理

在公有云网络多租户场景使用时还需要考虑 Keepalived 健康检查接入 VPC 网络技术的改造。Keepalived 软件本身在设计之初,不具备 VPC 网络场景中多租户后端服务器的管理功能,另外也没有实现公有云 VPC Overlay 技术。可行的改造方案包括通过内核的 Netfilter 框架实现将 Keepalived 发出的报文封装成 VXLAN 隧道发出,同时内核接收 VXLAN 隧道报文进行解封装后发送给 Keepalived。

在使用 Keepalived 结合 DPDK 接管网卡的方式来实现负载均衡的健康检查功能时,由于 Keepalived 是一个运行在用户空间的 Linux 应用程序,其在收发报文时需要经过 Linux 内核。而最终报文的收发则需要通过 DPDK 接管的网卡接口(健康探测报文与业务报文所走网络链路保持一致)。DPDK 与 Keepalived 之间的报文交互需要一个通道,当前常见的通道有 KNI 和 Virtio。KNI 基于中断方式来进行报文的收发,而 Virtio 则使用 PMD(Poll Mode Driver)模式进行报文的收发。在实际测试过程中,单核情况下,Virtio 的性能高于 KNI,大约是 KNI 性能的 2 倍。Keepalived 结合 DPDK 实现 VXLAN 隧道报文交互原理,如图 4-24 所示。

2)负载均衡软件自实现健康检查

开源的 4 层负载均衡软件也可以自身通过模拟各协议探测功能实现类似 Keepalived 健康检查功能。这种自身扩展的方式通常会与负载均衡的核心逻辑紧密集成,不需要两种软件之间通信交互,确保在检测到故障时能够迅速做出反应,不仅可以提高服务的高可用

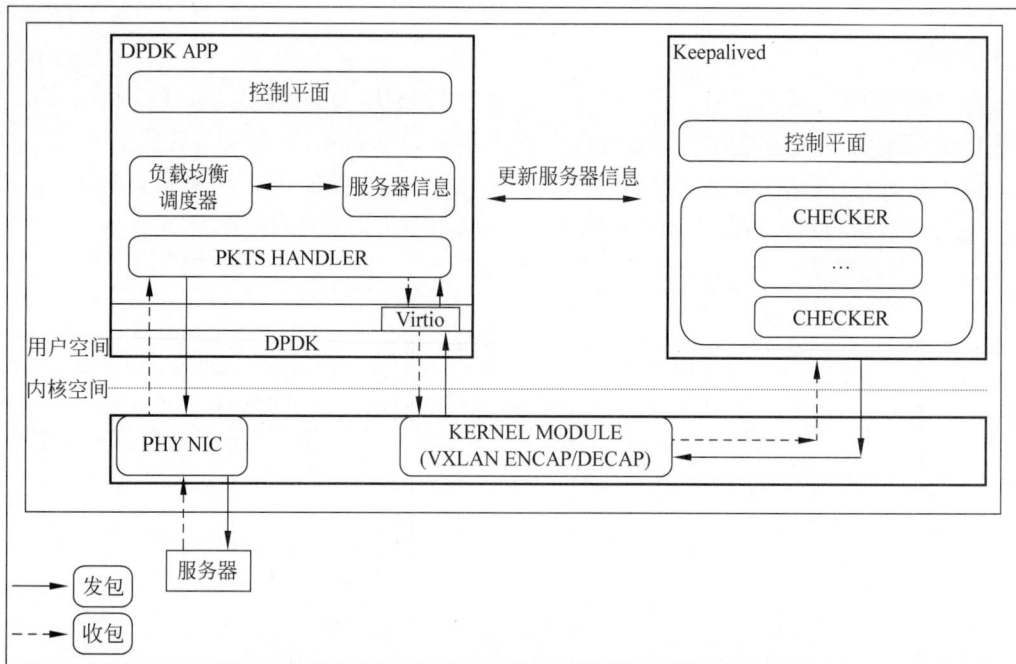

图 4-24 Keepalived 结合 DPDK 实现 VXLAN 隧道报文交互原理

性和可靠性,还可以简化软件管理和部署流程。健康检查模块封装好健康检查探测报文,通过调用 DPDK 发包接口将报文交给网卡发送给服务器,服务器收到请求后回复响应报文。当网卡收到这些报文后,通过 DPDK 收包接口将报文交给报文分发模块,该模块识别出是健康检查报文,将其交给健康检查模块处理。健康检查模块根据接收到的报文找到对应的 CHECKER,检查分析报文中的内容并判断出是否有异常,然后根据配置的规则来设置后端服务器的健康状态。对于公有云 VPC Overlay 场景,需要在调用 DPDK 发包接口前封装好 VXLAN 隧道报文发出去,收到 VXLAN 隧道报文后先解封装然后交给健康检查模块处理。基于 DPDK 模拟各协议探测实现健康检查原理,如图 4-25 所示。

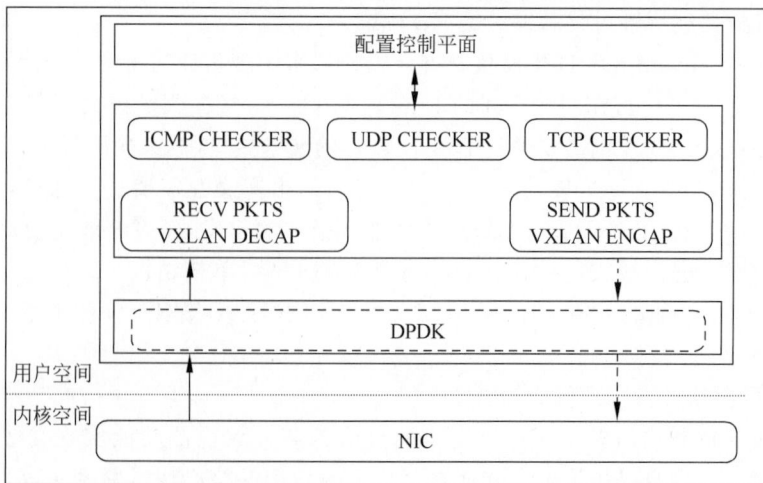

图 4-25 基于 DPDK 模拟各协议探测实现健康检查原理

3. 使用健康检查功能

负载均衡的健康检查配置对于确保服务的高可用性和性能至关重要。以下是配置健康检查时应考虑的一些关键点。

1) 选择合适的检查类型

负载均衡健康检查有多种类型,选择合适的检查类型对于准确反映服务的实际状态和确保健康检查的有效性至关重要。例如,对于基于 Web 的服务,可以使用 HTTP 或 HTTPS 检查;对于数据库服务,可能需要使用 TCP 检查。

2) 配置健康检查参数

在选择了合适的检查类型后,需要配置健康检查的具体参数,包括检查频率、超时时间、失败尝试次数等。

(1) 检查频率。设置合适的检查频率对于及时发现并隔离故障节点至关重要。频率过低可能无法及时发现问题,过高则可能增加后端服务器的压力。

(2) 超时时间。设置每次健康检查的最大运行时间。如果检查在此时间内没有完成,则认为检查失败。适当的超时时间设置可以避免因暂时的网络波动或服务器压力导致的误判。

(3) 失败尝试次数。定义将后端服务器标记为不健康之前允许失败的健康检查次数。这个参数防止了因为偶尔的检查失败而将实际上健康的服务器移除到异常服务器链表中。

3) 优化健康检查性能

为了优化负载均衡健康检查的性能,可以关注以下几个方面。

(1) 合理设置健康检查频率。避免过度消耗资源或延迟监测。

(2) 优化健康检查请求。对于 HTTP 的健康检查,可以通过减少请求内容的大小或优化请求头部信息来降低网络传输的开销。

(3) 合理设置失败和成功阈值。根据后端服务器的实际负荷和可靠性要求,适当调整健康检查的失败和成功阈值。

4) 注意健康检查对后端服务器的影响

(1) 避免对后端服务器造成过大压力。合理配置健康检查间隔和请求内容,避免对后端服务器造成不必要的负担。

(2) 合理配置日志记录。如果使用 HTTP 健康检查模式,应合理配置后端日志配置,避免健康检查 HEAD 请求过多对 I/O 的影响。

5) 其他注意事项

(1) 确保后端服务器支持健康检查请求。例如,如果后端服务器不支持 HEAD 请求,则 HTTP 健康检查可能会失败。

(2) 监控健康检查状态。定期查看健康检查的状态和结果,及时发现并解决问题。

(3) 备份和恢复策略。制定健康检查失败后的备份和恢复策略,确保业务连续性。

综上所述,负载均衡健康检查的使用配置需要注意选择合适的检查类型、配置合理的检查参数、优化健康检查性能、注意对后端服务器的影响以及监控健康检查状态等方面。这些措施将有助于提高负载均衡服务的可靠性和稳定性。

4.2.3　调度算法

调度算法是负载均衡的核心功能之一,尤其在接入层扮演着流量转发的关键角色。当有新的连接请求到达时,负载均衡依据预设的调度算法挑选一个合适的后端服务器来处理该请求。在 4 层负载均衡中,调度算法的基本调度单元通常是基于 TCP/UDP 的"新建连接",且具备连接跟踪能力的负载均衡会在内存中为每条连接及其选定的后端服务器创建一个会话(Session),并设定一个超时时间,以确保在会话未超时或连接未终止前,已建立的连接不会重新调度至其他服务器。

4 层负载均衡支持多种调度算法,这些算法可以根据后端服务器的实时性能(如连接数量)来选择服务器,也可以根据算法本身的规则进行调度。根据是否基于后端服务器的实时性能进行调度,可以将这些算法归类为静态调度算法或动态调度算法。

1. 静态调度算法

1) 轮询调度算法

轮询调度算法(Round Robin,RR)的原理是每一次把来自客户端的新建连接轮流分配给后端服务器,从第一台开始,直到第 N 台(后端服务器个数),然后重新开始循环。算法的优点在于其简洁性,它无须记录当前所有到来和分配的连接数量,也不关注服务器的硬件配置和性能(即不考虑每台服务器的处理能力)。

如果所有的后端服务器具有相同或者相近的性能,且访问来源的连接形态(长连接或短连接)也较为一致,那么在选择这种调度算法时,各后端服务器的负载均衡性也会较好。然而,对于服务器处理性能异构的情况,选择这种方式就意味着性能较弱的服务器也会在下一轮循环中平等地接受轮询,即使这个服务器已经不能再处理当前这个连接了,这可能导致性能较弱的服务器过载。

在实现算法时,考虑到负载均衡以集群形态提供服务,存在多台负载均衡设备,每台负载均衡可以加入随机因子来选择开始的后端服务器。这样可以避免在新建连接数量少和并发量较低时,容易发生排在轮询顺序前边的后端服务器负载较高的问题。

2) 加权轮询调度算法

加权轮询算法(Weighted Round-Robin,WRR)考虑到了每台服务器的硬件配置、安装的业务应用等不同,其处理能力会有所不同。因此,根据服务器的不同处理能力,给每个服务器分配不同的权值,使它们能够接受与其权值相对应数量的服务连接。例如,能力最强的服务器 A 的权重是 100,而能力最低的服务器 B 的权重是 50,这意味着在服务器 B 接收到第一个请求之前,服务器 A 会连续接收到两个请求。加权轮询算法也是基于新建连接数来调度的,权值高的后端服务器会先收到连接,权重值越高被轮询到的次数(概率)也越高;相同权值的服务器会处理相同数目的连接数,这时相当于轮询调度算法。加权轮询调度算法同样是一种不关注实时连接数量的调度方式。

3) 源地址哈希调度算法

源地址哈希调度算法(Source Hashing,SH)是根据新建连接的来源 IP 地址作为哈希键(Hash Key),从静态分配的哈希表中找出对应的后端服务器。若该后端服务器的健康检查结果是正常的,则请求连接会发送到该后端服务器(在实际的软件实现中,还需要判断服务器的权重信息,只有权重大于 0 的服务器才会被选择);否则,系统会重新进行可用服务器的选择。当选择了一台服务器后,对于有连接状态的负载均衡,它会在内存中建立一条Session 信息,用于记录这条连接的 5 元组。后续同一条连接上的数据报文会根据这条Session 信息继续转发到之前选择的后端服务器。而对于无状态的负载均衡,它不建立

Session,完全根据接收报文的来源 IP 地址选择服务器进行转发。

4）4 元组一致性哈希调度算法

基于 4 元组的一致性哈希调度算法,是以接收报文的源 IP 地址、目的 IP 地址、源端口、目的端口作为哈希键(Hash Key)进行计算,再通过一致性哈希调度选择一台可用的服务器后进行转发。有连接状态的负载均衡在实现这个算法时也会在内存中建立一条 Session 信息,用于记录这条连接的 4 元组,后续同一条连接上的数据报文根据这条 Session 继续转发到对应的后端服务器。反之,无状态的负载均衡不建立 Session,完全根据接收报文的 4 元组和一致性调度算法选择服务器进行转发。

基于 4 元组的一致性哈希调度算法是普通 4 元组哈希算法的增强。使用普通的 4 元组哈希算法,且不创建 Session 的无连接状态负载均衡,最大的缺陷是当后端一台服务器异常后,普通的 4 元组哈希算法会对所有的客户端报文再进行一次后端服务器重选择转发,导致后端服务器上大量的存量连接失败。而一致性哈希调度算法本身在设计上就解决了这个问题,使受到影响的只有这台异常服务器的连接,而其他服务器上的连接仍能正常转发。

2. 动态调度算法

1）最少连接调度算法

最少连接调度(Least Connections,LC)算法是一种动态调度算法,与轮询调度算法相比,它通过服务器当前所建立的连接数来估计服务器的负载情况。调度器需要记录各个后端服务器已建立的连接数目。当一个请求被调度到某台服务器时,其连接数加 1;当连接中止或超时,其连接数减 1。

在 LVS 开源软件采用的实现中,评估各台后端服务器负载的公式是 active×256＋inactive,这里假设 active 代表连接建立之后活跃的连接数量,inactive 代表即将结束的连接数量,并假设处理活跃连接时的处理消耗量是处理非活跃连接的 256 倍。在计算出每台后端服务器的负载后,选择负载最小的服务器来提供服务。

2）加权最少连接调度算法

加权最少连接调度(Weighted Least Connection,WLC)算法是对传统最少连接数调度算法的改进,它依据后端服务器的不同处理能力,为每台服务器分配一个权重值,旨在让服务器按其权重比例接受请求。该算法优化了连接分配,确保了更合理的负载均衡。

采用的实现算法中,评估各台后端服务器的负载公式是(active×256＋inactive)/weight。加权最少连接调度在调度新连接时,尽可能使服务器的已建立连接数和其权值成比例。根据公式的计算结果,哪一台服务器的负载小就选择哪一台提供服务。在实际部署中,考虑到负载均衡以集群形态提供服务,存在多台负载均衡设备,每台负载均衡可引入随机因子来选择初始权重相等的后端服务器,这样可以避免在新建连接数量少和并发量较少时,少数后端服务器负载较高的问题。

3. 源地址访问避免增强特性

在传统的应用部署中,很少遇到同一台服务器既作为客户端又作为后端服务器的场景。正常情况下,负载均衡设计并不支持后端服务器既是客户端又是服务器的配置,这种配置会导致请求失败。这是因为负载均衡通常采用将客户端 IP 地址透传给后端服务器的数据转发模式。在这种模式下,后端服务器接收到的数据报文中客户端 IP 与自身服务器 IP 相同,其内核在构建响应时会视此为非法源地址,从而丢弃这个报文,造成访问不通。根本原因在于 Linux 内核网络中的一个设计约束,即从非 loopback 网卡进入的数据报文的源地址不能是本机地址。这是为了防止接收伪造包或 IP 欺骗。尽管有特殊情况可通过 accept_local 参数设置允许此类数据报文(可以控制是否允许所有接口接收本机 IP 地址发送给本机的数据报文),但默认情况下,当内核收到这样的报文时,会将其视为 martian source 报文。另外,在查找目的路由时,系统优先使用 local 路由,可能导致数据报文被回送到自身的 loopback 口,而不是回到负载均衡进行转发,从而造成通信失败。因此,传统上,负载均衡后端不支持服务器同时作为客户端和服务器的双重身份。

然而,随着 Kubernetes 的普及,云环境中出现了更多后端 Pod 既作为客户端又作为服务器的需求。为应对这种场景并防止访问失败,可以采取策略,在负载均衡分配时排除客户端对自身的调度,即在选择后端服务器时剔除掉与客户端 IP 相同的服务器,以规避循环引用问题。应用时,至少需要配置两个后端服务器,并启用防循环策略。例如,当客户端 A 请求负载均衡时,系统将自动将其调度至非 A 的后端服务器。此外,此策略可与加权轮询、加权最少连接数、一致性哈希等其他调度算法组合使用,以增强灵活性和效率。

4. 选择调度算法

本节将通过表格汇总的形式,介绍云网络负载均衡常见的调度算法优点、缺点以及适用场景。云网络负载均衡常见的调度算法优缺点以及适用场景,如表 4-2 所示。

表 4-2　云网络负载均衡常见的调度算法优缺点以及适用场景

调度算法类型	算法优点	算法缺点	适用场景
加权轮询	关注了后端服务器的处理性能,无须记录当前所有连接的数量。该实现方式对于负载均衡本身执行来说也相对消耗小,无须判断连接数量等,效率也较高	没考虑请求的处理开销不同造成的不均衡问题,即后端服务器处理一条连接的时间变化较大或每个连接处理消耗时间不一致的情况下,容易导致后端服务器间的负载不均	当每个连接所占用的后端处理时间基本相同时或处理时间相差较小时,负载均衡性好。另外,后端服务器硬件配置相差较大时也可以考虑这个调度算法。常用于短连接服务等
加权最少连接数	关注了后端服务器的处理性能和连接负载量,适合长连接类型处理的请求服务	由于在调度算法执行时要计算对比权重和连接数量,所以对于负载均衡本身有一定的性能损耗	每个请求所占用的后端处理时间相差较大的场景。常用于长连接服务。即如果用户需要处理不同的请求,且请求所占用后端处理时间相差较大,如 100ms 和 1s 等数量级差距,推荐使用加权最少连接数算法,实现较好的均衡性。另外,如果某台服务器的连接数量明显高于其他服务器,可以通过临时切换调度算法,将新建连接分配给负载相对较轻的服务器。这种方法可以有效低降该服务器在连接数量较多时的处理能力风险

续表

调度算法类型	算　法　优　点	算　法　缺　点	适　用　场　景
源地址哈希	可以使某一客户端的请求通过哈希表一直映射在同一台后端服务器上,使用这个调度算法实现简单的会话保持,只要后端服务器一直正常运行且不改变后端的服务器数量和顺序场景下可以实现同一客户端与某一台后端服务器进行会话保持	负载均衡性较差,一直连接保持到某一台可能使某些后端服务器负载较高,后台服务器间负载不均衡	将新建连接的源地址进行哈希运算,派发连接至某匹配的后端服务器,使得同一客户端IP的请求始终被派发至某特定的服务器。该方式适合需要会话保持的场景
4元组一致性哈希	可以使某一客户端相同4元组的连接请求通过哈希表一直映射在同一台后端服务器上。使用这个调度算法实现简单的会话保持,只要后端服务器正常运行且不改变后端的服务器数量和顺序场景下可以实现客户端同一连接与某一台后端服务器进行连接保持	负载均衡性较差,连接保持在某一台可能使某些后端服务器负载较高,不均衡。但以连接粒度实现会话保持,相对于源地址哈希调度算法后端服务器均衡性偏友好	适用于基于连接的会话保持,如物联网等设备UDP的应用,有时候需要低功耗运行休眠时,不能按时发送心跳信息但需要对建立的连接实现长时间会话保持的场景

5. 常见负载不均衡的原因分析

当前的负载均衡调度算法多以新建连接为调度单位,其基础假设是连接数与后端服务器负载成正比。然而在实际场景中,连接数并不总是直接反映服务器的处理能力,从而可能导致调度不均衡或后端服务器负载不均。以下是一些常见情形及原因分析。

(1)健康检查结果波动。后端服务器健康检查时有成功有失败,因后端服务或网络问题导致不稳定。新建连接可能因此被重定向,或在健康检查刚恢复时集中分配给某一些后端服务器,引发负载不均衡。

(2)处理链路上有异常。服务器处理环节本身有延迟或调用其他的服务时存在运行不稳定的时延,调度算法也无法识别哪些后端服务器有异常,导致自身或其他服务器负载偏高。

(3)新服务器加入问题。当新加入后端服务器时,如果使用最少连接数算法,可能会导致这台服务器负载突发增加;如果使用轮询算法,则可能导致这台服务器分配到的连接负载偏低。为了缓解这个问题,可以考虑通过新加入服务器的权重逐步增加的策略。

(4)权重配置失衡。如果后端服务器的权重配置不合理,权重高者负担重,或者后端服务器分布在不同机房导致访问时延不一,也可能导致负载分配不均。

(5)连接数与负载不匹配。即便后端各服务器连接数均衡,如果在长连接上处理请求量各异,也可能造成负载不均。

（6）会话保持局限原因。在使用会话保持类的调度算法时，如果客户端来源地址数量较少或较集中，可能会导致少数后端服务器负载较高。例如，CDN 回源的 IP 地址相对集中和固定访问了负载均衡，或者通过 NAT 网关访问了负载均衡。

（7）算法机制缺陷。负载均衡调度算法本身的实现机制也可能导致问题，如轮询调度、源地址哈希调度算法或一致性哈希调度算法在调度中可能不关注服务器的权重，导致 0 权重的服务器也可能被调度。

了解这些负载不均衡的可能原因和现象有助于更好地排查问题。在实际使用中，可能还有其他因素导致后端服务器负载不均，需要根据实际环境进行分析，并适当更换调度算法进行尝试。

4.2.4　集群内 Session 同步

1. Session 的作用与管理

在 4 层负载均衡架构中，Session 管理扮演着至关重要的角色，它能够精准地追踪并维护着用户与后端服务器之间建立的连接，确保报文转发的连续性。Session 机制确保了通过负载均衡算法初次分配后端服务器后，同一连接的所有后续报文均能准确无误地送达最初指定的后端服务器。这一过程通过详尽记录并管理连接的关键信息来实现，这些信息包括但不限于客户端的 IP 地址与端口号、负载均衡 VIP 与端口、后端服务器的 IP 与端口、当前的连接状态、连接超时阈值以及会话的持续时间。

在负载均衡软件中，Session 管理主要分为全局 Session 管理和独立 Session 管理两种模式，每种模式都有其特定的应用场景和优缺点。

1）全局 Session 管理

负载均衡程序所有转发进程或线程共享同一个 Session 存储空间和所有的 Session 信息。这意味着任何一个进程或线程都可以访问和修改 Session 信息。由于 Session 信息是全局共享的，因此所有进程或线程看到的 Session 状态是一致的，这有助于避免状态不一致的问题。在这种模式中，全局锁机制是必需的，以防止多个进程或线程同时修改 Session 信息时发生数据竞争和不一致。

Linux 内核通过协议栈来管理网络 Session，这些 Session 信息对所有处理网络数据的进程都是可见的，由于 IPVS 模块是基于 Linux 内核 Netfilter 框架实现，因此 IPVS 的 Session 管理也是全局的。IPVS 模块的全局 Session 管理如图 4-26 所示。

下面是 IPVS Session 管理相关的部分代码片段，其中，ip_vs_conn_tab 是一个全局的哈希表，用于存储所有的 Session 信息。这个哈希表的设计使得查找特定的 Session 非常高效。此外，由于多个 CPU 可能需要同时访问或修改这个哈希表，因此必须采用适当的同步机制以防止数据竞争。为了提高性能并减少锁的竞争，IPVS 使用 RCU（Read-Copy-Update）机制来保护对 ip_vs_conn_tab 的访

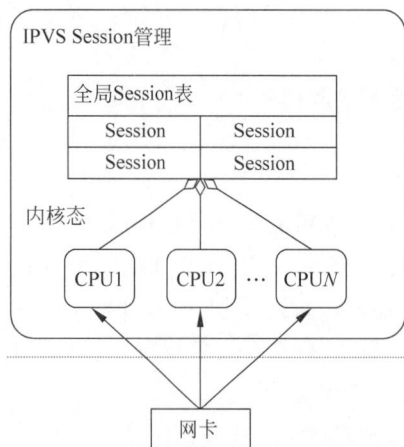

图 4-26　IPVS 模块的全局 Session 管理

问,其中,RCU 是一种读取-复制-更新的并发控制机制,在 Linux 内核中广泛使用,特别是在那些读操作远比写操作频繁的场景下。RCU 允许多个 CPU 在不阻塞的情况下读取共享数据结构,而数据结构的更新则是在一个安全的时间点进行,这个时间点称为"quiescent period",在此期间没有读者在读取旧的数据结构。在需要更新 ip_vs_conn_tab 时,会先创建一个新的数据结构副本,然后将更新应用到这个副本上。当所有活跃的读取者都完成了工作之后,才会将旧的数据结构替换为新的副本。相关代码如下。

```
/*
 * 连接哈希表: 用于 IPVS 的输入和输出数据报文查找
 */
static struct hlist_head * ip_vs_conn_tab __read_mostly;

/*
 * 获取与 ip_vs_conn_tab 中提供的参数相关联的 ip_vs_conn
 */
static inline struct ip_vs_conn *
__ip_vs_conn_in_get(const struct ip_vs_conn_param * p)
{
    unsigned int hash;
    struct ip_vs_conn * cp;

    hash = ip_vs_conn_hashkey_param(p, false);

    rcu_read_lock();

    hlist_for_each_entry_rcu(cp, &ip_vs_conn_tab[hash], c_list) {
        if (p->cport == cp->cport && p->vport == cp->vport &&
            cp->af == p->af &&
            ip_vs_addr_equal(p->af, p->caddr, &cp->caddr) &&
            ip_vs_addr_equal(p->af, p->vaddr, &cp->vaddr) &&
            ((!p->cport) ^ (!(cp->flags & IP_VS_CONN_F_NO_CPORT))) &&
            p->protocol == cp->protocol &&
            ip_vs_conn_net_eq(cp, p->net)) {
            if (!__ip_vs_conn_get(cp))
                continue;
            /* HIT */
            rcu_read_unlock();
            return cp;
        }
    }

    rcu_read_unlock();

    return NULL;
}

/*
 * 创建一个新的连接项,并将其哈希到 ip_vs_conn_tab 中
 */
struct ip_vs_conn *
```

```
ip_vs_conn_new(const struct ip_vs_conn_param * p,
            const union nf_inet_addr * daddr, __be16 dport, unsigned int flags,
            struct ip_vs_dest * dest, __u32 fwmark)
{
    struct ip_vs_conn * cp;
    struct netns_ipvs * ipvs = net_ipvs(p->net);
    struct ip_vs_proto_data * pd = ip_vs_proto_data_get(p->net,
                                    p->protocol);

    cp = kmem_cache_alloc(ip_vs_conn_cachep, GFP_ATOMIC);
    if (cp == NULL) {
        IP_VS_ERR_RL("%s(): no memory\n", __func__);
        return NULL;
    }
...

    ip_vs_conn_hash(cp);

    return cp;
}

static inline int ip_vs_conn_hash(struct ip_vs_conn * cp)
{
    unsigned int hash;
    int ret;

    if (cp->flags & IP_VS_CONN_F_ONE_PACKET)
        return 0;

    /* 根据协议、客户端地址和端口进行计算哈希 */
    hash = ip_vs_conn_hashkey_conn(cp);

    ct_write_lock_bh(hash);
    spin_lock(&cp->lock);

    if (!(cp->flags & IP_VS_CONN_F_HASHED)) {
        cp->flags |= IP_VS_CONN_F_HASHED;
        atomic_inc(&cp->refcnt);
        hlist_add_head_rcu(&cp->c_list, &ip_vs_conn_tab[hash]);
        ret = 1;
    } else {
        pr_err("%s(): request for already hashed, called from %pF\n",
                __func__, __builtin_return_address(0));
        ret = 0;
    }
    spin_unlock(&cp->lock);
    ct_write_unlock_bh(hash);
    return ret;
}
```

2）独立 Session 管理

负载均衡程序的每个转发进程或线程都维护着自己独立的 Session 存储空间和

Session 信息。这确保了不同进程或线程之间的
Session 信息是隔离的,因为每个进程或线程仅需
处理其自身的 Session 信息,从而避免了复杂的同
步机制。在这种模式下,由于 Session 信息的独立
性,全局锁的使用变得不必要,进而可以更容易地
提升报文查找和 Session 修改的效率,最终提升转
发报文的性能。基于用户态的负载均衡软件,基于
DPDK 转发的 DPVS,就是采用独立 Session 管理
模式,每个处理数据报文的工作线程都维护自己的
Session 表,以决定数据报文的转发路径,如图 4-27
所示。

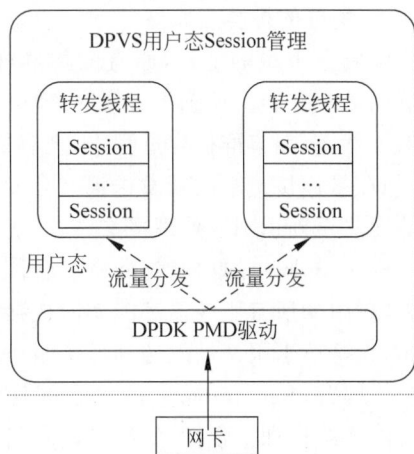

图 4-27　基于 DPDK 的转发线程
独立 Session 管理

具体是选择全局 Session 管理还是独立 Session
管理,实际上与应用场景有很大的关系,两种管理
方式目前都被广泛地应用,在高性能低延迟大规模
Session 的应用场景下,负载均衡设备一般采用独立的 Session 管理方式。在灵活快速的小
型系统中如 Kubernetes 集群内部的负载均衡一般就采用开箱即用的 IPVS。两种管理方式
都有各自的优缺点。在实际应用中,也可以结合使用这两种模式,以达到最佳的性能和
Session 资源共享需求。

2. 集群 Session 同步的必要性

在由多台 4 层负载均衡服务器构成的集群环境中,由于用户的请求报文在特定情境下
可能会被分发到不同的服务器上进行处理,若服务器之间不共享 Session 信息,可能导致用
户连接的中断或请求处理结果不一致。

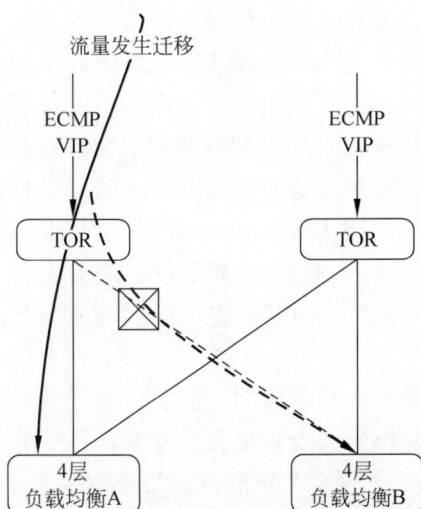

图 4-28　网络抖动引起报文传输路径改变

1）网络抖动与报文路由变动

在负载均衡集群运行中,网络环境的微小波动
(如交换机或服务器光模块端口接触不良诱发的路
由不稳定)可能改变客户端请求报文的传输路径,
导致同一 Session 的报文被重新分配到集群内的
不同服务器上。网络抖动引起报文传输路径改变,
如图 4-28 所示。若各服务器间未共享 Session 信
息,则当请求报文到达未持有当前 Session 状态的
服务器时,该节点可能无法正确识别或处理报文转
发,进而引发数据报文丢弃乃至连接中断。

2）服务器升级软件或故障时的 Session 自动
迁移

在负载均衡集群的运行中,服务器软件的迭代
升级以及故障(如服务器下线、宕机等)是难以避免

的。若系统缺乏有效的容错与 Session 迁移处理机制,将直接导致其承载的 Session 中断,进而影响到业务的连续性。

3) 集群的扩容

随着业务量的增长,原有的集群容量可能无法满足报文转发的需求,这时就需要进行集群的动态扩容。动态扩容意味着在不影响现有业务运行的情况下,向集群中添加新的服务器。然而,在集群扩容过程中,现有的用户连接 Session 信息可能仍然连接在旧的服务器上,当存量连接请求的新发送报文分发到未持有当前 Session 状态的扩容服务器时,该节点可能无法正确识别或处理报文转发,进而引发数据报文丢弃乃至连接中断。

Session 同步的功能就是将一台服务器上建立的 Session 信息主动复制到其他服务器上,集群内的所有服务器都能实时或接近实时地获取到最新的 Session 信息。通过 Session 同步,无论请求报文被发送到哪个服务器,该节点都能根据共享的 Session 信息来正确处理请求。因此,Session 同步是 4 层负载均衡集群中不可或缺的一部分,它通过确保 Session 信息的连续性和一致性,解决了网络抖动、软件升级或服务器故障等问题对业务的影响,提高了集群系统的高可用性和容错性。

3. Session 同步实现方式与网络架构

为了提升 Session 同步的效率并减少对业务带宽的影响,通常会使用专门的同步线程来负责发送和接收同步报文。当系统检测到 Session 状态发生变化时,并不会立即发送同步报文,而是将其暂时存放在缓冲区中。只有当累积的 Session 信息量达到一定的阈值(如接近最大传输单元(MTU)的大小),或是超过了设定的等待时间(如 $200\mu s$),系统才会触发报文的封装与发送。同步报文发送流程,如图 4-29 所示。通过将多个 Session 变更信息打包进同一个报文中,可以在一次网络传输中完成多个 Session 的同步。这种方式不仅减少了报文的头部开销,还有效提高了数据传输的密度,显著提升了网络带宽的利用率。

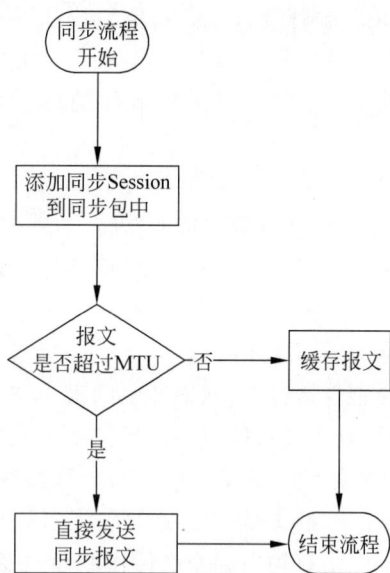

图 4-29　同步报文发送流程

对于 TCP 的 Session,通常只同步处于"established"状态的会话,即那些已经建立连接并正在进行数据传输的 Session。这是因为"established"状态的 Session 才是当前网络通信中的活跃部分,对其他状态的 Session(如"closed""listen"等)进行同步往往是没有意义的,只会徒增网络负担。

对于那些持续时间较长、频繁交互的 Session,系统可以标记为"长连接"。这类会话由于生命周期长,同步频率相对较低,因此对其进行优化管理,如设置更长的同步间隔或采用更精细的同步策略,可以显著减少不必要的同步操作,进而降低系统和带宽的开销。

在并发和新建量相对较小的情况下,采用专门的同步线程来处理 Session 同步报文的发送和接收确实是一种高效且简洁的解决方案。在这种模式下,各个转发线程可以将需要同步的报文通过队列发送给同步线程,由同步线程负责实际的同步操作。然而,当集群面临巨大的新建和并发压力时,单个同步线程可能会成为性能瓶颈。由于同步线程需要处理大量的同步报文,其处理速度可能无法满足高并发的需求,从而导致同步延迟增加,甚至可能影响整体的服务质量。

FDIR(Flow Director)模式通过硬件参与的报文分发机制,直接在网卡层面将同步报文分发到指定的转发线程,从而最大限度地提升了报文同步的效率。它减少了 CPU 的中断处理开销,避免了不必要的上下文切换,优化了资源分配和负载均衡,最终提高了整体系统的效率和稳定性。在高负载和多主部署的负载均衡集群中,FDIR 模式是一个非常重要的优化手段。多线程同步报文过程,如图 4-30 所示。

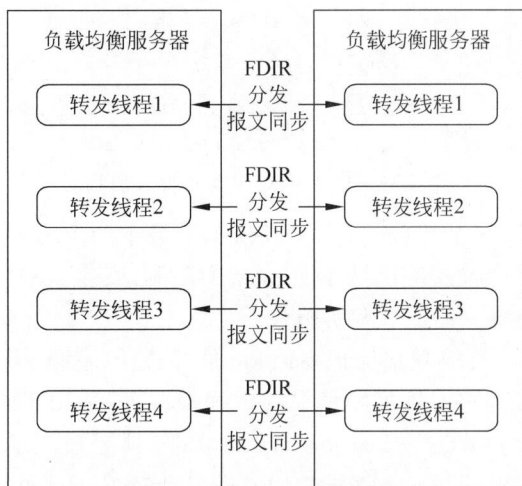

图 4-30 多线程同步报文过程

通过 FDIR 技术,负载均衡集群中的各个转发线程能够直接发送 Session 同步报文到集群内的其他节点,消除了单线程 Session 同步的性能瓶颈问题,有效地提升了 Session 同步的整体效率。

由于 Session 同步涉及集群内部不同节点之间的通信,主流的 Session 同步协议主要包括 UDP 组播和 UDP 单播两种方式。下面详细介绍这两种方式的具体实施方法及特点。

1)基于 UDP 组播的 Session 同步

UDP 组播是一种利用组播地址和 UDP 来高效传输数据的技术,允许多个接收者同时接收来自一个或多个发送者的相同数据报文。组播特别适用于一对多的通信场景,如实时视频流、在线会议、多人游戏等,因为它能够在不额外增加网络负载的情况下,将数据报文传输给所有感兴趣的接收者。

当使用 UDP 组播时,发送方将数据报文发送到一个特定的组播地址。网络中的路由器和交换机会根据组播组成员资格协议来确定哪些设备希望接收这些数据报文,并将数据报文仅转发给这些设备。这种方式大量节省了发送方的网络带宽,并提高了数据传输的效率。

UDP 组播 Session 同步流程,如图 4-31 所示,这一机制要求与 4 层负载均衡相连接的 TOR 交换机必须支持 UDP 组播功能,以便于集群内部的高效通信和状态同步,进而构建起一个健壮、灵活且高度可用的网络服务环境。

2)基于 UDP 单播的 Session 同步

组播网络的设计初衷是为了在多点通信中有效利用带宽资源,发送方通过一次发送就

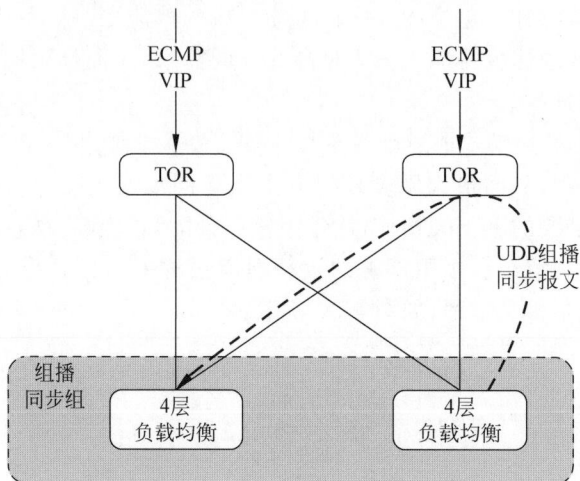

图 4-31　UDP 组播 Session 同步流程

能将数据报文同时传输给多个接收者,大大减少了网络中的重复数据流,从而提高了网络效率。然而,在实际部署中,许多因素如网络设备的限制、安全策略的约束及复杂的网络拓扑结构等,可能会阻碍组播网络的顺利实施。

在这种情况下,依赖 UDP 单播完成 Session 同步成为一种可行的替代方案。UDP 是一种无连接的传输层协议,它提供了轻量级的数据报服务,适用于对实时性和效率要求较高的应用。当使用 UDP 单播进行 Session 同步时,其实质是模拟了组播网络的行为,但传播方式由组播转换为单播,即每次数据报文的发送仅针对单一目的地址,而非一组接收者。UDP 单播 Session 同步流程,如图 4-32 所示。

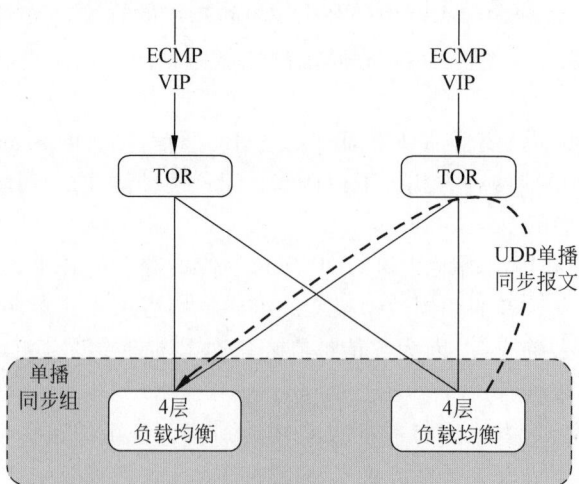

图 4-32　UDP 单播 Session 同步流程

尽管 UDP 单播在表面上看起来与组播网络的操作模式不同,但其背后的核心理念是相似的:确保所有相关的网络节点能够及时接收到最新的 Session 状态信息,以维持整个系统的一致性和同步性。

UDP 单播在 Session 同步中具有以下特点。

（1）灵活性。单播不受组播网络的诸多限制，可以在任何网络环境中实施，包括那些不允许或难以配置组播的网络。

（2）控制性。通过单播，可以精确控制哪些节点接收 Session 更新，这在安全性敏感的环境中尤为重要，因为它避免了非授权节点监听和截获组播流量的风险。

（3）复杂性。虽然单播在理论上可以更灵活地控制消息的发送，但实际操作中需要处理更多的网络连接和数据报文，尤其是在大规模网络中，这可能导致额外的网络拥塞和延迟。

（4）效率。与组播相比，单播在向多个目标发送相同数据时，会消耗更多的网络带宽和处理资源，因为每条链路都需要发送单独的数据报文副本。

因此，虽然 UDP 单播作为一种替代方案，能够克服组播网络的一些局限性，但它也带来了自身的挑战和权衡。在设计和部署网络架构时，需要综合考虑各种因素，包括网络规模、安全性需求、性能指标以及成本效益，来选择最合适的 Session 同步策略。

4.2.5 主备服务器组

1. 主备服务器组功能

在负载均衡的架构中，服务器组是一个由多个后端服务器组成的逻辑单元，它们协同处理由负载均衡监听并分发的业务请求。这种设计模式有效地应对了高并发访问、网络拥塞和硬件故障等问题，保证了服务的持续稳定运行。

主备服务器组是对基本服务器组的一种高可用性改进。在这种功能中，负载均衡监听后面通常配置有两组服务器：主服务器组和备份服务器组。主服务器组负责处理负载均衡分配的请求，并提供相应的服务。为了增强处理能力和可用性，主服务器组通常由多台服务器组成。备份服务器组则作为主服务器组的备用，一旦主服务器组出现故障，备份服务器组能够迅速接管工作，确保服务不会中断。备份服务器组一般位于与主服务器组不同的物理位置，这样设计旨在提升系统的冗余性和故障转移能力。负载均衡监听主备服务器组功能原理，如图 4-33 所示。

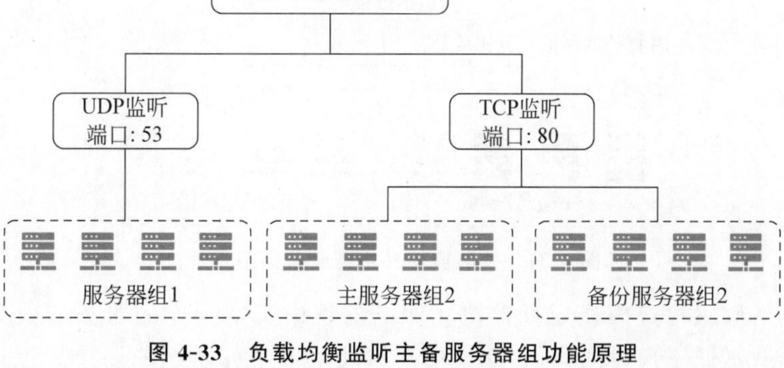

图 4-33 负载均衡监听主备服务器组功能原理

主备服务器组功能的优势主要体现在以下两个方面。

（1）高可用性。通过自动故障恢复和故障转移功能，负载均衡通常集成了自动化的故障检测与恢复机制。一旦检测到主服务器故障，系统会自动启动故障转移流程，将流量无缝切换到备份服务器，从而确保服务的连续性，实现服务的高可用性。

（2）易于管理和维护。主备服务器组功能支持滚动升级,这意味着在不中断服务的情况下,可以逐一升级组中的服务器。具体操作是先升级备份服务器组中的服务器,同时由主服务器组承担服务,然后进行主备服务器组的切换,接着升级主服务器组中的服务器,而备份服务器组则承担服务,直到所有服务器升级完成。这种方式提供了灵活的运维手段,减少了停机时间和维护时间,简化了管理和维护工作,提高了业务运行的稳定性,并降低了升级、停机检修等操作的成本。

然而,主备服务器组也存在一定的资源浪费问题,因为在闲置状态下,备份服务器组中的服务器硬件资源并未得到充分利用。

2. 主备服务器组切换原理

在负载均衡的配置中,可以在一个监听上设置主服务器组和备份服务器组。正常情况下,流量会优先被转发到主服务器组。一旦所有或一定比例的主服务器出现故障,流量将自动切换到备份服务器组进行处理。

主备服务器组的自动切换通常是通过健康检查来实现的。负载均衡中的健康检查模块会定期监测服务器的状态。当主服务器被健康检查模块检测到存在故障时,负载均衡会主动执行主备服务器组的切换,或者发出手动切换的告警。切换完成后,服务器调度模块会将请求转发到备份服务器进行处理。主备服务器组的主要工作流程包括两个部分:故障检测和故障切换。

（1）故障检测。通过健康检查机制来监测主服务器的状态。负载均衡的健康检查模块会周期性地向主服务器发送探测请求。如果主服务器长时间没有响应,则会被判定为故障,从而触发主备服务器组的切换流程。

（2）故障切换。当主服务器被检测到故障后,备份服务器将执行一系列操作,包括但不限于更改角色标识、通知其他系统组件新的主服务器地址、处理未完成的事务等,以确保服务的无缝交接。

为了进一步提高服务的高可用性,可以在主备服务器组上设置一个可用服务器阈值百分比。按阈值切换主备服务器组原理,如图 4-34 所示。

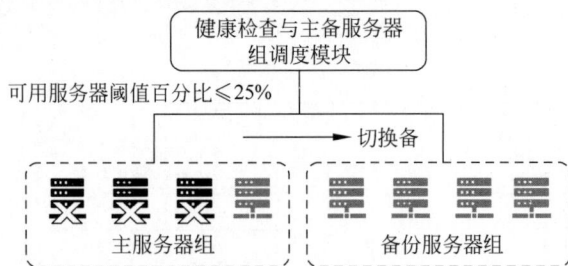

图 4-34　按阈值切换主备服务器组原理

负载均衡的健康检查模块定期监测主服务器组中正常运作的服务器数量。一旦发现可用的服务器数量低于预设的阈值,系统便会启动主备服务器组的切换流程。至于主服务器组中的服务器在异常状态恢复后,是否应该自动切回,需要根据具体业务需求来定夺。如果业务流量在主服务器服务恢复后自动切回至主服务器组,且不会对业务造成影响,则可以选择启用自动切回模式。相反,如果流量切回可能导致业务中断,那么应选择不自动切回的模式。

4.2.6　网络流量抓包

1. 网络流量抓包功能

网络流量抓包,也称为网络数据报文捕获,是一种专注于实时截取网络中流通的数据报文的网络监控与分析技术。在网络安全审计、故障诊断、性能调优和网络问题排查等多个关键领域,网络流量抓包技术扮演着不可或缺的角色。通过捕获和分析业务数据报文,网络管理员能够全面了解数据报文的来源、目的地址、传输路径、使用的协议类型及其内容等关键信息,这些信息对于深入理解网络行为、精确定位问题根源以及制定有效的性能优化策略具有重要意义。

网络流量抓包的工作原理是利用抓包工具在网络接口上监听数据报文。这些工具根据特定的协议、IP 地址、端口等过滤条件,捕获通过网络接口的数据报文,并将其保存到文件中。随后,通过相应的工具对保存的二进制数据进行解码和分析,将报文转换为可读的格式,以便进行查看和分析。

开源社区提供了多种抓包工具供用户选择,如 Wireshark 和 tcpdump。这些工具各有特色,网络运维人员需根据具体需求进行选择。例如,Wireshark 是一款图形化的网络协议分析工具,它提供了直观的用户界面、丰富的协议解码和过滤功能,以及强大的数据报文分析能力。Wireshark 不仅能够打开已保存的 .pcap 文件进行离线分析,还能实时捕获网络流量,非常适合进行复杂的网络分析和故障排查。而 tcpdump 是一款基于命令行的网络分析工具,提供了详尽的过滤选项,允许用户精确指定要捕获的数据报文类型,并展示详细的包信息。tcpdump 在批量处理任务和自动化脚本编写方面表现优异,适用于需要快速获取和解析大量网络数据的场景。此外,一些设备还集成了内置的抓包工具,通过设备管理界面即可轻松配置和使用。这些工具旨在简化操作流程,即使是不具备深厚技术背景的管理人员也能方便地执行基本的网络监控任务。

网络流量抓包技术的核心运作机制主要包括以下几个方面。

(1) 网络协议栈处理。在计算机网络中,信息是以数据报文的形式进行传输的。这些数据报文在发送和接收过程中,会经过网络协议栈的多层处理。网络流量抓包技术便是在这些协议层中对数据报文进行拦截和捕获。

(2) 数据报文捕获机制。为了有效地捕获数据报文,通常需要在操作系统层面安装专用的网络驱动程序,如 winpcap 或 libpcap。这些驱动程序充当监听的角色,持续监控网络活动,并根据预设的筛选条件有选择性地保留所需的数据报文。

(3) 筛选规则制定。合理地制定筛选规则对于提高数据报文捕获的效率和准确性至关重要。规则可以根据 IP 地址、端口号、协议类型等因素来定制,以确保捕获的数据报文与分析目标紧密相关。

(4) 数据报文的存储与深入分析。捕获到的数据报文通常会被保存为标准格式的文件,如 .pcap 文件。随后,可以使用 Wireshark、tcpdump 等专业网络分析工具对这些文件进行详细的解码和分析。这些工具能够揭示数据报文的详细信息,包括源地址、目的地址、使用的协议类型及其载荷内容等,从而为网络管理员提供全面而深入的信息,以便进行进一步的分析。

在执行网络抓包操作时,为确保有效性和安全性,需注意以下几点。首先,确保操作者具有管理员权限,因为数据报文捕获需要操作系统级别的权限;其次,考虑数据报文捕获对系统资源和网络性能的影响,合理选择捕获参数和过滤规则,监控 CPU 使用率、内存消耗,并注意设备性能,以避免过载;最后,重视隐私和数据安全,仅捕获必要的数据报文,并采取措施防止数据泄露给未授权的第三方。

2. 基于 DPDK 框架负载均衡抓包实现

DPDK 是一个开源软件库,旨在通过绕过 Linux 内核网络协议栈来加速数据平面处理,从而提高网络数据报文处理的性能。当负载均衡使用 DPDK 框架实现时,由于 DPDK 使用专门优化的网卡驱动(如 igb_uio 或 vfio-pci),这些驱动允许 DPDK 直接访问网卡硬件,从而实现高效的数据报文处理吞吐量和低延迟。然而,这种处理方式在网络流量抓包方面也带来了两个新的挑战。

(1)绕过内核网络栈。DPDK 直接在用户空间处理网络数据报文,绕过了 Linux 内核的网络协议栈。这意味着现有的基于内核的抓包工具(如 tcpdump 和 Wireshark)无法直接捕获这些数据报文。

(2)数据报文处理路径变更。在 Linux 内核网络协议栈中,数据报文接收处理的顺序通常是网卡接口→网卡驱动→内核网络栈→用户空间应用程序。而在 DPDK 环境中,通过零拷贝、多核并行处理和优化的内存管理等技术极大地提升了数据报文处理性能。但这也意味着基于内核的监控工具不能直接介入数据报文处理流程。数据报文接收处理的顺序变更为网卡接口→DPDK 用户空间库→用户空间应用程序。

为了解决基于 DPDK 框架负载均衡网络流量抓包的问题,当前业界采用如下几种解决方案。

1)网络流量复制发送到 Linux 内核

DPDK 工作在用户空间,而 Linux 内核运行在内核空间。为了实现两者之间的网络流量通信,通常采用以下方式。

(1)TAP/TUN 设备。TAP/TUN 是操作系统内核中的虚拟网络设备。这种设备允许 DPDK 应用将数据报文发送到内核网络协议栈。然而,这种方法需要使用系统调用,并涉及 copy_to_user()和 copy_from_user()的开销,可能会对性能产生一定影响。

(2)KNI 通信机制。KNI 是 DPDK 提供的一个用于用户空间与内核空间通信的接口,它使得 DPDK 应用程序能够通过环形缓冲区与 Linux 内核网络栈进行交互。KNI 在用户空间和内核空间之间建立了一个双向数据通道,支持数据报文的发送和接收操作。

KNI 由两个核心部分组成:DPDK 用户空间的 KNI 组件和内核空间的 KNI 模块。启用 KNI 功能后,系统会在 Linux 内核中创建一个虚拟的 KNI 网络接口,并且允许使用标准的 Linux 网络工具(如 ethtool 和 ifconfig)来管理这个虚拟接口。在内核层的实现中,通过分配连续的物理内存区域作为环形缓冲区,并使用 phys_to_virt 函数将物理地址映射为虚拟地址,确保用户空间和内核空间操作的是同一物理内存区域,从而实现报文的零拷贝传输。此外,利用 FIFO 队列机制,KNI 实现了 DPDK 应用程序与内核空间之间的高效数据报文交换。尽管 KNI 提供了高效的通信机制,但它也有其局限性。KNI 内核模块尚未被集成到主流 Linux 内核中,这意味着需要针对特定内核版本单独编译相匹配的 rte_kni.ko 内核模块。

数据报文通过 mbuf 在 DPDK KNI 中交互,如图 4-35 所示。

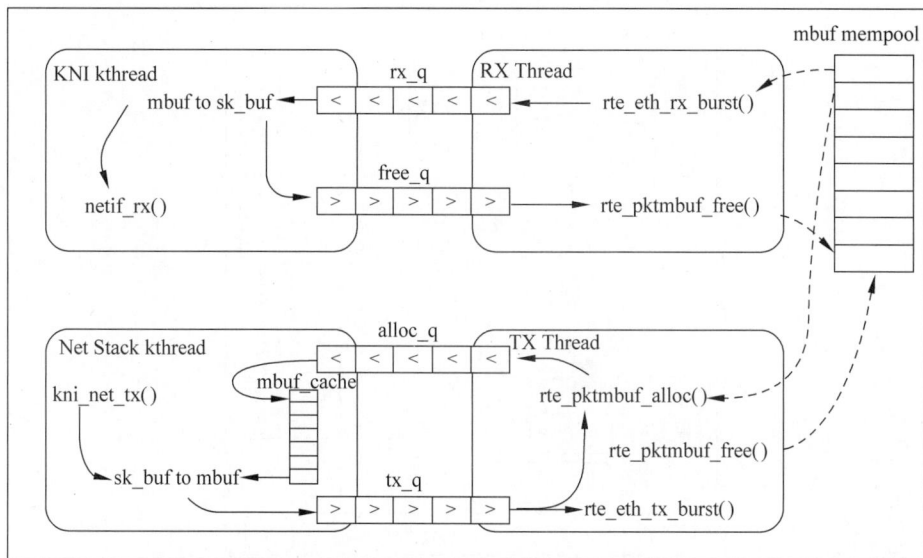

图 4-35　数据报文通过 mbuf 在 DPDK KNI 中交互

DPDK 用户空间和 Linux 内核空间之间通过 KNI 接口接收报文处理流程如下。

① DPDK 网卡驱动接收数据报文。通过调用 rte_eth_rx_burst 函数，DPDK 从网络接口卡接收一批数据报文。

② 数据报文转发至 KNI 模块。这批数据报文随即被传递给 DPDK 的 KNI 模块，使用 rte_kni_tx_burst 函数完成转发。

③ KNI 内核模块接收处理。在内核空间，KNI 模块通过 kni_net_rx_normal 函数接收来自 DPDK 的数据报文，并最终通过 netif_rx 将数据报文送入内核网络协议栈进行后续处理。

发送报文处理流程如下。

① KNI 内核模块转发数据报文。当内核有数据报文需要通过 KNI 发送到 DPDK 时，KNI 内核模块通过 ndo_start_xmit 函数将数据报文传递给 DPDK KNI 模块，过程中会调用 kni_net_tx 函数辅助处理。

② DPDK KNI 模块接收内核数据报文。DPDK KNI 模块利用 rte_kni_rx_burst 函数接收这些来自内核的数据报文。

③ 数据报文通过 DPDK 网卡发送。最后，这批数据报文通过调用 rte_eth_tx_burst 函数，由 DPDK 网卡驱动程序负责将数据报文发送出去，完成整个发送流程。

基于 DPDK 框架实现的 DPVS 使用了上述 KNI 通信接口和通道机制来实现抓包功能。DPVS 通过 KNI 实现抓包原理，如图 4-36 所示。

DPVS 工作线程在数据流的转发处理路径上设置了多个抓包拦截点，这些拦截点用于根据预设的过滤条件对经过的报文进行筛选。符合条件的报文会被复制一份，随后通过 rte ring 队列传递到抓包线程中。抓包线程接收到这些报文后，借助 KNI 通道将它们转送到 Linux 内核网络协议栈。在 Linux 终端侧，可以使用 tcpdump 工具直接指定虚拟网络接口来捕获由 KNI 通道传递过来的报文，并可以将这些报文保存到文件中。

DPVS IP 报文通过 KNI 通道转发到内核的部分代码如下。

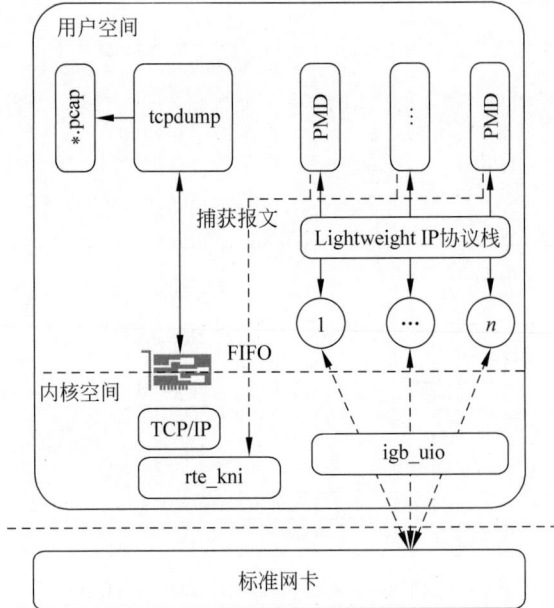

图 4-36　DPVS 通过 KNI 实现抓包原理

```
/* 通过 dpip 工具在 bond0 网口上开启 KNI 口报文转发 */
/* DPVS 中设置开启 KNI 口报文转发 */
static int link_nic_set_forward2kni(const char * name, const char * value)
{
    assert(value);
    netif_nic_set_t cfg;
    memset(&cfg, 0, sizeof(cfg));
    strncpy(cfg.pname, name, sizeof(cfg.pname) - 1);
    if (strcmp(value, "on") == 0)
        cfg.forward2kni_on = 1;
    else if(strcmp(value, "off") == 0)
        cfg.forward2kni_off = 1;
    else {
        fprintf(stderr, "invalid arguement value for 'forward2kni'\n");
        return EDPVS_INVAL;
    }

    return dpvs_setsockopt(SOCKOPT_NETIF_SET_PORT, &cfg, sizeof(netif_nic_set_t));
}

static int set_port(struct netif_port * port, const netif_nic_set_t * port_cfg)
{
    …

    if (port_cfg -> forward2kni_on) {
        port -> flag | = NETIF_PORT_FLAG_FORWARD2KNI;
        RTE_LOG(INFO, NETIF, "[ % s] forward2kni mode for % s enabled\n",
            __func__, port_cfg -> pname);
```

```
        } else if (port_cfg->forward2kni_off) {
            port->flag &= ~(NETIF_PORT_FLAG_FORWARD2KNI);
            RTE_LOG(INFO, NETIF, "[%s] forward2kni mode for %s disabled\n",
                __func__, port_cfg->pname);
        }
        …
}

/* DPVS中发送报文时复制报文并转发给KNI口 */
static inline void netif_tx_burst(lcoreid_t cid, portid_t pid, queueid_t qindex)
{
    int ntx;
    struct netif_queue_conf *txq;
    unsigned i = 0;
    struct rte_mbuf *mbuf_copied = NULL;
    struct netif_port *dev = NULL;

    assert(LCORE_ID_ANY != cid);
    txq = &lcore_conf[lcore2index[cid]].pqs[port2index[cid][pid]].txqs[qindex];
    if (0 == txq->len)
        return;

    dev = netif_port_get(pid);
    if (dev && (dev->flag & NETIF_PORT_FLAG_FORWARD2KNI)) {
        for (; i < txq->len; i++) {
            if (NULL == (mbuf_copied = mbuf_copy(txq->mbufs[i],
                pktmbuf_pool[dev->socket])))
                    RTE_LOG(WARNING, NETIF, "%s: fail to copy outbound mbuf into kni\n", __func__);
            else
                kni_ingress(mbuf_copied, dev);     /* 将复制好的报文发给KNI网口 */
        }
    }

    ntx = rte_eth_tx_burst(pid, txq->id, txq->mbufs, txq->len);
    lcore_stats[cid].opackets += ntx;

    if (unlikely(ntx < txq->len)) {
        RTE_LOG(INFO, NETIF, "fail to send %d of %d packets on dpdk port %d txq %d\n",
                txq->len - ntx, txq->len, pid, txq->id);
        lcore_stats[cid].dropped += txq->len - ntx;
        do {
            rte_pktmbuf_free(txq->mbufs[ntx]);
        } while (++ntx < txq->len);
    }
}
/* DPVS中接收到报文时复制报文并转发给KNI口 */
static int netif_deliver_mbuf(struct netif_port *dev, lcoreid_t cid,
                struct rte_mbuf *mbuf, bool pkts_from_ring)
{
    int ret = EDPVS_OK;
```

```
        struct rte_ether_hdr * eth_hdr;

        assert(mbuf -> port <= NETIF_MAX_PORTS);
        assert(dev != NULL);

        eth_hdr = rte_pktmbuf_mtod(mbuf, struct rte_ether_hdr * );
        /* reuse mbuf.packet_type, it was RTE_PTYPE_XXX */
        mbuf -> packet_type = eth_type_parse(eth_hdr, dev);

        if (dev -> flag & NETIF_PORT_FLAG_FORWARD2KNI) {
            struct rte_mbuf * mbuf_copied = mbuf_copy(mbuf, pktmbuf_pool[dev -> socket]);
            if (likely(mbuf_copied != NULL))
                kni_ingress(mbuf_copied, dev);         /* 将复制好的报文发给 KNI 网口 */
            else
                RTE_LOG(WARNING, NETIF, " % s: failed to copy mbuf for kni\n", __func__);
        }

        if (!pkts_from_ring && (dev -> flag & NETIF_PORT_FLAG_TC_INGRESS)) {
            mbuf = tc_hook(netif_tc(dev), mbuf, TC_HOOK_INGRESS, &ret);
            if (!mbuf)
                return ret;
        }

        return netif_rcv_mbuf(dev, cid, mbuf, pkts_from_ring);
    }
```

（3）virtio-user 和 vhost-net。Virtio 是一种专为虚拟化环境设计的 I/O 半虚拟化技术，它提供了一个通用框架，以提升虚拟机与 Hypervisor 之间的交互效率和兼容性。该技术的核心应用场景在于促进虚拟机与宿主机间的通信，它同样能作为 DPDK 与内核间通信的一项有效的通道，从而实现抓包需求。虽然 Virtio 通道在功能上与 KNI 类似，但其技术实现更为复杂。通过使用 virtio-user 虚拟设备和 vhost-net 内核模块，Virtio 实现了用户态和内核态通信通道。virtio-user 作为 DPDK 应用的后端，与 vhost-net 内核模块协同工作，将数据报文从用户态传输到内核态的虚拟设备（如 tap 设备），随后由内核网络协议栈进行处理。

值得注意的是，尽管 Virtio 通道涉及较长的内核模块链路，但它具备以下优势。

① 所需加载的内核模块均源自 Linux 官方发布代码，无须像 DPDK KNI 的 rte_kni.ko 那样，针对特定内核版本进行额外的编译和适配。

② Virtio 通道在性能表现上优于 KNI 通道，在相同报文传输条件下，其性能大约是 KNI 通道的两倍。

2）使用 dpdk-pdump 工具

dpdk-pdump 是 DPDK 提供的一个抓包工具，它基于 DPDK 的 Packet Capture Framework 中的 librte_pdump 库实现，用于抓取和分析 DPDK 程序处理的数据报文。它作为 DPDK 的从进程运行，能够在 DPDK 应用程序和网卡驱动之间插入一个额外的数据报文拦截层，从而捕获和转储数据报文。在 DPDK 应用程序初始化时，dpdk-pdump 会创建一个用于数据报文捕获的线程,并将该线程绑定到一个 CPU 核心上。当数据报文到达网卡时,网卡驱动会将数据报文传递给 DPDK 应用程序,而 dpdk-pdump 的拦截层会在数据报文到达 DPDK 应用程序之前,拦截并复制该数据报文。拦截到的数据报文会被写入一个用户态的缓冲区或文件中,供后续分析使用。

dpdk-pdump 抓包处理流程如图 4-37 所示。

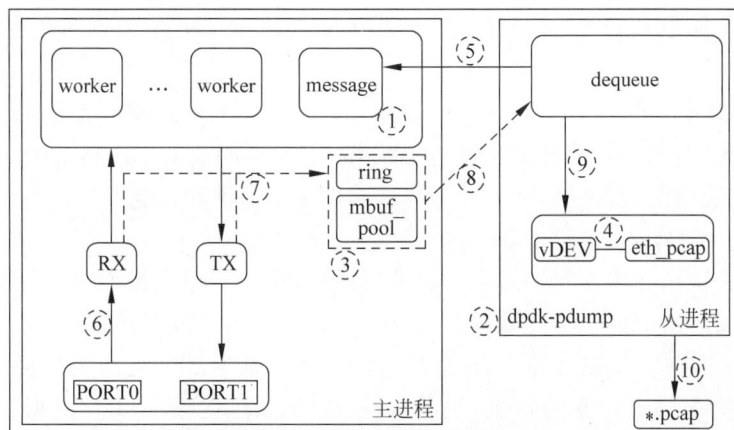

图 4-37　dpdk-pdump 抓包处理流程

基于 dpdk-pdump 的报文抓取与存储的详细流程如下。

(1) DPDK 应用作为主进程启动,通过调用 rte_pdump_init 函数激活一个抓包专用的线程,即图中标示为"message 线程"。

(2) dpdk-pdump 以从进程启动,与主进程共享基于 mmap 技术映射的内存空间,确保了两者间高效的数据交互。

(3) dpdk-pdump 初始化阶段,会创建一个 mbuf_pool(内存池)和 ring 结构,用于后续接收并暂存从主进程复制过来的报文。

(4) 配置虚拟设备(vDEV)。dpdk-pdump 通过 rte_eth_dev_attach 函数创建一个虚拟设备,并利用 eth_pcap 驱动进行初始化。

(5) 启动抓包指令发送。dpdk-pdump 通过 UDP 消息向主进程发送抓包启动指令,该消息携带了之前创建的 mbuf_pool、ring 的详情,以及抓包的目标网络接口和队列信息。

(6) 抓包响应与回调注册。主进程的抓包线程接收到消息后,根据提供的信息在指定网络接口上注册回调函数。这些回调函数(如 pdump_rx、pdump_tx)将在报文接收或发送时被触发。

(7) 报文处理与复制。对于被标记为抓包模式的网络接口,在执行 rx_burst 或 tx_burst 操作前后,将调用回调函数。这些函数利用 mbuf_pool 分配内存缓冲区(mbuf),复制报文内容至 ring 中,为后续处理做准备。

(8) 报文获取。dpdk-pdump 进程从 ring 中提取这些复制后的报文。

(9) 报文发送。复制报文并通过 rte_eth_tx_burst 函数发送给虚拟设备(vDEV)。

(10) 报文发送至 vDEV 存储。最后,vDEV 利用 eth_pcap_tx_dumper 接口,将接收到的报文数据写入 pcap 文件中,完成报文的持久化存储。

使用 dpdk-pdump 功能时,需要确保 DPDK 中启用了 librte_pdump 库,即在编译

DPDK 时在配置文件中设置相应的选项（如 CONFIG_RTE_LIBRTE_PDUMP＝y），DPDK 编译结束后，dpdk-pdump 工具也会被编译出来。通常位于 DPDK 源代码的 app/pdump 目录下。运行 dpdk-pdump 工具，并指定要抓取的网卡接口、队列以及输出文件等参数，例如：

```
sudo ./dpdk-pdump -- -- pdump 'port = 0,queue = *,rx-dev = /home/x/rx.pcap'
```

这个命令会抓取接口 0 上所有队列的接收数据报文，并将它们保存到/home/x/rx.pcap 文件中。

在使用 dpdk-pdump 时，需要注意一些事项。由于 dpdk-pdump 在数据报文处理路径中插入了额外的拦截层，并涉及报文的复制操作，因此可能会对 DPDK 应用程序的性能产生一定影响，在使用前需要评估一下可能的影响以及如何消除影响。

3）网络流量镜像转发到外部服务器

将网络流量镜像并转发到外部服务器进行抓包，也是一种广泛应用于网络监控和分析的技术。在负载均衡的报文转发处理过程中，各工作线程会根据预设的报文过滤规则，筛选出特定的报文并进行复制。然后，这些复制的数据报文通过特定的网络接口被转发到外部服务器上。最终，在这个服务器上，利用抓包工具捕获这些报文，并将其保存到文件中。

这种方法使得网络运维人员能够将网络流量的副本发送到专用的服务器或设备上，从而在不干扰现有网络服务的前提下，对流量进行深入分析。然而，需要注意的是，在处理高流量场景时，流量镜像操作可能会对网络设备造成一定的性能负担，尤其是会增加网卡带宽的占用。因此，在实施这一技术时，需要权衡性能开销与监控需求之间的关系。

4.3　安全与访问控制

4.3.1　SYN 代理防护

1. DDoS 的影响

DDoS 攻击是基于 DoS（Denial of Service，拒绝服务）攻击的一种扩展形式。DoS 攻击，又称洪水攻击，主要目标是通过耗尽目标计算机的网络或系统资源，使其无法为正常请求提供服务，导致客户端无法正常访问。而当这种攻击由两个或更多个被攻陷的计算机（称为"僵尸网络"或"僵尸主机"）协同发起时，就形成了 DDoS 攻击。显然，与 DoS 的单台攻击相比，DDoS 的群体攻击形式具有更大的杀伤力和破坏力。

DDoS 攻击的形式多样，按照攻击目标可分为带宽消耗型攻击和资源消耗型攻击；按照攻击层级可分为网络层 DDoS 攻击和应用层 DDoS 攻击。其中，网络层 DDoS 攻击中的 SYN Flood 攻击是最常见且杀伤力较大的攻击之一。SYN Flood 攻击通过大量伪造源 IP 地址的 SYN 请求来耗尽服务器的连接资源，从而使其无法处理正常请求。

SYN Flood 攻击针对 TCP 的脆弱性，利用大量伪造的 TCP 连接请求（SYN 报文）来消耗被攻击方的内存资源或使 CPU 过载。TCP 连接建立过程中需要三次握手，当被攻击方收到攻击方的 SYN 报文后，会回复 SYN/ACK 报文。然而，伪造的 SYN 报文往往来自不存在的或不可达的源 IP 地址，被攻击方将维护大量处于 SYN_RCVD 状态（半开放状态）的连接，这会消耗大量资源，并导致频繁的超时重传。最终，正常的连接请求无法建立，被攻击方的 CPU 资源可能被耗尽,使服务器陷入瘫痪状态。

2. SYN Cookie 技术

SYN Cookie 由 Daniel J. Bernstein 提出,是一项针对 SYN Flood 攻击的高效防御机制。其核心思路在于,当服务器收到 SYN 报文并准备回应 SYN/ACK 时,它不会立即为连接分配资源,而是基于 SYN 报文的内容生成一个独特的 Cookie 值,这个值随后被用作 SYN/ACK 报文的初始序列号。当客户端响应 ACK 报文时,服务器再次根据报文头信息计算 Cookie,并将其与客户端返回的确认序列号(即初始序列号加 1)进行比对。若两者一致,服务器则确认这是一个合法的连接请求,随后分配资源并建立连接。

这种机制的关键在于 Cookie 的生成与验证。为确保安全性,Cookie 的计算应包含足够的状态信息,如源 IP 地址、源端口、目的 IP 地址、目的端口以及时间戳等,并使用加密哈希函数来增强其不可伪造性。这样,即使攻击者试图伪造 SYN 报文发起攻击,由于无法正确计算并预测 Cookie 值,服务器也能有效地识别并拒绝这些非法的连接请求。

通过使用 SYN Cookie,服务器能够在不牺牲资源的情况下,有效地防御 SYN Flood 攻击,确保服务的连续性和可用性。

Linux 内核代码 syncookies.c 中 SYN Cookie 的值计算实现如下。

```
u32 __cookie_v4_init_sequence(const struct iphdr * iph, const struct tcphdr * th, u16 *
mssp)
{
    int mssind;
    const __u16 mss = * mssp;

    for (mssind = ARRAY_SIZE(msstab) - 1; mssind ; mssind --)
        if (mss >= msstab[mssind])
            break;
    * mssp = msstab[mssind];

    return secure_tcp_syn_cookie(iph -> saddr, iph -> daddr,
                    th -> source, th -> dest, ntohl(th -> seq),
                    mssind);
}
```

在 DPVS 开源代码 ip_vs_synproxy.c 文件中,SYN Cookie 的算法在参数上进行了进一步的增强,以适应更复杂的网络环境和提高安全性。相关代码如下。

```
# define COOKIEBITS 24
# define COOKIEMASK (((uint32_t)1 << COOKIEBITS) - 1)

# define DP_VS_SYNPROXY_MSS_BITS       12
# define DP_VS_SYNPROXY_SACKOK_BIT     21
# define DP_VS_SYNPROXY_TSOK_BIT       20
# define DP_VS_SYNPROXY_SND_WSCALE_BITS   16

static uint32_t
secure_tcp_syn_cookie(uint32_t saddr, uint32_t daddr,
```

```
                              uint16_t sport, uint16_t dport,
                              uint32_t sseq, uint32_t count,
                              uint32_t data)
  {
      /*
       * 计算序列号 * HASH(sec1, saddr, sport, daddr, dport, sec1) + sseq + (count * 2^24)
       * + (HASH(sec2, saddr, sport, daddr, dport, count, sec2) % 2^24).
       */
      return (cookie_hash(saddr, daddr, sport, dport, 0, 0) +
          sseq + (count << COOKIEBITS) +
          ((cookie_hash(saddr, daddr, sport, dport, count, 1) + data) & COOKIEMASK));
  }

  static uint32_t
  syn_proxy_cookie_v4_init_sequence(struct rte_mbuf * mbuf,
                                    const struct tcphdr * th,
                                    struct dp_vs_synproxy_opt * opts)
  {
      const struct iphdr * iph = (struct iphdr *)ip4_hdr(mbuf);
      int mssind;
      const uint16_t mss = opts->mss_clamp;
      uint32_t data;


      for (mssind = 0; mss > msstab[mssind + 1]; mssind++)
          ;
      opts->mss_clamp = msstab[mssind] + 1;

      data = ((mssind & 0x0f) << DP_VS_SYNPROXY_MSS_BITS);
      data |= opts->sack_ok << DP_VS_SYNPROXY_SACKOK_BIT;
      data |= opts->tstamp_ok << DP_VS_SYNPROXY_TSOK_BIT;
      data |= ((opts->snd_wscale & 0xf) << DP_VS_SYNPROXY_SND_WSCALE_BITS);

      return secure_tcp_syn_cookie(iph->saddr, iph->daddr,
          th->source, th->dest, ntohl(th->seq),
          rte_atomic32_read(&g_minute_count), data);
  }
```

与内核相比,DPVS 的实现将 TCP 中的 option 部分拼接成一个 data 结构,并结合时间计算出一个带有保质期的 SYN Cookie,其中,data 结构如下。

```
  +-+-+-+-+-+-+-+-+-+-+-+-+-+-+-+-+-+-+-+-+-+-+-+-+-+-+-+-+-+-+-+
  |                        | mss  |   |  snd |T|S|              |
  |                        | ind  |   |  WS  |S|A|              |
  +-+-+-+-+-+-+-+-+-+-+-+-+-+-+-+-+-+-+-+-+-+-+-+-+-+-+-+-+-+-+-+
```

(1) mss ind:即 mss index,表示客户端 SYN 报文中 mss 取值在 DPVS 代码 msstab 数组中的下标。

(2) snd WS:即 send window scale,表示客户端 SYN 报文中的 Window Scale 参数。

（3）TS：表示客户端 SYN 中是否存在 Timestamp 的选项。

（4）SA：表示客户端 SYN 中是否存在 SACK Permitted 的选项。

3．SYN 代理实现原理

在应对 SYN Flood 攻击的各种防御手段中，SYN 代理凭借其易于实现和高有效性的特点，成为广泛采用的一种防御方法。SYN 代理作为一个 TCP 握手代理，自 Linux 内核 3.13 版本起便得到了原生支持。当 TCP 连接请求由客户端发起时，首先会与 SYN 代理进行三次握手过程。该代理采用 SYN Cookie 技术来验证请求的合法性，仅当请求通过 Cookie 验证后，SYN 代理才会代表客户端与服务器进行真正的 TCP 三次握手，从而成功建立客户端与服务器之间的连接，并进入数据传输阶段。这种机制显著增强了系统对 DDoS 攻击的防御能力。SYN 代理交互流程如图 4-38 所示。

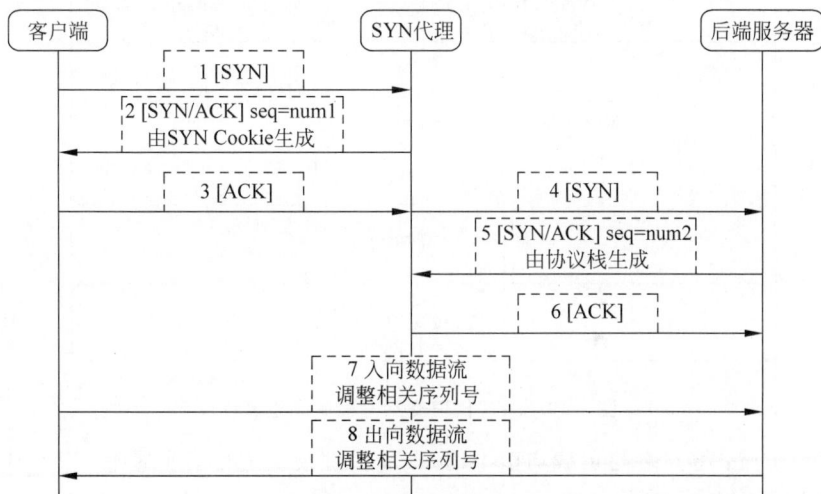

图 4-38 SYN 代理交互流程

工作流程简要分为以下三个阶段。

（1）第一阶段（图中步骤 1～3）：客户端与负载均衡中的 SYN 代理模块进行三次握手，SYN 代理回复客户端的 SYN/ACK 报文携带的初始序列号（num1）由 SYN Cookie 算法生成。

（2）第二阶段（图中步骤 4～6）：当 Cookie 验证通过后，SYN 代理模块充当客户端和后端服务器进行三次握手，并记录 TCP 报文中与客户端三次握手时序列号的差值。

（3）第三阶段（图中步骤 7～8）：SYN 代理在连接建立之后负责调整客户端和后端服务器之间数据传输过程中的序列号和确认序列号等参数。

1）SYN 代理模块中序列号的调整

（1）步骤 2 中 SYN 代理模块代答 SYN/ACK 时，采用 SYN Cookie 算法计算出序列号 num1。

（2）步骤 5 中后端服务器回复的 SYN/ACK 中带有服务器端的真实序列号 num2，SYN 代理模块收到此报文后结合 num1 计算出前后两次序列号的差值（seq_delta）。

（3）步骤 7 中 SYN 代理模块会根据 seq_delta 调整客户端发往后端服务器报文的确认序列号。

（4）步骤 7 中 SYN 代理模块会根据 seq_delta 调整后端服务器发往客户端报文的序列号。

2）SYN 代理模块中时间戳的调整

时间戳（Time Stamp，TS）的作用是发送方在每个 TCP 报文段选项字段中放置一个 4B 的时间戳（简写为 ts_val），接收方在 ACK 报文选项字段中返回 4B 的时间戳回显应答（简写为 ts_ecr），发送方可以根据这个返回值与当前时间戳计算出报文往返时延。SYN 代理交互时间戳调整流程如图 4-39 所示。

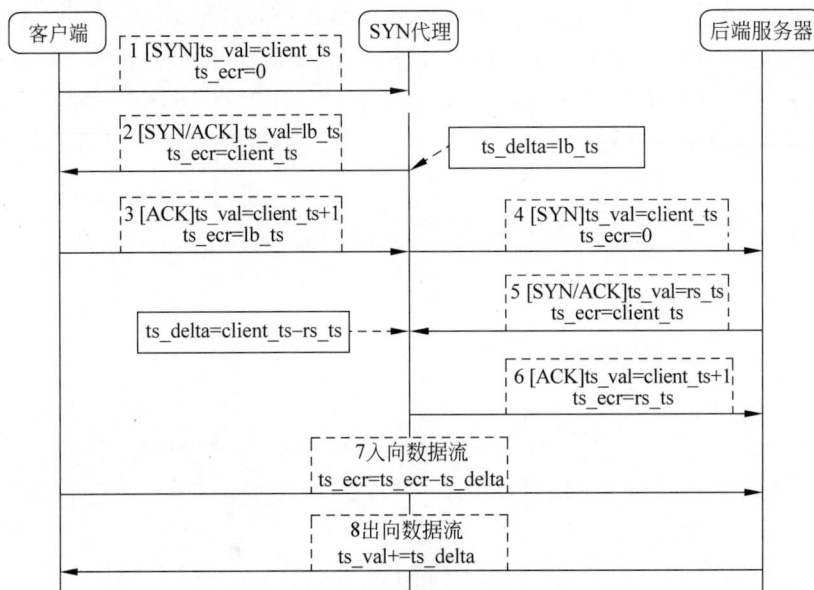

图 4-39　SYN 代理交互时间戳调整流程

（1）第一阶段：客户端与负载均衡中的 SYN 代理模块进行三次握手，SYN 代理记录了代答 SYN/ACK 的时间戳 lb_ts。

（2）第二阶段：SYN 代理模块与后端服务器三次握手，SYN 代理模块通过后端服务器的 rs_ts 计算出时间戳的差值（ts_delta），步骤 7 中 SYN 代理模块会根据 ts_delta 调整客户端发往后端服务器报文的时间戳。

（3）第三阶段：SYN 代理模块会根据 ts_delta 调整后端服务器发往客户端报文的时间戳。

3）SYN 代理模块中窗口系数的调整

WS（Window Scale，窗口扩大因子）的作用是使得 TCP 接收窗口可以突破默认大小 64KB（TCP 报文头中 window 字段值只有 16bits，默认最大窗口为 $2^{16}-1=65\,535$）。发送方可以发送更多的数据报文到网络中，提高特定的网络吞吐率。WS 在三次握手时协商，只有双方都支持该 TCP 选项时才生效。

SYN 代理模式下，这个模块在与客户端握手时不知道最终调度到的后端服务器是否支持 WS，且不知道 WS 系数具体是多少，所以 SYN 代理代答 SYN/ACK 时会使用默认的 WS 值进行回复，负载均衡会在一条建立的 Session 中记录入向 WS 调整系数（ws_in_delta）和出向 WS 调整系数（ws_out_delta），根据系数对双向数据流进行调整，这里分为两个场景来说明这个问题。

（1）后端服务器支持 WS 时处理流程，如图 4-40 所示。

① 第一阶段（图中步骤 1~3）：客户端发送 SYN 报文时 WS 值是 snd_ws，记录为 ws_in_delta，SYN 代理代答 SYN/ACK 时 WS 为预设的一个默认值 rcv_ws，记录为 ws_out_delta。

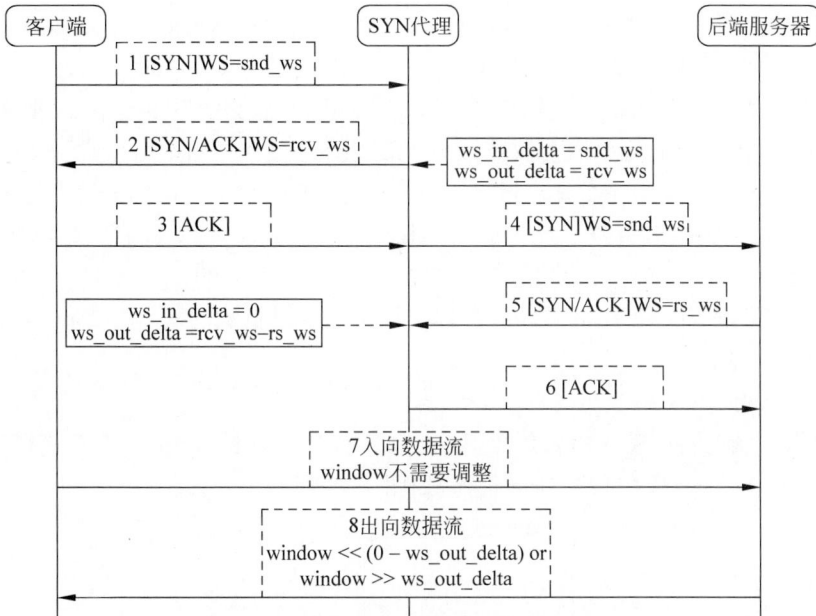

图 4-40　后端服务器支持 WS 时处理流程

② 第二阶段(图中步骤 4～6)：SYN 代理使用 snd_ws 作为 WS 发送 SYN 给后端服务器,后端服务器回复 SYN/ACK 报文中带有 rs_ws 表示支持 WS。后端服务器支持 WS,所以入向不需要进行调整窗口系数,ws_in_delta 设置为 0,ws_out_delta = rcv_ws－rs_ws。

③ 第三阶段(图中步骤 7)：客户端入向报文经过负载均衡,window 值不变。

④ 第四阶段(图中步骤 8)：后端服务器出向报文经过负载均衡,window 值会根据 ws_out_delta 进行调整。

(2) 当客户端支持 WS,后端服务器不支持 WS 时处理流程,如图 4-41 所示。

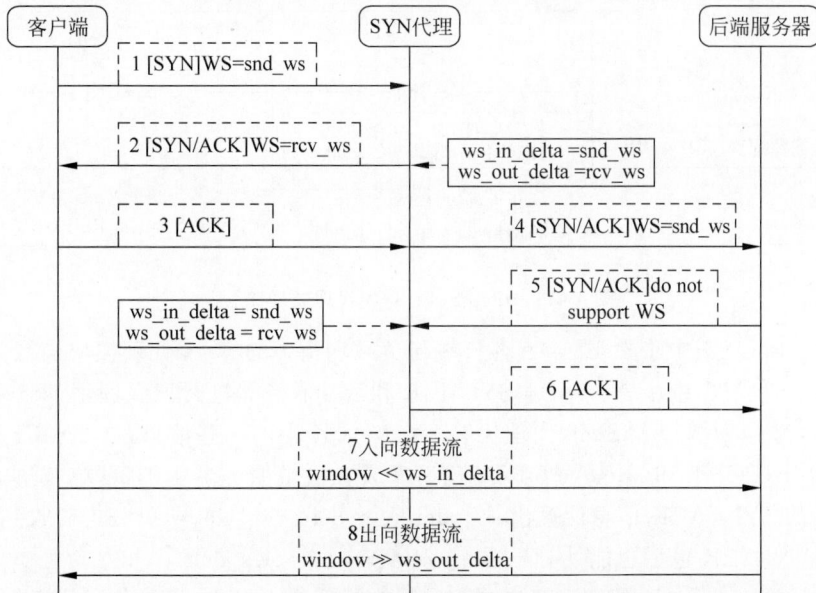

图 4-41　后端服务器不支持 WS 时处理流程

① 第一阶段(图中步骤 1～3)：客户端发送 SYN 报文时 WS 值是 snd_ws，记录为 ws_in_delta，SYN 代理代答 SYN/ACK 时 WS 为 rcv_ws 记录为 ws_out_delta。

② 第二阶段(图中步骤 4～6)：SYN 代理使用 snd_ws 作为 WS 发送 SYN 报文给后端服务器，后端服务器回复 SYN/ACK 报文中没有 WS，表示不支持。后端服务器不支持 WS，所以出入向都需要进行调整窗口系数，ws_in_delta 设置为 snd_ws，ws_out_delta 设置为 rcv_ws。

③ 第三阶段(图中步骤 7)：客户端入向报文经过负载均衡，window 值会根据 ws_in_delta 进行调整。

④ 第四阶段(图中步骤 8)：后端服务器出向报文经过负载均衡，window 值会根据 ws_out_delta 进行调整。

4. DR 模式时 SYN 代理的实现

对于负载均衡是 DR 模式的三角数据流，SYN 代理可以和后端的 TOA 模块联动，实现防护功能。DR 模式时 SYN 代理处理流程，如图 4-42 所示。

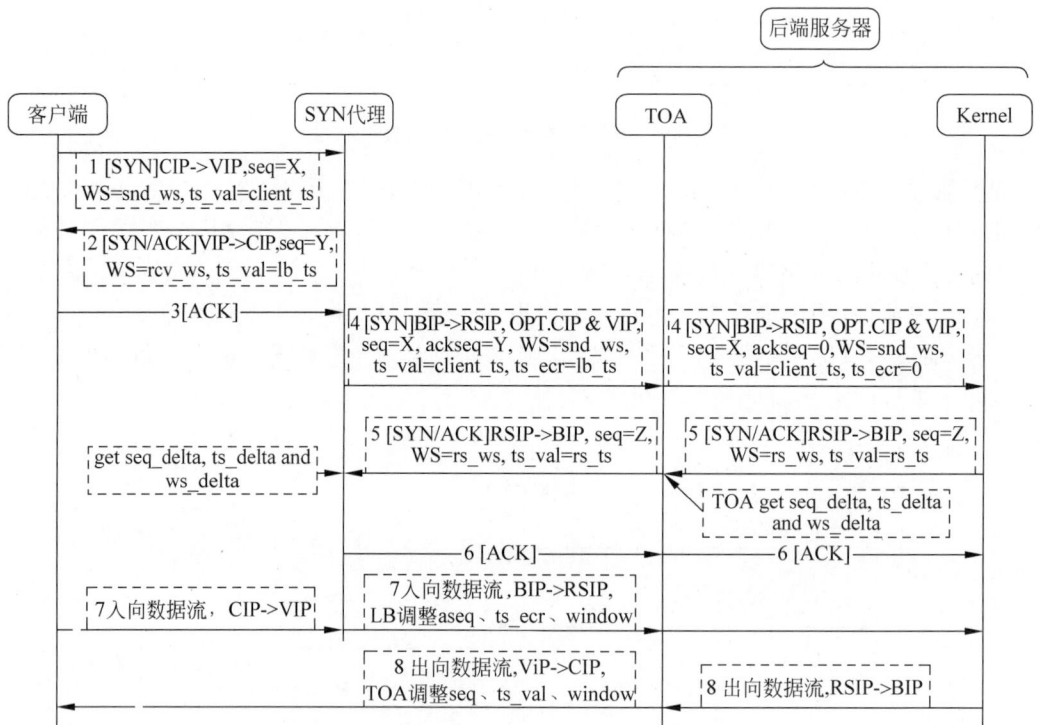

图 4-42 DR 模式时 SYN 代理处理流程

(1) 第一阶段(图中步骤 1～3)：客户端与负载均衡中的 SYN 代理模块进行三次握手。

(2) 第二阶段(图中步骤 4～6)：SYN 代理和后端服务器进行三次握手，其中发往后端服务器的 SYN 包中携带了 SYN 代理代答 SYN/ACK 中的一些信息，并在 TCP 选项中添加了客户端 IP/PORT 和 VIP/VPORT 信息，安装在后端服务器上的 TOA 模块会根据回复负载均衡的 SYN/ACK 信息计算出 seq_delta、ts_delta、ws_delta，负载均衡收到后端服务器回复的 SYN/ACK 包后也能计算出 seq_delta、ts_delta、ws_delta。

(3) 第三阶段(图中步骤 7)：客户端入向报文从客户端发出，经过负载均衡完成地址转换及序列号调整等操作发送至后端服务器。

（4）第四阶段（图中步骤 8）：后端服务器出向报文,经过 TOA 模块时完成地址转换及序列号调整等操作,不经过负载均衡直接发送给客户端。

4.3.2　ACL 和 SG

1. ACL 和 SG 功能概述

ACL 和 SG 都是用于网络安全的重要工具,这两个功能不仅可以生效于云主机上,也可以配置绑定在云网关类服务实例上。负载均衡 ACL 和 SG 功能,如图 4-43 所示。

ACL 是一种网络访问控制列表,用于精细地控制流入和流出网络设备的网络流量。在云计算环境中,ACL 通常被应用于 VPC 或 Subnet 级别,通过允许或阻止特定的 IP 地址、协议和端口之间的通信,实现对网络流量的严格控制。用户可以通过配置 ACL 规则来限制进出 VPC 或 Subnet 的流量,这不仅能实现网络流量的细粒度管理,还能显著提高网络的安全性。

SG 作为一种虚拟防火墙,其主要功能在于控制 SG 内资源的入流量和出流量,进而增强资源的安全性。SG 具备状态检测和数据报文过滤能力,支持有状态服务,并通过会话保持状态,从而提供持续而有效的安全保护。在一些云厂商中,SG 进一步细分为普通 SG 和企业 SG 旨在满足不同规模和复杂度的安全需求。

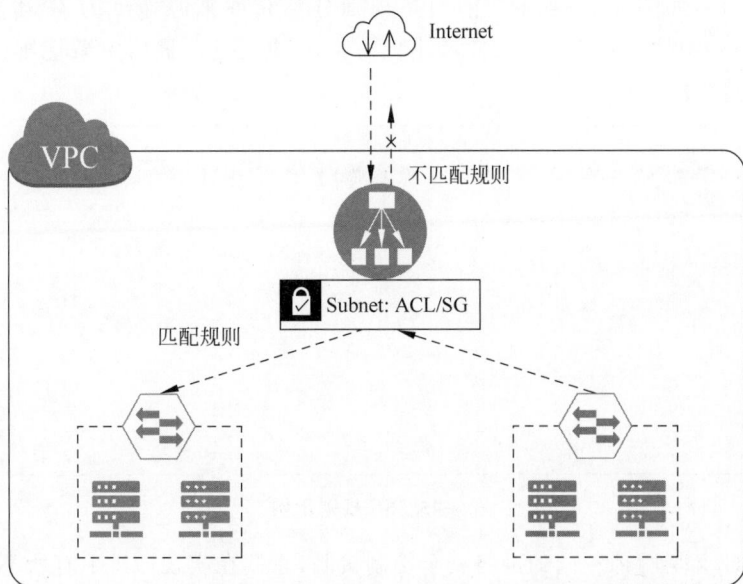

图 4-43　负载均衡 ACL 和 SG 功能

在使用时,ACL 和 SG 功能均基于一系列精心设计的 N 元组规则来操作数据报文。这些规则是定义报文匹配条件的判断语句,它们涵盖了报文的源地址、目的地址、端口号等关键信息。从本质上讲,访问控制机制充当了一个报文过滤器的角色,而规则则是这个过滤器的核心组成部分,类似于滤芯的功能。设备会根据这些规则精确地筛选报文,从而识别并过滤出特定的报文。随后,根据应用业务模块的具体处理策略,这些报文会被允许或阻止通过。

（1）规则方向：分为入方向规则和出方向规则,对于负载均衡来说,分别代表从外部流量访问负载均衡方向和内部流量出负载均衡方向。

（2）优先级：衡量规则优先级的数值。如果流量命中多条规则，应用优先级最高的规则。

（3）协议类型：具有标准协议号的协议，如 TCP 和 UDP。

（4）端口范围：流量的监听端口或端口范围，例如，80 表示 HTTP 流量。

（5）来源：流量来源（CIDR 网段范围），如 192.168.0.1/24。

（6）目的地：流量的目的地（CIDR 网段范围），如 10.10.0.1/32。

（7）授权策略：命中规则时的行为，是否允许或拒绝指定的流量通过。

ACL 规则示例，如图 4-44 所示。这是一组 ACL 的规则示例，用于允许源和目的地址分别是 IPv4 和 IPv6 类型的所有报文的流量进入，且还定义了对应的规则优先级。

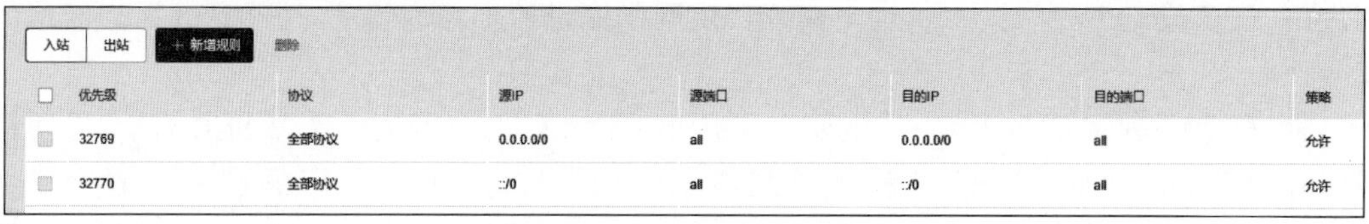

图 4-44 ACL 规则示例

SG 规则示例，如图 4-45 所示。前两条规则分别允许来源地址为 IPv4 类型，且目的 TCP 端口为 3389 和 22 的流量在入向和出向方向上均通过。最后一条规则则允许 ICMP 的所有报文通过。

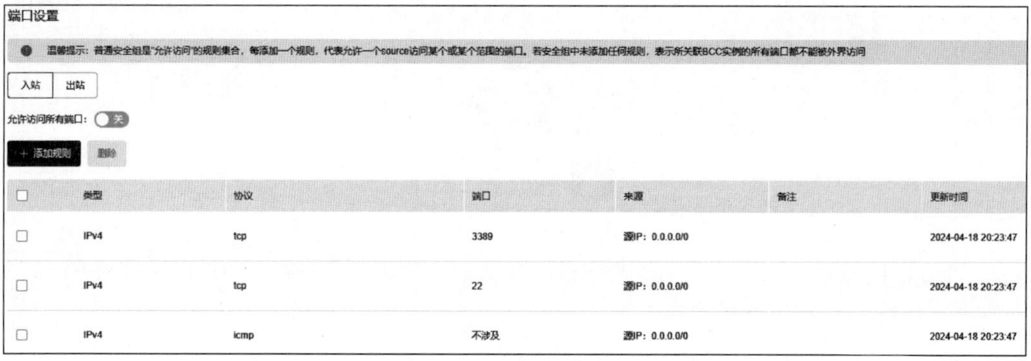

图 4-45 SG 规则示例

ACL 和 SG 又是两种不同的网络安全控制机制，它们在实现原理上有所不同。ACL 和 SG 的主要差异，如表 4-3 所示。

表 4-3 ACL 和 SG 的主要差异

差 异 项	ACL	SG
流量匹配行为	对入向和出向流量都以报文粒度进行 ACL 规则匹配	新建连接首包匹配。SG 主要关注新建连接的首个数据报文，会根据匹配结果允许或拒绝建立连接
是否有状态	无状态，不记录处理状态，每报文都执行规则匹配决策	有状态，与已建立的连接相关的流量以首报文相同的策略执行

续表

差 异 项	ACL	SG
规则修改后行为	ACL 规则的修改对入向和出向流量都实时生效	不影响存量连接。当修改 SG 规则时,这些修改仅对新建连接生效,对于已经建立的连接,SG 会继续按照修改前的规则进行处理,直到这些连接结束。这意味着,即使修改了 SG 规则,已经建立的连接仍可能按照旧的规则进行通信

在应用场景方面,ACL 作为一种基于包过滤的访问控制技术,可以根据设定的条件对接口上的数据报文进行过滤,允许其通过或丢弃。ACL 的匹配机制是基于数据报文的特定属性(如源 IP 地址、目的 IP 地址、协议类型等)进行匹配。SG 则可以看作一种虚拟防火墙,它在数据报文进入或离开实例时,根据预先定义的规则对数据报文进行过滤。SG 通常是有状态的,这意味着对建立连接的流量 SG 会自动以首报文相同的策略执行,从而简化了管理过程。

总体来说,ACL 更适合在较大范围内实施简单的网络安全策略,而 SG 则更适合实现细粒度的访问控制。在实际应用中,用户应根据实际情况选择合适的控制手段来保护网络安全。同时,这两种机制也可以相互配合使用,以提高网络安全的效果。

2. DPDK ACL 实现原理

DPDK 提供了一个高效的访问控制库(即 ACL 库),该库为网络应用程序构建了一个灵活且高效的基于规则的数据报文分类框架,支持实现 ACL 和 SG 等关键功能。

DPDK 的 ACL 库能够基于预先配置的分类规则对输入的数据报文进行分类匹配。具体而言,它允许用户定义一系列基于数据报文 N 元组的规则,每条规则都附有优先级并归属于一个或多个类别。当对输入的数据报文执行规则检查时,如果数据报文符合某个类别中的某些规则,ACL 库将返回该类别中优先级最高的规则索引值;若数据报文不符合任何规则,则返回 0 值。

例如,配置基于 IPv4 的 5 元组 $\{proto,ip\_src,ip\_dst,port\_src,port\_dst\}$ 的三条规则如下。

(1) rule 1:返回值为 1,类别为 0,1,优先级为 1,ip_dst 为 192.168.0.0/16 port_src:8000-9000。

(2) rule 2:返回值为 2,类别为 0,优先级为 2,ip_dst 为 192.168.1.0/24。

(3) rule 3:返回值为 3,类别为 1,优先级为 3,ip_src 为 10.1.1.1/32 port_dst:1000-2000。

假设接收到一个数据报文,其 ip_src 为 10.1.1.1,ip_dst 为 192.168.1.15,port_src 为 8080,port_dst 为 1500。在这些规则中进行分类匹配查找时,若该报文在类别 0 中同时满足 rule1 和 rule2,由于 rule2 的优先级更高,因此返回值为 2;在类别 1 中,若满足 rule3,则返回值为 3。此外,这里也体现了提前设定的类别数量与可能产生的匹配结果数量之间的对应关系。

通过上述例子可以看出,使用 ACL 库的关键点如下。

(1) 规则定义:不同字段(如 IP 地址和端口号)需要定义不同的规则类型,并对各字段的规则进行分别定义。

（2）规则编写：编写具体的规则内容，为每一条规则指定返回值、类别和优先级。

（3）执行匹配：根据输入的数据报文执行匹配操作，并获取匹配结果。

1）规则定义

ACL 的规则是基于 N 元组的，在 DPDK 的 ACL 库中，需要对 N 元组内的每一个字段来设置具体的规则内容。其字段定义代码和相关作用说明如下。

```
struct rte_acl_field_def {
    uint8_t type;
    uint8_t size;
    uint8_t field_index;
    uint8_t input_index;
    uint32_t offset;
};
```

（1）type 该字段的规则类型，共有三种取值。

RTE_ACL_FIELD_TYPE_MASK：字段值和相关位数的掩码，如带掩码的 IP 地址。

RTE_ACL_FIELD_TYPE_RANGE：字段值在一个范围内，典型例子是端口号范围。

RTE_ACL_FIELD_TYPE_BITMASK：字段值由掩码指定的几个比特位表示，典型例子是协议号。

（2）size 参数定义字段的长度（以字节为单位），允许的值为 1B、2B、4B 或 8B。

（3）field_index 是一个从 0 开始的值，表示规则内字段的位置；N 个字段取值为 $0\sim N-1$。

（4）input_index 如上所述，除第一个输入字段外，所有输入字段都必须以 4 个连续字节为一组。输入索引指定该字段属于哪个输入组。

（5）offset 定义该字段的偏移量。这是距搜索缓冲区参数开头的偏移量。

在介绍了 ACL 库中的基本字段定义之后，就可以针对具体的 N 元组来定义规则了。IPv4 的典型 5 元组规则数据结构代码如下。

```
struct ipv4_5tuple {
    uint8_t proto;
    uint32_t ip_src;
    uint32_t ip_dst;
    uint16_t port_src;
    uint16_t port_dst;
};
```

在使用 ACL 库时，可以用以下字段定义 5 元组字段数组。

```
struct rte_acl_field_def ipv4_defs[5] = {
    {
        .type = RTE_ACL_FIELD_TYPE_BITMASK,
        .size = sizeof (uint8_t),
        .field_index = 0,
        .input_index = 0,
```

```
        .offset = offsetof (struct ipv4_5tuple, proto),
    },

    {
        .type = RTE_ACL_FIELD_TYPE_MASK,
        .size = sizeof (uint32_t),
        .field_index = 1,
        .input_index = 1,
       .offset = offsetof (struct ipv4_5tuple, ip_src),        /* 源 IP 地址 */
    },

    {
        .type = RTE_ACL_FIELD_TYPE_MASK,
        .size = sizeof (uint32_t),
        .field_index = 2,
        .input_index = 2,
       .offset = offsetof (struct ipv4_5tuple, ip_dst),        /* 目的 IP 地址 */
    },

    {
        .type = RTE_ACL_FIELD_TYPE_RANGE,
        .size = sizeof (uint16_t),
        .field_index = 3,
        .input_index = 3,
        .offset = offsetof (struct ipv4_5tuple, port_src),    /* 源端口 */
    },

    {
        .type = RTE_ACL_FIELD_TYPE_RANGE,
        .size = sizeof (uint16_t),
        .field_index = 4,
        .input_index = 3,
        .offset = offsetof (struct ipv4_5tuple, port_dst),              /* 目的端口 */
    },
};
```

最后，使用 ipv4_defs 数组和宏 RTE_ACL_RULE_DEF 定义 rule 结构体。这样 IPv4 的 5
元组规则被定义为 struct acl_ipv4_rule 结构。相关代码如下。

```
RTE_ACL_RULE_DEF(acl_ipv4_rule, RTE_DIM(ipv4_defs));

/* 该宏在 DPDK 的头文件中定义如下 */
#define RTE_ACL_RULE_DEF(name, fld_num) struct name {\
struct rte_acl_rule_data data;          \
struct rte_acl_field field[fld_num];     \
}
```

这里的 struct acl_ipv4_rule 就是刚刚通过 RTE_ACL_RULE_DEF 定义的规则类型，
其中包含两个结构体字段 data 和 field。相关代码如下。

```
struct rte_acl_rule_data {
    uint32_t category_mask;
    int32_t priority;
    uint32_t userdata;
};

 struct rte_acl_field {
     union rte_acl_field_types value;
     union rte_acl_field_types mask_range;
};
 /* 其中,联合体 union rte_acl_field_types 定义如下 */
 union rte_acl_field_types {
    uint8_t u8;
    uint16_t u16;
    uint32_t u32;
    uint64_t u64;
};
```

在 struct rte_acl_rule_data 结构体中,category_mask 是类别掩码,一个 32 位的字段, 其中每一位代表一个类别。如果该规则属于某个类别,则相应的位将被设置为 1。priority 字段表示规则的优先级,值越大表示优先级越高。userdata 是用户自定义的一个数值(不能 为 0),当某个规则匹配成功时,该规则的 userdata 值将被返回。

联合体 union rte_acl_field_types 定义了 4 种字段长度(1B、2B、4B、8B),并用于指定字 段的类型和值。对于字段的 field 部分,其设置方式取决于先前定义的字段类型,具体如下。

(1) 如果字段类型为 mask(掩码),则 value 字段表示基值,而 mask_range 表示掩码长 度。例如,IPv4 地址 1.2.3.4/32 可以表示为 value=0x1020304,mask_range=32。

(2) 如果字段类型为 range(范围),则 value 字段表示范围的下界,而 mask_range 表示 范围的上界。例如,端口范围 0~65 535 可以表示为 value=0,mask_range=65535。

(3) 如果字段类型为 bitmask(位掩码),则 value 字段表示预期值,而 mask_range 表示 掩码本身。例如,位掩码 0x06/0xff 可以表示为 value=6,mask_range=0xff。

2) 配置待匹配的规则

有了上述规则定义,就可以根据实际需求编写具体的规则。在实际应用中,分类规则 可以通过多种方式进行初始化,其中包括从配置文件静态加载配置,或者根据用户的动态 配置按需进行赋值。为了简化说明,以较常见的静态加载配置方式来初始化规则作为示 例,相关代码如下。

```
struct acl_ipv4_rule acl_rules[] = {
    {
    .data = {.userdata = 1, .category_mask = 3, .priority = 1},
    .field[2] = {.value.u32 = IPv4(192,168,0,0), .mask_range.u32 = 16,},
    .field[3] = {.value.u16 = 8000, .mask_range.u16 = 9000,},
    .field[4] = {.value.u16 = 0, .mask_range.u16 = 0xffff,},
    },
    {
```

```
            .data = {.userdata = 2, .category_mask = 1, .priority = 2},
            .field[2] = {.value.u32 = IPv4(192,168,1,0), .mask_range.u32 = 24,},
            .field[3] = {.value.u16 = 0, .mask_range.u16 = 0xffff,},
            .field[4] = {.value.u16 = 0, .mask_range.u16 = 0xffff,},
            },
            {
            .data = {.userdata = 3, .category_mask = 2, .priority = 3},
            .field[1] = {.value.u32 = IPv4(10,1,1,1), .mask_range.u32 = 32,},
            .field[3] = {.value.u16 = 0, .mask_range.u16 = 0xffff,},
            .field[4] = {.value.u16 = 1000, .mask_range.u16 = 2000,},
            },
        };
```

接下来,可以将赋值的这些规则添加到 ACL 上下文中,形成待匹配的规则集。

3）规则匹配的核心原理

DPDK 实现的 ACL 算法是基于一种步长为 8 的 Multi-Bit Trie,其核心思想在于每次匹配操作可以针对一个完整的字节进行。在标准的 Trie 结构中,当步长为 n 时,每个节点通常会有 2^n 个出边。然而,DPDK 通过数据结构设计和优化,在生成运行时结构采用了 DFA(确定有限自动机)、QRANGE(范围查询)以及 SINGLE(单值匹配)等多种压缩策略,有效地去除了 Trie 中不必要的出边,从而显著减少了内存占用。

DPDK 将 ACL 规则构建成数据结构的处理流程通常如下。首先,它获取并优化规则集,通过一系列策略来减少规则之间的冗余和冲突。随后,DPDK 将每个优化后的规则转换为独立的 Trie 结构。接下来,这些独立的 Trie 结构被合并成一个统一的 Trie,以支持对整个规则集的统一匹配。最后,通过压缩算法,这个统一的 Trie 被转换为一个高效的数组结构,作为 DPDK ACL 规则的最终构建结果。DPDK ACL 规则的构建过程如图 4-46 所示。

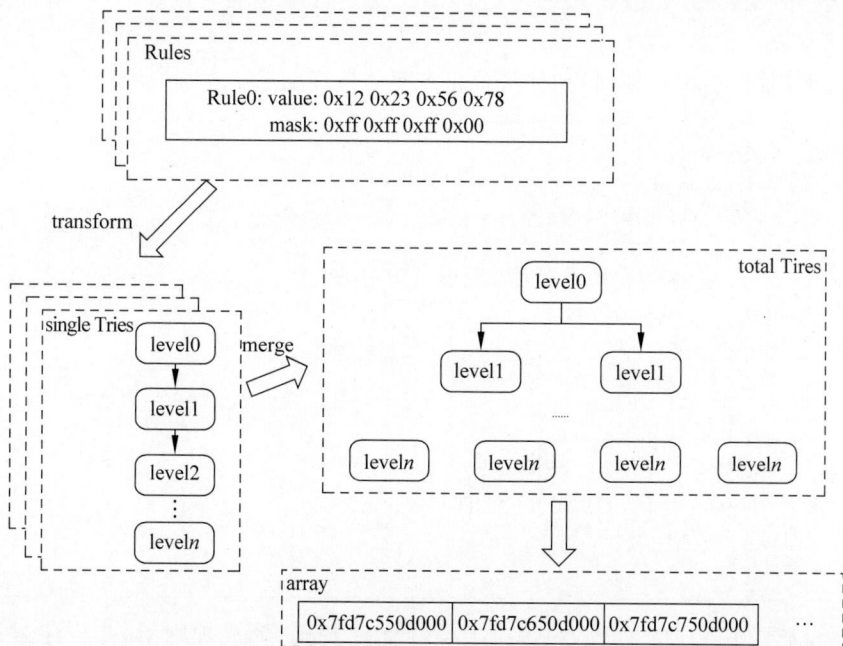

图 4-46 DPDK ACL 规则的构建过程

由于 DPDK 的 ACL 规则最终是以数组形式呈现，并且中间涉及复杂的 Trie 结构数据压缩和优化流程，这使得对 ACL 进行增量更新变得相对困难。因此，在需要频繁更新规则的场景中，可能需要考虑其他更适合增量更新的算法或策略。

4）规则查找匹配典型示例

这里以一个完整例子介绍 DPDK ACL 的使用。DPDK ACL 部分 API 函数，如表 4-4 所示。

表 4-4　DPDK ACL 部分 API 函数

API 函数	功　　能
rte_acl_create	创建一个新的 ACL 上下文
rte_acl_add_rules	添加规则到指定的 ACL 上下文
rte_acl_build	创建内部 ACL 运行时数据结构用于后续执行匹配操作
rte_acl_classify	执行 ACL 数据报文分类
rte_acl_free	销毁 ACL 上下文

（1）创建 ACL 上下文。初始化一个新的 ACL 上下文，用于存储和管理一组规则。此步骤是设置 ACL 环境的基础，为后续操作提供必要的上下文环境。

（2）添加规则到上下文。将定义的规则添加到 ACL 上下文中。这些规则将用于后续的数据报文分类操作，确保分类操作能够依据这些规则进行精确匹配。

（3）构建运行时数据结构。基于上下文中的所有规则，构建必要的运行时数据结构。这些数据结构经过优化，能够高效地执行数据报文分类操作，提高处理性能。

（4）执行数据报文分类。使用已构建的运行时数据结构对输入数据报文进行分类。此步骤将确定数据报文所属的分类以及相应的最佳匹配规则，为后续的数据处理提供依据。

（5）销毁 ACL 上下文。当 ACL 上下文不再需要时，执行此操作以销毁 ACL 上下文及其相关的运行时结构，并释放占用的内存资源。这是资源管理的重要步骤，有助于避免内存泄漏等问题。

在实际使用中，要执行规则的匹配，首先需要创建规则上下文，相关代码如下。

```
/* ACL 上下文参数 */
struct rte_acl_param prm = {
    .name = "ACL_example",
    .socket_id = SOCKET_ID_ANY,
    .rule_size = RTE_ACL_RULE_SZ(RTE_DIM(ipv4_defs)),
    /* number of fields per rule. */
    max_rule_num = 8,          /* 最大的规则数量 */
};

struct rte_acl_ctx * ctx;
/* 创建一个空的 ACL 上下文参数结构 */
if ((ctx = rte_acl_create(&prm)) == NULL) {
    /* 创建失败处理 */
}
```

接下来，需要在创建的上下文中添加已经配置的规则，形成规则集，并构建运行时数据结构。相关代码如下。

```
/* 添加规则 */
ret = rte_acl_add_rules(ctx, acl_rules, RTE_DIM(acl_rules));
if (ret != 0) {
    /* 添加规则失败时的处理 */
}

/* 准备 ACL 构建 */
cfg.num_categories = 2;
cfg.num_fields = RTE_DIM(ipv4_defs);
memcpy(cfg.defs, ipv4_defs, sizeof (ipv4_defs));

/* 构建运行时结构 */
ret = rte_acl_build(ctx, &cfg);
if (ret != 0) {
    /* 构建运行时结构失败时处理 */
}
```

在 ACL 规则集定义完成后,使用 rte_acl_classify 函数执行数据报文分类。该函数将匹配规则集,查找与输入数据报文匹配的规则。如果成功匹配到规则,rte_acl_classify 将返回与最高优先级匹配规则相关联的 userdata 字段值;如果没有规则匹配,则返回值为零。执行 ACL 匹配函数的相关代码如下。

```
int acl_rule_lookup(void)
{
    int num;
    int i;
    struct ipv4_5tuple data[2];
    const uint8_t * pkts_data[RTE_PORT_IN_BURST_SIZE_MAX];
    uint32_t results[RTE_PORT_IN_BURST_SIZE_MAX];

    /* 构造匹配来源5元组 */
    data[0].proto = IPPROTO_TCP;
    data[0].ip_src = IPv4(10,1,1,1);
    data[0].ip_dst = IPv4(10,1,1,2);
    data[0].port_src = htons(1024);
    data[0].port_dst = htons(80);
    pkts_data[0] = &data[0];

    data[1].proto = IPPROTO_TCP;
    data[1].ip_src = IPv4(11,1,1,1);
    data[1].ip_dst = IPv4(11,1,1,2);
    data[1].port_src = htons(2024);
    data[1].port_dst = htons(80);
    pkts_data[1] = &data[1];

    /* rte_acl_classify 支持批量匹配,pkts_data 数量为 2 */
    num = 2;
    if (rte_acl_classify(ctx, pkts_data, results, num, 1) == 0) {
```

```
        for (i = 0; i < num; i++) {
            if (results[i]) {
                /* process match result */
            }
        }
    } else {
        /* process error */
    }
}
```

5）ACL 库实现缺点

DPDK ACL 库当前的实现中不支持规则的增量更新机制,这意味着每当一个规则集中的规则发生变更时,这个 ACL 规则集都需要被重新全量构建。这种设计使得在云计算环境需要频繁动态更新的场景中表现不佳,尤其是在处理和多个用户数量相关的大量规则集变更时,DPDK 重建这些规则集的时间成本可能会急剧增加。在云计算多租户并发变配场景有一定的使用局限性。

此外,DPDK 在构建规则集时,根据其特定的编译和优化过程,可能会消耗远大于原始规则集所需的内存空间。这种内存使用模式对系统内存资源提出了更高的要求,增加了系统的运行成本,并可能影响到其他系统组件的性能。

4.3.3　限速限流机制

1. 限速限流概述

在使用负载均衡时,"限速"是对数据传输速率的限制,而"限流"则是对请求速率的控制。负载均衡的性能规格型实例与其限速和限流机制紧密相关。这些实例通常指负载均衡的配置等级,涵盖处理能力、带宽、并发连接数等关键参数,以匹配不同的业务需求和流量规模。确保处理能力与限速、限流设置相匹配是关键:高规格的负载均衡实例能够支撑更高的数据传输和请求速率,从而允许更高的限速和限流阈值。合理配置这些规格,可以确保负载均衡实例在其性能规格内稳定运行,避免超负荷导致的性能下降或服务中断。

在配置负载均衡的规格型实例时,用户还需考虑预期的流量模式和峰值流量,确保限速和限流机制在常态和高峰时段均能满足业务需求。若规格型实例发生升级或降级,负载均衡服务后台相应的限速和限流设置也会调整,以适应新的处理能力。

限速和限流机制还可以帮助负载均衡运维人员根据业务的重要性进行资源分配。例如,关键业务可以设置较高的限速和限流值,以确保资源充足;而非关键业务则可适当降低这些值。这些机制也有助于控制成本,通过有效管理带宽和服务器资源的使用,减少运营开支,并作为防御措施,抵御 DDoS 等网络攻击,保护后端服务。

常见的负载均衡实例限速对象包括 bps（bits per second,出入方向带宽）、最大并发连接数、qps（query per second,每秒查询数）、cps（connection per second,每秒新建连接数）。百度智能云性能规格型实例相关参数,如表 4-5 所示,这些限速对象的描述如下。

表 4-5 百度智能云性能规格型实例相关参数

实例规格	规 格 参 数
性能规格	标准型 1(并发连接数=50 000,cps=5000,qps=5000,bps=1Gb/s) 标准型 2(并发连接数=100 000,cps=10 000,qps=10 000,bps=2Gb/s) 增强型 1(并发连接数=200 000,cps=20 000,qps=20 000,bps=4Gb/s) 增强型 2(并发连接数=500 000,cps=50 000,qps=30 000,bps=6Gb/s) 超大型 1(并发连接数=1 000 000,cps=100 000,qps=50 000,bps=10Gb/s) 超大型 2(并发连接数=2 000 000,cps=200 000,qps=100 000,bps=20Gb/s) 超大型 3(并发连接数=4 000 000,cps=400 000,qps=200 000,bps=40Gb/s)

(1) 基于 bps 的限速。根据数据传输的字节数来控制速度,确保网络流量不超过预设的带宽速率,通常适用于 4 层负载均衡。

(2) 基于最大并发连接的限速。定义系统能承载的最大连接数量,根据预设的连接数上限来限制数据传输速度,防止过多连接导致网络拥塞,通常适用于 4 层负载均衡。

(3) 基于查询数的限速。指每秒可以完成的 HTTP/HTTPS 查询(请求)的数量,根据预设的请求数上限来限定数据传输速度,避免过多的请求,通常适用于 7 层负载均衡。

(4) 基于每秒新建连接的限速。指新建连接的速率,当新建连接的速率超过规格定义的 cps 时,新建连接请求将被丢弃,通常适用于 4 层负载均衡。

2. 经典限速算法

下面介绍几种广泛应用的经典限速算法,经典限速算法包括漏桶算法、令牌桶算法以及平均令牌桶算法。

1) 漏桶算法

漏桶算法的核心思想是将数据报文按照一定的速率放入漏桶中,然后以一定的速度从漏桶中取出数据报文进行处理。漏桶的容量是有限的,当数据报文的到达速率超过漏桶的容量时,新的数据报文会被丢弃或延迟处理。当突发流量进入漏桶时,漏桶会按照系统定义的速率依次处理请求;如果数据报文过多,即突发流量过大,则多余的请求会被拒绝。因此,漏桶算法能够控制数据的传输速率。

漏桶算法需要设置一个固定规格的漏桶,数据(如同水流)先进入漏桶中,漏桶再以一定速度流出数据。无论流入漏桶的数据速率有多高,漏桶的流出速率始终保持不变。当数据流入速率过大超过漏桶容量时,多余的数据将会溢出。漏桶算法原理如图 4-47 所示。

2) 令牌桶算法

令牌桶算法是一种广泛应用的流量控制策略,其核心在于构建一个动态的令牌桶模型。该模型通过动态生成和消耗令牌,实现对网络流量的精确和灵活控制,确保流量在可控范围内平稳流动。

令牌桶由三个主要部分构成:桶容量、周期性令牌

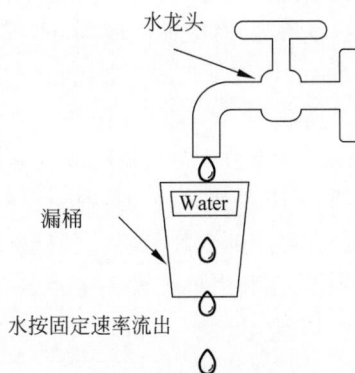

图 4-47 漏桶算法原理

生成和数据处理。令牌桶的容量决定了它能够存储的最大令牌数量,这些令牌代表了数据传输或请求处理的权限。令牌生成定义了数据的平均传输速率或请求的平均处理速率。

即使在没有数据传输或请求处理的情况下,令牌也会持续生成并积累在桶中,直至达到桶的容量上限。在数据处理过程中,当有数据需要传输或请求需要处理时,系统会从桶中移除相应数量的令牌。每个数据单元或请求都需要一定数量的令牌才能被发送或处理。令牌桶算法原理如图 4-48 所示。

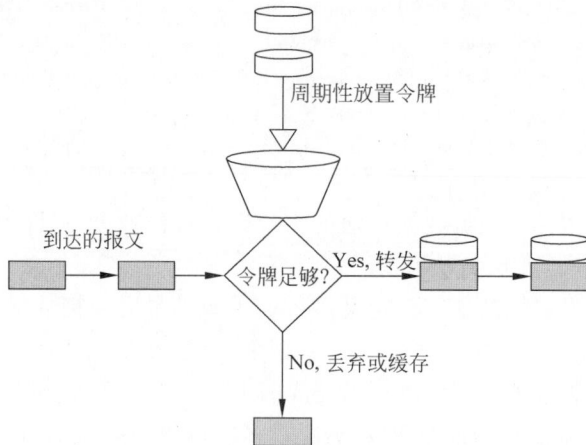

图 4-48　令牌桶算法原理

令牌桶算法的一个显著优势是它能够有效处理突发流量。由于桶能够积累令牌,当突发流量出现时,系统可以迅速消耗桶中的令牌来应对,而不会立即受到速率限制的影响。

在许多应用场景中,除了需要限制数据的平均传输速率外,还要求允许一定程度的突发传输。在这种情况下,漏桶算法可能不太适用,而令牌桶算法则更为合适,因为它能够更好地适应突发流量。

3)平均令牌桶算法

在针对由多台服务器组成的集群进行流量限速时,一种常见的做法是采用平均令牌桶算法。这种算法涉及将限速对象的配额平均分配给集群中的每台服务器,并额外分配一部分冗余配额以应对服务器维护或升级的情况。例如,假设一个由 N 台服务器组成的集群共同提供服务,总限速配额为 M,那么,每台服务器分配的配额将是 $M/(N-1)$。这里使用 $N-1$ 的原因是在服务器进行维修或升级时,预留出一份配额,从而提高集群的动态灵活性和可用性。

以一个由 4 台机器组成的集群为例,如果总令牌配额为 100,那么每台机器可以分配到大约 33 个令牌配额。其中一台机器作为备用节点,以便在需要时进行灵活的动态扩容,确保总有可用的令牌配额可以分配。平均令牌桶算法能够保证集群中的每个节点都能够提供服务,避免因单个设备节点耗尽令牌而导致无法服务的情况。平均令牌桶算法原理如图 4-49 所示。

图 4-49　平均令牌桶算法原理

平均令牌桶算法的有效性在很大程度上取决于流量的均匀分布。一旦流量分布不均,即使总体流量并未达到上限,也可能导致个别设备遭遇限速。在这种情况下,部分服务器可能会因为获得的令牌数量不足,而不能完全发挥其处理潜能。

3. 几种限速限流实现

下面基于经典限速算法设计原理,介绍几种常见限速算法实现,包括开源软件限速实现、负载均衡软件中限速实现。

1) DPDK 限速框架

DPDK 作为开源的数据面开发工具包,提供了一系列丰富的基础库。其中,包括利用令牌桶算法来实现限速和限流功能的模块。具体可以参考 DPDK 示例中的 qos_meter 模块。在该模块中,令牌桶算法分为两种:单速率三色标记算法(Single Rate Three Color Marker,srTCM)和双速率三色标记算法(Two Rate Three Color Marker,trTCM)。

在单速率三色标记算法中,只有一个速率桶,即 C 桶,以及一个 EBS(Excess Burst Size)。这种算法的关注点在于报文的突发尺寸。而双速率三色标记算法则有两个速率桶:C 桶和 P 桶,它更加关注报文的突发速率。相比双速率算法,单速率算法的实现更为简单,因此它成为目前业界较为常用的流量评估方法。这里以单速率限速算法为例进行介绍。

(1) 单速双桶算法。

单速双桶算法遵循 RFC 2697 中定义的单速率三色标记算法来评估流量,并根据评估结果对报文进行颜色标记,这些颜色包括绿色、黄色和红色。具体来说,绿色标记表示报文符合速率限制,因此被接受或传递;黄色标记表示报文虽超出常规速率但仍在允许的突发范围内,因此同样可以被接受或传递;而红色标记则表明报文超出了突发范围,此时报文应当被丢弃。

单速双桶令牌桶算法包含两个桶:C 桶和 E 桶(Excess Bucket,超额桶)。Tc 和 Te 分别代表这两个桶中的令牌数量(Committed Information Rate,CIR)。C 桶的容量为 CBS(Committed Burst Size,令牌桶承诺突发大小),而 E 桶的容量为 EBS(Excess Burst Size,超出突发大小),因此总容量为 CBS 加上 EBS。单速双桶算法的原理如图 4-50 所示。

当业务报文进入系统时,首先与 C 桶中令牌对比是否可被放行,当 B≤Tc 时表示 C 桶中有足够的令牌可放行报文通过,并将报文颜色标记为绿色;否则,再与 E 桶中令牌对比是否可被放行,当 B≤Te 时表示 E 桶中有足够的令牌可放行报文通过,并将报文颜色标记为黄色;最后,则将报文颜色标记为红色,表示 C 和 E 桶中均无足够的令牌可放行报文。

在 DPDK 关于单速双桶算法实现中有三个关键函数,分别是 rte_meter_srtcm_profile_config、rte_meter_srtcm_config、rte_meter_

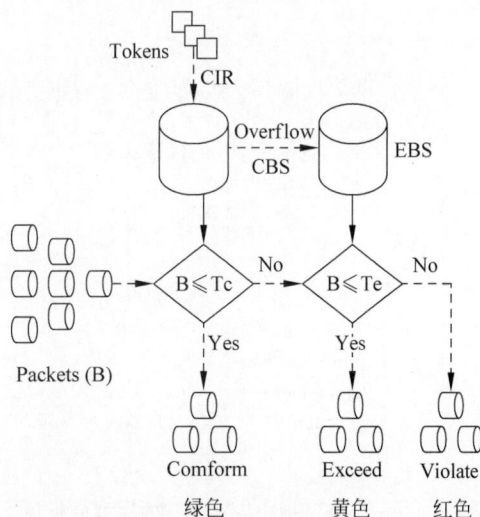

图 4-50 单速双桶算法原理

srtcm_color_blind_check。其中，rte_meter_srtcm_profile_config 初始化 CBS 和 EBS 两个桶容量大小，以及每个周期内添加的令牌数量（Committed Information Rate，CIR）。rte_meter_srtcm_config 初始化 CBS 和 EBS 两个桶容量初始化令牌数目，rte_meter_srtcm_color_blind_check 作为报文检测入口函数。

rte_meter_srtcm_color_blind_check 核心代码包含令牌桶容量更新、报文颜色打标两个阶段。其中，容量更新阶段主要周期性地更新 C 和 E 桶中的令牌，确保桶中有足够的令牌可使用。报文颜色打标则主要对比报文与 C 和 E 两个桶中令牌是否足够放行，C 桶中有足够的令牌则标记报文颜色为绿色，E 桶中有足够的令牌则标记报文颜色为黄色，否则把报文颜色标记为红色。rte_meter_srtcm_color_blind_check 函数相关代码如下。

```
static inline enum rte_color
rte_meter_srtcm_color_blind_check(struct rte_meter_srtcm * m,
    struct rte_meter_srtcm_profile * p,
    uint64_t time,
    uint32_t pkt_len)
{
    uint64_t time_diff, n_periods, tc, te;

    /* 令牌桶更新 */
    time_diff = time - m->time;
    n_periods = time_diff / p->cir_period;
    m->time += n_periods * p->cir_period;

    /* 报文打标颜色 */
    tc = m->tc + n_periods * p->cir_bytes_per_period;
    te = m->te;
    /* 更新 C 和 E 桶中令牌 */
    if (tc > p->cbs) {
        te += (tc - p->cbs);
        if (te > p->ebs)
            te = p->ebs;
        tc = p->cbs;
    }

    /* 检查 C 桶中令牌是否足够放行报文 */
    if (tc >= pkt_len) {
        m->tc = tc - pkt_len;
        m->te = te;
        return RTE_COLOR_GREEN;
    }

    /* 检查 E 桶中令牌是否足够放行报文 */
    if (te >= pkt_len) {
        m->tc = tc;
        m->te = te - pkt_len;
        return RTE_COLOR_YELLOW;
    }

    /* C 和 E 桶中均无足够的令牌放行报文 */
    m->tc = tc;
```

```
    m->te = te;
    return RTE_COLOR_RED;
}
```

（2）单速单桶算法。

RFC 2698 中定义的单速单桶算法是单速率三色标记算法令牌桶算法的另外一种实现。与单速双桶算法相比，单速单桶算法采用单个令牌桶，并省略了用于标记超额流量的 E 桶。在单速单桶令牌桶算法中，仅存在一个 C 桶，其中，Tc 代表桶中的令牌数量。C 桶的容量定义为 CBS，因此其总容量也是 CBS。单速单桶算法原理如图 4-51 所示。

当业务报文进入系统时，首先与 C 桶中令牌对比是否可被放行，当 B≤Tc 时表示 C 桶中有足够的令牌可放行报文通过，并将报文颜色标记为绿色；否则，将报文颜色标记为红色，表示 C 和 E 桶中均无足够的令牌可放行报文。标记为红色的报文可能被直接丢弃，或者被排入队列等待令牌的累积或者在被降低优先级后转发。

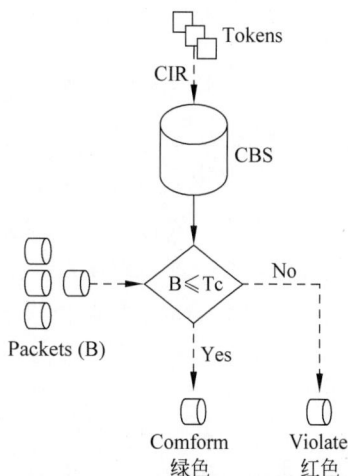

图 4-51　单速单桶算法原理

在 DPDK 源码实现中，仍然使用 rte_meter_srtcm_profile_config、rte_meter_srtcm_config 两个函数完成令牌桶初始化工作。其中，EBS 令牌桶容量初始化为零。rte_meter_srtcm_color_blind_check 函数简化 E 桶后的相关代码如下。

```
static inline enum rte_color
rte_meter_srtcm_color_blind_check(struct rte_meter_srtcm * m,
    struct rte_meter_srtcm_profile * p,
    uint64_t time,
    uint32_t pkt_len)
{
    uint64_t time_diff, n_periods, tc;

    /* 令牌桶更新 */
    time_diff = time - m->time;
    n_periods = time_diff / p->cir_period;
    m->time += n_periods * p->cir_period;

    /* 报文打标颜色 */
    tc = m->tc + n_periods * p->cir_bytes_per_period;

    /* 更新 C 桶中令牌 */
    if (tc > p->cbs) {
        tc = p->cbs;
    }

    /* 检查 C 桶中令牌是否足够放行报文 */
    if (tc >= pkt_len) {
```

```
        m -> tc = tc - pkt_len;
        return RTE_COLOR_GREEN;
    }

    /* C 桶中均无足够的令牌放行报文 */
    m -> tc = tc;
    return RTE_COLOR_RED;
}
```

rte_meter_srtcm_color_blind_check 函数中只需将报文和 C 桶中令牌对比,如果 C 桶中令牌足够则可放行报文,并将报文颜色标记为绿色;否则,将报文颜色标记为红色,报文可能被丢弃或降低处理优先级。

2) DPVS 的流量控制模块

DPVS 支持各种转发模式、调度算法、协议栈及 TC(Traffic Control,流量控制)等丰富的功能子系统。DPVS 中 TC 子系统是一个强大的网络流量管理和队列管理框架,支持定义复杂的流量分类、限制、优先级等策略。

在 DPVS 的 TC 子系统中,TC 是基于每个逻辑核实现的,避免了多线程之间竞争令牌资源造成的性能损失。TC 子系统通过 Qsch(Queue Scheduling,队列调度)和 Cls(Classifier,分类器)两个结构来实现流量管控。其中,Qsch 是由一个或多个队列以及相关操作组合而成的,主要分为基于报文个数队列、基于字节数队列、基于优先级的数据报文队列、令牌桶过滤器。Qsch 要么直接关联到网卡设备上,要么作为子 Qsch 关联到已存在的 Qsch 上。Cls 是一种分类器,由一组用于将流量分类到不同 Qsch 的规则组成。Cls 规则包含模式(pattern)和目标(target)两部分,必须关联到一个 Qsch 上,最终处理结果要么将报文扔给Qsch,要么丢失报文。

在 Qsch 三种队列中,FIFO 调度队列按照收到报文先后顺序排队,根据队列缓冲区大小决定报文转发速率;PFIFO_FAST 属于优先级多级调度队列,提供三种不同优先级队列,优先处理 FIFO0 队列中报文,再处理 FIFO1 队列中报文,最后处理 FIFO2 队列中报文;TBF 队列包含报文队列和令牌队列,根据令牌队列中令牌数量决策报文队列报文走向。DPVS 三种 Qsch 队列调度原理如图 4-52 所示。

当前 DPVS TC 模块在 Ingress 和 Egress 两个方向对流量限速评估。其中,Ingress 表示 DPVS 收到来自客户端的流量,Egress 则表示 DPVS 收到来自后端服务器的回向流量。DPVS 会提取数据报文的 5 元组(源 IP、源端口、目的 IP、目的端口和协议类型)以及接口信息,然后根据预设的规则进行匹配,以确定应如何对该数据报文进行 QoS 调度。如果数据报文匹配到某个规则,DPVS 会根据该规则中设置的队列配置对数据报文进行 TC 操作,如限速、丢包等。

DPVS 中限速入口函数为 tc_hook,在进入业务处理逻辑之前起作用,即在 dp_vs_pre_routing 和 dp_vs_pre_routing6 函数之前。netif_xmit 函数调用 tc_hook 实现回程流量限速评估,netif_deliver_mbuf 函数调用 tc_hook 实现入向流量限速评估工作。tc_hook 函数先根据报文 mbuf 结构查找 Cls 分类器,再根据 Cls 定位关联的 Qsch 队列,最终根据 Qsch 决策报文行为。tc_hook 函数核心代码如下。

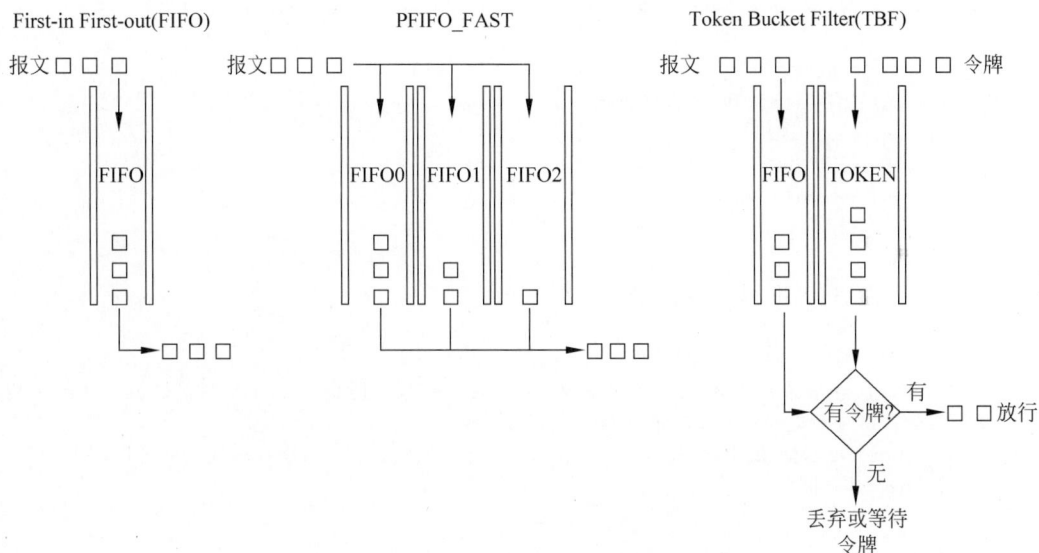

图 4-52　DPVS 三种 Qsch 队列调度原理

```
/**
 * tc: dev 网卡设备的 tc 模块,每个 lcore 是独立的
 * mbuf: 报文结构体
 * type: 流量方向
 * ret: tc 模块处理后结果,放行或者丢包
 */
struct rte_mbuf * tc_hook(struct netif_tc * tc, struct rte_mbuf * mbuf,
                          tc_hook_type_t type, int * ret)
{
    int err = EDPVS_OK;
    struct Qsch * sch, * child_sch;
    struct tc_cls * cls;
    struct tc_cls_result cls_res;
    const int max_reclassify_loop = 8;
    int limit = 0;
    uint32_t flags;
    __be16 pkt_type;

    assert(tc && mbuf && ret);
    sch = child_sch = NULL;
    flags = (type == TC_HOOK_INGRESS) ? QSCH_F_INGRESS : 0;

    /* 定位 qsch 队列 */
    if (flags & QSCH_F_INGRESS) {
        sch = tc->qsch_ingress;
        /* mbuf->packet_type was not set by DPVS for ingress */
        pkt_type = rte_pktmbuf_mtod(mbuf, struct rte_ether_hdr * )->ether_type;
    } else {
        sch = tc->qsch;
        pkt_type = rte_cpu_to_be_16(mbuf->packet_type);
```

```
        }

        /* 无可用的 sch 队列,则直接放行 */
        if (unlikely(!sch)) {
             *ret = EDPVS_OK;
            return mbuf;
        }

        /* sch 队列索引计数 +1 */
        qsch_get(sch);
```

/* 一个 qsch 队列情况下,一条一条规则进行顺序比较,直到完整匹配到规则。就用匹配规则里面设置的队列对应配置对报文进行 QoS schedule 操作。
     * 由于匹配效率低下,也设置了最大 reclassify 的值,进行了 8 次比较还没完全匹配上的话,就直接 drop 对应报文。
     */

```
again:
    list_for_each_entry(cls, &sch->cls_list, list) {
        if (unlikely(cls->pkt_type != pkt_type &&
                      cls->pkt_type != htons(ETH_P_ALL)))
            continue;

        if ((cls->sch->flags & QSCH_F_INGRESS) ^ flags)
            continue;

        /* cls 分类器查找 */
        err = cls->ops->classify(cls, mbuf, &cls_res);
        switch (err) {
        case TC_ACT_OK:
            break;
        case TC_ACT_SHOT:
            goto drop;
        default:
            continue;
        }

        /* cls 分类器结果为丢弃报文 */
        if (unlikely(cls_res.drop))
            goto drop;

        /* 根据 cls 分类器关联 sch_id 查找子 qsch 队列 */
        child_sch = qsch_lookup(sch->tc, cls_res.sch_id);

        /* 无子 qsch 队列,则查找下一个 cls 分类器 */
        if (unlikely(!child_sch)) {
            RTE_LOG(WARNING, TC, "%s: target Qsch not exist.\n",
                    __func__);
            continue;
```

```
            }

            if (unlikely(child_sch->parent != sch->handle)) {
                RTE_LOG(WARNING, TC, "%s: classified to non-children scheduler\n",
                        __func__);
                qsch_put(child_sch);
                continue;
            }


            qsch_put(sch);
            sch = child_sch;

            /* sch 最多查找 8 次,避免查找层次过深导致报文处理延时过高 */
            if (unlikely(limit++>= max_reclassify_loop)) {
                RTE_LOG(DEBUG, TC, "%s: exceed reclassify max loop.\n",
                        __func__);
                goto drop;
            }

            goto again;
        }

        if (unlikely(!sch->ops->enqueue))
            goto out;

        if (unlikely((sch->flags & QSCH_F_INGRESS) && type != TC_HOOK_INGRESS) ||
                (!(sch->flags & QSCH_F_INGRESS) && type != TC_HOOK_EGRESS)) {
            RTE_LOG(WARNING, TC, "%s: classified to qsch of incorrect type\n", __func__);
            goto out;
        }

        err = sch->ops->enqueue(sch, mbuf);
        mbuf = NULL;
        *ret = err;

        qsch_do_sched(sch);

out:
        /* sch 队列索引计数 -1,释放等工作 */
        qsch_put(sch);
        return mbuf;

drop:
        *ret = qsch_drop(sch, mbuf);
        qsch_put(sch);
        return NULL;
    }
```

　　DPVS 的 TC 模块进行报文规则匹配时,报文需要匹配所有规则才能确认是否被放行或丢弃,其执行效率比较低,延时偏高。因此,DPVS 为了避免对报文流量评估时延过长,在 tc_hook 函数内部中设置最大匹配次数。

3）负载均衡集群限速实现

在负载均衡集群服务架构中,性能规格型实例限速限流实现依赖于集中式限速控制器和负载均衡服务器两级配合实施。集中式限速控制器配置有所有实例的性能规格,并且收集各负载均衡服务器中每个实例的流量等运行状态。集中限速控制器根据实例流量分布情况,决策分配给集群内每个节点令牌情况,保障令牌被实时动态合理高效分配,确保业务流量平稳。

集中式限速控制器作为整个系统的中枢,负责全局的流量监控、分析和限速策略的制定。它根据预设的阈值和业务特性,对进入系统的流量进行智能判断和调控,确保流量在可控范围内波动。集群式限速架构,如图 4-53 所示。

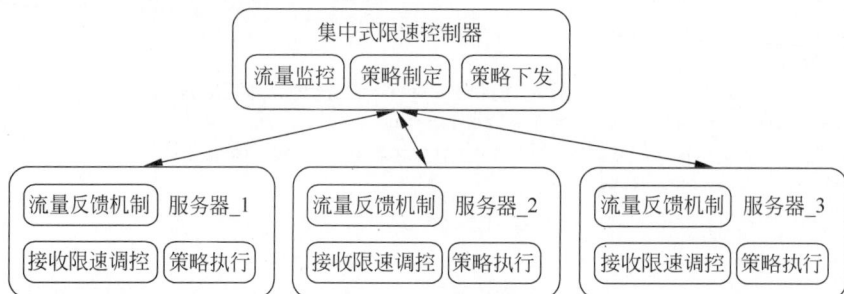

图 4-53　集群式限速架构

集中式限速控制器作为全局的控制者,能从整体上掌控集群流量情况,根据不同策略及时有效地调控节点负载。主要包含三部分功能,分别是流量监控、策略制定、策略下发。流量监控负责周期性采集节点统计、实时分析流量的变化趋势和特征。策略制定则根据监控结果和业务需求,制定相应的限速策略,包括流量阈值、优先级、限流算法等。策略下发将制定的限速策略下发给负载均衡服务器,指导它们进行具体的 TC 操作。

负载均衡服务器作为系统的流量入口,负责将客户端的请求分发到后端的多个服务器上。在限速限流机制中,它扮演着执行者和反馈者的角色,根据集中式限速控制器的指令对流量进行限制和调节。主要包含流量反馈机制、接收限速调控、策略执行。反馈机制是将实际的流量情况和处理结果反馈给集中式限速控制器,以便其根据反馈信息进行策略的调整和优化。接收限速调控则是接收来自集中式限速控制器的限速策略指令。策略执行根据指令中的流量阈值和限流算法,对进入系统的流量进行限制和调节。单负载均衡服务器限速架构,如图 4-54 所示。

在单负载均衡服务器限速架构中,本节点内采用两级令牌桶算法实现,第一级为全局令牌桶,第二级则为本地令牌桶。在第一级令牌桶中,存储了全局令牌信息,并定期刷新令牌。第二级令牌桶则专为每个 CPU 核设计,独立于其他 CPU 核,优先消耗本地的令牌。每个 CPU 核会按需从第一级令牌桶中获取部分令牌,每次只拿取一定量的令牌量,以确保其他 CPU 也能获取到令牌,避免某一 CPU 拿完所有令牌而造成其他 CPU 无法获取令牌的情况。

在第一级令牌桶中,系统需周期性刷新令牌,确保第一级令牌桶中有可用令牌。更新全局令牌采用报文驱动方式来实现,当系统收到业务报文时检测更新周期,按照固定周期间隔更新全局令牌桶,采用自旋锁方式避免多个 CPU 核夺住,只要有一个 CPU 核成功更新全局令牌桶即可。

在系统接收到业务报文时,首先,查看本地令牌桶中令牌数目是否足够放行业务报文,

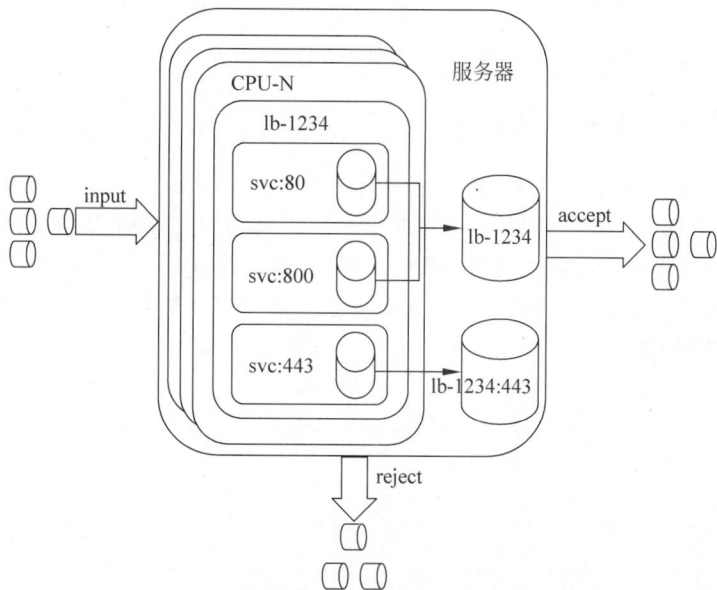

图 4-54　单负载均衡服务器限速架构

如果令牌足够则直接放行报文；否则，先从第一级令牌桶中拿取部分令牌，再检查本地令牌桶中令牌数是否足够放行业务报文。

多级令牌桶限速方法可很好地解决限速过程中报文转发性能下降明显、单个 CPU 核拿完所有令牌、其他 CPU 核无令牌可取的问题。

在负载均衡集群服务架构中，集中式限速控制器和负载均衡服务器通过紧密配合，共同实现性能规格型实例的限速限流。集中式限速控制器负责全局的流量监控和策略制定，而负载均衡服务器则负责具体的 TC 和反馈。两者通过实时的数据交换和指令传递，形成一个闭环的多级集群限速系统，确保整个系统的稳定性和可用性。

4.4　负载均衡容器化

4.4.1　网关低资源占用的需求

在公有云场景中，负载均衡服务为众多租户提供支持，往往需要独占物理服务器以实现部署，从而通过增加硬件资源来提供更高性能的服务。然而，在私有云和边缘计算环境中，每个节点或项目的物理空间有限。例如，较小的边缘计算节点可能仅能容纳 20 台物理服务器。为了确保每个服务的高可用性，负载均衡服务独占物理服务器的方式会占用至少两台设备，这导致计算资源总量降低了 10%。鉴于这些节点对负载均衡的需求规模远不及公有云，因此，对负载均衡服务进行低资源占用设计的需求应运而生。

容器技术通过将资源从单个操作系统中有效地划分到独立的组中，实现了在组之间更好地平衡有冲突的资源使用需求。与虚拟化技术相比，容器技术既不需要指令级模拟，也无须即时编译，因此具有更高的效率和更低的开销。容器能够直接在核心 CPU 上运行指令，不需要任何专门的解释机制，同时也避免了准虚拟化和系统调用替换所带来的复杂性。

通过将负载均衡服务以容器化的形式与其他服务混合部署在同一物理服务器上，可以极大地减少资源消耗,将设备级资源占用量从服务器级降低至 CPU 核级。这种做法可以有效提升机房的售卖率,实现了资源的高效利用和最大化收益。

4.4.2 负载均衡容器化设计

在单台物理服务器上,基于 Docker/K8s 平台,将负载均衡服务以容器化的形式进行部署。通过 CPU 绑定和 Namespace 等技术手段,实现了服务间的资源隔离,确保它们在运行过程中互不干扰。多个负载均衡容器之间采用 ECMP 机制与上连 TOR 交换机建立路由,这意味着通过简单地增加容器数量,就可以轻松实现业务规模的扩容。容器之间并没有固定的部署关系,只要资源分配合理,即可轻松完成扩容操作。负载均衡容器化原理,如图 4-55 所示。

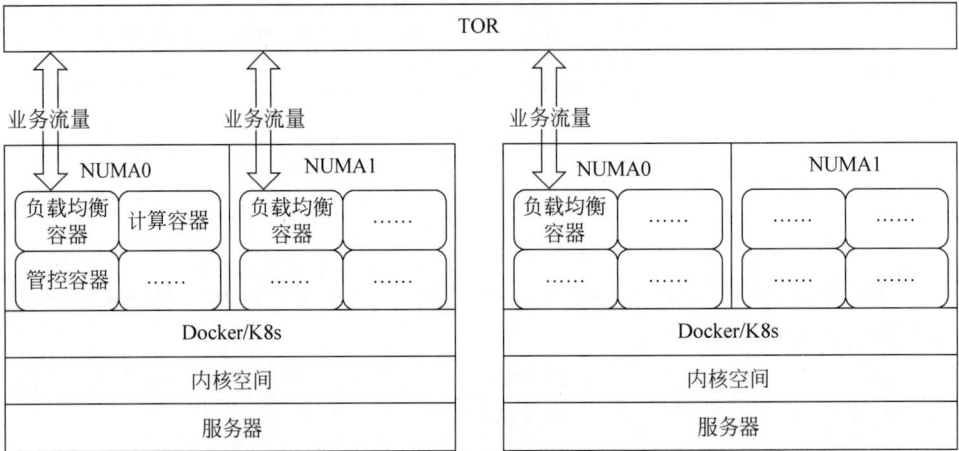

图 4-55 负载均衡容器化原理

4.4.3 负载均衡容器化关键配置

1. 内核模块在容器内使用

容器运行在宿主机的用户态空间,并与宿主机共享内核。单宿主机负载均衡容器化,如图 4-56 所示。因此,当使用内核模块时,首先需要确保内核模块与宿主机的内核版本相匹配。另外,由于 Docker 容器本身没有独立的文件系统,它无法直接加载如 DPDK 需要使用的 igb_uio.ko 内核模块。为了解决这个问题,需要在启动容器时通过配置参数来允许容器加载所需的内核模块,Docker 启动命令如下。

```
docker run - it -- name ${container_name} -- privileged \
    - v /opt:/opt - v /dev:/dev\
    - v /lib/modules:/lib/modules \
    - v /sys/bus/pci/devices:/sys/bus/pci/devices \
    - v /sys/kernel/mm/hugepages:/sys/kernel/mm/hugepages \
    - v /sys/devices/system/node:/sys/devices/system/node \
    - d ${image_id} /bin/bash
```

其中涉及内核模块相关的参数如下。

(1) --privileged(增加权限)。

(2) -v /sys/devices/system/node:/sys/devices/system/node(相关的节点信息挂到容

器内部）。

（3）-v /dev：/dev（主机上的 igb_uio 挂到容器内部）。

使用-v命令可以将宿主机上的资源挂载到容器内部，使得容器能够访问和使用这些资源。对于负载均衡容器所需要的内核模块，只需要在宿主机上加载这些模块，容器就可以直接使用，无须在容器内部进行额外的加载操作。这样的设计使得容器在使用内核资源时更加高效和便捷。

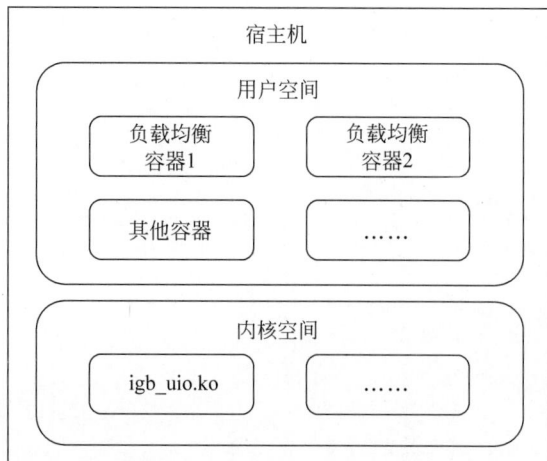

图 4-56　单宿主机负载均衡容器化

2. 网络资源的隔离配置

网络资源隔离是通过 Netns（Network Namespace，网络命名空间）技术实现的。以 Docker 为例，容器的网络模式主要有 4 种：Host、Container、None 和 Bridge。以下是这 4 种模式的简要介绍。

（1）Host 模式：--net＝host。容器将不会获得一个独立的 Netns，而是和宿主机共用一个 Netns，容器将不会虚拟出自己的网卡、配置自己的 IP 等，而是使用宿主机的 IP 和端口。

（2）Container 模式：--net＝container：NAME_or_ID。这个模式指定新创建的容器和已经存在的一个容器共享一个 Netns，而不是和宿主机共享。新创建的容器不会创建自己的网卡，配置自己的 IP，而是和一个指定的容器共享 IP、端口范围等。

（3）None 模式：--net＝none。使用 None 模式，Docker 容器拥有自己的 Netns，但是并不为 Docker 容器进行任何网络配置，也就是说，这个 Docker 容器没有网卡、IP、路由等信息。需要自己为 Docker 容器添加网卡、配置 IP 等。

（4）Bridge 模式：--net＝bridge。Bridge 模式是 Docker 的默认网络模式，此模式会为每一个容器分配、设置 IP 等，并将容器连接到一个 Docker0 虚拟网桥，通过 Docker0 网桥以及 iptables 规则与宿主机通信。

负载均衡容器对网络资源的依赖主要包括两部分：一是与负载均衡控制器通信的管理网卡接口，负责接收配置信息；二是处理业务流量的数据转发网卡接口。鉴于负载均衡容器在使用 DPDK 中的 KNI 时，需要独立的 Netns，当同一宿主机上可能部署多个负载均衡容器并共用同一个管理 IP 地址，所以负载均衡容器化方案选择 Bridge 模式。这种网络模式可以满足负载均衡容器在独立性和共享性地址方面的需求，同时确保配置接收和业务流量转发的顺畅进行。

关于 KNI,参考 DPDK 源码 linux/kernel/kni/kni_misc.c,在其初始化代码中有明确的注释指出,每个 Netns 中只能有一个进程使用 KNI。因此,当多个负载均衡容器部署在同一宿主机上时,需要确保这些容器之间的 Netns 是隔离的,以避免冲突。Docker 的 Bridge 模式提供了这样的解决方案,它通过创建独立的网络命名空间来实现容器的网络隔离。相关代码如下。

```
static int kni_open(struct inode * inode, struct file * file)
{
    struct net  * net = current->nsproxy->net_ns;
    struct kni_net * knet = net_generic(net, kni_net_id);

    /* kni 设备可以被 net_ns 空间中的用户打开 */
    if (test_and_set_bit(KNI_DEV_IN_USE_BIT_NUM, &knet->device_in_use))
        return -EBUSY;

    file->private_data = get_net(net);
    pr_debug("/dev/kni opened\n");

    return 0;
}
```

管理网卡接口方面,Bridge 模式下 Docker 会在容器和宿主机之间创建一对 Veth 接口,并通过 Docker Bridge 进行连接。为了实现外部能够直接通过宿主机的管理 IP 和指定端口与负载均衡服务进行控制面的交互,在启动容器时可以通过添加-p 参数来进行端口映射。这样,外部请求将能够经过 Docker Bridge 和 Veth 接口转发到容器内的负载均衡服务,实现控制消息的交互。当多个负载均衡容器部署在同一宿主机时,为了避免端口冲突问题,可以通过为每个容器指定不同的映射端口来解决。Bridge 模式下的部署形态,如图 4-57 所示。

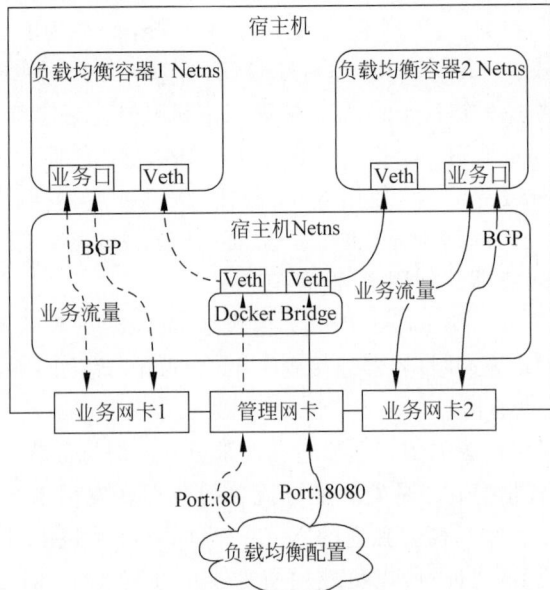

图 4-57　Bridge 模式下的部署形态

负载均衡容器通常需要独占数据转发网卡接口,无论是物理网卡接口还是通过 SR-IOV(Single Root I/O Virtualization)技术生成的虚拟功能(Virtual Function,VF)网口。若采用网卡接口直通容器的方式,需要执行一些特定的配置步骤。在 Linux 系统中,所有的网卡实际上都对应着文件系统中的某个文件。为了将网卡直通到容器内部,首先需要确定网卡的 PCI 地址。这通常可以通过 lspci 等命令获取。

在容器启动时,可以通过添加--volume /sys/bus/pci/devices:/sys/bus/pci/devices(或使用简写-v /sys/bus/pci/devices:/sys/bus/pci/devices)参数将宿主机的/sys/bus/pci/devices 目录挂载到容器内,这样容器内部就可以读取到数据转发网卡接口的 PCI 地址了。

在宿主机上,还需要在宿主机上执行 ip link set ${nic} netns ${pid}命令将数据转发网卡接口的 Netns 修改为容器所使用的 Netns,以完成网口直通容器的配置,其中,${pid}为容器的 pid,可以通过容器 id 使用 docker inspect -f '{{.State.Pid}}' ${container_id}命令获取。在 Bridge 模式下,每个容器都拥有独立的 Netns,这确保了当同一台服务器上存在多个不同类型的负载均衡容器时,它们之间不会产生网络干扰。

当负载均衡容器需要一个独立的管理 IP 而非与其他容器共享时,可以选择 None 模式进行部署。与 Bridge 模式不同的地方在于 None 模式需要将管理口像业务口一样,修改 Netns 直通容器。为了节约物理网口的资源,可以使用 SR-IOV 技术在一个物理网口上创建多个 VF。None 模式下的部署形态,如图 4-58 所示。

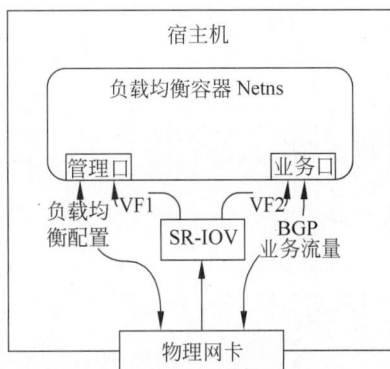

图 4-58　None 模式下的部署形态

3. 在容器内使用大页内存

大页内存是一种特殊的内存分配机制,它允许操作系统为进程分配比默认页面大小(通常是 4KB)更大的连续物理内存块。大页内存的大小通常为 2MB 或 1GB,这取决于操作系统和支持的硬件。使用大页内存的主要优势在于减少了页表项的数量,从而降低了TLB(Translation Lookaside Buffer,转译后备缓冲器)的失效次数,进而减少了内存访问延迟,提高了数据报文处理的性能。

DPDK 采用了多种技术来优化数据报文处理性能,其中之一便是利用大页内存。在负载均衡独占物理服务器部署时,可以直接独占使用系统中的大页内存资源。然而,在进行容器化部署时,需要仔细考虑如何使多个容器共享系统中的大页内存资源。

容器本身并不直接拥有大页内存,因为大页内存在 Linux 系统中是以文件的形式存在的。为了在容器内部使用大页内存,可以在启动容器时通过添加-v /sys/kernel/mm/hugepages:/sys/kernel/mm/hugepages 参数,将宿主机上的大页内存相关目录映射到容器内部。这样,容器就能够访问并使用这些大页内存了。但需要注意的是,同一宿主机下的多个容器之间在使用大页内存时会存在竞争关系。

在多 NUMA(Non-Uniform Memory Access,非一致内存访问架构)服务器环境下,为了确保负载均衡容器化部署时能够高效且节制地使用大页内存,同时避免跨 NUMA

访问带来的性能开销,需要借助 DPDK 中的 socket-mem 功能来限制负载均衡容器对大页内存的使用。通过配置 socket-mem 参数,可以指定容器使用的大页内存数量及其对应的 NUMA 节点,从而确保容器在运行时不会因跨 NUMA 访问而产生额外的性能开销,进而提升内存访问的效率。socket-mem 参数的相关介绍可参考 DPDK 的帮助文档文件 doc/guides/linux_gsg/build_sample_app. rst。socket-mem 参数的单位是 MB,它用于指定每个 NUMA 节点上分配给 DPDK 应用(如负载均衡容器)的大页内存量。当需要配置多个 NUMA 节点时,可以使用逗号(,)来分隔不同 NUMA 节点上的大页内存配置。

以一台具有双 NUMA 节点的服务器为例,如果在使用时需要部署两个负载均衡容器,并且希望每个容器都能使用 64GB 的大页内存,部署两个负载均衡容器内存配置,如图 4-59 所示,可以按照以下方式配置 socket-mem 参数。

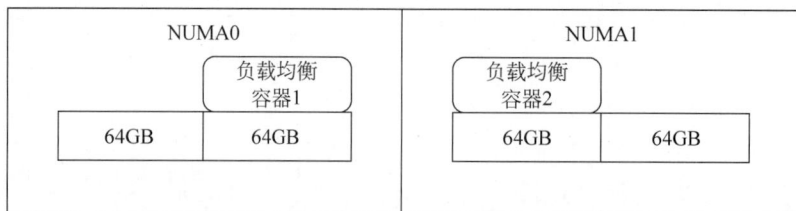

图 4-59　部署两个负载均衡容器内存配置

(1) NUMA0 上的容器在启动时设置为--socket-mem=65536,0;表示只使用 NUMA0 上 64GB 大页内存。

(2) NUMA1 上的容器在启动时设置为--socket-mem=0,65536;表示只使用 NUMA1 上 64GB 大页内存。

4.5　负载均衡软硬件结合技术

4.5.1　软硬件结合技术的必要性

1. 软件负载均衡优势与局限

4 层软件负载均衡,如 LVS、DPVS 等,因其灵活性和成本效益而广受欢迎。这些系统能够在现有的服务器硬件上运行,具有易于部署和升级的特点,并支持丰富的负载均衡算法和策略,如轮询、最少连接数、源地址哈希等。然而,纯软件方案在处理高并发、大流量场景时可能会遇到性能瓶颈。纯 CPU 处理的限制会影响其处理能力,尤其是在复杂的网络环境中,软件负载均衡可能难以提供所需的低延迟和高吞吐量。

在 4.1 节中总结了软件负载均衡面临的主要挑战,包括 CPU 单核性能瓶颈、CPU 在提升转发性能方面的局限性,以及时延高且不稳定等问题。这些挑战限制了软件负载均衡在极端网络条件下的表现。

2. 硬件负载均衡的高性能与专业性

硬件负载均衡设备,如 F5、Citrix Netscaler 等,专为高性能网络环境设计。这些设备利用专用的网络处理器和加速芯片,能够处理极高吞吐量的网络流量,适用于对性能和稳定性有极高要求的场景。硬件负载均衡通常具有更强大的安全特性,如 DDoS 防护、SSL Offload 等,以及更精细的流量管理和 QoS(Quality of Service)控制能力。然而,高昂的成本和相对较低的灵活性是其主要缺点。

3. 软硬件结合是最佳平衡点

软硬件结合的 4 层负载均衡方案旨在融合两者的优势,克服各自的局限。通过将软件的灵活性与硬件的高性能相结合,此类方案能够提供更优的性价比。例如,利用可编程交换芯片或 DPU(Data Processing Unit,数据处理单元)网卡为软件负载均衡提供的 Offload(卸载)处理能力,减轻主 CPU 的负担,同时保持软件的可编程性和更新便利性。

4.5.2　软硬件结合 Offload 技术概述

Offload 技术作为一种创新性的优化策略,其核心在于将原本由软件(如操作系统及应用程序)承担的功能或任务转移至硬件执行,以此减轻软件负担,显著提升系统整体性能与效率。在网络通信领域,该技术历经演进:从最初仅将简单的网络数据报文处理任务(如封装、解封装、校验和计算等)从 CPU Offload 至网卡,使 CPU 能专注于复杂任务,到应对网络数据量激增的 LSO(Large Segment Offload)技术,该技术允许网卡直接分割大型数据报文进行传输,从而减少 CPU 负担,提升传输效率。进而,GSO(Generic Segmentation Offload)作为 LSO 的进阶,实现了基于网络状况和数据报文大小的智能拆分策略,进一步增强了灵活性和适应性。

随着 TCP/IP 协议栈处理的日益复杂,TCP/IP Offload 技术进一步将 IP 分片、TCP 分段等重任交给网卡处理,进一步释放 CPU 资源,强化系统性能。而 DPU 网卡作为 Offload 技术的最新前沿,通过内置可编程处理器与内存,不仅实现了路由、负载均衡、防火墙等复杂网络任务的硬件加速,还大幅提升了系统性能,增强了灵活性与可扩展性。

Offload 技术在现代网络通信中的应用,其核心价值体现在多个方面:它提升了系统性能,降低了能耗,增强了可扩展性,丰富了网络功能,优化了网络延迟,并简化了网络管理。具体而言,该技术通过卸载数据报文处理任务至网卡,极大地减轻了 CPU 负担,优化了网络传输效率;同时,减少 CPU 参与,降低了系统能耗,尤其适用于数据中心等高能耗环境;此外,随着网络流量的增长,Offload 技术使系统更易实现水平扩展,满足不断攀升的性能需求;DPU 网卡的引入更推动了网络功能的智能化与定制化,为用户提供更多元化的网络服务;最终,通过减少数据报文传输时间,Offload 技术有效降低了网络延迟,为金融交易、实时通信等低延迟敏感型应用提供了坚实支撑。

尽管 Offload 技术在提升性能、降低能耗和增强网络功能等方面展现出显著优势,但也伴随着一系列固有的缺点,主要集中在硬件依赖、潜在的性能瓶颈、系统复杂性增加、安全风险、兼容性挑战以及调试和故障排查的难度上。

首先,Offload 技术往往对特定硬件产生依赖,如具备特定功能的网络接口卡或 DPU 网卡。这种依赖性不仅限制了系统的灵活性和可移植性,还可能在硬件更换或升级时,要求对 Offload 技术的实现进行重新配置或调整,增加了维护成本和复杂度。其次,尽管 Offload 旨在提升性能,但在实际应用中,硬件处理单元的处理能力不足或硬件与主机 CPU 之间数据传输速度的限制,反而可能成为性能的瓶颈。此外,Offload 技术的使用往往会增加系统的复杂性,尤其是在配置和管理方面。确保 Offload 硬件与操作系统、应用程序及其他系统组件间的正确交互,要求深入理解底层硬件和操作系统,对技术人员的专业知识提出了更高要求。安全性也是 Offload 技术的一大隐忧。Offload 硬件的安全漏洞或不当配置可能成为攻击者的目标,从而威胁系统安全。同时,由于 Offload 技术涉及底层硬件和操作系统,其安全风险不容忽视,可能引发新的安全挑战。兼容性问题是另一个潜在障碍。Offload 技术对特定硬件和软件的支持要求,可能引发与不同操作系统、应用程序和硬件的兼容性问题,以及与现有网络设备和安全设备的不兼容,解决这些问题往往需要额外投入资源。最后,当系统使用 Offload 技术时,调试和故障排查可能变得更加复杂。问题可能源于底层硬件、操作系统、应用程序或 Offload 技术的交互,需要跨越多个领域的知识和工具进行有效故障排查,这无疑增加了问题解决的难度。

尽管 Offload 技术在许多方面提供了显著的好处,但其缺点也不容忽视,尤其是对于那些对硬件灵活性、系统性能、安全性、兼容性和维护简易性有高要求的应用场景。因此,在决定是否采用 Offload 技术时,必须综合考量其利弊,确保技术选择符合特定场景的实际需求。

4.5.3　负载均衡转发 Offload 技术

1. 网卡 Hairpin Offload

在云计算和数据中心环境中,Mellanox(现已被 NVIDIA 收购)的 CX5/CX6 系列网卡以其卓越的性能、超低延迟及丰富的硬件加速功能著称。这些网卡不仅提供传统的 L3(网络层)和 L4(传输层)校验和卸载功能,还通过集成 Hairpin 技术和 DPDK 的 rte_flow 高级特性,显著增强了网络数据处理的效率与灵活性。Mellanox CX5 网卡,如图 4-60 所示。

图 4-60　Mellanox CX5 网卡

Hairpin 技术,最初专为交换机场景设计,其核心在于允许数据报文在一个接口接收后直接重新发送回同一接口,这一特性在网关设备中极为常见。自 DPDK 19.11 版本起,Mellanox CX5/CX6 系列网卡对该技术的支持得到了显著强化,使得在网关应用场景下,DPDK 能够借助其先进的 rte_flow 接口在硬件层面直接修改与转发数据报文,无须 CPU 参与处理,从而极大地释放了 CPU 资源,显著提升了数据报文处理性能与效率。

此外,DPDK 中的 rte_flow 接口作为一种高级且灵活的机制,允许开发者在运行时动态配置数据报文转发规则,包括分类、执行动作及队列分配等。特别是在 Mellanox CX5/CX6 等高端网卡上,rte_flow 接口能够充分利用硬件加速能力,实现高效的硬件 Offload,进一步加速数据报文处理流程。具有 Hairpin 网卡功能的负载均衡转发处理,如图 4-61 所示。

Hairpin 队列初始化流程可以参考 DPDK 代码库中的 app/test-pmd/testpmd.c 文件。相关代码如下。

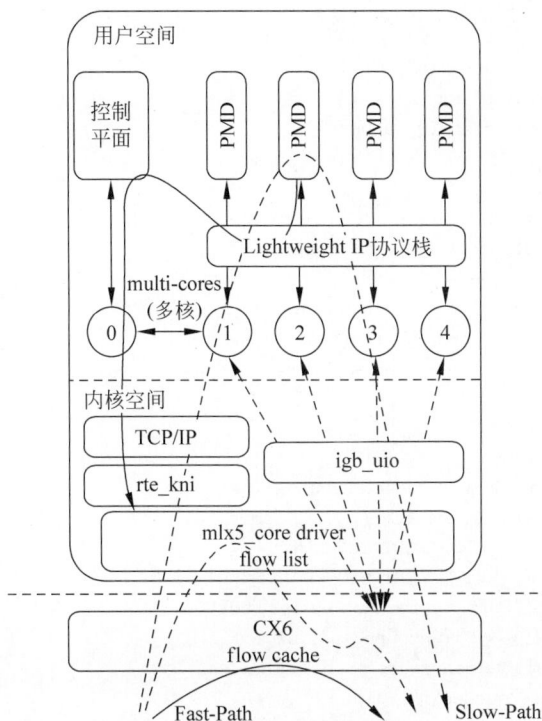

图 4-61　具有 Hairpin 网卡功能的负载均衡转发处理

```
/* Configure the Rx and Tx hairpin queues for the selected port. */
static int setup_hairpin_queues(portid_t pi, unsigned nb_hairping)
{
    queueid_t qi;
    struct rte_eth_hairpin_conf hairpin_conf = {
        .peer_count = 1,
    };
    int i;
    int diag;
    struct rte_port * port = &ports[pi];

    for (qi = nb_txq, i = 0; qi < nb_hairpinq + nb_txq; qi++) {
        hairpin_conf.peers[0].port = pi;
        hairpin_conf.peers[0].queue = i + nb_rxq;
        diag = rte_eth_tx_hairpin_queue_setup
            (pi, qi, nb_txd, &hairpin_conf);
        i++;
        if (diag == 0)
            continue;

        /* Fail to setup rx queue, return */
        if (rte_atomic16_cmpset(&(port->port_status),
                    RTE_PORT_HANDLING,
                    RTE_PORT_STOPPED) == 0)
            printf("Port %d can not be set back "
                    "to stopped\n", pi);
```

```
            printf("Fail to configure port %d hairpin "
                       "queues\n", pi);
            /* try to reconfigure queues next time */
            port->need_reconfig_queues = 1;
            return -1;
        }
    for (qi = nb_rxq, i = 0; qi < nb_hairpinq + nb_rxq; qi++) {
        hairpin_conf.peers[0].port = pi;
        hairpin_conf.peers[0].queue = i + nb_txq;
        diag = rte_eth_rx_hairpin_queue_setup
            (pi, qi, nb_rxd, &hairpin_conf);
        i++;
        if (diag == 0)
            continue;

        /* Fail to setup rx queue, return */
        if (rte_atomic16_cmpset(&(port->port_status),
                    RTE_PORT_HANDLING,
                    RTE_PORT_STOPPED) == 0)
            printf("Port %d can not be set back "
                       "to stopped\n", pi);
        printf("Fail to configure port %d hairpin "
                   "queues\n", pi);
        /* try to reconfigure queues next time */
        port->need_reconfig_queues = 1;
        return -1;
    }
    return 0;
}
```

rte_flow 下发流表的代码可以参考 DPDK 代码库中的 examples/flow_filtering/flow_blocks.c 文件。相关代码如下。

```
#define MAX_PATTERN_NUM     3
#define MAX_ACTION_NUM      2

struct rte_flow *
generate_ipv4_flow(uint16_t port_id, uint16_t rx_q,
        uint32_t src_ip, uint32_t src_mask,
        uint32_t dest_ip, uint32_t dest_mask,
        struct rte_flow_error *error)
{
    struct rte_flow_attr attr;
    struct rte_flow_item pattern[MAX_PATTERN_NUM];
    struct rte_flow_action action[MAX_ACTION_NUM];
    struct rte_flow *flow = NULL;
    struct rte_flow_action_queue queue = { .index = rx_q };
    struct rte_flow_item_ipv4 ip_spec;
    struct rte_flow_item_ipv4 ip_mask;
    int res;

    memset(pattern, 0, sizeof(pattern));
```

```
        memset(action, 0, sizeof(action));

        memset(&attr, 0, sizeof(struct rte_flow_attr));
        attr.ingress = 1;

        action[0].type = RTE_FLOW_ACTION_TYPE_QUEUE;
        action[0].conf = &queue;
        action[1].type = RTE_FLOW_ACTION_TYPE_END;

        pattern[0].type = RTE_FLOW_ITEM_TYPE_ETH;

        memset(&ip_spec, 0, sizeof(struct rte_flow_item_ipv4));
        memset(&ip_mask, 0, sizeof(struct rte_flow_item_ipv4));
        ip_spec.hdr.dst_addr = htonl(dest_ip);
        ip_mask.hdr.dst_addr = dest_mask;
        ip_spec.hdr.src_addr = htonl(src_ip);
        ip_mask.hdr.src_addr = src_mask;
        pattern[1].type = RTE_FLOW_ITEM_TYPE_IPV4;
        pattern[1].spec = &ip_spec;
        pattern[1].mask = &ip_mask;
        pattern[2].type = RTE_FLOW_ITEM_TYPE_END;

        res = rte_flow_validate(port_id, &attr, pattern, action, error);
        if (!res)
            flow = rte_flow_create(port_id, &attr, pattern, action, error);

        return flow;
    }
```

根据 Mellanox 官方提供的数据,CX5 系列网卡支持高达 8K 的流表(FlowTable)条目缓存,而 CX6-DX 系列则将这一数字翻倍至 16K。流表条目是指网卡硬件能够直接处理的网络流量规则,用于 Fast-Path(快速决策数据报文的转发路径),而无须每次都将数据报文上送到 Slow-Path(CPU 处理的慢速路径),从而显著提升网络数据报文的处理速度和效率。这些网卡硬件根据流表快速转发时,处理时延低于 $5\mu s$。

然而,当网络中的并发流量规则超过网卡硬件流表的容量限制时,超出的流规则将被存储在网络驱动程序中,理论上可达百万级别。这意味着,对于超出缓存容量的流规则,网卡硬件将无法直接处理,而需将数据报文上送到 CPU,由 CPU 根据存储在驱动中的流规则进行处理和决策。这种情况会导致"cache miss"(缓存未命中),即数据报文不能直接由硬件快速处理,而是需要 CPU 介入,从而增加了 CPU 的负载,降低了数据报文的处理速度,最终可能影响网络性能。

在高并发流量场景下,如果流规则数量远超网卡流表的容量,那么"cache miss"的频率会显著增加,这不仅加重了 CPU 的负担,还可能造成网络延迟和数据报文处理的瓶颈。因此,在设计和部署网络架构时,合理规划流规则的数量和优化流规则的管理,以充分利用网卡硬件的流表缓存,对于维持高性能的网络通信至关重要。

Hairpin Offload 技术确实在提升网络处理性能和降低延迟方面具有显著优势,尤其是在处理高速网络流量和需要低延迟响应的场景中。然而,Hairpin Offload 也存在一些局限性,其中包括流表字段固定、缺乏灵活性和自定义编程能力。例如,在 Hairpin Offload 的实现中,流表是存储和管理网络流量转发规则的关键组件。然而,一些 Hairpin Offload 解决方案中的流表字段设计可能是固定的,即用户无法根据需要增加新的字段或修改现有字段的属性。这种固定性限制了流表的灵活性和可扩展性,可能无法满足网络应用的不断发展和变化,限制了 Hairpin Offload 技术的应用范围。

此外,除了流表字段固定外,另一个问题是 Hairpin Offload 解决方案可能不支持用户自定义编程或扩展功能。这意味着用户无法根据具体需求编写自定义的匹配规则、操作逻辑或处理流程,这在某些情况下可能限制了技术的适用性和灵活性。为了解决这些局限性,网络架构师和工程师需要考虑采用更灵活的硬件解决方案或软件配置,以支持更广泛的网络场景和需求。

2. DPU 网卡 Offload

DPU 是一种先进的可编程计算机处理器,它将通用 CPU 与网络接口硬件深度集成,为云计算环境带来了革命性的变革。DPU 旨在替代传统网络接口卡,以 Offload 主机侧 CPU 的复杂网络任务和"基础设施"负担。其多样化的功能包括加密/解密、防火墙功能、TCP/IP 处理、HTTP 请求处理,甚至可以作为虚拟机管理程序或存储控制器使用。这些特性使得 DPU 对云计算提供商极具吸引力。与传统网卡相比,DPU 不仅提供了更高的灵活性和可定制性,如支持 P4 等编程语言,这样就可以解决自定义流表功能,提升了数据报文的处理能力。在技术选择上,DPU 拥有 ASIC、FPGA 和 SoC 三种技术路径,其中,SoC 方案因其出色的综合性能表现,已成为当前的主流发展方向。

以 AMD 公司的 DPU 类型网卡为例,Pensando 是一种集成了多种先进技术的 DPU,它具备高速网络接口、P4 可编程芯片、ARM CPU、加密/存储加速芯片以及 PCIe 4.0 接口等特点。Pensando 网卡内部模块,如图 4-62 所示。在数据中心和云计算环境中,Pensando 具有广泛的应用前景,能够为用户提供高性能、高可靠性和高灵活性的网络处理服务。

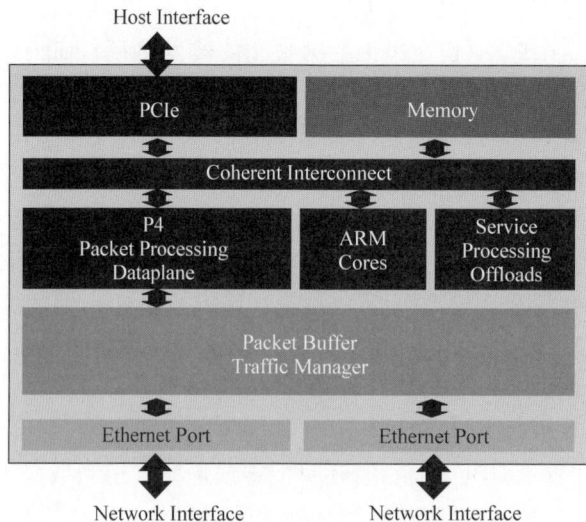

图 4-62　Pensando 网卡内部模块

　　DPU 网卡 Offload 负载均衡转发架构,如图 4-63 所示。网关主要分为两部分:x86 网关部分和 DPU 网卡部分。x86 依然使用 DPDK 方案处理管控配置、路由转发控制、Session管理和非 Offload 的报文负载均衡功能转发。CPU 与 DPU 网卡之间有两种数据交换方式:一种是通过多个标准网口进行数据报文的正常转发处理;另一种是通过管理口将Session 下发为流表,DPU ARM 处理器中运行服务软件用于接收 CPU 下发的自定义流表,并下发给网卡可编程硬件,由于网卡上具备大容量内存,存储的流表容量可达数千万。处理流量的转发分成两条路径。

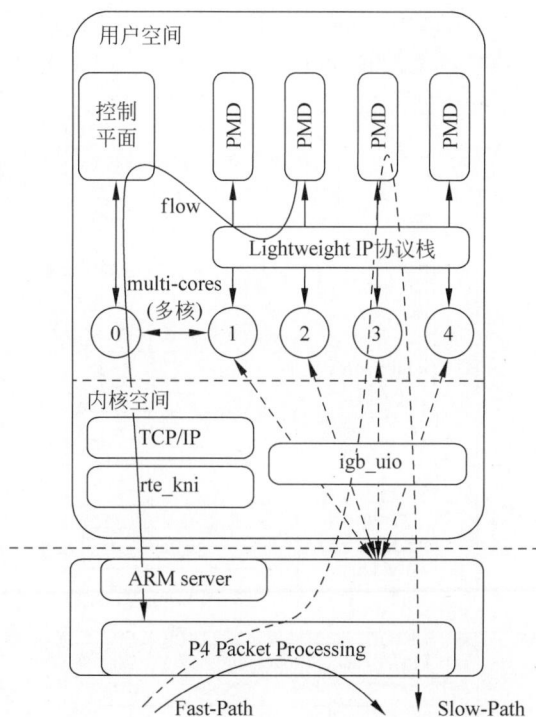

图 4-63　DPU 网卡 Offload 负载均衡转发架构

　　(1) Fast-Path(快速路径):命中 flow 的流量由 DPU 硬件转发,提供网卡带宽级别的转发能力和微秒级的低时延。

　　(2) Slow-Path(慢速路径):未命中 flow 的流量上送 CPU,按配置指令决策是否下发 flow 走快速路径。

　　尽管 DPU 在单部件成本上略高于传统网卡,但其引入显著减轻了主机 CPU 的负担,在提升网络处理性能和降低延迟方面具有显著优势。因此,从云厂商的视角来看,DPU 带来的架构变革提高了能效成本比和收益成本比。

　　3. 多硬件融合 Offload

　　随着网络流量的持续增长和网络功能的多样化,单一硬件 Offload 技术已难以满足高性能网关的需求。基于可编程交换芯片(如 Intel 的 Tofino)和 FPGA 的多硬件融合Offload 技术,为构建高性能网关提供了全新思路。

　　可编程 Tofino 芯片提供了高度可编程的网络处理能力,能够执行复杂的网络逻辑,如深度包检测、流量分析和安全策略执行。而 FPGA 因其高灵活性和可编程性,使得网关能够根据网络需求实时调整处理逻辑,实现高度定制化的网络服务。通过将这两种技术与基于 x86 的服务器融合成一台设备,单网关不仅能够处理数 Tb/s 级别的网络流量,还能提供低延迟的网络服务,同时保持高度的安全性和灵活性。

软硬一体化超融合系统的流量转发架构,如图 4-64 所示。基于多硬件融合的负载均衡网关主要分为两部分:x86 网关部分和可编程硬件部分。x86 部分依然使用 DPDK 方案处理管控配置、路由转发控制、Session 管理和非 Offload 的报文负载均衡功能转发。单独从这个角度来看,它类似于一台传统的 x86 网关。CPU 与可编程交换芯片之间有两种数据交换方式:一种是通过多个标准网卡的形式互连;另一种是通过多个 FPGA 板卡互连,由 FPGA 管理 Session 表。处理流量的转发分成两条路径。

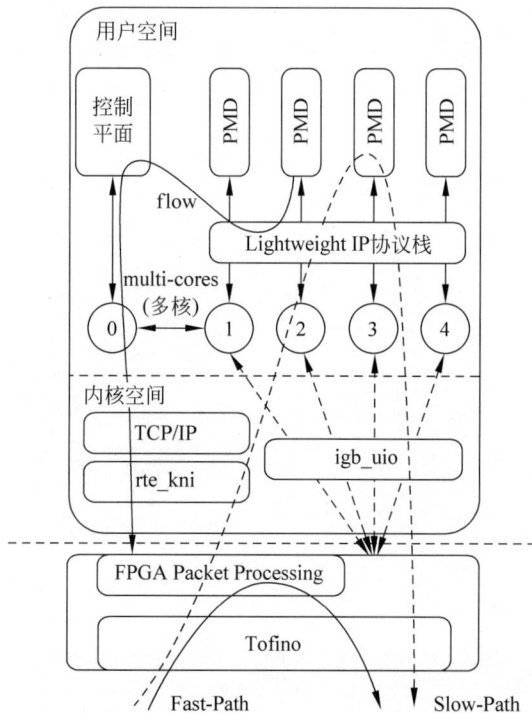

图 4-64　软硬一体化超融合系统的流量转发架构

(1) Fast-Path(快速路径):命中 Session 的流量由可编程硬件转发,提供硬件数 TB 级别的转发能力和微秒级的低时延。

(2) Slow-Path(慢速路径):未命中 Session 的流量上送 CPU,按配置指令决策是否下发 Session 走快速路径。

当网关接收到一条 flow 的第一个建立连接的报文时,可编程硬件会查询 Session,若未找到,则会走 Slow-Path 并上送 CPU 进行新建 Session 处理。CPU 定期获取 Session 流量统计,当这条流转发达到稳态一定时间,且 bps(带宽)或包速率(pps)达到指定阈值时,则判定此流为大象流,并将此 Session 下发到可编程硬件进行 Session Offload。当连接主动断开或连接超时,CPU 会及时清理可编程硬件中的 Session,以便合理利用硬件资源。相比传统的软件网关,多硬件融合的网关虽然开发技术难度和复杂度较高,但其带来的优势是转发带宽更高,转发时延降低到稳定的数微秒级别。

第5章

云网络7层负载均衡关键技术原理

5.1 7层负载均衡技术演进

随着互联网技术的飞速发展,网络应用的复杂性和用户需求的多样化对服务器架构和负载均衡技术提出了更高的要求。7层负载均衡作为现代数据中心和微服务架构中的核心组件,通过深入解析应用层协议,实现了更精细化的流量管理和分发。以下将从7层负载均衡技术的发展历程、关键特性以及代表性软件 Nginx 等方面,阐述其演进历程。

5.1.1 7层负载均衡技术的发展历程

1. 基于 TCP/IP 的负载均衡

在互联网 Web 浏览时代的早期,随着网站访问量的不断增加,单一服务器逐渐难以承载巨大的访问压力。为了解决这个问题,人们开始探索通过多服务器来承载更大的业务量,负载均衡技术应运而生。第一代硬件负载均衡主要基于 TCP/IP 协议(即 OSI 模型的第四层)进行流量分发。这些设备通过虚拟 IP 地址和 TCP 端口信息,将客户端请求转发到多个后端服务器上,实现简单的负载均衡(即 4 层负载均衡)。这类负载均衡虽然能够有效缓解单台服务器的压力,但缺乏对应用层协议的深入理解,无法根据具体的应用需求进行精细化的流量管理。

2. 4 层和 7 层混合负载均衡

随着 Web 应用的普及和复杂化,第二代硬件负载均衡开始整合 4 层和 7 层的功能,实现更高级别的流量管理。这些设备不仅基于 IP 地址和端口信息进行负载均衡,还能根据应用层 HTTP 报头中的信息(如 URL、Cookie 等)进行决策。第二代硬件负载均衡通常提供定制化的硬件或基于专用集成芯片(Application Specific Integrated Circuit,ASIC)的独特架构,以实现高速的数据报文处理性能。然而,由于 Web 应用的多样性和复杂性,这些硬件化的负载均衡设备在灵活性和扩展性方面仍存在一定局限。

3. 通用软件形态 7 层负载均衡

随着云计算和微服务架构的普及,第三代负载均衡技术更加重视灵活性和可扩展性。基于通用软件的 7 层负载均衡技术应运而生,如 Nginx、HAProxy 和 Envoy,它们能够深入理解应用层协议(如 HTTP、HTTPS 等),实现更精细化的流量管理和分发。这类负载均衡不仅支持多种协议和自定义规则,还具有强大的扩展性和可配置性,能够轻松应对复杂多变的业务场景。

软件形态的 7 层负载均衡的核心在于使用部署在通用服务器上的功能软件来处理应用层信息。在接收到客户端请求后,负载均衡程序首先解析请求中的 URL、Cookie 等 HTTP 请求头部信息,然后根据预设的负载均衡策略(如轮询、加权轮询、最少连接数等)将请求分发到后端服务器上。7 层负载均衡能够深入解析应用层,因此它能够根据应用的具体需求进行更精细化的流量控制和管理。此外,7 层负载均衡还支持多种安全协议和加密算法,能够有效保障 Web 应用的安全性和可靠性。

随着云原生、人工智能等技术的持续发展,7 层软件负载均衡正面临着新的机遇与挑战。7 层负载均衡将更加紧密地集成在云原生、微服务架构等前沿应用之中,并根据新兴技术的特点,不断优化算法与架构,以进一步提升性能和可靠性。此外,7 层负载均衡技术也在吸收运用前沿的科技成果,正逐步迈向自动化与智能化的新阶段,以适应日益复杂多变的网络环境和应用需求。

5.1.2　7 层负载均衡技术的关键特性

1. 深入理解应用层协议

7 层负载均衡技术的核心在于其对应用层协议的深入理解。通过解析 HTTP、HTTPS 等协议中的请求头、请求体等关键信息,负载均衡能够基于这些数据进行智能的流量分发。例如,它可以根据 URL 的不同将请求路由到不同的后端服务器,或者根据请求头中的浏览器类型、语言自定义字段等信息进行个性化处理。此外,该技术还具备流量加解密和访问鉴权等功能。

2. 灵活的负载均衡策略

7 层负载均衡支持多种负载均衡策略,如轮询、加权轮询、IP 哈希、最少连接数等,这些策略可根据实际需求灵活配置,以实现最佳的负载均衡效果。一些先进的负载均衡还允许自定义负载均衡策略,以适应特定业务场景的需求。负载均衡算法是该技术的另一个关键点,除了常见的算法外,还包括基于 Cookie 的会话保持和其他基于请求头信息的调度算法,这些算法各有特点,适用于不同的应用场景。

3. 强大的扩展性和可配置性

7 层负载均衡通常具备出色的扩展能力和可配置性,能够轻松应对业务量的增长和变化。通过增加服务器节点或调整负载均衡策略,可以迅速提升系统的处理能力和响应速度。此外,一些负载均衡还支持插件和扩展机制,使用户能够根据实际需求进行定制化开发。

4. 动态配置

动态配置功能显著提升了负载均衡系统的灵活性和可扩展性。支持动态配置的负载均衡能够在不中断服务的情况下调整负载均衡策略、添加或删除后端服务器等操作。这一特性大大降低了运维成本,同时提高了系统的可用性。

5.1.3　Nginx 软件负载均衡概述

Nginx(发音同"engine x")是一个高性能的反向代理和 Web 服务器软件,最初是由俄罗斯程序员 Igor Sysoev 开发的。Nginx 的第一个版本发布于 2004 年,其源代码基于双条款 BSD(Berkeley Software Distribution)许可证发布,因其系统资源消耗低、运行稳定且具有高性能的并发处理能力等特性,Nginx 在互联网企业中得到广泛应用。

1．Nginx 的核心特性

1）高性能与并发处理能力

Nginx 的诞生源于对高并发处理能力的需求。在 Nginx 出现之前，Apache 是市场上最流行的 Web 服务器之一。然而，随着互联网的快速发展，Web 应用面临的并发请求量急剧增加，Apache 在处理高并发访问时逐渐显露出性能瓶颈。Apache 采用的是基于进程或线程的模型来处理请求，每个请求都会占用一定的系统资源，当并发请求量过大时，系统资源消耗会急剧上升，导致性能下降。

Nginx 采用了异步非阻塞 I/O 模型和事件驱动架构，成功解决了这一难题。相比传统的基于进程或线程的服务器模型，Nginx 在资源消耗和并发处理能力上具有明显的优势。Nginx 通过 epoll（在 Linux 系统上）等高效的 I/O 多路复用技术，能够同时处理成千上万的并发连接，而不会导致系统资源的过度消耗。

2）模块化设计

Nginx 采用了模块化设计思想，其核心功能通过一系列模块来实现。这些模块包括处理 HTTP 请求的 HTTP 模块、处理反向代理的反向代理模块、处理邮件协议的邮件模块等。用户可以根据自己的需求选择启用或禁用这些模块，从而实现灵活的功能定制。Nginx 的模块化设计不仅提高了系统的可扩展性，还降低了系统的复杂性和维护成本。同时，Nginx 还提供了丰富的模块扩展机制，允许用户根据自己的需求定制和扩展 Nginx 的功能。

3）灵活的配置选项

Nginx 的配置文件非常灵活和强大，支持丰富的配置项和指令。用户可以通过简单的配置文件来实现复杂的请求分发和流量控制策略。Nginx 的配置文件采用了简洁的语法结构，易于编写和维护。同时，Nginx 还支持配置文件动态加载功能，允许用户在不中断服务的情况下更新配置文件，并实时应用更改。

4）高可用性与稳定性

Nginx 具有出色的高可用性和稳定性。它支持多种健康检查机制，能够及时发现并剔除故障节点，确保流量能够转发到健康的服务器上。Nginx 还提供了丰富的日志和监控功能，方便用户进行故障排查和性能优化。此外，Nginx 还支持平滑升级功能，可以在不中断服务的情况下升级 Nginx 版本，进一步提高了系统的可用性和稳定性。

5）丰富的生态系统

Nginx 拥有一个庞大的用户社区和丰富的生态系统。社区中汇聚了来自世界各地的开发者、运维人员和技术爱好者，他们共同分享经验、解决问题、开发新的模块和插件。Nginx 的生态系统也非常丰富，涵盖了从基础服务到高级功能的各种工具和解决方案。另外，Nginx 官方网站提供了详尽的文档和教程，涵盖了 Nginx 的安装、配置、性能优化、模块开发等各个方面。这些文档不仅详细介绍了 Nginx 的基本功能和用法，还提供了大量的示例和最佳实践，帮助用户快速上手和解决实际问题。这些社区资源和生态系统为 Nginx 的广泛应用和持续发展提供了有力的支持。

2．Nginx 的工作原理

1）master/worker 进程模型

Nginx 采用 master/worker 进程模型来管理进程和资源。在这一模型中，master 进程负责管理和监控 worker 进程，而 worker 进程则负责处理实际的网络请求和代理转发请求。Nginx

启动时，会首先创建一个 master 进程。master 进程负责读取配置文件、启动并监控 worker 进程、处理平滑升级等操作。worker 进程则负责处理实际的网络请求，并完成和代理服务的交互工作。master 进程和 worker 进程之间通过信号机制、共享内存等方式进行通信和协作。

2）异步非阻塞 I/O 模型

Nginx 采用异步非阻塞的 I/O 模型来处理网络请求和 I/O 操作。在这种模型中，Nginx 不会为每个连接创建一个新的线程或进程，而是使用事件循环来监听和处理各种事件，如新的连接请求、数据读取、数据写入等。当一个新的连接请求到达时，Nginx 会将其放入事件队列中等待处理。然后，它会继续监听其他事件，而不会阻塞等待该连接的处理结果。当连接的数据准备好或 I/O 操作完成时，Nginx 会通过回调函数来处理这些事件。这种异步非阻塞的处理方式使得 Nginx 能够同时处理大量的并发连接，而不会因为某个连接的阻塞而影响其他连接的处理。

3）事件驱动架构

Nginx 通过事件驱动架构，实现了对 I/O 事件的高效管理和响应。在 Nginx 的事件循环中，它会不断地检查并处理已就绪的事件，如新的连接请求、数据的可读/可写状态变化等。这种机制使得 Nginx 能够在单个进程中高效地处理多个并发连接，而无须为每个连接创建额外的线程或进程，从而大大降低了上下文切换的成本和系统的资源消耗。Nginx 的事件处理流程如下。

（1）事件监听。Nginx 的事件循环首先会监听各种事件源，如网络套接字、定时器等。这些事件源会在特定条件满足时（如新连接到达、数据可读等）通知 Nginx。

（2）事件读取。当事件发生时，Nginx 会从事件队列中取出事件，并根据事件的类型进行相应的处理。对于网络事件，Nginx 会检查连接的状态，并根据需要读取或写入数据。

（3）请求处理。对于 HTTP 请求，Nginx 会根据请求的 URI 和配置文件中定义的规则，将请求转发给相应的后端服务器或处理模块。这些处理模块可以执行各种任务，如身份验证、URL 重写、内容压缩等。

（4）响应发送。处理完请求后，Nginx 会将响应数据发送回客户端。在发送过程中，Nginx 还会根据配置执行一些优化操作，如缓存响应内容以减少后端服务器的负载、启用 HTTP/2 的多路复用和服务器推送功能以提高传输效率等。

（5）事件清理。当请求处理完成并发送响应后，Nginx 会清理与该请求相关的资源，如关闭套接字连接、释放内存等，以便为新的请求腾出空间。

整个事件处理流程是高度并发的，Nginx 能够同时处理多个请求而不会相互干扰。这种高效的事件处理机制是 Nginx 能够支持高并发连接和提供卓越性能的关键所在。

3．Nginx 的应用场景

1）静态文件服务

Nginx 在提供静态资源服务方面效率极高，能够快速地响应大量的静态请求，如 CSS、JavaScript、图片、视频等文件。通过将静态文件缓存在 Nginx 服务器上，可以减轻其他动态服务器的负载，提高整个 Web 应用的性能。Nginx 还支持对静态文件的压缩和缓存控制，进一步减少网络带宽的消耗和加快页面加载速度。

2）HTTPS/SSL 加速

Nginx 支持 HTTPS 协议和 SSL/TLS 加密技术，能够为 Web 应用提供安全的通信环境。Nginx内置了对SSL/TLS的支持,可以轻松地配置HTTPS服务。通过Nginx的SSL加速功能,可以显著提高HTTPS请求的处理速度和效率,降低CPU的负载和延迟。同时,Nginx还支持SSL会话缓存、OCSP(Online Certificate Status Protocol,在线证书状态协议)装订等优化技术,进一步提升HTTPS服务的性能。

3）反向代理和负载均衡

Nginx可以通过内置的upstream模块作为反向代理服务器,将客户端请求转发到后端的多个服务器上,实现负载均衡。通过配置Nginx的负载均衡算法(如轮询、最少连接数、IP哈希等),可以优化请求的分配和处理方式,确保后端服务器的负载均衡。同时,Nginx还支持多种健康检查机制,能够及时发现并剔除故障节点,确保流量能够转发到健康的服务器上。这种反向代理和负载均衡的能力使得Nginx成为构建高可用性和可扩展性Web应用的重要工具。

4）API网关

随着微服务架构的兴起,API网关成为微服务架构中不可或缺的一部分。Nginx凭借其灵活的配置选项和强大的反向代理功能,可以轻松地实现API网关的功能。通过Nginx,可以实现对API请求的路由、认证、限流、监控等管理功能,确保API的安全性和稳定性。同时,Nginx还支持与OAuth2、JWT(JSON Web Token)等认证机制集成,提供细粒度的访问控制功能。

当前扩展Nginx实现7层负载均衡是许多云计算服务提供商和技术团队的选择。通过原生Nginx配合实例管理、动态配置和VPC网络等关键技术,可以实现高效且灵活的7层负载均衡功能。这一方案不仅能够提高应用的可用性和性能,还能简化运维工作,提高系统的整体可靠性。

5.2 变配和转发相关的关键机制

5.2.1 配置的热加载

1. Nginx配置热加载机制

Nginx采用经典的master/worker进程架构,这种架构明确了master进程和worker进程的分工和配合,以实现高效的负载均衡服务。master进程主要负责管理任务,包括管理worker进程、监听外部信号并将这些信号传递给worker进程。Nginx进程工作架构如图5-1所示。运维人员可以通过向master进程发送信号来操作Nginx服务,如启动、停止、重载配置等。

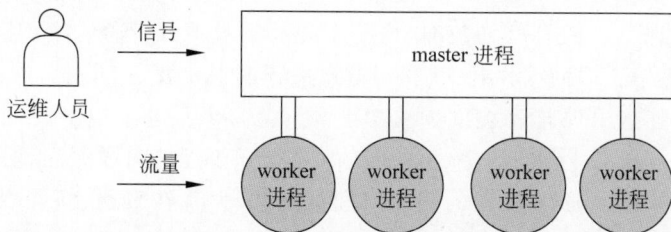

图5-1　Nginx进程工作架构

在启动或重载时,master 进程会读取并解析配置文件,确保配置文件的正确性,并根据配置在服务启动过程中进行相应的设置。服务启动后,master 进程还会监控 worker 进程的状态,一旦发现某个 worker 进程崩溃或退出,master 进程会自动启动一个新的 worker 进程来替代。

worker 进程主要负责处理实际的业务请求。每个 worker 进程可以独立地处理来自客户端的请求,并接收来自 master 进程的信号来处理相应的事件。通过清晰的职责划分和 Nginx 采用的事件驱动模型,Nginx 能够高效、稳定地处理大量并发请求,同时保证服务的高性能和高可用。

开源的 Nginx 服务通过配置热加载机制,提供了一种在不中断服务的情况下更新配置的方法。当配置发生变更时,可以通过热加载流程来生效最新的配置,从而实现在不中断服务正常运行的情况下,更新负载均衡服务的配置,保障服务的连续性和高可用性。

执行 nginx -s reload 热加载命令,会触发向 Nginx 服务的 master 进程发送 HUP (hangup)信号。master 收到 HUP 信号后的处理流程如下。

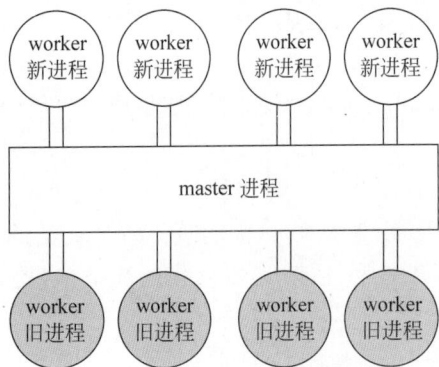

图 5-2　Nginx 热加载新旧 worker
共存的状态

（1）master 进程检查并解析新的配置文件,根据配置文件生效新的配置。

（2）master fork 出新的 worker 进程,此时新的 worker 会和旧的 worker 共存,Nginx 热加载新旧 worker 共存的状态如图 5-2 所示。

（3）待新的 worker 就绪开始监听端口,master 向旧的 worker 发送 QUIT 信号。

（4）旧的 worker 会关闭监听端口,不再接受新的连接,并等待所有正在处理的请求完成后退出。

（5）旧的 worker 退出完成后,留下新的 worker,Nginx 完成了热加载。

2. Nginx 热加载机制面临的挑战

1）连接稳定性与业务丢失风险

Nginx 在执行热加载(reload)操作时,其旧的 worker 进程会继续处理现有的连接。当这些连接上现有的请求被处理完毕后,旧进程会主动断开连接。如果客户端未能妥善处理这一变化,可能会导致业务数据的丢失。这种情况对于客户端而言,显然无法实现无缝的体验。

2）旧进程回收时间过久影响正常业务

在某些特定场景中,旧 worker 进程的回收过程可能会异常缓慢,从而对正常业务造成影响。例如,在代理 WebSocket 协议时,由于 Nginx 本身不解析通信帧,因此它无法判断请求是否已经处理完毕。即使接收到来自 master 进程的退出指令,旧 worker 进程也无法立即终止,必须等待连接出现异常、超时或由客户端主动断开后才能退出。

类似地,在 Nginx 作为 TCP 或 UDP 层的反向代理时,它同样无法确定一个请求何时真正结束。这导致旧 worker 进程的回收时间被延长,尤其在直播、新闻媒体、语音识别等高并发行业中,旧 worker 进程的回收时间可能长达半小时甚至更久。如果此时频繁执行 reload 操作,将导致处于待回收状态的 worker 进程数量持续增加,最终可能导致 Nginx 出现内存溢出的情况,严重干扰业务运行。

此外,旧 worker 进程在回收过程中,会频繁地遍历 connection 链表结构,检查请求是否已经处理完毕。该操作在存量连接回收时间较长的情况下,会对服务的性能造成影响,进而影响整体业务的处理能力。

3）云环境多租户共享网关的挑战

在传统的业务场景中,配置变更并不频繁,现有的热加载机制足以满足大部分配置更新需求。然而,在云计算环境中,由于共享网关集群可能同时服务于成千上万的用户,不同用户的配置变更需求累积起来,将导致频繁的配置变更请求。由于不同用户的流量特征差异,旧 worker 进程上的连接老化过程往往耗时较长。

面对如此频繁的配置变更请求,现有的热加载机制可能会导致大量 worker 进程的产生,进而引发 CPU 资源的激烈竞争,这可能会导致部分用户的正常业务受到影响。此外,频繁的热加载操作还可能对旧 worker 进程造成干扰,影响其稳定性。

鉴于以上问题,对于云网络 7 层负载均衡,有必要根据具体的业务场景,重新设计并实现与之相适应的配置热更新机制。这一机制需要能够减少对现有业务的影响,同时确保配置变更的灵活性和效率。

5.2.2　配置的热更新

1. 配置热更新技术概述

配置热更新机制,又称作配置的热加载,是指一种在不中断服务正常运行的情况下,快速更新配置的技术。该技术是负载均衡系统的一项关键能力,使得网关可以在不停止处理现有请求的情况下进行更新配置或升级系统。在软件定义网络架构中,配置的热更新机制是确保网络灵活性和响应速度的重要机制。

在云计算环境中,通过在同一套物理资源上虚拟化出多个隔离的网络资源,为不同的租户提供服务,从而实现了资源的高效利用。这种模式意味着大量租户可能同时使用同一集群。在这种情况下,云网关依赖类似原生 Nginx 通过加载配置文件来更新转发配置的方法已无法满足云业务的动态需求。

云负载均衡系统通过动态配置热更新机制,满足了用户对负载均衡实例配置的实时更新需求。用户可以通过控制台页面发起负载均衡实例配置修改请求,云负载均衡的控制器系统接收到请求后,发起修改该实例配置的处理流程,将更新后的实例配置按照内部标准协议接口格式,通过南向接口下发至 7 层负载均衡的转发节点。转发节点接收到实时修改请求后,解析相应配置,并根据内部流程将最新实例配置更新到转发服务的运行时内存中,从而实现了服务不重启即可实时更新配置的效果。

配置热更新机制不仅是实现多租户共享物理资源的基础,也是支持云原生应用流量模型快速变化的关键能力。它为云服务提供了必要的灵活性和可靠性,确保了业务的连续性和高效性。

2. 实例管理和变配流程

实例管理和变配机制是云负载均衡数据转发系统不可或缺的重要组成部分。变配机制指当租户在云平台新增、修改或删除实例时,能够确保这些变更的实例配置在负载均衡数据转发系统中得到准确且及时的更新。7 层负载均衡的变配机制实现,尤为依赖于控制器与 7 层转发软件的紧密协作。具体而言,负载均衡控制器在接收到来自云控制台前端或 OpenAPI 调用的实例变配请求时,需实时且准确地将实例配置信息推送至 7 层负载均衡集群。

7 层负载均衡集群在接收到控制器下发的最新实例配置后,须确保各实例配置间互不干扰,并据此有效转发各实例的流量。7 层负载均衡实例变配管理相关模块如图 5-3 所示。当前云环境中普遍采用的变配机制,其主要流程概述如下。

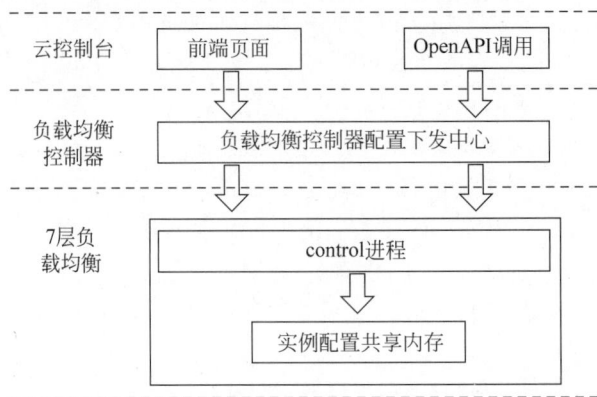

图 5-3　7 层负载均衡实例变配管理相关模块

(1) 配置发起。租户可通过云上的前端云控制台或 OpenAPI,对实例的配置进行创建或变配操作。这些配置可涉及实例级别或实例中的监听级别,例如,在监听下创建多种转发规则。

(2) 配置下发。变更后的最新配置将由负载均衡控制器接收,并存储至配置下发中心。以 ETCD 作为配置下发中心为例,控制器会将每个集群的配置以键值对的形式写入 ETCD。

(3) 配置获取。从 7 层负载均衡转发软件的角度看,须实现多实例配置的实时获取功能。例如,通过 Nginx 的扩展模块,设立一个 control 进程,专门负责与负载均衡控制器进行配置交互,以获取实例的最新配置。该 control 进程通过订阅 ETCD 中对应 key 的消息,持续监听 ETCD 的消息下发。一旦负载均衡控制器将新配置写入 ETCD,ETCD 的消息通知机制将被触发,将租户配置同步给 7 层负载均衡的 control 进程。

(4) 配置管理。control 进程在解析完实例配置后,需利用存储管理模块对实例配置进行新增、查找、更新或删除等操作。Nginx 中的共享内存可作为各 worker 进程共享的全局存储区,用于存储这些配置数据。

3. 基于实例配置的转发处理

从 7 层负载均衡转发的角度来看,需要支持多实例的转发能力,即在接收到请求和响应时,能够根据对应实例的配置进行转发处理。客户端从发起请求到成功将请求转发到实例对应的后端服务器,需要经历如下两个阶段:TCP 连接阶段和请求的匹配与转发阶段。

第一个阶段是 TCP 连接阶段,该阶段包括 TCP 连接的建立和从连接中获取负载均衡实例信息(如 VIP、VPORT、CIP、CPORT 和 VNI 等)两个步骤。首先,7 层负载均衡服务接受客户端的建连请求,通过 3 次握手建立 TCP 连接。然后,从 TCP 连接中提取实例信息,并将其存储在 ngx_connection_t 结构中。这些信息将在后续请求处理的各个阶段用于查找对应的实例配置。

在云网络负载均衡系统中,7层协议的数据报文通常先通过 VIP 路由送至 4 层负载均衡集群进行初步处理,然后再分发给 7 层负载均衡集群。因此,VIP、VPORT、CIP、CPORT和租户标识 VNI 等实例信息通常由 4 层负载均衡在三次握手过程中通过 TCP 报文头部的Options 字段,或者在握手成功后通过 Proxy Protocol,传递给 7 层负载均衡软件 Nginx。在 Nginx 的多实例管理功能中,需要实现一个回调函数,该函数会在 TCP 连接建立时,从Options 字段或 Proxy Protocol 处理中获取上述实例信息,查询实例监听配置信息,并将其保存到 Nginx 的 ngx_connection_t 结构体中。TCP 连接阶段配置查找流程如图 5-4 所示。

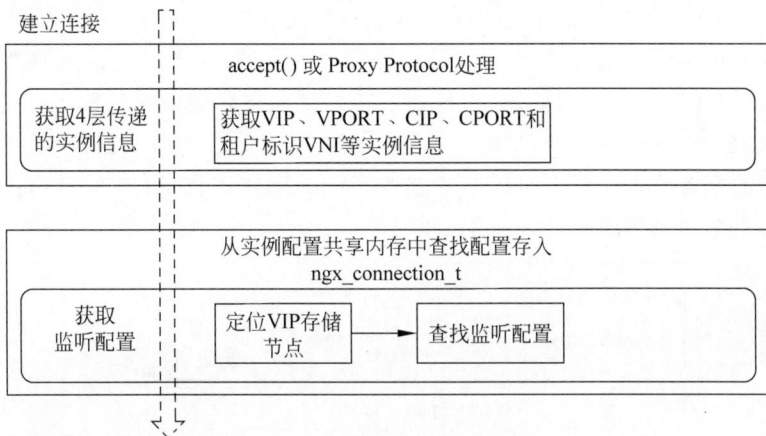

图 5-4　TCP 连接阶段配置查找流程

第二个阶段是请求的配置查找和转发阶段。在这个阶段,需要查找对应的租户实例,并根据实例配置的规则进行回源转发,如图 5-5 所示。查找和匹配的处理步骤如下。

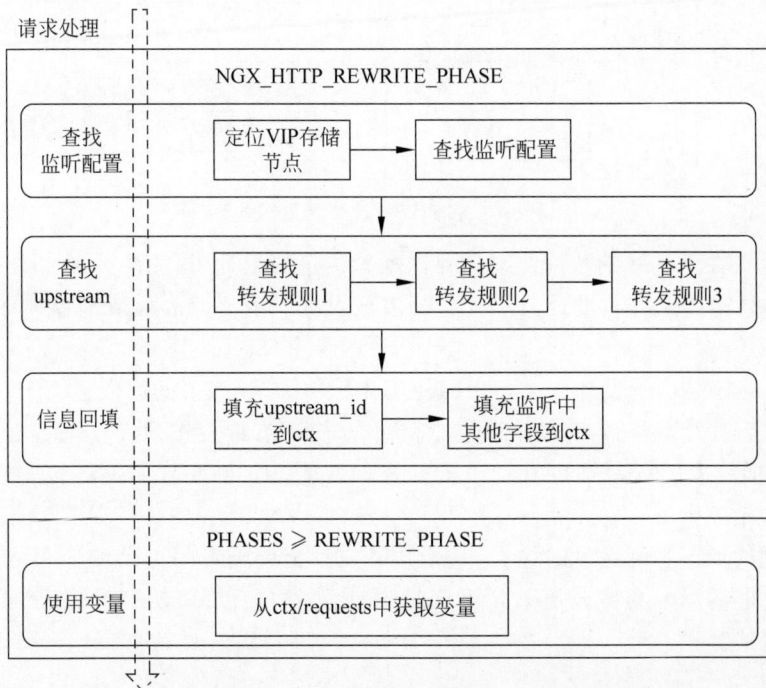

图 5-5　根据实例配置的规则进行回源转发

1）查找租户实例与配置

请求到来之后，在处理转发时，从 ngx_connection_t 结构中获取在第一阶段存储的实例信息。然后，在 NGX_HTTP_REWRITE_PHASE 处理阶段，查找共享内存中是否有对应的实例配置。配置中包括监听的详情以及相关转发规则策略。

2）匹配实例的转发规则

转发规则通常是指根据连接或请求中携带的 HTTP 头信息来选择需要转发的某个服务器组。在转发处理流程中，会按照请求 HTTP 头部中的相关信息（例如域名、Cookie、QueryString 等内容）与租户配置的转发规则进行匹配，选择一个服务器组，然后再按照用户配置的负载均衡策略将请求转发到该服务器组中的一个后端服务器。如果存在多种转发规则，则会按照优先级从高到低遍历，将请求转发到最先匹配成功的策略。

4. 多实例管理和转发模块的实现

租户实例的配置管理和转发过程中的查找匹配等操作逻辑，可以在 Nginx 中通过二次开发抽象成一个多实例管理和转发模块，如图 5-6 所示。

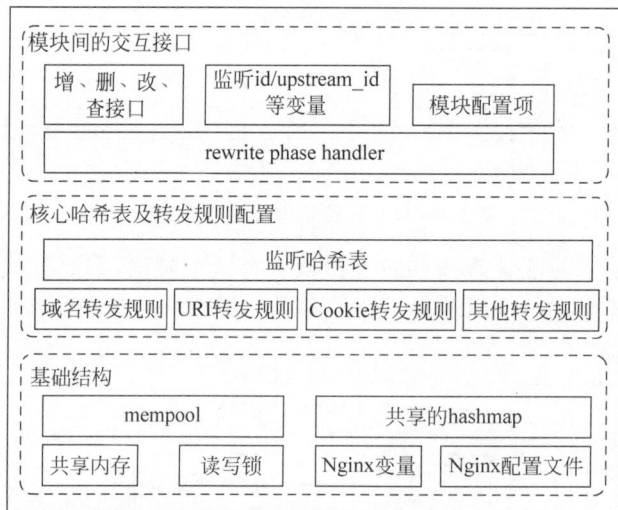

图 5-6　多实例管理和转发模块

模块的重点在于其基础数据结构和存储配置信息的设计，相关设计概述如下。

（1）基础结构的选型和设计。主要包括基于共享内存池（mempool）结构的设计，读写锁的合理使用等。

（2）核心存储结构的设计。在配置的使用流程中，查找配置的次数远大于更新和删除，为了提高多进程使用共享内存时的查找效率，可以使用哈希表作为实例配置存储结构。此外，使用哈希桶粒度的读写锁也有利于提升查询性能。实例配置相关的转发规则以 entry 结构存储在哈希表中。

随着实例的增多和配置量的增大，基于共享内存全局配置的存储设计和 Nginx 锁的使用对于转发性能的影响会比较显著。下面针对这两个方面对多实例管理和转发模块的实现原理进行概述。

1）配置内存设计

实例的监听配置在 Nginx 转发软件中统一保存在共享内存中。对于云环境中频繁变更的实例配置,如果使用动态分配和释放内存的方式,存在以下问题:一是频繁地分配和释放内存可能导致内存碎片过多;二是预分配的共享内存大小固定,虽然能根据配置量预估一个大小,但当碎片增多到一定程度时,可能出现内存不足的情况;三是内存分配和释放的开销相对较大。

为了解决以上问题,考虑到实例配置依赖少数几个固定类型的数据结构,多实例管理和转发模块可以采用预分配的方式,根据实例配置数量提前申请一大块内存,并将其切分为若干个数据结构。通过空闲链表和已使用链表的方式管理实例配置结构,其中,空闲链表存储未分配的内存,而已使用链表存储已分配的内存。模块对外提供接口以动态地分配和回收内存,这种内存分配机制简称为 mempool。这种设计具有以下优点。

(1)预分配内存避免了内存碎片的问题。

(2)对系统支持的配置量级的预估、对使用共享内存总量的预估更准确。

(3)分配和释放内存的开销小。

(4)即使某个数据结构被释放,其内存也不会被真正释放,这在一定程度上降低了并发场景下访问野指针的风险。

对于超过预估实例数量的情况,预分配方式无法随着业务实例数量的增多而自动扩展。可以通过设计合理的动态扩展机制来解决这个问题,如在主分配池用完之后,对于新增配置所需的内存可以采用动态扩展分配的方式。

2)读写锁

Nginx 采用一个多进程 worker 的架构,其中,锁机制主要用于控制共享内存的访问。在管理共享内存的结构 ngx_slab_pool_t 中,提供了一个互斥锁(mutex)变量用于处理内存分配和释放时的锁定操作,并且提供了相应的加锁和解锁接口。逻辑较为简单的模块可以直接复用该锁,但对于逻辑较为复杂、需要考虑操作性能的情况,则需要更细粒度地读写锁或其他类型的锁。

多实例管理和转发模块保存了所有实例下的监听配置及转发策略,一方面,对于请求访问量较大的情况,查找配置的性能要求较高,需要尽量减小锁的粒度以降低开销;另一方面,由于其具有一写多读且写入操作少于读取操作的特点,因此选择使用细粒度的读写锁来保护配置所用的内存临界区更为合理。

3)存储配置信息哈希表的设计

多实例管理和转发模块设计了一个由索引数组和哈希表组成的两级存储结构,如图 5-7 所示。这一结构主要用于优化实例配置信息的快速定位与访问。在这一结构中,第一级是一个索引数组,它承担着初步筛选的任务,即通过 VNI 作为键值来决定实例的配置信息应存放于哪一个特定的桶(bucket)。这样的设计极大地提高了后续搜索的速度,因为 VNI 作为一个全局唯一的标识符,能够迅速将搜索范围缩小至一个桶。在第一级索引定位到合适的桶之后,第二级的哈希表则负责进行更细致的数据定位。在这个阶段,系统使用一个组合键,即 VIP 和 VPORT 的组合,作为哈希表中的键

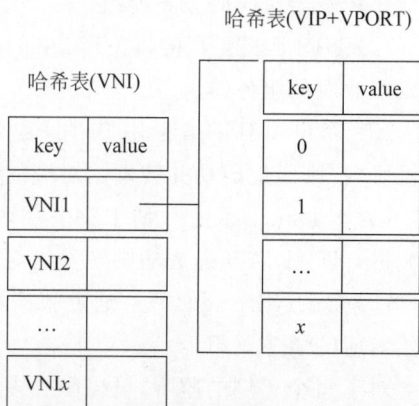

图 5-7　索引数组和哈希表组成的两级
存储结构

值,以精确识别并定位到具体的监听配置信息。

这种两级的设计不仅提高了配置信息查找的效率,而且确保了在网络环境变化或配置更新时,仍能准确无误地找到所需的配置条目。通过这种两级存储结构,系统能够在处理大量并发请求时保持良好的响应性能,并有效避免了单层哈希可能遇到的哈希碰撞问题。

4)转发规则链表

基于转发规则的负载均衡回源策略通常允许在监听配置中根据规则将请求转发给不同的服务器组。通过域名匹配、URI 匹配、Cookie 匹配、客户端 IP 匹配等策略,将请求转发到其中一个匹配成功的服务器组中。然后再通过负载均衡调度算法,将请求转发给对应服务器组的某一台后端服务器。基于多转发规则的负载均衡如图 5-8 所示。

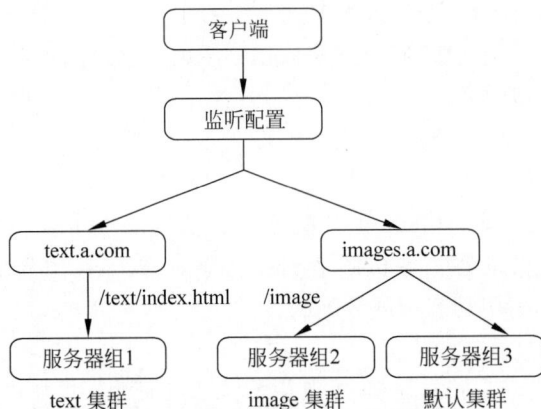

图 5-8　基于多转发规则的负载均衡

相比于单一的 4 层负载均衡回源策略,基于多转发规则的负载均衡回源策略能够解决更加复杂的用户场景。例如,用户网站架构包含多个业务模块,通过多个二级域名来分隔业务模块,不同的服务器承载不同的 URL 资源。上述场景是目前大型网站架构中比较通用的场景,基于多转发规则的负载均衡回源策略能够很好地解决这些场景,通过不同的匹配策略将请求转发到不同的服务器资源中。

(1)域名匹配:直接将 URL 中的访问域名与设置的域名规则进行匹配,若匹配成功则将请求转发给对应的服务器组。

(2)URI 匹配:直接将 URL 中的 URI 与设置的规则进行匹配,若匹配成功则将请求转发给对应的服务器组。

(3)客户端 IP 匹配:用户可自定义 IP 和掩码位数,若请求的客户端 IP 位于设置的规则网段内,则匹配成功并转发给对应的服务器组。

(4)Cookie 匹配:从请求头中获取 HTTP 请求的 Cookie,然后将该 Cookie 与设置的规则进行匹配,若匹配成功则转发给对应的服务器组。

(5)QueryString 匹配:通过将请求中的参数与设置的参数进行匹配,若匹配成功则转发给对应的服务器组。

对于每个实例的监听,可以配置多个转发规则,这些转发规则可以按顺序串行组合,并按照实例配置的顺序生效。在第二级哈希表中,可以采用链表的形式将这些规则存储起来。在 Nginx 接收到请求进行查找规则和转发时,可以通过遍历链表结构来匹配这些转发规则。

5.2.3　后端服务器热更新

在负载均衡服务中,后端服务器组由实际承载流量的真实服务器构成。在 Nginx 中,这一组服务器被称为上游服务器组。在上游服务器组的配置中,可以指定服务器的地址、权重、主备服务器设置,并选择服务器的调度算法,以及定义对服务器的健康检查方式等。

在典型的工作场景中,Nginx 接收来自下游客户端的 HTTP 请求,根据配置对这些请求进行处理,然后将处理后的请求转发给上游服务器组。上游服务器接收到 HTTP 请求后,执行业务逻辑处理,生成响应报文,并将其返回给 Nginx 服务。Nginx 在接收到上游服务器的响应报文后,将其发送给下游客户端。

在 7 层负载均衡转发服务中,配置的分类包括监听配置、后端服务器配置、证书配置以及限速配置。这些配置的实时动态修改是负载均衡服务的基本需求。在 5.2.2 节中,概述了配置热更新技术,并详细解释了实例配置的热更新技术实现方式。在 7 层负载均衡服务中,后端服务器组配置的变化非常频繁,并且与其他各类配置相互关联,因此需要设计独立且高效的热更新机制。

为了解决这个问题,开源社区提出了许多优秀的解决方案,其中,dyups 模块因其出色的设计和模块独立性而被广泛采用。Nginx 的 dyups 模块是一个第三方模块,用于动态管理上游服务器组。它提供了 API 和内部调用方法,可以在不重启 Nginx 的情况下,动态添加、删除或修改上游服务器组的配置。

1. 基于 dyups 的热更新机制

7 层负载均衡转发服务基于开源软件 Nginx,并集成了 dyups 模块,以实现对后端服务器的动态管理。后端服务器的配置变更模块如图 5-9 所示,类似于 5.2.2 节中描述的实例配置变更流程,由 4 个关键步骤组成:配置发起、配置下发、配置获取和配置管理。

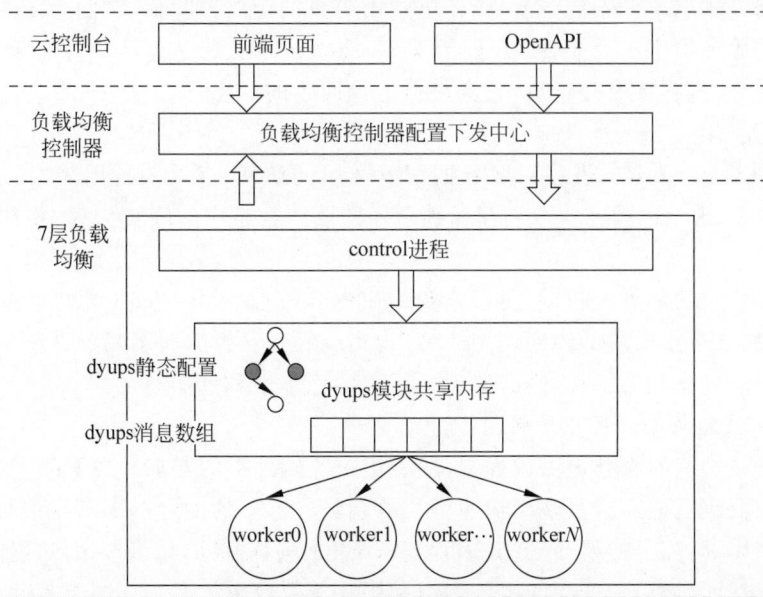

图 5-9　后端服务器配置变更模块

在实际操作中,用户可以通过云控制台的前端页面或 OpenAPI 发起配置变更请求。这些请求会被控制器配置中心接收,并将其分发给相应的 7 层负载均衡集群。在 7 层负载均衡服务软件中,control 进程负责与控制器进行交互,解析接收到的配置信息,并将这些配置写入共享内存。最终,这些配置在 worker 进程中生效,实现了对后端服务器配置的动态更新。

后端服务器组的配置分为静态配置和动态配置两部分。静态配置存储在 dyups 模块的共享内存中,目的是在创建 worker 进程时能够快速地将后端服务器组的配置同步给这些进程。动态配置则是保存在各个 worker 进程本地内存中的运行时配置,用于 worker 进程根据配置内容独立地转发 HTTP 请求和对后端服务器进行健康检查。

后端服务器变配与实例变配的不同主要体现在配置管理和配置生效阶段。具体流程如下。

(1)配置更新。control 进程解析完后端服务器组配置后,会更新存储于共享内存的后端服务器组静态配置信息。这些静态配置信息以红黑树的形式存储,每个节点包含一组后端服务器的配置信息。control 进程负责管理和维护共享内存中的静态配置信息。

(2)配置转换。接着,control 进程将服务器组配置转换为约定格式的配置字符串,并放入 dyups 模块共享内存的 upstream_msg_array 配置数组中,用于更新 worker 进程的动态配置。

(3)配置应用。当某个 worker 进程被变配定时器唤醒后,它将遍历配置数组,读取最新的后端服务组配置,并替换 worker 本地内存中使用的服务器组配置。

(4)请求转发。在 HTTP 请求被 worker 进程处理时,worker 根据本地内存中最新的后端服务器组配置来将请求转发给后端服务器。

Nginx 采用基于事件驱动的模型,当一个 worker 进程正在处理配置更新事件时,新的连接请求会被调度到其他 worker 进程来处理。一旦配置更新完成,该 worker 进程即可根据新的配置来处理请求。不同的 worker 进程由各自的定时器唤醒,它们会读取 dyups 模块共享内存中的服务器组配置信息,并记录下 worker 的已读标志。当一个服务器组配置信息被所有 worker 进程读取完毕后,它会被打上待回收的标志,以便在 control 进程需要写入新配置时循环利用。

为了控制不同 worker 进程对服务器配置数组的访问,互斥锁被用来确保数据的一致性和完整性。worker 进程在获取到互斥锁后才能读取数组中的配置信息,并在完成读写操作后释放锁。

通过 dyups 模块的变配机制,可以避免使用 Nginx 原生的 reload 机制来更新服务器组配置,而是利用 dyups 模块的内部调用或 API,实现服务器组的动态配置更新。这种机制提高了配置更新的效率和灵活性,同时确保了系统的稳定性和性能。

2. dyups 热更新机制存在的问题

在 7 层负载均衡的服务提供过程中,随着用户实例种类的增加和数量的上升,多租户共享集群的服务器组变配需求呈现出快速增长的趋势。原有的配置热更新机制依赖于 dyups 模块的全局互斥锁,用于协调 control 进程与 worker 进程之间,以及 worker 进程相互之间的读写操作。然而,当单次变配的服务器组和服务器数量较大时,control 进程和 worker 进程获取全局锁的成本都会增加。在等待获取全局锁的过程中,control 进程和 worker 进程无法处理其他事件。在处理大容量服务器组的批量配置变更等极端场景时，可能会出现只有持有锁的进程在进行变配，而其他进程都在等待全局锁释放的情况，这可能会影响正常的转发业务。

为了分析互斥锁在变配流程中的影响，需要梳理 dyups 模块的配置变更流程。在 control 进程解析服务器组配置后，它会首先获取全局互斥锁，然后开始操作模块的共享内存，相关代码段如下。

```
list_for_each_entry(sg, &sync_result.server_group_list_for_update, sg_entry) {
    …
    /* 获取 dyups 模块共享内存全局锁 */
    ngx_shmtx_lock(&shpool->mutex);

    /* 更新 dyups 模块静态配置 */
    ngx_dyups_update_upstream_static(sg);

    /* 更新 dyups 模块动态配置 */
    /* 生成服务器组专用字符串 */
    ngx_dyups_generate_config(&buf, pool, NGX_DYUPS_INIT_LEN, sg);
    …
    /* control 进程更新本地内存服务器组配置 */
    ngx_dyups_do_update(name, type, buf, rv);

    /* 更新配置到动态消息数组中 */
    ngx_http_dyups_send_msg(name, type, buf, NGX_DYUPS_ADD);
    …
    /* 释放 dyups 模块共享内存全局锁 */
    ngx_shmtx_unlock(&shpool->mutex);
    …
}
```

在这一段代码中，control 进程在解析服务器组配置后，会获取全局互斥锁，然后逐一将服务器组配置节点插入静态配置红黑树中。静态配置更新完成后，control 进程会生成每个服务器组的专用配置字符串，并更新到动态配置消息数组 upstream_msg_array 的空闲位置中。

worker 进程处理变配流程的代码段如下。

```
{
    …
    /* 获取 dyups 模块共享内存全局锁 */
    ngx_shmtx_lock(&shpool->mutex);
    …
    /* 遍历消息队列(数组) */
    for (q = ngx_queue_last(&sh->msg_queue);
        q != ngx_queue_sentinel(&sh->msg_queue);
        q = ngx_queue_prev(q))
    {
        /* 根据遍历到的元素获取完整消息的地址 */
```

```
            msg = ngx_queue_data(q, ngx_dyups_msg_t, queue);
            …
            /* 同步消息中的配置信息到本地内存中 */
            rc = ngx_dyups_sync_cmd(pool, &name, type, &content, msg->flag);
            …
        }
        …
        /* 释放 dyups 模块共享内存全局锁 */
        ngx_shmtx_unlock(&shpool->mutex);
    }
```

worker 进程被变配定时器事件唤醒,获取全局互斥锁,然后读写模块的共享内存。worker 进程逐一读取本次变配的服务器组配置,更新替换本地运行时内存中服务器组的旧配置,写入当前 worker 的已读标记。本次变配的全部服务器组配置被读取完成后,worker进程释放全局锁。

这种流程设计旨在确保配置更新的同步性和一致性,但在处理大量配置变更时,可能会导致性能瓶颈。因此,在设计大容量服务器组的配置变更策略时,需要考虑如何优化全局互斥锁的使用,以减少对正常业务的影响,并提高配置更新的效率。

服务器组批量变配引发锁竞争如图 5-10 所示。

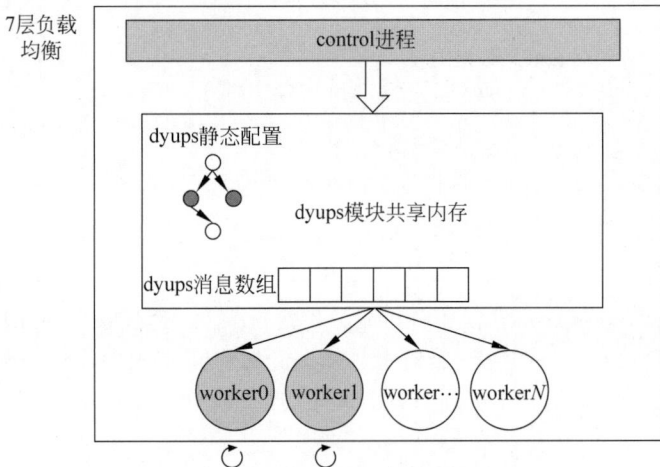

图 5-10　服务器组批量变配引发锁竞争

在大批量服务器组配置变更的情况下,control 进程持有锁的时间会急剧上升,此时所有被定时器唤醒的 worker 进程会处于阻塞状态,而无法处理 HTTP 请求的转发业务。当某个 worker 进程抢锁成功时,也需要一定的时间完成全部服务器组的配置更新,此时其他worker 和 control 进程同样处于阻塞状态。总结下来,在服务器组批量配置变更的场景下,基于 dyups 模块的服务器组热更新机制会遇到如下问题。

(1)持有锁的 control 进程或是 worker 进程配置更新耗时较长,导致大量的 worker 进程进入阻塞队列,能够处理转发流量的 worker 数量变少,新建连接处理能力下降。

(2)处于阻塞状态的 worker 上已有连接的请求,处于等待状态,无法被 worker 处理,可能会引发响应超时异常。

（3）处于阻塞状态的 worker 承担的健康检查任务，也处于等待执行的状态。当任务等待时间过久时，可能会引发健康检查任务超时，该任务对应的后端服务器健康状态被异常标记为 Down。此时业务流量会被转发给服务器组中的其他节点。处于阻塞状态的 worker 过多时，可能会导致服务器组中全部节点的健康检查任务超时，导致业务流量无法被正常转发。

（4）control 进程处于阻塞状态时，配置流程会被阻塞，此时新配置的变更无法通过 control 进程下发，也无法实际在转发业务中生效。

（5）在服务器组配置较大的 7 层负载均衡集群中，发生大容量服务器组批量配置变更时，当单次变配的服务器数量累计超过 5000，正常业务开始受到影响。随着变配服务器数量的增加，业务受影响的程度加剧，恢复时间也相应延长。

3. 服务器组热更新机制的优化

为了解决在大容量服务器组批量变配场景下的瓶颈，7 层负载均衡对原有的服务器组配置热更新机制进行了优化升级，以提升云负载均衡服务的稳定性和可靠性。针对原 dyups 模块的服务器组热更新机制在实际变配场景中暴露出来的问题，主要是共享内存全局锁冲突域过大和 worker 承担的多重任务互相影响的不足，进行了如下优化和改进。

（1）优化共享内存锁使用。去掉了 dyups 模块在服务器组配置变更中对共享内存全局锁的依赖，转而采用更为精细化的锁策略。根据共享内存的不同用途，为每一块内存临界区配置了专用的互斥锁，用于同步不同进程的访问。这一分区加锁策略可以显著减少锁竞争影响的范围，提高系统的整体效率。在 dyups 模块共享内存中，读写静态配置时使用 HashMap 提供的 bucket 级别的锁，而动态配置在不同的消息队列使用各自独立的互斥锁。优化后，将冲突域从 control 进程和所有 worker 进程之间争抢全局锁，缩小为 control 进程和 worker 进程两两之间通过分区内存锁同步读写操作。即使发生锁冲突的极端情况，只会波及单一的 control 进程或是 worker 进程，其他 worker 进程仍然可以正常地处理转发业务。

（2）消息队列的独立化。在配置热更新过程中，用于传递服务器组动态配置的消息队列也进行了调整。从原先所有 worker 进程共用一个消息数组的方式，改为每个 worker 进程配备独立的消息队列。每个 worker 进程可以独立地从各自的队列中消费服务器组配置消息，避免了多个进程争抢同一临界区资源，进一步提升了配置更新的效率和稳定性。任一消息队列被其中一方消费，都不会影响其他 worker 进程正常进行配置同步，也不会影响其他 worker 从配置更新事件中退出。

（3）配置变更的超时保护。在 worker 进程从消息队列同步动态配置时，增加一个定时器用于阻止 worker 进程在超时条件下继续消费新配置，避免 worker 进程被配置变更事件占用过多的 CPU 时间。超时保护机制，可以减少 worker 进程在单次变配中耗时过久而导致业务请求超时的场景发生。在大容量服务器组批量变配情况下，worker 进程在保障转发业务不超时的前提下，单次变配较少的服务器组，拉长批量变配整体的时间，来换取转发业务不受变配的影响。

（4）健康检查任务的分离。为了进一步提高系统的稳定性和可维护性，将健康检查任务从普通的 worker 进程中分离出来，交由专用的健康检查任务进程 hchecker 来处理。健康检查任务剥离后，worker 进程只需要处理配置更新事件和 HTTP 请求转发的业务，单一任务的处理能力得到释放。hchecker 进程与 worker 进程获取配置方式相同,从 dyups 消息队列获取最新的服务器组配置,根据服务器组中的健康检查配置对后端服务进行定时探活。由于任务单一,hchecker 进程能够不受干扰地执行健康检查任务,产出可靠的健康检查结果。当后端服务器数量较多时,可以增加 hchecker 进程的数量来支持。

优化后的后端服务器组变配机制示意如图 5-11 所示。

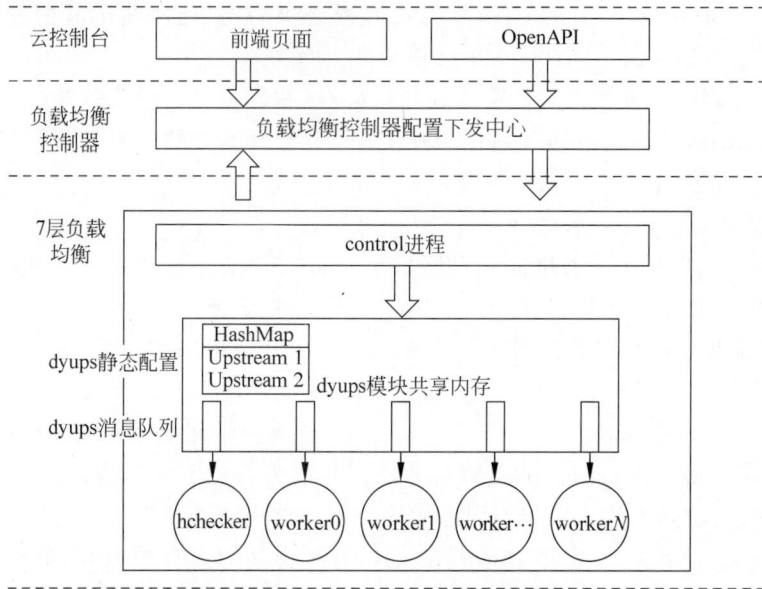

图 5-11　优化后的后端服务器组变配机制示意

上述优化措施中,前三项是针对服务器组变配流程的改进,最后一项则是避免配置热更新和业务转发对健康检查结果的影响。根据优化后的热变配机制,7 层负载均衡服务的一次服务器组配置热更新流程优化为如下步骤。

(1) control 进程解析完后端服务器组配置后,开始操作 dyups 模块共享内存。将服务器组配置更新到存储静态配置的 Hash 表中,进程间通过 Hash 表内部的 bucket 锁来同步操作。

(2) control 进程生成约定的服务器组配置字符串,逐个遍历消息队列,将配置字符串写入队列。读写消息队列时,先获取各个队列对应的共享内存锁。

(3) worker 进程或 hchecker 进程被配置更新的定时器唤醒,在设定时间内逐个消费队列中的服务器组配置消息。设定的时间消耗完,则停止消费更多的配置消息。只有在服务器组配置消息读取的阶段,worker 进程需要获取消息队列的共享内存锁。

(4) 配置消息读取后,worker 进程更新本地内存中的服务器组转发配置。由于操作的独立性,此阶段不需要额外加锁。

(5) hchecker 进程读取服务器组配置消息后,更新本地内存中后端服务器的健康检查任务配置。hchecker 进程按配置执行健康检查任务,通过健康检查模块的共享内存与 worker 进程共享服务器的健康检查状态。

经过升级和优化,服务器组的配置热更新流程效率得到了显著提升。优化后的 7 层负载均衡服务在同步后端服务器组配置时,所需时间大幅缩短。与原版本相比,优化版本的速度提升了大约 5 倍。

5.3　7 层负载均衡 VPC 转发技术

5.3.1　7 层负载均衡 VPC 技术概述

1. 常用的 7 层负载均衡 VPC 技术

在业界广泛使用的反向代理软件,如 Nginx 和 HAProxy 等,并不原生支持 VPC 技术。因此,这些软件无法直接为虚拟网络提供 7 层服务。这一局限性主要是因为这些软件的设计初衷是处理常规的应用层请求,通过在传输层之上管理和分发应用层请求来实现其功能。然而,它们并不具备处理虚拟网络中特定报文的能力,例如,VXLAN 或其他隧道技术所使用的报文(详细内容请参阅 2.3.1 节)。为了使这些常用的反向代理软件能够支持 VPC 服务,主要有以下两种实现方式。

1) 以云虚拟机形态部署软件直接进入用户 VPC

这种方式是在用户 VPC 网络中直接创建云虚拟机,并在这些虚拟机中启动反向代理软件提供 7 层负载均衡服务。由于这些虚拟机已经位于用户的 VPC 内部,因此可以直接为客户的 VPC 提供 7 层负载均衡服务。通过将负载均衡服务直接集成到 VPC 环境中,解决了传统负载均衡与虚拟网络之间的互通问题。

这种方式具备显著的优势。首先,它具有强大的本地集成能力,允许负载均衡服务直接在用户 VPC 内部运行,无缝融入现有的网络架构,从而省去了复杂的网络配置与跳转步骤。可以根据应用负载的实时变化动态调整负载均衡服务的规模。通过内部部署负载均衡服务,实现了对网络流量的更精细控制与管理,有效提升了数据的安全性和隐私保护水平。

然而,为每个用户 VPC 创建 7 层负载均衡虚拟机直接导致了大量的计算资源(如CPU、内存和存储)占用,特别是在用户基数庞大的情况下,资源消耗尤为显著。每台虚拟机都需要独立配置与管理,这无疑加大了运维工作的难度与成本。另外,随着用户数量的持续增长,不断创建新虚拟机以支持新 VPC 的需求,可能会遭遇资源分配与扩展的瓶颈。

尽管 7 层负载均衡以虚拟机形态直接进入 VPC,它在灵活性和安全性方面展现出了显著的优势,但在大规模部署时,资源消耗、管理复杂性和扩展性等方面的挑战也不容忽视。

2) 负载均衡以物理机形态进入 VPC

在物理机上部署反向代理软件作为 7 层负载均衡时,由于与用户 VPC 网络隔离,若要将流量转发到用户的 VPC,就需要专门的组件来处理 Overlay 隧道的封装。这些反向代理软件本身并不原生支持 VPC 技术。为了最小化对原有应用逻辑的修改,通常会在系统内核中集成一个专用的模块,用于 Overlay 报文的封装和解封装,从而实现应用层流量能够快速地进入 VPC 网络。

具体实现时,可以在操作系统的内核增加一个专门的模块或驱动,该模块深度集成于网络栈中,能够直接对经过的数据包进行拦截、处理和转发。这种方式保证了应用层流量的无缝接入和快速响应,从而实现了反向代理软件与用户 VPC 网络的通信。

2. 访问公网 7 层负载均衡数据流处理

以 7 层负载均衡与后端服务器在同一 VPC 场景下为例,访问公网 7 层负载均衡模块处理如图 5-12 所示，VXLAN 数据报文封装如图 5-13 所示，相关处理流程如下。

（1）客户端通过地址 CIP 和端口 CPORT 访问 EIP 提供的公网负载均衡服务。

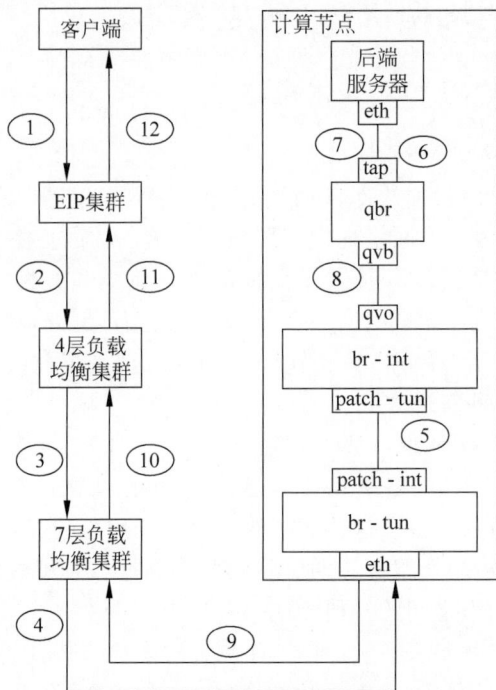

图 5-12　访问公网 7 层负载均衡模块处理

	VXLAN - outside			inside							
	SrcIP	DstIP	VNI	SrcMac	DstMac	SrcIP	DstIP	SrcPort	DstPort	TTM	
①				gw-mac	EIP-mac	CIP	EIP	CPORT	OVPORT		
②	EIP-VTEP	LB-VTEP	3	gw-mac	EIP-mac	CIP	EIP	CPORT	OVPORT		
③				gw-mac	LB7-mac	BIP	LB7IP	BPORT	FPORT	CIP:CPORT VIP:VPORT	
④	LB-OVTEP	server-CN	3	VIP-mac	RS-mac	OBIP	RSIP	OBPORT	RSPORT		
⑤				qr-mac	RS-mac	OBIP	RSIP	OBPORT	RSPORT		
⑥				qr-mac	RS-mac	OBIP	RSIP	OBPORT	RSPORT		
⑦				RS-mac	qr-mac	RSIP	OBIP	RSPORT	OBPORT		
⑧				RS-mac	qr-mac	RSIP	OBIP	RSPORT	OBPORT		
⑨	server-CN	LB-OVTEP	3	RS-mac	qr-mac	RSIP	OBIP	RSPORT	OBPORT		
⑩				gw-mac	LB4-mac	LB7IP	BIP	FPORT	BPORT		
⑪	LB-VTEP	EIP-VTEP	3	gw-mac	EIP-mac	OVIP	CIP	OVPORT	CPORT		
⑫				EIP-mac	gw-mac	EIP	CIP	OVPORT	CPORT		

图 5-13　访问公网 7 层负载均衡 VXLAN 数据报文封装

（2）公网 EIP 集群根据 EIP 地址查询配置规则，发现 EIP 绑定在负载均衡实例上，将接收报文中的目的地址 EIP 替换成 OVIP，再封装成 VXLAN 隧道后转发给 4 层负载均衡集群处理。

（3）4 层负载均衡与 7 层负载均衡之间通过 Underlay 网络进行通信，源地址为 4 层 LB 负载均衡的回源 IP（Backend IP，BIP），目的 IP 为 7 层负载均衡的业务 IP（LB7IP），端口为对应协议的固定端口（简写为 LB7IP：FPORT）。TTM 信息中会携带客户端 CIP：CPORT，以及负载均衡的 Overlay VIP 和端口（简写为 OVIP：VPORT）。当报文到达 7 层负载均衡集群后，7 层负载均衡会解析 TTM 中的对应信息，并查询转发规则，以进一步转发报文。

（4）7 层负载均衡解封装 VXLAN，根据 OVIP＋VNI（示例分配值是 3）查找负载均衡实例配置信息，使用实例配置的调度算法（如轮询、最小连接数等）选择某一个后端服务器。根据 FULLNAT 的处理逻辑，将报文中的客户端地址和端口（CIP：CPORT）替换为负载均衡回源的后端地址 OBIP 和端口 OBPORT，将报文中的目的地址和端口 OVIP：OVPORT 替换为后端服务器的地址和端口 RSIP：RSPORT，然后再封装成 VXLAN 将报文转发到后端服务器对应的计算节点，使用 7 层负载均衡时，通常会通过 HTTP 头 X-Forwarded-For 来携带客户端的真实 IP，发送给后端服务器所在的计算节点。

（5）计算节点中运行的 OvS 解封装 VXLAN。

（6）处理完成的报文转发给后端服务器。

（7）后端服务器接收并处理来自客户端的请求，处理后返回响应报文。

（8）后端服务器计算节点不用做地址转换处理。

（9）后端服务器计算节点中运行的 OvS 进行查路由等报文处理后，封装成 VXLAN 发送回 7 层负载均衡集群。

（10）7 层负载均衡解封 VXLAN 报文后，通过 Underlay 网络将后端服务器的响应转发给 4 层负载均衡集群，源 IP 地址和端口为（LB7IP：FPORT），目的 IP 和端口为（BIP：BPORT）。

（11）4 层负载均衡接收到这个出向报文，根据报文中的信息查找内存中的 Session 记录，做反向 FULLNAT 的处理，将报文中的目的地址 OBIP：OBPORT 替换为 CIP：CPORT，源地址 RSIP：RSPORT 替换为 OVIP：OVPORT。出向报文遵循请求从哪进来，响应从哪出去的原则，封装成 VXLAN 发送给公网 EIP 集群。

（12）公网 EIP 集群接收到报文后解封装 VXLAN，查询 OVIP 配置信息，将报文中的源地址 OVIP 替换成 EIP，最后送回客户端。

5.3.2 7 层负载均衡 VPC 关键技术

1. 内核模块组件与架构

主流的云厂商通常采用 VXLAN 的 Overlay 封装技术来实现 VPC 网络的隔离。VXLAN 作为一种常用的 Overlay 技术，通过将三层网络流量封装在 UDP 数据包中，实现了不同物理网络之间的通信。因此，下面将以 VXLAN 封装的 VPC 转发模块为例，介绍内核中 VPC 转发模块的主要实现方式和原理，其 VPC 转发模块框架如图 5-14 所示。

VPC 转发模块的主要作用是协助应用层完成 VXLAN 报文的封装和解封装，尽量做到让应用程序无感知。通常，应用程序需要通过系统调用来与内核态的 VPC 转发模块进行通信。为了完成 VXLAN 报文的封装和解封装，应用程序通常需要执行以下几个步骤。

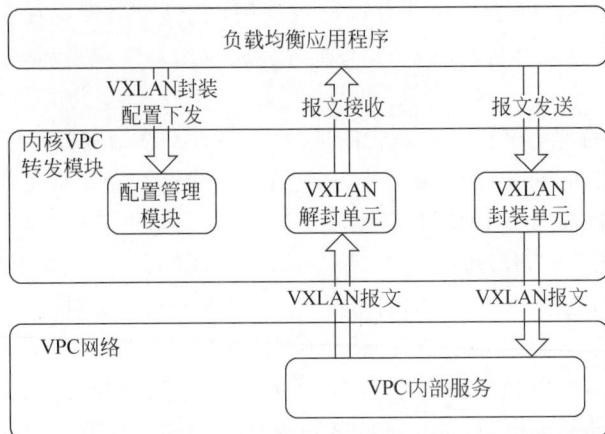

图 5-14　VPC 转发模块框架

（1）初始化配置。设置 VXLAN 隧道的相关参数，如 VNI 和隧道端点地址。这些配置会通过系统调用下发到 VPC 转发模块的配置管理模块中，并在应用层调用发送报文时进行查询，以确保正确的封装和路由。

（2）发送数据报文。将需要发送的数据报文通过系统调用传递给内核中的 VPC 转发模块。VXLAN 封装单元会在内核协议栈的关键转发节点上设置回调拦截函数。在这些函数中，会检查数据报文是否匹配 VXLAN 封装规则，从而决定是否进行 VXLAN 封装。如果目标是访问 VPC 内部的服务，则进行 VXLAN 封装，并发送到指定的 VPC 内部。

（3）接收数据报文。接收从 VPC 网络返回的数据报文，并由 VPC 转发模块的 VXLAN 解封装单元进行解封装。

（4）数据传递。将解封装后的数据报文传递回应用程序。

通过上述几个步骤，仅需对应用层进行轻微调整，主要是下发 VXLAN 封装的配置，便能够实现与 VPC 网络中服务的通信。

2．协议栈会话限制与解决方法

由于 VPC 转发模块与网络协议栈之间存在紧密的联系，接下来将探讨由协议栈特性引发的连接限制问题，如图 5-15 所示。一个应用程序需要与位于两个不同 VPC（例如 VPC1 和 VPC2）内的后端服务器进行通信。在这个场景中，无论是在 VPC1 还是 VPC2 内，后端服务器的内部 IP 地址均为 2.2.2.2。而该应用程序所在的本地 IP 地址是 1.1.1.1，并且需要与这两个 VPC 内的后端服务器通过 80 端口建立连接。从图中可以看出，由于协议栈中的连接建立机制在 VPC 转发逻辑之前生效，因此为了区分通信会话，使用了不同的源端口，即与 VPC1 内的后端服务器通信时使用源端口 2000，而与 VPC2 内的后端服务器通信时则使用源端口 3000，目的地址均为 2.2.2.2:80。

经过 VPC 转发模块处理后，VPC1 中的流量会被封装到带有 VXLAN VNI 为 100 的数据包中，而 VPC2 中的流量则会被封装到 VXLAN VNI 为 200 的数据包中，以此来区分不同的 VPC 网络。然而，由于前面描述的协议栈限制，当目的 IP 地址和端口相同时，本机的 IP 地址和端口会被复用。由于 TCP/IP 协议栈中源端口的可用范围有限（通常为 1024～65 535），这意味着在同一本机 IP 地址下，理论上最多只能支持大约 64 000 个并发的 TCP 连接（实际可建立的连接数取决于操作系统实现和配置）。这一限制对那些具有不同 VNI

但相同后端服务器 IP 地址的连接构成了数量上的约束。

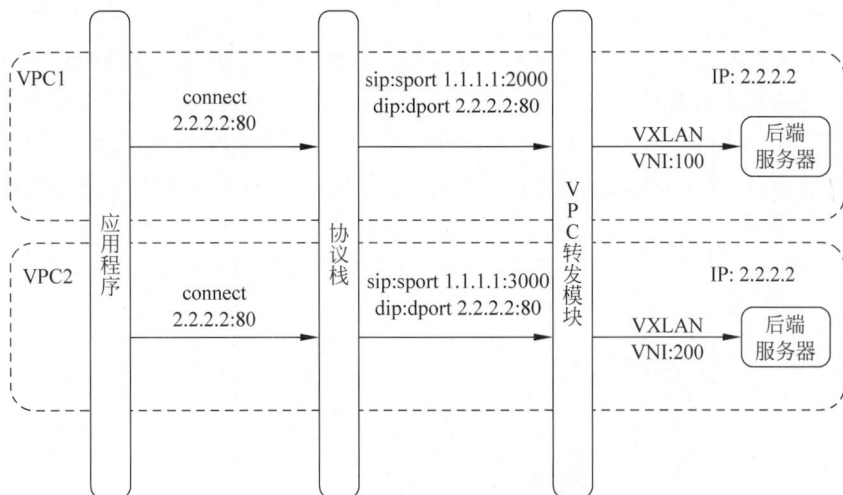

图 5-15　协议栈特性引发的连接限制

为了解决由协议栈特性引起的会话限制问题,通常有以下两种解决方案。

(1) 增加本地 IP 数量。这种方法通过为应用程序分配多个本地 IP 地址来缓解协议栈的限制。具体来说,可以在主机上配置多个 IP 地址,并在应用层通过 BIND 操作将通信绑定到不同的本地 IP 地址上,以此来增加可建立的连接数量。这样做可以有效利用更多的 IP 资源,从而突破单一 IP 地址下的连接数限制。

(2) 做目的 IP 的映射。为了解决上述连接限制问题,可以通过为不同 VPC 中的后端服务器分配目的 IP 映射(以下简称"伪 IP")的方法来实现。这里的伪 IP 实际上是有效的 IP 地址,但通常会选择来自预留网段的地址,以便于管理和避免冲突。这些伪 IP 由统一的算法进行分配。在应用层,直接与这些伪 IP 及相应的端口进行通信并建立连接,从而有效地绕过因本机 IP 和端口复用所带来的限制。这种方法不仅提高了连接的灵活性,还确保了通信的高效性和可靠性。

3. 封装与解封装的主要流程

VPC 转发模块最核心的功能就是 VXLAN 的封装和解封装,主流的实现方式主要有基于 Socket 连接和映射表两种方式。

1) 基于 Socket 连接的封装和解封装方式

Linux 协议栈通过 sock 结构来管理连接信息。对于基于 Socket 连接的 VXLAN 封装方式,其实质是通过系统调用来将 VXLAN 的配置信息嵌入 sock 结构中。基于 sock 的 VXLAN 封装和解封装模块如图 5-16 所示。应用程序和协议栈通常需要执行以下几个步骤。

(1) 通过系统调用将 VXLAN 封装的相关信息传递给 VPC 转发模块。VPC 转发模块将这些配置信息存储在 sock 结构中预留的空间内。

(2) 当应用程序调用 connect 系统调用时,进程会进入协议栈的标准转发流程。

(3) 在此过程中,协议栈转发模块会触发 VPC 转发模块中的回调函数。该回调函数负责检查 sock 结构中是否包含有效的 VXLAN 封装配置。若存在,则继续执行下一步;否则,将继续遵循标准转发流程。

（4）如果 sock 结构中有有效的 VXLAN 配置信息，则依据这些信息对数据报文进行 VXLAN 封装，并通过物理或虚拟网卡发送出去。

（5）对于接收端而言，如果接收到的是 VXLAN 报文，VPC 转发模块将会对接收到的数据报文进行解封装处理。

（6）经过解封装后的数据报文，会继续在协议栈中进行处理，以查找对应的 sock 连接信息。最终，依据 sock 信息，数据报文将被交付给应用层，此时 connect 调用完成并返回成功。

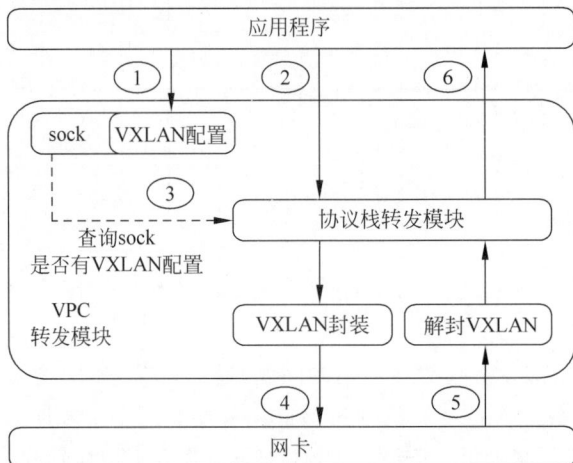

图 5-16　基于 sock 的 VXLAN 封装和解封装模块

2）基于映射表的封装和解封装方式

为了实现 VXLAN 封装和解封装的过程，应用程序通常通过伪 IP 与 VPC 中的服务进行通信。这就需要在网络层面上执行 IP 转换（NAT），因此 VPC 转发模块中会存在一个映射表，用于记录相关的配置信息。映射表中主要保存的是用于 VXLAN 封装的配置信息以及 NAT 转换所需的配置信息。基于映射表的封装和解封装 VXLAN 模块如图 5-17 所示。应用程序和协议栈通常需要执行以下几个步骤。

（1）应用程序通过系统调用下发 VXLAN/NAT 映射表信息到 VPC 转发模块，映射表分为入向和出向两部分。出向映射表的查询键是伪 IP，而入向映射表的查询键则是 VNI 和后端服务器的 IP 地址。

（2）应用程序通过系统调用 connect 伪 IP 和端口号来与 VPC 内的服务建立通信。

（3）数据包经过协议栈的转发模块时，系统会根据目的 IP（即伪 IP）查询出向映射表。如果找到匹配的配置项，则进入下一步处理；如果没有找到，则直接跳过 VPC 转发模块处理逻辑。

（4）如果映射表中匹配到了 VXLAN/NAT 配置，系统会将目的 IP 从伪 IP 转换为后端服务器的实际 IP。

（5）根据匹配到的 VXLAN 配置信息，数据包被封装成 VXLAN 报文，并通过物理或虚拟网卡发送到网络中。

（6）当从网卡接收到报文时，如果检测到这是一个 VXLAN 报文，它将在 VPC 转发模块中被解封装。

（7）解封装后，系统会根据 VNI 和后端服务器 IP 信息查询入向映射表，如果匹配对应规则,则进入下一步处理;如果没有匹配,则直接跳过 VPC 转发模块处理逻辑。

(8)根据映射表中的 NAT 规则,将报文的源 IP 转换回伪 IP。

(9)经过 NAT 转换后的报文在进入协议栈转发模块后,会按照标准流程进行处理。最终,当所有必要的检查和处理步骤完成后,系统调用 connect 将返回成功的结果,这表明应用程序已成功地与 VPC 内部的服务建立了通信连接。

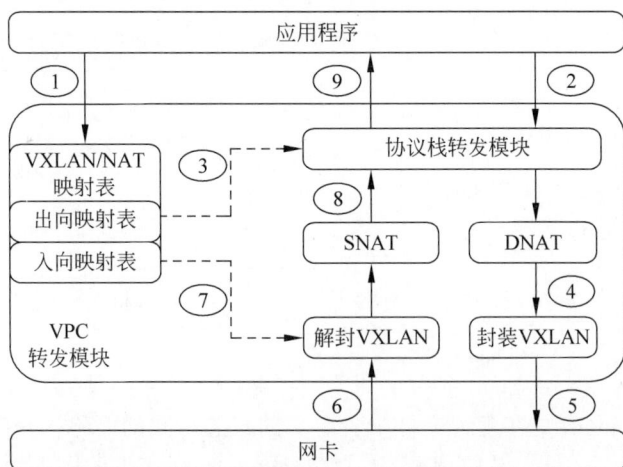

图 5-17　基于映射表的封装和解封装 VXLAN 模块

上述两种 VXLAN 封装与解封装的方法各有其优势和局限性。在选择时,应根据具体的部署环境和业务需求来确定最合适的方案。

5.4　访问日志服务

5.4.1　访问日志实现原理

7 层负载均衡通常提供访问日志服务,这些日志详细记录了负载均衡在处理网络请求过程中生成的信息。通过这些日志,网站管理员可以获取包括客户端 IP 地址、时间戳、请求 URL 等在内的关键数据,从而了解网站的运行状况和用户的访问习惯。这对于运维团队来说是一个重要的工具,有助于他们更好地理解系统的性能,并优化网站的运营。在出现异常情况时,访问日志还可以用来追踪具体的请求及其处理过程,这对于快速定位问题并采取相应的措施至关重要。这些日志不仅有助于团队优化系统性能,还能保障系统的安全性和服务质量,确保用户体验的稳定性。

7 层负载均衡访问日志的记录功能主要由 Nginx 通过 ngx_http_log_module 模块来实现。该模块定义在 NGX_HTTP_LOG_PHASE 阶段,这是 Nginx 处理 HTTP 请求的最后一个阶段,专门用于记录访问日志。这些日志包括请求的信息、处理时间、URL 等,并将这些信息写入指定的日志文件中。

ngx_http_log_module 模块在 Nginx 启动阶段解析配置文件时,会处理定义的日志配置项。这些配置项是通过配置文件中的 log_format 和 access_log 指令来设置的。log_format 指令用于配置记录日志的格式,可以选择不同的日志格式来记录不同的信息。对于日志的格式,Nginx 提供了一种名为 combine 的格式,如果没有明确用 log_format 指令指定日志格式则默认使用该格式。access_log 指令则用于配置日志的路径以及存储日志所使用的格式。这些指令可以放置在 Nginx 的配置文件 nginx.conf 中。

1. log_format 指令

Nginx 配置文件中使用 log_format 指令定义日志格式和这个格式的名称,该名称可以在后续的 access_log 指令中引用。这个指令的基本语法如下。

```
log_format name [escape = default|json|none] format;
```

其中,name 是日志格式的名称,用于在 access_log 中引用;escape 参数用于设置变量的字符转义,可以选择 json 或 default 风格,默认使用 default 风格,none 表示关闭转义;format 是一个或多个用于定义日志条目的字符串,可以使用 Nginx 中的变量和特殊格式字符串。例如,一个常见的日志格式定义如下。

```
log_format main '$ remote_addr - $ remote_user [$ time_local] "$ request" '
                '$ status $ body_bytes_sent "$ http_referer" '
                '"$ http_user_agent" "$ http_x_forwarded_for"';
```

在这个示例中,main 是在配置文件中自定义的日志格式的名称。紧跟在名称后面的是多个变量,这些变量通常以 $ 前缀标识,例如,$ remote_addr 代表客户端的 IP 地址,$ remote_user 表示访问的用户名称等。这些变量用于构建实际的日志条目。在 Nginx 运行过程中,它会根据请求信息打印出这些变量的值,从而形成对应请求的访问日志记录。

Nginx 配置文件中可使用的变量主要分为两种,第一种是使用 Nginx 自带的内置变量,这部分可以通过 Nginx 官方网站上的 *Alphabetical index of variables* 主题页面查看。以下列举一些常用变量及其相关含义,如表 5-1 所示。

表 5-1　Nginx 内置变量示例

变　　量	含　　义
$ bytes_sent	发送给客户端的字节数
$ body_bytes_sent	发送给客户端的字节数,不包含响应头大小
$ connection	连接标识序列号
$ connection_requests	当前通过连接处理的请求数量
$ request_length	请求长度(包括请求行、请求头和请求体)
$ msec	日志写入时间
$ pipe	如果请求是通过 HTTP 流水线发送,则其值是"p",否则为"."
$ request_time	请求处理耗费时间
$ status	响应状态码
$ time_iso8601	标准格式本地时间
$ time_local	通用日志格式下本地时间
$ http_referer	请求的 referer 地址
$ http_user_agent	客户端浏览器信息
$ http_x_forwarded_for	当前端有代理服务器时,设置 Web 节点记录客户端地址的配置
$ remote_user	客户端用户名称,针对启用了用户认证的请求
$ remote_addr	客户端 IP 地址
$ request_url	完整的请求地址

第二种是根据日志记录的具体需求,由使用者自行开发并扩展出一些自定义变量。以百度智能云的7层负载均衡为例,这些自定义扩展的变量如表5-2所示。

表5-2　自定义变量示例

变　　量	含　　义
$ vdum_lb_id	负载均衡实例 ID
$ vip	负载均衡实例 VIP 地址
$ vport	负载均衡实例监听端口号
$ vdum_ups_id	负载均衡实例后端服务器组 ID
$ upstream_local_addr	回源访问后端服务器的负载均衡 IP 地址
$ vdum_rs_proto	回源访问使用的协议

2. access_log 指令

使用 log_format 指令可以配置日志格式,Nginx 还提供了另外一个指令是 access_log。access_log 指令用于指定 HTTP 请求访问日志的存储文件路径和格式。这个指令的基本语法如下。

```
access_log path format [gzip[ = level]] [buffer = size] [flush = time] [if = condition];
```

其中,path 是指定访问日志文件的存储路径;format 是一个可选参数,用于指定日志格式,如果未指定,则使用默认的 combine 格式;buffer＝size 用于设置存放访问日志的缓冲区大小,默认为 64k;flush＝time 用于设置缓冲区的日志刷新到磁盘的时间间隔,默认为 1s;gzip[＝level]表示启用日志文件的 gzip 压缩,并指定压缩级别(默认为 1);if = condition 表示其他条件,通常和 Nginx 提供的 map 指令配合使用,仅当 map 指定的条件为真时才记录日志。例如,可以类似如下格式使用 access_log 指令。

```
map $ status $ loggable {
    ~^[123] 0;
    default 1;
}

access_log /var/log/nginx/access.log main if = $ loggable;
```

在这个示例中,/var/log/nginx/access.log 是配置文件中自定义的访问日志写入路径。如果该路径下不存在 access.log 文件,Nginx 在运行过程中会在该路径下自动创建。main 是在 log_format 指令中配置的日志格式名称,每一个请求的访问日志都会按照这个 main 日志格式进行记录。map 指令用于定义一个变量 loggable,当请求响应状态码不符合 1xx、2xx 和 3xx 时,可以记录到访问日志,目的是将 4xx 和 5xx 异常状态码的请求记录到访问日志。

在 access_log 指令配置时也支持把日志记录到远端的 syslog 服务器,格式如下。

```
access_log syslog:server = address[,parameter = value] [format [if = condition]];
```

其中,address 是 syslog 服务的地址。

3. 访问日志记录处理流程

当 Nginx 接收到一个 HTTP 请求时，它会根据 access_log 指令中指定的格式和文件路径来记录日志。如果指定了 format 参数，则使用该格式；否则，使用 Nginx 访问日志默认的格式。处理访问日志记录的主要流程如下。

1）ngx_http_log_module 的初始化

在 Nginx 的模块加载和配置解析过程中，ngx_http_log_module 会解析 Nginx.conf 配置文件中的 log_format 和 access_log 指令。这些指令定义了访问日志的格式和文件存储位置。

2）定义 ngx_http_log_init 回调函数

在 postconfiguration 处理阶段，ngx_http_log_init 回调函数会被调用。这个阶段发生在 Nginx 读取并解析完所有配置文件之后，但在开始接受请求之前。ngx_http_log_init 函数会进行一系列初始化操作，包括解析 log_format 指令定义的日志格式，并生成一个用于快速日志记录的缓冲区。同时，它还会打开 access_log 指令指定的日志文件，并准备进行写入。此外，该函数还会将 ngx_http_log_handler 回调函数添加到 HTTP 请求的 NGINX_HTTP_LOG_PHASE 处理阶段中。

3）ngx_http_log_handler 回调函数

ngx_http_log_handler 函数的主要任务是使用 log_format 指令定义的格式，从 HTTP 请求的上下文中提取相关信息，并将这些信息格式化为字符串。最后，它将格式化后的字符串写入 access_log 指定的日志文件中。当 HTTP 请求执行到日志记录阶段时，该函数会被调用。同时，ngx_http_log_handler 函数还会检查是否配置了 syslog。如果配置了 syslog 服务，该函数还会通过 syslog 协议将日志传输到对应的 syslog 服务中。

4）日志记录

由于 ngx_http_log_handler 被注册到了 HTTP 请求的处理流程中，因此每当有一个新的 HTTP 请求到达时，它都会经历日志处理阶段，并触发 ngx_http_log_handler 函数的调用。这样，Nginx 就能够记录并保存每个请求的访问日志。

5.4.2 访问日志推送服务架构

7 层负载均衡通常以集群的形式提供服务，集群中包含多台 Nginx 服务器，这些服务器负责分担负载，处理到来的请求，并实时输出访问日志。7 层负载均衡在请求处理过程中的典型访问日志采集与推送服务架构如图 5-18 所示。

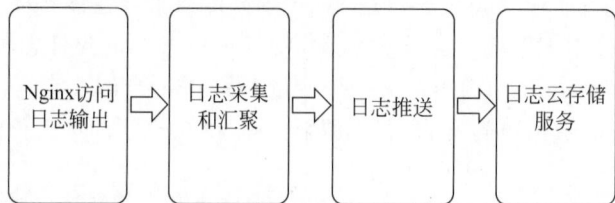

图 5-18 访问日志采集与推送服务架构

这个架构通常由 4 个功能部分组成：Nginx 访问日志输出、日志采集和汇聚、日志推送，以及日志云存储服务。各部分的作用如下。

（1）Nginx访问日志输出。Nginx作为负载均衡转发软件，输出访问日志。它可以通过syslog协议或者第三方读取本地访问日志文件的方式，将生成的访问日志推送到日志采集和汇聚模块。

（2）日志采集和汇聚。rsyslog是一款功能强大的开源日志记录系统，广泛应用于Linux系统中，用于收集、处理和转发日志消息。rsyslog的守护进程（rsyslogd）负责采集这些日志消息，它利用syslog协议从Nginx集群接收日志数据。通过二次开发，rsyslog能够以负载均衡实例的粒度将日志数据汇聚并转发到多种大数据平台，如Kafka和Elasticsearch（ES），从而实现日志的集中管理和高效处理。

（3）日志推送。作为中间件的一个消费端，实时消费大数据中间件（例如Kafka或Elasticsearch等）中的访问日志，并将这些访问日志实时推送到用户指定的云存储服务。

（4）日志云存储服务。这是用户存储日志的接收端，通常是云上购买的一项存储服务。例如，可以使用百度智能云的对象存储服务或日志存储服务。在使用这些日志存储服务时，用户可以通过Web界面或API访问和分析日志数据，执行搜索查询、生成报表和可视化图表，以便更好地理解流量模型。

5.5　国产密码算法负载均衡

5.5.1　国产密码算法标准简介

中国政府始终高度重视密码技术的国产化和标准化进程，旨在确保国家信息安全及实现自主可控。在这一战略框架下，国密算法作为核心组成部分，已得到积极的推广与应用。

国密算法，由国家商用密码管理办公室（或称国家密码管理局）权威指定，并正式认定为国产密码算法标准，简称"国密"，其正式名称为"商用密码（取中文拼音首字母时，简写为SM）"。这一系列标准涵盖了多样化的密码算法，包括但不限于SM1、SM2、SM3、SM4、SM7、SM9以及祖冲之密码算法（ZUC）等，它们分别针对不同领域和场景的安全需求，构建了全方位的安全防护体系。具体而言，SM1与SM4作为分组密码算法，专注于数据的加密与解密；SM2则是一种基于离散对数的非对称加密算法，广泛应用于数字签名与密钥交换；SM3是一种杂凑算法，确保数据完整性与消息认证；SM7特别适用于非接触式IC卡应用中的加密；SM9则是基于标识的非对称密码算法，融合了椭圆曲线技术，实现了标识数字签名、密钥交换、密钥封装及公钥加密与解密功能；而祖冲之密码算法（ZUC）作为流加密算法，在3GPP（3rd Generation Partnership Project，第三代合作伙伴计划）和LTE（Long Term Evolution，长期演进技术）通信系统中扮演着加密与解密的关键角色。

1. SM1分组密码算法

SM1算法是由国家密码管理局编制的一种商用密码分组标准对称算法，分组长度和密钥长度均为128b，算法的安全保密强度及相关软硬件实现性能与AES算法相当，目前该算法尚未公开，仅以知识产权核的形式存在于芯片中。

2. SM2非对称密码算法

SM2算法全称为椭圆曲线算法，是一种非对称密钥算法，其加密强度为256b，其安全性与目前使用的RSA1024（Rivest Shamir Adleman 1024）相比具有优势。按照GM/T 0003—

2012《SM2 椭圆曲线公钥密码算法》，定义了 SM2 签名、验证、公钥加密、私钥解密、密钥协商 5 种算法。

3. SM3 哈希算法

SM3 算法也叫作密码杂凑算法，属于哈希（摘要）算法的一种。SM3 算法采用 Merkle-Damgard 结构，消息分组长度为 512b，摘要值长度为 256b。SM3 是在 SHA-256（Secure Hash Algorithm-256，安全哈希算法）基础上改进实现的一种算法，SM3 算法的压缩函数与 SHA-256 的压缩函数具有相似的结构，但是 SM3 算法的设计更加复杂，如压缩函数的每一轮都使用两个消息字。该算法为不可逆的算法，具体算法也是保密的。SM3 算法适用于商用密码应用中的数字签名和验证。

4. SM4 分组密码算法

SM4 算法为对称加密算法，随 WAPI（WLAN Authentication and Privacy Infrastructure，无线局域网鉴别与保密基础结构）标准一起被公布，其加密强度为 128b。此算法是一个分组算法，用于无线局域网产品。该算法的分组长度为 128b，密钥长度为 128b。加密算法与密钥扩展算法都采用 32 轮非线性迭代结构。解密算法与加密算法的结构相同，只是轮密钥的使用顺序相反，解密轮密钥是加密轮密钥的逆序。

5. SM7 分组密码算法

SM7 算法是一种分组密码算法，分组长度为 128b，密钥长度为 128b。SM7 的算法文本目前没有公开发布。SM7 适用于非接触 IC（Integrated Circuit，集成电路）卡应用，包括身份识别类应用（门禁卡、工作证、参赛证），票务类应用（大型赛事门票、展会门票），支付与通卡类应用（积分消费卡、校园一卡通、企业一卡通、公交一卡通）。

6. SM9 非对称密码算法

SM9 是一种基于非对称密码体制的标识密码算法。与 SM2 类似，SM9 算法包含 5 个部分：总则、数字签名算法、密钥交换协议、密钥封装机制以及公钥加密算法。与其他标识密码算法相同，SM9 算法的安全性基于椭圆曲线双线性映射的性质。不同于 SM2 算法的是，SM9 无须申请数字证书，从而相比传统公钥密码体制有许多优势，省去了证书管理的复杂性。

国产商用密码和国际商用密码的算法对比如表 5-3 所示。

表 5-3　国产商用密码和国际商用密码的算法对比

密 码 分 类		国产商用密码	国际商用密码
对称加密	分组加密/块加密	SM1/SCB2 SM4/SMS4 SM7	DES IDEA AES RC5 RC6
	序列加密/流加密	ZUC SSF46	RC4
非对称/公钥加密	大数分解		RSA DSA ECDSA Rabin
	离散对数	SM2 SM9	DH DSA ECC ECDH
密码杂凑/哈希		SM3	MD5 SHA1 SHA2

近年来，国家有关机关和监管机构已经有多项政策标准等陆续出台，推进国产密码算法的实施落地，相关政策标准发布时间如下。

（1）1999 年，国务院颁布《商用密码管理条例》。

（2）2002 年，国家商用密码办公室成立。

（3）2012年，《SM2密码算法使用规范》等14项，《祖冲之序列密码算法》等6项包括SM2、SM3、SM4的密码行业标准发布。

（4）2014年，《IPSec VPN技术规范》等17项密码行业标准发布。

（5）2017年，SM2和SM9数字签名算法正式成为国际标准化组织及国际电工委员会标准。

（6）2018年，SM3算法正式成为国际标准化组织及国际电工委员会标准。

（7）2019年，《中华人民共和国密码法》颁布施行。

（8）2020年4月，祖冲之算法正式成为国际标准化组织及国际电工委员会国际标准。

（9）2020年，《GB/T 38636—2020 信息安全技术 传输层密码协议》基本兼容GM/T 0024—2014。

（10）2021年3月，SM9标识加密算法正式成为国际标准化组织及国际电工委员会标准。

（11）2021年，首个IETF（Internet Engineering Task Force，互联网工程任务组）国密标准正式发布，《商密算法在TLS 1.3中的应用》标准（RFC 8998）在IETF发布，将国密算法应用到TLS（传输层安全协议）1.3中。

（12）2023年4月，《商用密码管理条例》修订通过，对1999年《商用密码管理条例》的主要制度和内容进行了重大制度创新，自2023年7月1日起施行。

国家密码管理局发布《SM2密码算法使用规范》等8项密码行业标准，标准编号及名称具体如下。

（1）GM/T 0008—2012《安全芯片密码检测准则》。

（2）GM/T 0009—2023《SM2密码算法使用规范》。

（3）GM/T 0010—2023《SM2密码算法加密签名消息语法规范》。

（4）GM/T 0011—2023《可信计算可信密码支撑平台功能与接口规范》。

（5）GM/T 0012—2020《可信计算可信密码模块接口规范》。

（6）GM/T 0013—2021《可信计算可信密码模块符合性检测规范》。

（7）GM/T 0014—2023《数字证书认证系统密码协议规范》。

（8）GM/T 0015—2023《基于SM2密码算法的数字证书格式规范》。

国家密码管理局发布《祖冲之序列密码算法》等6项密码行业标准，标准编号及名称具体如下。

（1）GM/T 0001—2012《祖冲之序列密码算法》。

（2）GM/T 0002—2012《SM4分组密码算法》。

（3）GM/T 0003—2012《SM2椭圆曲线公钥密码算法》。

（4）GM/T 0004—2012《SM3密码杂凑算法》。

（5）GM/T 0005—2021《随机性检测规范》。

（6）GM/T 0006—2023《密码应用标识规范》。

国家密码管理局发布《IPSec VPN技术规范》等17项密码行业标准，自发布之日起实施，标准编号及名称具体如下。

（1）GM/T 0022—2014《IPSec VPN技术规范》。

（2）GM/T 0023—2014《IPSec VPN网关产品规范》。

（3）GM/T 0024—2014《SSL VPN 技术规范》。

（4）GM/T 0025—2014《SSL VPN 网关产品规范》。

（5）GM/T 0026—2014《安全认证网关产品规范》。

（6）GM/T 0027—2014《智能密码钥匙技术规范》。

（7）GM/T 0028—2014《密码模块安全技术要求》。

（8）GM/T 0029—2014《签名验签服务器技术规范》。

（9）GM/T 0030—2014《服务器密码机技术规范》。

（10）GM/T 0031—2014《安全电子签章密码技术规范》。

（11）GM/T 0032—2014《基于角色的授权管理与访问控制技术规范》。

（12）GM/T 0033—2014《时间戳接口规范》。

（13）GM/T 0034—2014《基于 SM2 密码算法的证书认证系统密码及其相关安全技术规范》。

（14）GM/T 0035—2014《射频识别系统密码应用技术要求》。

（15）GM/T 0036—2014《采用非接触卡的门禁系统密码应用技术指南》。

（16）GM/T 0037—2014《证书认证系统检测规范》。

（17）GM/T 0038—2014《证书认证密钥管理系统检测规范》。

国产密码算法的应用领域极为广泛，从金融、医疗等传统关键行业的信息传输安全，到云计算、大数据、物联网等新兴技术的安全保障，无一不体现其重要性。随着国产密码算法的持续推广与深入应用，越来越多的行业机构选择采用国产密码算法来加强重要数据的加密与保护，从而显著提升信息系统的整体安全性与可靠性。这一趋势不仅促进了国内密码技术的创新发展，也为国家信息安全筑起了坚实的防线。

5.5.2　国产密码算法协议

1. 传输层安全协议

SSL 和 TLS 均属于传输层安全加密协议，它们的主要目标是在不安全的基础设施上提供安全的通信环境。这些协议共同守护着通信链路的安全，确保数据传输的机密性、完整性和可靠性。

SSL 是一种传输层安全协议，主要用于在客户端与服务器之间构建安全通道。该协议最初由 Netscape 公司开发，并首次在 Netscape Navigator 1.1 浏览器中部署，发布于 1995 年 3 月。SSL 协议经历了多个版本的迭代，包括 SSL 1.0、SSL 2.0 和 SSL 3.0，每个版本都在不断增强安全性和性能。

TLS 协议是 SSL 协议的后继者，其前身为 SSL。1996 年，TLS 工作组成立，致力于将 SSL 从 Netscape 的专有协议转变为由 IETF 标准化的开放协议。自 1999 年起，TLS 协议从 3.1 版本开始被 IETF 正式标准化，并更名为 TLS。至今，TLS 已经发展为 TLS 1.0、TLS 1.1、TLS 1.2 和 TLS 1.3 共 4 个版本，每个新版本都引入了新的安全特性和性能优化。目前，TLS 协议在互联网上得到了广泛应用，特别是在网站加密方面，HTTPS（HTTP over SSL）已成为网站安全通信的标准配置。

2. HTTP over SSL

HTTP 是客户端浏览器或其他程序与 Web 服务器之间应用层通信的基础协议。而 HTTPS 全称为 HTTP over SSL/TLS，是通过将 HTTP 与 SSL/TLS 协议结合，形成的一种安全超文本传输协议。HTTPS利用SSL/TLS协议对数据包进行加密,确保HTTP通信过程中的数据安全。其主要设计目标包括验证网站服务器的身份、保护交换数据的隐私以及确保数据的完整性,从而为用户提供更加安全的网络浏览体验。HTTP和HTTPS协议分层对比,如图5-19所示。

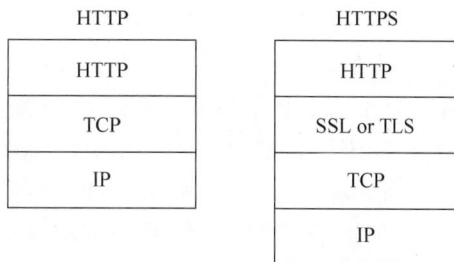

HTTP		HTTPS	
HTTP		HTTP	
TCP		SSL or TLS	
IP		TCP	
		IP	

图 5-19 HTTP 和 HTTPS 协议分层对比

3. 国产密码 SSL 协议与双证书

国产密码 SSL 协议通信最初依据的是中华人民共和国密码行业标准《SSL VPN 技术规范 GM/T 0024—2014》,随后该协议从行业标准升级为国家标准,即《GB/T 38636—2020 信息安全技术 传输层密码协议》。两者保持兼容,但最新国家标准中的主要变动包括如下两项。

(1) 增加了 GCM 的密码套件,如 ECC_SM4_GCM_SM3 和 ECDHE_SM4_GCM_SM3。

(2) 删除了《SSL VPN 技术规范 GM/T 0024—2014》中涉及 SM1 和 RSA 的密码套件。

该规范中的协议流程与传统使用 RSA 证书的 TLS 协议流程基本相同,它基于 RFC 4346 TLS 1.1 进行修改,并采用国产密码相关的核心算法。特别地,SSL 握手环节引入了加密证书和签名证书的方式,对 TLS 1.1 的握手流程进行了调整,以适应双证书结构的需求。

数字证书是由受信任的认证机构颁发的、符合特定规范的数字签名证书。目前最广泛使用的证书遵循 ITU(International Telecommunications Union,国际电信联盟)和 ISO(International Organization for Standardization,国际标准化组织)联合制定的 X.509 v3 版本规范(RFC 5280)。而国产密码 SSL 协议使用的数字证书则需符合《基于 SM2 密码算法的数字证书格式规范》。其主要区别在于在 SSL 握手过程中引入了加密证书和签名证书,服务器端和客户端各持有一对独立的 SM2 密钥对。在国产密码 SSL 协议中,所有套件均要求使用双证书认证,即在 SSL 握手流程中需同时发送签名证书和加密证书。签名证书及其私钥仅用于签名和验证,而数据加密或密钥协商则使用加密证书及其私钥。两种证书的功能如下。

(1) 签名证书:主要用于验证服务器身份的真实性和合法性。它包含服务器的公钥信息,客户端可以使用受信任的数字证书认证机构(Certificate Authority,CA)的公钥来验证这张证书的签名,从而确认服务器的身份。

(2) 加密证书(或称为数据加密证书):在国产密码标准中特别指出,用于后续的加密通信。它可能包含与签名证书不同的公钥(尽管在某些情况下两者可能相同),但主要用途是加密和解密通信中的数据。

4. OpenSSL 支持国产密码算法和协议

OpenSSL 是一套开放源代码的安全套接字密码学基础库,包括主要的密码算法、常用的密钥和证书封装管理功能及 SSL/TLS 协议,并提供丰富的 API 以供应用程序开发、测试或其他目的的使用。它广泛地集成在各种类型的操作系统和网络服务器中,提供应用服务。参考中国国家密码管理局制定的国产密码算法标准,2018 年 9 月,OpenSSL 1.1.1 新特性开始支持国产密码 SM2/SM3/SM4 加密算法(仅支持算法,未支持国产密码算法套件),但对于国产密码 SSL 协议和算法套件并不支持。国内业界为了推动国产密码算法应用,出现了如下优秀的开源项目。

(1) GmSSL。GmSSL 是 OpenSSL 的一个分支,它支持中国的国家密码管理局算法和标准。GmSSL 项目由北京大学信息安全实验室开发和维护，是一个提供了丰富密码学功能和安全功能的开源软件包。在保持 OpenSSL 原有功能并实现与 OpenSSL API 兼容的基础上，GmSSL 新增多种密码算法、标准和协议，支持 SM2/SM3/SM4/SM9/ZUC 等国产密码算法、SM2 国密数字证书及基于 SM2 证书的 SSL/TLS 安全通信协议，支持国产密码硬件设备，提供符合国产密码规范的编程接口与命令行工具，可用于构建 PKI/CA、安全通信、数据加密等符合国产密码标准的安全应用。GmSSL 项目采用对商业应用友好的类BSD 开源许可证，开源且可以用于闭源的商业应用。

（2）TaSSL。TaSSL 项目是由北京江南天安公司经过长时间的研究分析，于 2017 年上半年推出的国产密码 OpenSSL 分支。针对用户在使用 TaSSL 过程中遇到的问题和提出的建议，江南天安基于 2022 年 11 月 1 日发布的 OpenSSL 1.1.1s 实现了新版本 TaSSL 1.1.1s并进行了开源。其特点包括支持国产密码 SSL 协议（GM/T 0024—2014）、使用原生接口加载加密证书/密钥，对使用 OpenSSL 的程序有更好的兼容性，降低应用进行国产密码 SSL迁移的开发成本；支持 TLCP（GB/T 38636—2020），增加对 GCM 套件的支持；支持 RFC8998 ShangMi（SM）Cipher Suites for TLS 1.3，基于 TLS 1.3 实现了两个国产密码套件TLS_SM4_GCM_SM3/TLS_SM4_CCM_SM3；放宽了双证的需求，使用 SM2 单证书；取消了在使用 ECDHE 算法时必须有客户端证书的限制。

（3）铜锁（Tongsuo）。铜锁是一个提供现代密码学算法和安全通信协议的开源基础密码库，为存储、网络、密钥管理、隐私计算等诸多业务场景提供底层的密码学基础能力，实现数据在传输、使用、存储等过程中的私密性、完整性和可认证性，为数据生命周期中的隐私和安全提供保护能力。其前身是 BabaSSL，基于之前蚂蚁金服和阿里巴巴公司内部的OpenSSL 版本合并而来，并在 2020 年 10 月进行了开源，使用 Apache License 2.0 开源许可证。铜锁获得了国家密码管理局商用密码检测中心颁发的商用密码产品认证证书，助力用户在国产密码改造等过程中，更加严谨地满足商用密码技术合规的要求。其特点包括支持国密 SM2、SM3 和 SM4，并对 OpenSSL 1.1.1 中所欠缺的 SM2 能力（如 X509 证书的签发和验证功能）进行了补全；支持 GB/T 38636—2020 TLCP 标准，即安全传输协议；支持RFC 8998：TLS 1.3＋国密单证书；提供了对 IETF 正在标准化过程中的 DelegatedCredentials 的支持；支持 IETF QUIC API 底层密码学能力；当前最新基于 OpenSSL 3.0。

5. 国产密码 SSL 协议握手流程

根据 GM/T 0024—2014 和 GB/T 38636—2020 规范，国产密码 SSL 通信握手流程与TLS 协议流程相似，采用非对称密码算法进行身份鉴别和密钥交换。流程包括身份鉴别、协商预主密钥、计算主密钥及推导出工作密钥等步骤，最终使用工作密钥进行加密通信和完整性校验。典型的国产密码 SSL 协议握手流程如图 5-20 所示。

1）客户端 ClientHello

客户端通过发送 ClientHello 消息向服务器端发起 TLS 握手请求。该消息中包含客户端的 TLS 版本信息、密钥随机数、加密套件候选列表、压缩算法候选列表以及扩展字段等关键信息，其报文内容如图 5-21 所示。

特别地，该 ClientHello 消息中声明的 TLS 版本号为 0x0101，这表示客户端支持的是国产密码协议版本。此外，在加密套件候选列表中，客户端会根据 GB/T 38636—2020 规范提供多种加密套件选项，如表 5-4 所示，这些选项的选择对于确保后续通信的安全性至关重

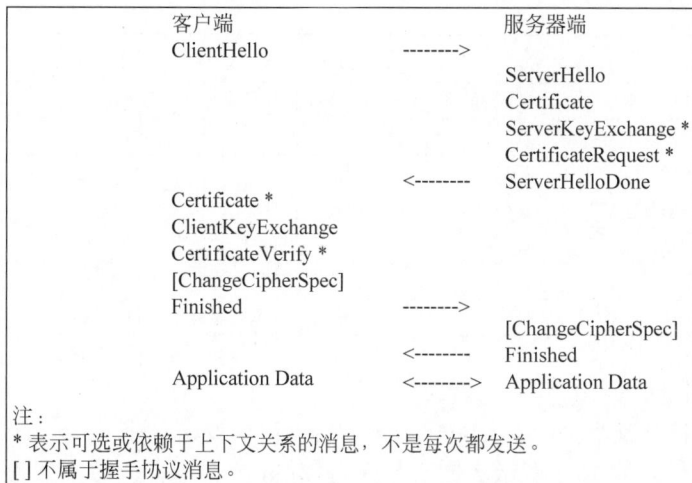

图 5-20 典型的国产密码 SSL 协议握手流程

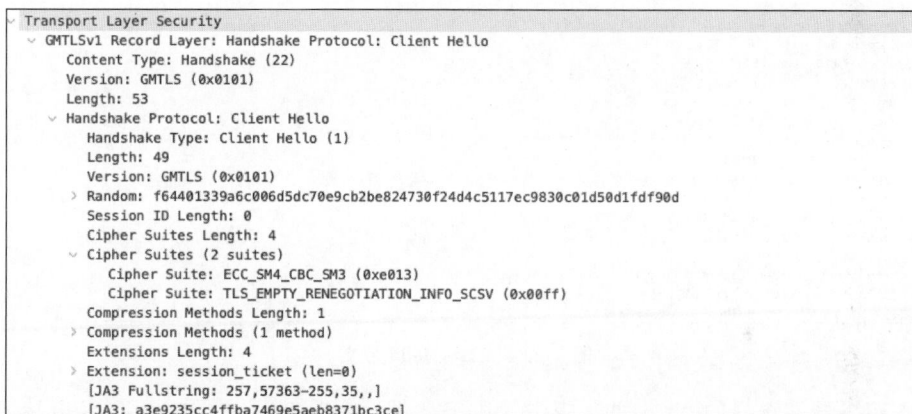

```
Transport Layer Security
  GMTLSv1 Record Layer: Handshake Protocol: Client Hello
    Content Type: Handshake (22)
    Version: GMTLS (0x0101)
    Length: 53
  Handshake Protocol: Client Hello
    Handshake Type: Client Hello (1)
    Length: 49
    Version: GMTLS (0x0101)
  > Random: f64401339a6c006d5dc70e9cb2be824730f24d4c5117ec9830c01d50d1fdf90d
    Session ID Length: 0
    Cipher Suites Length: 4
  Cipher Suites (2 suites)
    Cipher Suite: ECC_SM4_CBC_SM3 (0xe013)
    Cipher Suite: TLS_EMPTY_RENEGOTIATION_INFO_SCSV (0x00ff)
    Compression Methods Length: 1
  > Compression Methods (1 method)
    Extensions Length: 4
  > Extension: session_ticket (len=0)
    [JA3 Fullstring: 257,57363-255,35,,]
    [JA3: a3e9235cc4ffba7469e5aeb8371bc3ce]
```

图 5-21 ClientHello 报文

要。随着国产密码技术的不断发展,当前主流的加密套件中,包括如 ECDHE_SM4_CBC_
SM3(E011)和 ECC_SM4_CBC_SM3(E013)这样的国产密码算法套件。其中,ECDHE_
SM4_CBC_SM3 结合了椭圆曲线密钥交换(ECDHE)用于密钥协商的安全性,以及 SM4 对
称加密算法和 SM3 哈希算法分别用于数据加密和完整性校验,提供了高强度的加密保护。
而 ECC_SM4_CBC_SM3 则使用椭圆曲线密码学(ECC)进行密钥协商,同样结合 SM4 和
SM3 算法保障通信的机密性和完整性。这些国产密码算法套件的应用,不仅增强了通信过
程的安全性,也促进了国产密码技术的推广和应用。

表 5-4 国产密码算法套件列表

名　　称	密钥交换	加　　密	校　　验	值
ECDHE_SM4_CBC_SM3	ECDHE	SM4_CBC	SM3	{0xe0,0x11}
ECDHE_SM4_GCM_SM3	ECDHE	SM4_GCM	SM3	{0xe0,0x51}
ECC_SM4_CBC_SM3	ECC	SM4_CBC	SM3	{0xe0,0x13}
ECC_SM4_GCM_SM3	ECC	SM4_GCM	SM3	{0xe0,0x53}
IBSDH_SM4_CBC_SM3	IBSDH	SM4_CBC	SM3	{0xe0,0x15}

续表

名　　称	密钥交换	加　　密	校　　验	值
IBSDH_SM4_GCM_SM3	IBSDH	SM4_GCM	SM3	{0xe0,0x55}
IBC_SM4_CBC_SM3	IBC	SM4_CBC	SM3	{0xe0,0x17}
IBC_SM4_GCM_SM3	IBC	SM4_GCM	SM3	{0xe0,0x57}
RSA_SM4_CBC_SM3	RSA	SM4_CBC	SM3	{0xe0,0x19}
RSA_SM4_GCM_SM3	RSA	SM4_GCM	SM3	{0xe0,0x59}
RSA_SM4_CBC_SHA256	RSA	SM4_CBC	SHA256	{0xe0,0x1C}
RSA_SM4_GCM_SHA256	RSA	SM4_GCM	SHA256	{0xe0,0x5A}

2）服务器端 ServerHello

服务器端在接收到客户端的 ClientHello 消息后,会发送一个 ServerHello 消息作为响应。报文内容通常如图 5-22 所示。这个 ServerHello 消息中包含服务器端对 TLS 握手过程的关键决策,该消息中主要包括以下几个部分。

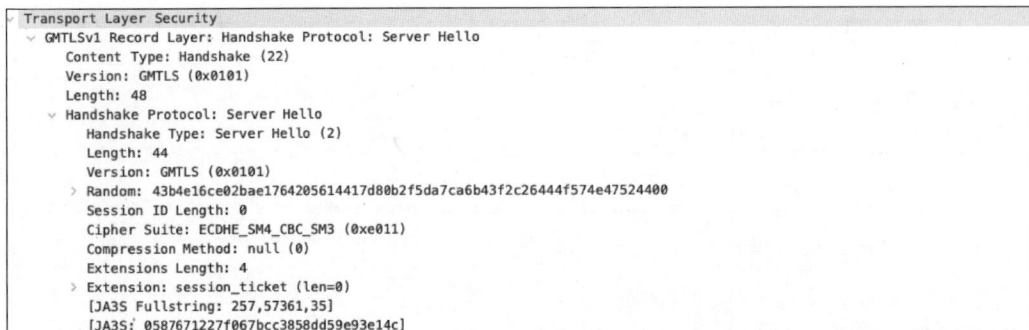

```
Transport Layer Security
  GMTLSv1 Record Layer: Handshake Protocol: Server Hello
    Content Type: Handshake (22)
    Version: GMTLS (0x0101)
    Length: 48
    Handshake Protocol: Server Hello
      Handshake Type: Server Hello (2)
      Length: 44
      Version: GMTLS (0x0101)
    > Random: 43b4e16ce02bae1764205614417d80b2f5da7ca6b43f2c26444f574e47524400
      Session ID Length: 0
      Cipher Suite: ECDHE_SM4_CBC_SM3 (0xe011)
      Compression Method: null (0)
      Extensions Length: 4
    > Extension: session_ticket (len=0)
      [JA3S Fullstring: 257,57361,35]
      [JA3S: 0587671227f067bcc3858dd59e93e14c]
```

图 5-22　ServerHello 报文

（1）服务器端选择的 TLS 协议版本。服务器端会根据自己的配置和与客户端的兼容性,选择一个合适的 TLS 协议版本。这个版本号将作为后续通信的基础。

（2）服务器端选择的加密套件。在 ClientHello 消息中,客户端提供了一个加密套件候选列表。服务器端会从该列表中选取一个双方都支持的加密套件,用于后续的加密通信。这个加密套件的选择将决定加密、解密、签名和验证等操作的算法。

（3）服务器端选择的压缩算法（如果支持的话）。如果服务器端和客户端都支持压缩功能,服务器端会在 ServerHello 消息中指定一个双方都支持的压缩算法。然而需要注意的是,由于压缩功能可能引入安全风险,许多现代的 TLS 实现和配置都默认禁用压缩。

（4）服务器端生成的随机数。服务器端会生成一个随机数,并将其包含在 ServerHello 消息中。这个随机数将与客户端在 ClientHello 消息中发送的随机数一起,作为后续生成会话密钥的参数。

（5）其他信息。ServerHello 消息还可能包含一些其他信息,如扩展字段,这些扩展字段可以用于支持额外的 TLS 特性或协议扩展。

在 ServerHello 消息中,服务器端通过选择与客户端共同选取的算法套件和压缩算法（如果适用）,来确认双方协商的结果。这样,客户端和服务器端就达成了一致,可以基于这些参数继续后续的 TLS 握手过程,最终建立安全的通信会话。

3）服务器端 Certificate

服务器端下发证书给客户端。根据国产密码标准中的定义,服务器必须采用双证书模式,因此服务器在发送证书时需要改为发送两张证书。虽然与标准 TLS 报文格式相同,但至少要包含两个证书：签名证书在前,加密证书在后。服务器端发送 Certificate 报文内容如图 5-23 所示。

```
> GMTLSv1 Record Layer: Handshake Protocol: Certificate
     Content Type: Handshake (22)
     Version: GMTLS (0x0101)
     Length: 837
  > Handshake Protocol: Certificate
     Handshake Type: Certificate (11)
     Length: 833
     Certificates Length: 830
   > Certificates (830 bytes)
        Certificate Length: 413
      > Certificate: 308201993082013ea003020102020102300a06082a811ccf550183753045310b30090603…
        Certificate Length: 411
      > Certificate: 308201973082013da003020102020103300a06082a811ccf550183753045310b30090603…
```

图 5-23　服务器端发送 Certificate 报文

4）服务器端 ServerKeyExchange

服务器端密钥交换消息。用于客户端计算产生 48B 的预主密钥。根据握手选择的密钥协商算法,需要分别适配 ECC 和 ECDHE 协商算法处理行为。ECC 密钥套件处理逻辑是对双方随机数和服务器端加密证书进行数字签名,将信息发送给客户端；客户端收到后使用签名证书进行验证。ECDHE 密钥套件处理逻辑是服务器发送给双方随机数和 DH（DH 密钥交换）参数的签名。

5）服务器端 CertificateRequest

如果服务器端需要客户端的身份验证（双向认证）,则发送此消息,要求客户端发送其证书。

6）服务器端 ServerHelloDone

向客户端发送 ServerHelloDone 消息,通知客户端,服务器端已经发送了全部的相关信息。发送完后服务器端会等待客户端的响应消息。

7）客户端 ClientCertificate

客户端证书消息。如果服务器端请求客户端证书（双向认证）,客户端要随后发送本消息。

8）客户端 ClientKeyExchange

客户端密钥交换消息。根据握手选择的密钥协商算法,需要分别适配 ECC 和 ECDHE 协商算法处理行为。ECC 密钥套件处理逻辑是生成预主密钥,并使用服务器端的加密证书加密后发送给服务器端,服务器端收到后使用加密证书的私钥进行解密后得到预主密钥,并计算出主密钥。ECDHE 密钥套件要求客户端发送证书（双向认证）,处理逻辑是发送其使用的 DH（DH 密钥交换）参数用于服务器端生成预主密钥。

9）客户端 CertificateVerify

如果客户端发送了证书,它将发送一个 CertificateVerify 证书校验消息来证明它持有与证书相关联的私钥。这通常通过签署一个包含之前所有握手消息哈希的签名来完成。

10）客户端 ChangeCipherSpec

客户端通知服务器端消息,已经准备好切换到使用协商好的密钥进行加密的通信。

11）客户端 Finished

客户端发送一个包含握手消息哈希的加密消息,以证明它已接收到并验证了服务器的所有握手消息。

12) 服务器端 ChangeCipherSpec

在 TLS 1.2 及之前的版本中,服务器端会发送一个 ChangeCipherSpec 消息来通知客户端它已经准备好切换到加密通信。

13) 服务器端 Finished

服务器端还发送一个包含握手消息哈希的加密消息,以证明它已接收到并验证了客户端的所有握手消息。

6. 国产密码单证书协议

国产密码 TLS 协议中所属套件均要求使用双证书认证,这需要 2-RTT(Round Trip Time,往返路程时间)握手,会导致性能下降;另外,国产密码规范是基于 TLS 1.1 或者 TLS 1.2 实现的,对于最新的 TLS 1.3 尚未涉及。2021 年,《商密算法在 TLS 1.3 中的应用》标准(RFC 8998)在 IETF 发布,将国产密码算法应用到 TLS 1.3 中。这也是首次正式将国产密码算法推进到 IETF 国际标准中。该标准主要使用单证书方案,相较于之前的 2-RTT 性能开销,TLS 1.3 的完整握手开销只有 1 个 RTT,性能有了显著提升,并且 TLS 1.3 只支持安全等级较高的加密算法。

5.5.3　国产密码算法负载均衡系统

1. 系统配置使用

百度智能云提供的国产密码算法负载均衡服务,目前采用专属集群的形式进行部署。用户在购买具备国产密码算法特性的专属集群后,可在负载均衡产品中设置 SSL 或 HTTPS 类型的国产密码算法监听。目前,该服务支持 GM/T 0024—2014 和 GB/T 38636—2020 两项国家标准,提供的国密密码套件包括 ECDHE_SM4_CBC_SM3(E011)用于双向认证,以及 ECC_SM4_CBC_SM3(E013)。在证书管理方面,用户既可以选择上传已有的证书,也可以在线购买符合国产密码算法的证书。

在配置负载均衡监听时,进入监听配置界面,选择 HTTPS 作为监听类型,可以看到服务器证书选项中包含国密(SM2)标准的证书类型。若需启用双向认证,还需额外添加客户端 CA 证书。国密证书配置界面如图 5-24 所示。

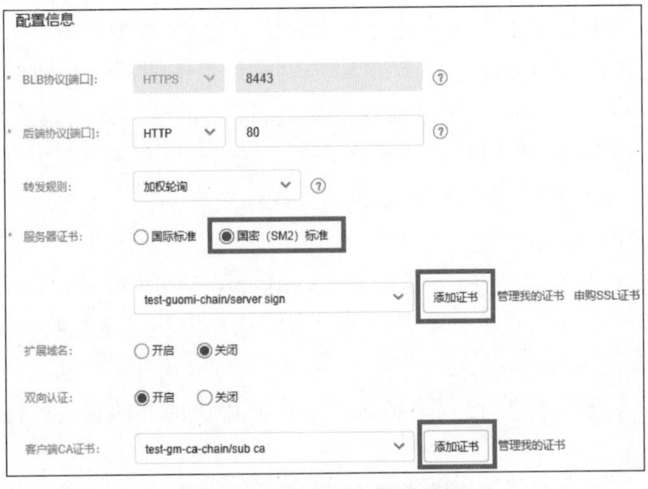

图 5-24　国密证书配置界面

单击"添加证书"按钮,在弹框中选择"国密(SM2)标准证书",可以上传证书和私钥。添加国密证书界面如图 5-25 所示。

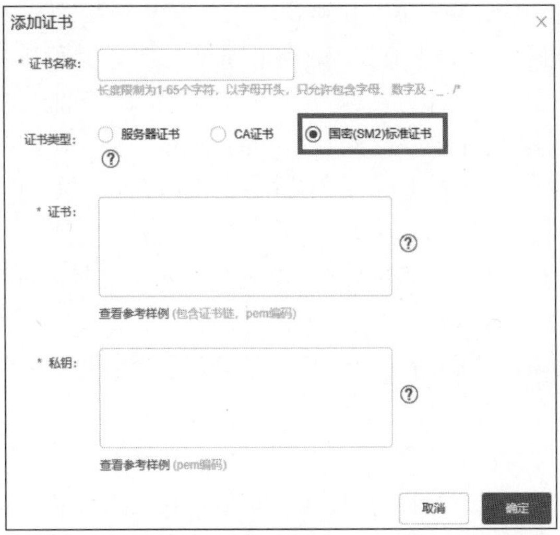

图 5-25　添加国密证书界面

上传国密证书后,接下来加密协议勾选"国密协议"复选框,加密套件默认全选两种算法。国密证书绑定和选择国密加密套件选择界面如图 5-26 所示。

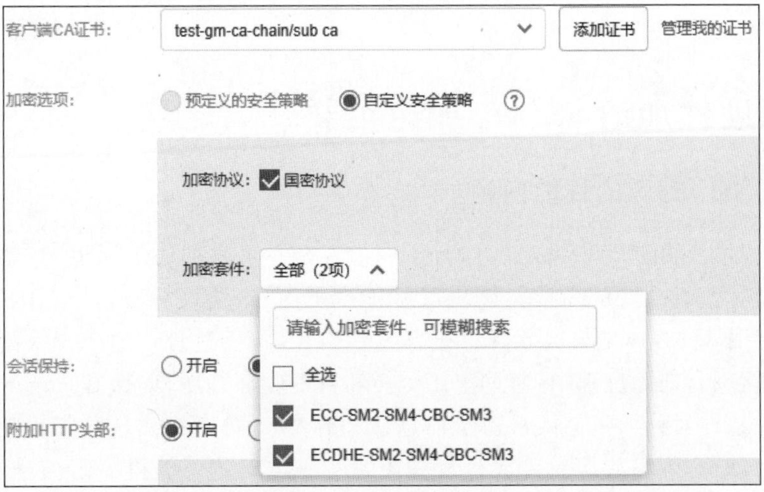

图 5-26　国密证书绑定和选择国密加密套件选择界面

上述配置确定后即完成了国产密码算法监听的创建。

2. Nginx 实现国产密码 SSL 协议的方法

Nginx 软件作为常用的 7 层负载均衡,其标准版本并不直接支持国产密码 SSL 协议。不过,通过集成支持国产密码算法和协议的 OpenSSL 分支,如 GmSSL 等,可以实现这一目标。具体实现方法如下。

(1) 下载支持国密算法的 OpenSSL 版本。如 GmSSL,它是 OpenSSL 的一个分支,提供了对国密算法的支持。

(2) 下载并解压 Nginx 源码。选择合适的 Nginx 版本进行下载和解压。

（3）编译 Nginx。使用./configure 命令配置 Nginx,并指定 OpenSSL 的路径为 GmSSL 的安装路径。例如,使用--with-cc-opt="-I/gm/gmssl/include"和--with-openssl="/gm/gmssl"。然后执行 make 和 make install 命令进行编译和安装。

（4）修改 Nginx 源码中的 OpenSSL 路径。如果在编译过程中有找不到 ssl.h 文件的报错时,在 Nginx 的源码中,需要修改与 OpenSSL 相关的路径,将 auto/lib/openssl/conf 文件中包含.openssl 的路径字段删除。例如,CORE_DEPS="$CORE_DEPS $OPENSSL/.openssl/include/openssl/ssl.h"路径更改为 CORE_DEPS="$CORE_DEPS $OPENSSL/include/openssl/ssl.h"。

（5）生成并配置国密 SSL 证书。使用 GmSSL 工具生成国密 SSL 证书,并在 Nginx 的配置文件中指定这些证书的路径。

（6）启动 Nginx 并测试。启动 Nginx 服务器,并使用支持国密 SSL 协议的浏览器进行访问测试。

在部署 Nginx 与 GmSSL 时,还需要注意版本间的兼容性,因为不同版本的 Nginx 和 GmSSL 可能会有不兼容问题,需根据具体情况进行匹配选择。同时,国产密码 SSL 协议目前仅得到部分国产浏览器的支持,例如,360 安全浏览器和奇安信浏览器,而国际主流浏览器如 Google Chrome、Microsoft Edge、Mozilla Firefox 等尚不支持,因此使用国产密码 SSL 时需确保客户端浏览器具备相应支持。此外,虽然国产密码 SSL 协议能提升数据传输安全并满足特定行业的高安全需求,但在实际应用中还需全面考虑其他安全性和合规性问题,包括数据加密、访问控制、审计日志等。

5.6 硬件加速 SSL 与加速集群

5.6.1 SSL/TLS 的性能问题

HTTPS 协议为用户与网站之间构建了一条安全且可靠的通信通道,有效地保护了用户隐私并防范了流量劫持的风险。该协议基于 SSL/TLS 协议标准,其运作机制如下：在 TCP 连接建立之后,客户端与服务器将执行 SSL/TLS 握手过程。这个握手阶段是确立安全连接的关键步骤,在此过程中,通过密钥交换和身份验证算法,确保客户端与服务器之间能够协商出一致的对称加密会话密钥及消息认证码（MAC）密钥。这些密钥随后用于对应用层数据进行加密,确保数据在传输过程中不被第三方解读。值得注意的是,每次新建立连接时,这些密钥都会重新协商并产生,且仅在内存中暂时存储；一旦连接终止,相关的密钥即刻销毁,从而增强了安全性。TLS 1.2 协议全握手过程如图 5-27 所示,密钥协商主要经历如下 5 个步骤。

（1）客户端发起握手请求。客户端通过发送 ClientHello 消息启动握手过程。该消息包含客户端支持的 TLS 版本信息、一个密钥随机数、一组加密套件候选列表、压缩方法候选列表以及扩展字段等关键信息。

（2）服务器端响应握手请求。服务器端以 Server Hello 消息进行响应,指明协商确定的 TLS 协议版本、加密套件、压缩算法、服务器端生成的随机数及数字证书。此消息确认了与客户端匹配的加密套件和压缩方法。对于密钥交换,理论上可以选择 RSA、DHE 或

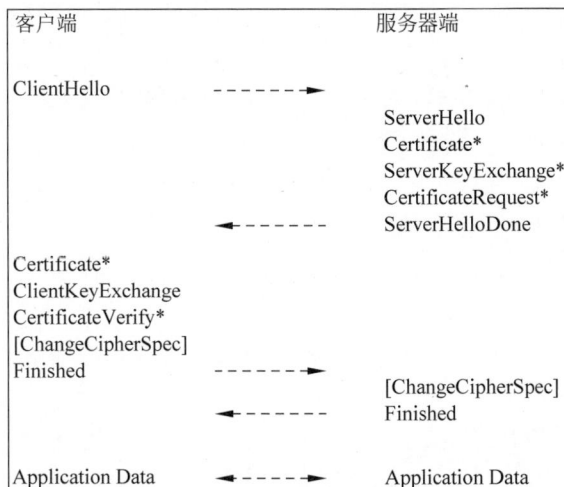

图 5-27 TLS 1.2 协议全握手过程

ECDHE 算法。实践中,RSA 和 ECDHE 较为常用,但由于 RSA 不具备前向保密性,推荐使用结合 RSA 证书或者 ECC 证书的 ECDHE 算法套件,如 ECDHE_RSA 和 ECDHE_ECDSA。

（3）服务器端密钥交换。如果密钥交换算法有要求,服务器端会发送 ServerKeyExchange 消息,包含必要的密钥交换附加数据。消息内容取决于所选的密钥交换算法。例如,RSA 交换模式通常不需要此消息;而在 DHE 或 ECDHE 模式中,此消息包含服务器生成的参数,并使用私钥签名以完成身份验证。客户端收到 ServerKeyExchange 后,需验证服务器公钥和交换参数,确保双方能正确共享密钥,并基于这些参数共同生成会话密钥,用于加密后续通信。

（4）客户端密钥交换参数传递。通过 ClientKeyExchange 消息,客户端根据约定的密钥交换算法（如 RSA 或 ECDHE）生成相应的参数,并加密后发送给服务器。这一步骤确保双方能独立计算出相同的会话密钥,为通信加密打下基础。

在 RSA 密钥交换过程中,客户端生成的参数主要包括一个随机数和通过服务器公钥加密的预主密钥。客户端使用服务器公钥加密这些参数,并通过 ClientKeyExchange 消息发送给服务器。服务器收到后,使用私钥解密预主密钥,并结合其他协商参数生成会话密钥,用于加密和解密后续通信数据。

ECDHE 密钥交换机制下,尽管 ClientKeyExchange 消息的目的与 RSA 相似,但其实现方式不同。客户端生成椭圆曲线私钥,计算对应的公钥,并在 ClientKeyExchange 消息中发送给服务器,此消息不需要包含预主密钥。

服务器接收消息后,并不需要解密椭圆曲线公钥,因为它是未经加密直接发送的。服务器随后自身生成一个椭圆曲线私钥,并结合接收到的客户端椭圆曲线公钥及前期协商的参数,利用椭圆曲线离散对数问题的性质来协同生成共享的会话密钥。这一过程体现了 ECDHE 相较于 RSA 在密钥协商机制上的差异,尤其是不涉及预主密钥的直接交换。

（5）经过上述握手步骤,客户端与服务器建立了安全的通信链接,并使用会话密钥进行加密通信。

在上述交互流程中,存在如下几个关键因素影响 SSL/TLS 协议的性能。

（1）密钥生成。SSL/TLS协议涉及临时公私钥对的生成,用以保护通信数据的加密与解密。这一过程消耗大量计算资源,对系统性能构成压力。

（2）密钥交换。握手期间,客户端与服务器通过非对称加密算法协商会话密钥,这一计算密集型步骤增加了握手时间,降低了会话建立速度。

（3）数据加解密。协议使用对称加密算法处理通信数据的加解密,大量数据时,频繁的加解密操作成为CPU资源的主要消耗点。

（4）对称加密的CPU负担。加密操作的资源消耗与加密算法、模式及完整性校验算法紧密相关,导致显著的CPU成本。

因此,在高数据吞吐量或频繁新建连接的场景下,SSL/TLS协议的性能影响不容忽视。例如,使用wrk开源工具对搭载Intel Xeon Skylake Platinum 8163(24核心,双路配置48核心)的服务器进行HTTPS短连接使用GET方法请求1KB数据的压力测试时,可以评估服务器在处理此类负载时的性能表现,不同算法套件下的性能数据如表5-5所示。

表5-5　不同算法套件下的性能数据

算法套件	RSA2048 签名	RSA-RSA2048 密钥交换	ECDHE-RSA2048 密钥交换
压测性能	61 000Ops/s	44 000Ops/s	40 000Ops/s

理论研究与实践均表明,非对称密钥算法的计算过程既耗时又占用大量CPU资源。相比之下,对称加密算法的执行速度显著快于非对称算法。为减轻这些问题,建议采取以下优化策略:首先,可以将短连接替换为长连接,以减少HTTPS握手过程中建立连接的次数;其次,尽可能采用优化的握手流程和高效的加密算法来提升处理速度。此外,硬件层面的优化也不容忽视。例如,使用支持AES-NI(Advanced Encryption Standard New Instructions)指令集的CPU、利用厂商提供的软件加速库,或者采用专门的SSL硬件加速器,这些措施都能有效提升SSL/TLS的性能。

5.6.2　SSL硬件加速器解决方案

随着网络安全需求的日益增长和SSL协议的普及,数据加密处理的需求急剧上升。早期,由于服务器硬件资源有限,执行加密操作面临巨大挑战,这直接催生了SSL加速与卸载技术的兴起和发展。尽管现代服务器的处理能力已大幅提升,但在HTTPS广泛采用和加密强度要求不断提高的背景下,SSL加速与卸载技术仍然是确保Web服务高性能的关键因素。特别是在应对大规模、高并发流量的互联网应用场景时,其重要性不言而喻。

SSL加速技术专注于利用专门的硬件加速器或优化的软件库来提升加密和解密的速度。这些解决方案采用专门设计的硬件(如ASIC或FPGA)或高度优化的算法,相较于通用处理器(CPU),在执行加密运算时更为高效,大大缩短了处理SSL/TLS握手和数据加解密所需的时间。

SSL卸载技术则是指将加密流量的处理任务从主应用程序服务器转移到专门的硬件设备上。这种方式不仅释放了服务器资源,使其能更专注于处理未加密的HTTP请求和响应,增强了处理动态内容的能力,还简化了服务器管理,因为安全相关任务得到了集中处理。卸载设备通常部署在网络架构中的应用层负载均衡上,作为服务器的前端,确保所有加密流量在到达应用服务器之前被解密。

这些 SSL 加速与卸载硬件设备通常具备双重功能,既可以作为外接设备通过 PCI 或 PCIe 插槽安装到服务器中,也可以直接嵌入 CPU 硬件内部。这些设备内置了高性能的加密处理器,专为提升 SSL/TLS 协议的处理效率而设计,从而有效减轻了服务器 CPU 的负担。

1. 硬件 QAT 加速卡

Quick Assist Technology(QAT)是英特尔(Intel)公司开发的一种专用硬件加速技术,旨在提升 Web 服务器中计算密集型任务的性能,如数据加密/解密和数据压缩/解压缩,同时减轻 CPU 的工作负担。例如,QAT 8960/8970 加速卡就是 Intel 为增强数据中心性能和效率而设计的硬件加速解决方案。这些加速卡融合了加密加速、压缩加速、数据去重和数据校验等多种功能,采用 PCIe 3.0 x8 或 x16 接口,并呈半长半高的适配器形态,QAT 硬件加速卡实物如图 5-28 所示。QAT 加速卡主要服务于云计算、企业级数据中心以及网络存储等领域,这些领域对高性能计算和大规模数据存储有着严格的要求。

图 5-28　QAT 硬件加速卡实物

在由英特尔提供的 QAT 8960/8970 加速卡技术文档中,详细列出了这些硬件加速卡的功能,如表 5-6 所示。

表 5-6　QAT 8960/8970 加速卡功能

功 能 类 别	功 能 描 述
安全算法加速	针对行业标准的安全算法,提供硬件加速的功能,适用于 VPN, SSL/TLS, IPSec 以及防火墙类应用
对称加解密(批量)	• 密码算法(AES, 3DES/DES, RC4, KASUMI, ZUC, Snow 3G) • 消息摘要/哈希算法(MD5, SHA-1, SHA-2, SHA-3)和安全认证算法(HMAC, AES-XCBC) • 算法链(支持单次操作中完成加密和哈希计算) • 认证加密(AES-GCM, AES-CCM) • 支持 AES-XTS 加密
非对称加解密(公钥)	• 迪夫赫尔曼(Diffie-Hellman,DH)算法中的模幂运算 • 支持 RSA 算法密钥的生成、加解密以及数字签名的生成和认证 • 支持 DSA 算法参数的生成与数字签名的生成和认证 • 椭圆曲线加密:支持 ECDSA, ECDHE, Curve25519 算法

这些硬件加速卡相关加密加速性能指标,如表 5-7 所示。

表 5-7　QAT 8960/8970 加速卡的性能指标

加速卡型号	对称加解密性能（AES128-CBC AES-XCBC）	RSA 2K 解密性能	标准压缩性能（压缩级别 1,动态 Deflate 算法）	解压缩性能（压缩级别 1,动态 Deflate 算法）
8960	51Gb/s @4KB 数据报文	100K 次/秒	37Gb/s @64KB	54Gb/s @64KB
8970	103Gb/s @4KB 数据报文	100K 次/秒	66Gb/s @64KB	160Gb/s @64KB

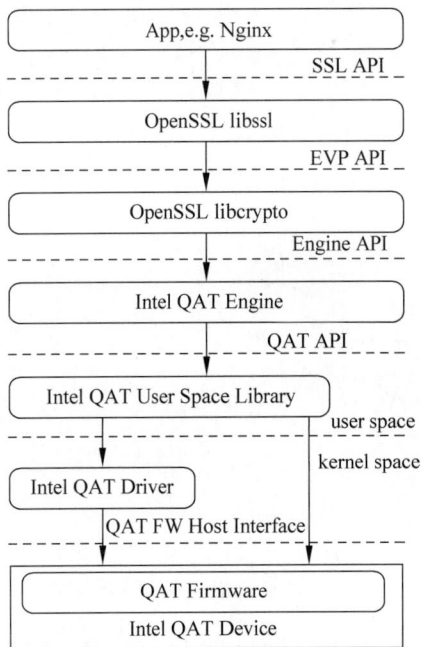

图 5-29　使用 QAT 加速软件框架

QAT 加速卡系列产品提供了一种可扩展、灵活且高效的硬件加速解决方案,旨在满足 TLS 网络应用的性能要求,以及存储、云计算、企业、数据库和机器学习中的压缩与解压缩需求。这些适配器专为云计算、企业级数据中心和网络存储等领域而设计,这些领域对高性能计算和大规模数据存储有着极高的要求。

2. 使用 QAT 加速卡

OpenSSL 是一款开源且跨平台的加密库,广泛应用于保障网络通信的安全性。结合 OpenSSL 引擎库与 QAT,可以充分利用 QAT 硬件设备的加速功能,从而显著提高加密和解密操作的性能。使用 QAT 加速软件框架如图 5-29 所示,通过 Nginx 调用 OpenSSL 并利用 QAT 加速卡,实现了性能提升。

在握手过程开始时,Nginx 通过调用 OpenSSL 来生成一个异步任务,并创建一个事件监听文件描述符。随后,它通过英特尔为 QAT 开发的 OpenSSL 插件调用 QAT engine 模块,将请求下发给硬件进行加解密。完成加解密操作后,QAT 底层会触发监听事件。Nginx 在回调函数中继续完成握手过程。OpenSSL-1.1.0 SSL_accept() 调用的处理流程如图 5-30 所示。

当 OpenSSL 检测到采用异步模式时,它会为新的 TLS 连接创建一个 async_job 上下文。在握手过程中,对于任何加密卸载操作(如 HKDF、签名或 ECDH),OpenSSL 会暂停执行,保存上下文,并向应用程序返回 SSL_ERROR_WANT_ASYNC 宏定义错误。应用程序随后可以注册与 TLS 连接关联的文件描述符,并通过标准的 epoll/select/poll 调用来等待响应的可用性。一旦应用程序收到通知,它就可以使用该 TLS 连接再次调用关联的 OpenSSL API SSL_accept(),从而完成响应处理。

配套的硬件驱动、QAT Engine、QAT zip 库以及 Nginx 异步模式使用加密和压缩功能的 patch 代码都是由 Intel 提供的。关于编译配置和使用方法,可以查阅 asynch_mode_

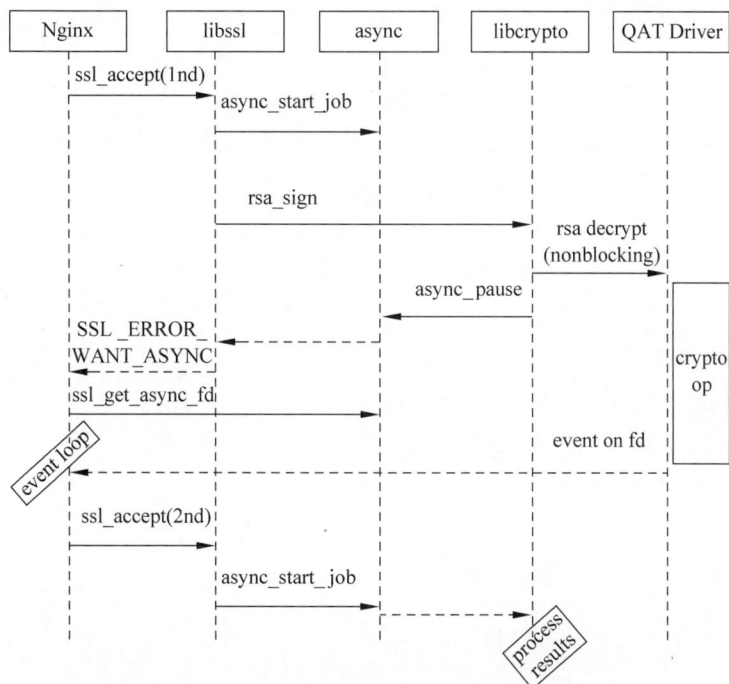

图 5-30　OpenSSL-1.1.0 SSL_accept()调用的处理流程

nginx 在 GitHub 上的开源代码库及其相关说明。由于这些内容已在上述资源中详细说明，因此这里不再赘述。

3. 加速卡性能评测

以配备 Intel Xeon Skylake Platinum 8163 处理器(24 核心,双路配置共计 48 核心)的服务器为例,该服务器安装了两张 PCIe 接口的 QAT8960 加速卡。在多台客户端部署了 wrk 开源压测工具,针对 HTTPS 短连接进行 GET 1KB 数据的测试场景,硬件加速卡 HTTPS 握手性能数据对比结果如表 5-8 所示。

表 5-8　硬件加速卡 HTTPS 握手性能数据对比

硬件配置与算法性能对比	RSA2048 签名	RSA-RSA2048 密钥交换	ECDHE-RSA2048 密钥交换
CPU 压测性能	61 000Ops/s	44 000Ops/s	40 000Ops/s
两张 PCIe QAT8960 加速卡	200 000Ops/s	103 000Ops/s	75 000Ops/s

这里使用 QAT RSA2048 测试用的命令是 openssl speed -engine qat -asynch rsa2048 -multi 48。实际测试结果显示,采用硬件加速卡能够显著提升 HTTPS 新建连接的性能。具体来说,在执行 HTTPS 短连接测试,每个请求携带 1KB 数据的情况下,搭载加速卡的系统显示出的最高性能达到了约 75 000 次操作/秒(Ops/s),其中,加密算法采用 ECDHE-RSA2048。这一性能与仅依赖 CPU 处理时的 40 000Ops/s 相比,提升了 35 000Ops/s,充分证明了加速卡在增强 HTTPS 连接处理能力方面的有效性。

4. 加速卡的使用限制

Nginx 支持热重载操作,执行 reload 命令后,新 worker 进程会在旧 worker 进程退出之前启动,并根据最新配置初始化 QAT 引擎及 QAT 硬件资源。需要注意的是,QAT 硬件对并发进程的支持是有限的,进程通过获取硬件实例(Instance)来实现对硬件的访问。标准情况下,QAT 驱动程序最多支持 64 个实例(此数值可能依据不同的硬件型号和驱动版本有所变化,具体参考官方网站的"最大进程计算数量"说明)。

因此,在执行 Nginx 的 reload 命令前,使用者必须确保有足够的 QAT 实例可供分配,以免因硬件初始化失败而导致错误。具体来说,可用的 QAT 实例数应不少于 Nginx 工作进程数量的 2 倍。

例如,如下所示在 nginx.conf 配置文件中设定了 16 个工作进程。

```
worker_processes 16;
```

则在 QAT 相关的驱动配置文件中,应相应配置最大支持实例数至少为 32,以满足 2 倍于工作进程数量的要求,驱动配置文件示例如下。

```
[SHIM]
NumberCyInstances = 1    # Each process has access to 1 Cy instance on this device
NumberDcInstances = 0    # Each process has access to 0 Dc instances on this device
NumProcesses = 32        # There are 32 user space process with section name SHIM with access
                         # to this device
LimitDevAccess = 1       # Indicates if the user space processes in this section are limited
                         # to only access instances on this Intel® QAT Endpoint
```

当 Nginx 配置为自动检测 CPU 数量来设置工作进程,即使用 worker_processes auto 时,QAT 驱动的实例配置应确保至少为 Nginx 自动设定工作 CPU 数量的 2 倍,以保持硬件资源的充足供应。

5.6.3 Keyserver 加速卡集群

1. Keyless SSL 安全协议

无密钥 SSL(Keyless SSL)是由 Cloudflare 公司创新并公开其技术原理的安全技术,旨在解决银行及金融机构等本地服务频繁遭受 DDoS 攻击,导致服务能力不足的问题。这促使他们考虑迁移至可扩展的云环境,同时希望保持密钥的本地控制权。这项技术使得网站能够利用 Cloudflare 云平台提供的 SSL 服务,而无须将服务器证书的私钥上传至 Cloudflare,确保了私钥的安全性。简而言之,它实现了业务网站在云端部署的同时,私钥依旧由运营方在远程位置安全保管的双重目标,完美平衡了云服务的便利性和数据安全性。

例如,在 RSA 密钥交换的 SSL 握手流程中,客户端使用网站服务器端提供的证书公钥对预主密钥等参数进行加密。随后,网站服务器端 Nginx 使用其证书私钥来解密以获取该预主密钥。然而,在应用 Keyless SSL 协议之后,网站服务器端 Nginx 不再直接参与解密操作。取而代之的是,解密任务交由部署在远程且归属业务方所有的运行 Keyless 协议的服务器执行,这里简称为 Keyserver 服务器。以 RSA 密钥交换为例的 Keyless SSL 握手过程如图 5-31 所示。

Keyserver 服务器负责保管私钥,并通过采用双向认证的加密协议与网站服务器安全通信。具体步骤包括:Keyserver 服务器解密由客户端加密的信息,从中提取预主密钥,之

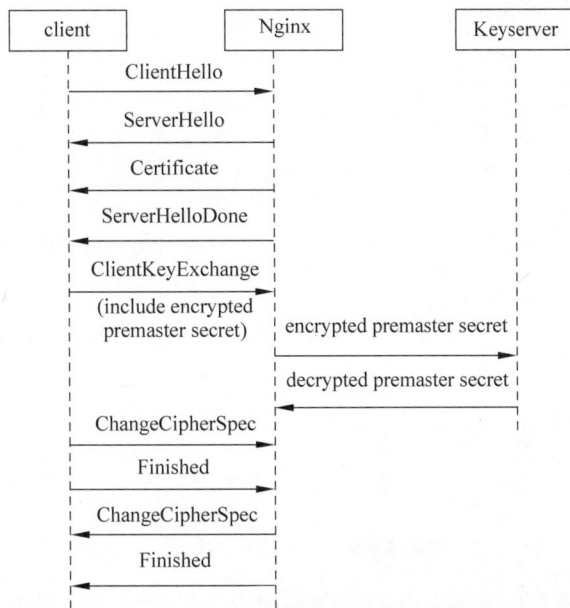

图 5-31 以 **RSA** 密钥交换为例的 **Keyless SSL** 握手过程

后再将其转发给网站服务器 Nginx。这一系列操作确保了握手过程可以顺利推进,进而生成会话密钥,用于加密接下来的所有通信环节。通过这种方式,网站服务器无须直接存储私钥,显著增强了系统安全性。

2. Keyserver 加速卡集群

如上所述,Keyless SSL 协议旨在不直接暴露服务器私钥的情况下保障 SSL 加密通信。其核心在于调整 SSL 握手流程。具体而言,私钥被保留在客户维护的可信安全站点 Keyserver 服务器中,而公钥(及证书)则部署于云计算服务器节点。当客户端发起握手时,需要使用私钥的环节将通过一条独立的安全通道与源站的 Keyserver 服务器建立连接,以执行数据的非对称加解密操作,进而获取处理后的数据(例如,解密信息或私钥签名数据)。

此协议的实施不仅强化了安全性,还带来了性能上的增益。关键的非对称密钥算法运算,耗时且占用大量 CPU 资源,被移至 Keyserver 服务器远程执行,有效减轻了网站服务器的计算压力,提升了其并发处理及建立新连接的能力。此外,Keyserver 服务器的性能可以通过集成类似于 QAT 加速卡的硬件加速技术来进一步提升。使用 Keyless SSL 协议的加速卡集群架构如图 5-32 所示,这些加速卡可以通过组建成集群的方式协同工作,也可以大幅减轻 Keyserver 服务器的 CPU 负荷,从而在整体上增强了系统的处理效率。

3. 使用 Keyserver 加速卡性能评测

以一台配备 Intel Xeon Skylake Platinum 8163 处理器(24 核心,双路配置共计 48 核心)的服务器为例,作为负载均衡服务器,在其同机房部署的 Keyserver 服务器中,安装了两张 PCIe 接口的 QAT8960 加速卡。在此环境下,通过多台运行 wrk 开源压测工具的客户端,针对 HTTPS 短连接执行 GET 1KB 数据的请求,Keyserver 硬件加速卡 HTTPS 握手性能数据对比如表 5-9 所示。

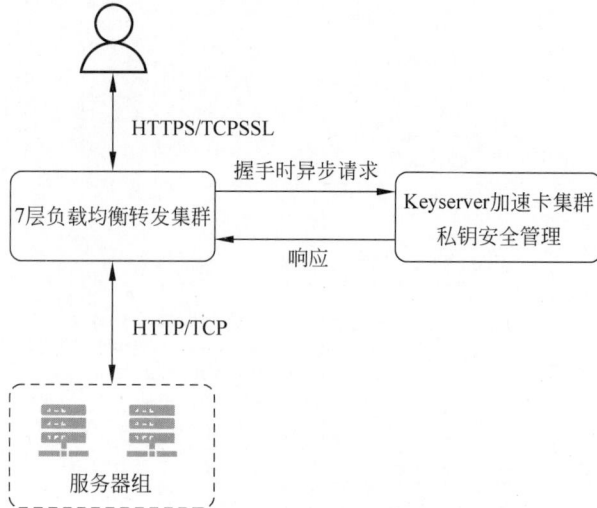

图 5-32　使用 Keyless SSL 协议的加速卡集群架构

表 5-9　Keyserver 硬件加速卡 HTTPS 握手性能数据对比

硬件配置与算法性能对比	RSA2048 签名	RSA-RSA2048 密钥交换	ECDHE-RSA2048 密钥交换
CPU 压测性能	61 000Ops/s	44 000Ops/s	40 000Ops/s
使用 Keyserver 架构	—	64 000Ops/s	58 000Ops/s

　　测试结果显示,采用 Keyless SSL 协议配合加速卡集群能显著增强负载均衡服务器 HTTPS 新建连接的性能。具体而言,部署 Keyserver 加速卡集群后,在处理 HTTPS 短连接请求并携带 1KB 数据的场景中,其最高性能达到约 58 000Ops/s,采用 ECDHE-RSA2048 加密算法,相较于仅依赖 CPU 处理的 40 000Ops/s,性能提升了 18 000Ops/s。这证明了 Keyless SSL 协议与加速卡集群策略在提升 HTTPS 连接处理效率方面的有效性。

5.7　基于 QUIC 的 HTTP/3 负载均衡

5.7.1　QUIC 和 HTTP/3 协议概述

　　随着互联网技术的发展,网络传输协议的改进日益成为提升用户体验和网络性能的关键环节。传统的 TCP 虽然在数据传输的可靠性和完整性方面表现卓越,但在移动互联网时代,面对高延迟、网络不稳定等挑战,其性能逐渐难以满足现代高性能应用的需求。

　　为了克服这些局限,Google 公司创新性地开发了 QUIC 协议。QUIC 巧妙地结合了 TCP 的可靠性特性与 UDP 的低延迟优势,旨在为用户带来更加流畅和高效的网络体验。进一步地,基于 QUIC 协议,HTTP/3 这一全新的网络传输协议应运而生,它彻底颠覆了以往基于 TCP 的 HTTP 版本,转而采用 UDP 作为基础传输层,从而实现了传输效率的显著提升和用户体验的进一步优化。

　　1. TCP 的局限性

　　TCP/IP 协议族是互联网的基础,其中,TCP 提供了可靠的字节流传输服务。然而 TCP 存在如下一些问题。

（1）队头阻塞（Head-of-Line Blocking）。当一个数据包丢失时，后续的数据包必须等待丢失的数据包重传，导致整个连接的延迟增加。

（2）慢启动（Slow Start）。TCP在建立连接初期采用保守的策略来避免拥塞，影响了初始传输速度。

（3）重传机制。TCP的重传机制在高丢包率的网络环境下效率低下。

这些问题在移动网络和高延迟的环境中尤为突出，限制了Web应用的性能。另外，TCP被广泛地内置于操作系统内核，升级难度也较大。

2. UDP的优势

UDP是一种无连接的传输层协议，它不保证数据包的顺序和完整性，但具有低延迟和高吞吐量的特点。UDP的这些特性使得它非常适合实时应用，如视频会议和在线游戏。然而，UDP缺乏可靠性机制，这限制了它的广泛应用。

3. QUIC协议及其特性

QUIC是一种基于UDP的传输层协议，由Google公司开发。QUIC的设计初衷是为了解决TCP在现代网络应用中的一些限制，如高延迟、多次握手以及队头阻塞等问题。通过多年的实验和优化，QUIC已被IETF标准化，成为下一代网络传输协议的重要组成部分。其主要特性如下。

（1）低延迟连接建立。QUIC结合了TLS握手和QUIC握手，实现了0-RTT连接建立。这意味着客户端可以在发送第一个数据包时就开始传输应用数据，极大地减少了连接建立的延迟。

（2）多路复用。QUIC支持在同一连接上并行发送多个数据流，每个数据流都可以独立进行流量控制和拥塞控制。这一特性避免了传统TCP连接中的队头阻塞问题，提高了数据传输的效率。

（3）连接迁移。QUIC使用Connection ID来标识连接，使得在网络环境变化（如从Wi-Fi切换到移动数据）时，连接能够保持不断开，提高了网络连接的稳定性和可靠性。

（4）安全性。QUIC内置了TLS 1.3协议，确保了数据传输的安全性。与传统的TCP＋TLS方式相比，QUIC的握手过程更加高效，能够更快地实现加密通信。

（5）流量控制和拥塞控制。QUIC实现了流量控制和拥塞控制机制，以防止发送方过载网络或接收方被数据淹没。这些机制确保了网络通信的高效性和稳定性。

4. gQUIC与iQUIC

2015年6月，QUIC规范的互联网草案提交给IETF进行标准化。2016年，成立了QUIC工作组。2021年5月，IETF公布RFC 9000，QUIC规范推出了标准化版本。

由Google公司创建并以QUIC的名称提交给IETF的协议与随后在IETF中创建的QUIC完全不同（尽管名称相同）。最初的Google QUIC（也称为gQUIC）严格来说是通过加密UDP发送HTTP/2帧的协议，而IETF创建的QUIC是通用传输协议，也就是说，HTTP以外的其他协议（如SMTP、DNS、SSH、Telnet、NTP）也可以使用它。自2012年以来，Google公司在其服务及Chrome中使用的QUIC版本（直到2019年2月）为Google QUIC。随着时间的推移，它正在逐渐变得类似于IETF QUIC（也称为iQUIC）。

5. HTTP/3协议

HTTP是互联网的基石，负责Web页面、文件传输等任务。然而，随着网络应用的不断发展，HTTP/1.1 和 HTTP/2 逐渐暴露出一些问题，如高延迟、多次握手、队头阻塞等。为了克服这些问题，HTTP/3 应运而生，它采用 QUIC 作为底层传输协议，旨在提供更快、更安全、更可靠的 Web 浏览体验。HTTP/2 与 HTTP/3 协议结构如图 5-33 所示。

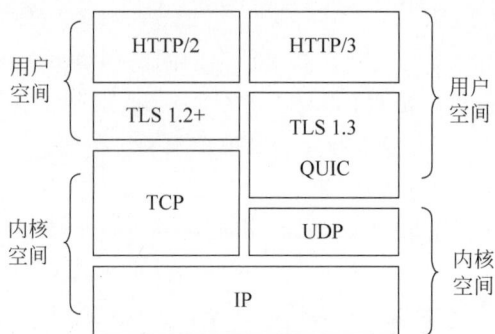

图 5-33　HTTP/2 与 HTTP/3 协议结构

2018 年 10 月，IETF 的 HTTP 工作组和 QUIC 工作组共同决定将 HTTP-over-QUIC 更名为 HTTP/3。2022 年 6 月 6 日，IETF 正式标准化 HTTP/3 为 RFC 9114。

HTTP/3 不仅继承了 QUIC 的低延迟、快速恢复等特性，还通过引入诸如多路复用、头部压缩等先进技术，进一步减少了数据传输的开销，提高了网络资源的利用率。这些改进使得 HTTP/3 成为支撑未来互联网应用，特别是实时通信、在线游戏、高清视频流等高性能需求场景的理想选择。HTTP/3 的主要特性如下。

（1）基于 QUIC 协议。HTTP/3 建立在 QUIC 协议之上，继承了 QUIC 的所有优点，如低延迟连接建立、多路复用、连接迁移和安全性等。

（2）多路复用。HTTP/3 支持在单个 QUIC 连接上同时传输多个 HTTP 请求和响应，解决了 HTTP/2 中 TCP 层队头阻塞的问题。这使得网页加载速度更快，用户体验更好。

（3）0-RTT 握手。HTTP/3 通过 QUIC 的 0-RTT 握手技术，允许客户端在第一次通信时即发送数据，无须等待握手过程完成。这进一步减少了连接建立的延迟。

（4）服务器推送。HTTP/3 支持服务器主动向客户端推送资源，减少了客户端请求的轮次，提高了数据传输的效率。

（5）头部压缩。HTTP/3 采用了更为高效的头部压缩算法，减少了请求和响应头部的大小，提高了传输效率。

（6）安全性与兼容性。HTTP/3 通过内置 TLS 1.3 协议，确保了数据传输的安全性和隐私。TLS 1.3 提供了更快的握手过程和更强大的加密算法，从而增强了通信的安全性。然而，HTTP/3 的兼容性问题也值得关注。由于它采用了较新的 QUIC 协议，许多旧的设备和网络可能无法支持。因此，在实际应用中，需要确保客户端和服务器都支持 HTTP/3，才能充分发挥其优势。

5.7.2　HTTP/3 协议关键特性

1. 解决队头阻塞问题

在计算机网络中，队头阻塞是一种性能瓶颈现象，会导致整个连接的传输性能下降，尤其是在高丢包率的网络环境中。其核心问题可以形象地描述为：单个数据包的延迟或丢失导致整个连接上数据流的停滞。换句话说,如果一个数据包未能及时到达,那么所有随后的数据包都将被迫等待,无论它们是否已经准备好传输。

队头阻塞问题在 HTTP 层和 TCP 层都可能出现,它同时影响到了 HTTP 层和 TCP 层。这一问题主要是由 TCP 的可靠性机制引入的。在一条连接上,TCP 通过序列号来确保数据的有序传输,这意味着数据包必须按照特定的顺序进行处理。即使数据包可能乱序到达,TCP 仍需将所有数据包收集并重新排序,以确保上层应用能够正确地接收到它们。如果在这个过程中任何一个数据包丢失,整个数据流将不得不暂停,直到丢失的包被重新传输,从而导致了队头阻塞。

以当前主流的 HTTP/2 协议为例,HTTP/2 协议通过其多路复用机制允许在单一的 TCP 连接上同时发送多个请求和响应,从而提高了数据传输的效率。然而,由于 HTTP/2 依然依赖于 TCP 作为其传输层协议,TCP 层的队头阻塞问题并未得到解决。TCP 的有序传输特性意味着,即使在多路复用的情况下,一个丢失的包仍然可能阻塞同一连接上的其他数据流。HTTP/2 中多路复用与队头阻塞如图 5-34 所示。

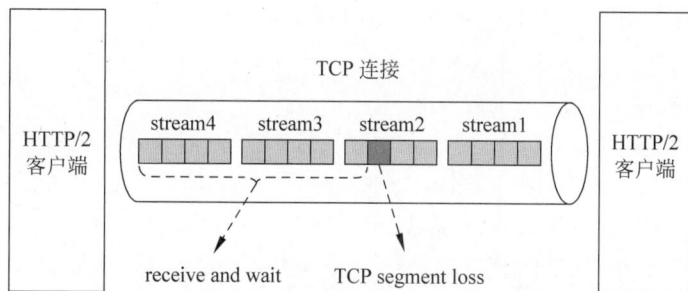

图 5-34 HTTP/2 中多路复用与队头阻塞

在 HTTP/2 协议中,一个 TCP 连接可以同时承载多个独立的数据流(stream),每个流可以独立传输一个请求或响应。假设客户端在一个 TCP 连接上同时发送了 4 个流 stream1、stream2、stream3 和 stream4,在这种情况下,如果 stream1 已经成功传输并被服务器端应用层读取,而 stream2 的第三个 TCP 段(segment)丢失了,TCP 为了保证数据传输的可靠性,服务器端会要求客户端重传这个丢失的 TCP 段。在重传完成之前,应用层无法继续读取后续的数据。这意味着,尽管 stream3 和 stream4 的数据已经完整地到达了服务器端,它们仍然会被阻塞,无法被应用层处理,直到丢失的 TCP 段被成功重传。

此外,HTTP/2 协议强制使用 TLS 进行加密通信,这也带来了 TLS 层面的队头阻塞问题。TLS 协议以 record 为单位处理数据(其最大尺寸被限制在 16KB 以内),如果一个 TLS record 中的任何数据丢失,整个 record 将无法被正确处理。由于 TLS 的这种特性,即使在 HTTP/2 的多路复用情况下,一个丢失的 TLS record 也会导致该 record 中所有数据的传输被延迟,直到丢失的数据被重新传输。

这种 TLS 层面的队头阻塞进一步加剧了 TCP 层的队头阻塞问题,因为 TLS record 的传输依赖于 TCP 的可靠传输机制。因此,当 TLS record 丢失时,不仅 TLS 层面的处理会受到影响,而且由于 TCP 需要等待丢失的数据段被重传,整个 TCP 连接的传输效率也会受到影响。

相比之下,QUIC 协议是构建在 UDP 之上的,它不仅继承了 UDP 的无序传输特性,还在此基础上增加了类似 TCP 的可靠性机制。QUIC 协议的多路复用功能与 HTTP/2 类似，支持在同一连接上维护多个独立的流，这些流之间相互独立，互不干扰。因此，即使某个流中的数据包丢失，也不会影响到其他流的传输，从而显著减少了队头阻塞的影响。QUIC 协议中解决队头阻塞问题的机制如下。

（1）QUIC 协议的基本传输单元是 packet，其大小不会超过网络的最大传输单元（MTU）。QUIC 的整个加密和认证过程是基于单个 packet 进行的，不跨越多个 packet。这意味着即使某个 packet 丢失，也不会影响到其他 packet 的处理，从而避免了 TLS 协议层面的队头阻塞问题。

（2）在 QUIC 协议中，每个 stream 都是相互独立的，这意味着即使 stream2 丢失了一个 packet，也不会影响到 stream3 和 stream4 的传输和处理。这种独立性消除了 TCP 中常见的队头阻塞问题，因为丢失的 packet 仅影响其所属的 stream，而不会导致整个连接上的其他数据流受阻。

通过这些设计，QUIC 协议不仅提高了数据传输的效率，还增强了网络通信的可靠性，特别是在面对网络条件不佳或高丢包率环境时，QUIC 能够提供比传统 TCP 更为出色的性能表现。

2. 更快的连接建立

对于 HTTP/1.x 和 HTTP/2 协议，在传输请求之前，需要经历两个各需一个 RTT 的过程：首先是 TCP 三次握手，该过程由内核在传输层执行；随后是 TLS 握手（使用 TLS 1.3），这一步骤则由 OpenSSL 库在表示层完成。由于这两个过程分别属于不同的协议栈层级，并且由不同的系统组件实现，因此它们难以被合并以减少总耗时。使用 TLS 1.3 协议 TCP 握手与 QUIC 握手 RTT 对比如图 5-35 所示。

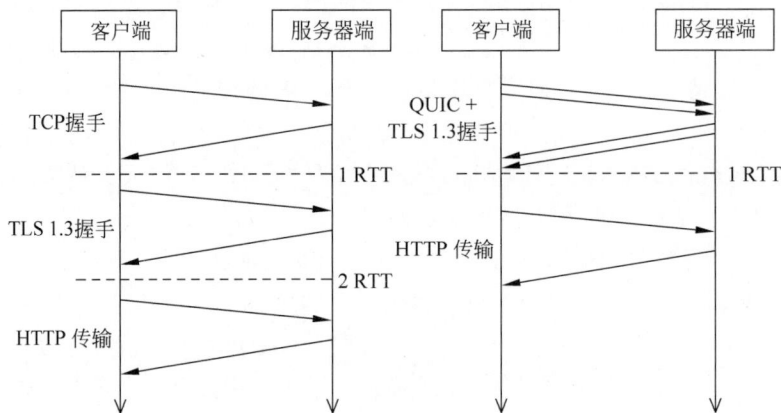

图 5-35 使用 TLS 1.3 协议 TCP 握手与 QUIC 握手 RTT 对比

相比之下，HTTP/3 协议采用了 QUIC 协议，这一创新融合了 UDP 的灵活性和内置的 TLS 1.3 加密功能，显著提高了连接建立的效率。QUIC 协议能够在一个 RTT 内完成连接的建立，并同时完成加密密钥的协商，大幅缩短了初次连接所需的时间。另外，HTTP/3 还支持 0-RTT 数据传输功能。这意味着，如果客户端之前已经与服务器成功建立过连接，在后续的首次请求中，客户端可以借助 0-RTT 机制立即发送应用数据，从而进一步降低延迟，增强用户体验。

3. 改进的拥塞控制

拥塞控制在确保网络资源合理分配、维持传输效率方面至关重要。当网络中的数据流量超过网络链路的承载能力时，会导致数据包丢失、延迟增加等问题，进而影响用户体验。QUIC 协议不仅提高了传输层的效率和安全性，还在拥塞控制方面进行了以下多项改进，以适应当代互联网的使用需求。

1）拥塞控制算法灵活选用

在 TCP 中，若要更改拥塞控制策略，通常需要在操作系统层面进行操作，而 QUIC 则允许在应用层直接修改拥塞控制策略。此外，QUIC 能够根据不同的网络环境和用户需求，动态地选择最合适的拥塞控制算法。

在应用程序层面，可以轻松实现不同的拥塞控制算法，而无须依赖操作系统或内核支持。这与 TCP 形成鲜明对比，后者需要网络协议栈的端到端支持才能实现拥塞控制，这通常涉及高昂的部署成本和漫长的升级周期。

2）单调递增的 Packet Number

TCP 为了确保传输的可靠性，采用了基于字节序号的序列号（Sequence Number）和确认号（Acknowledgment Number）机制，以保证消息的有序接收。每个数据段都分配了一个唯一的序列号，接收方通过发送带有 ACK 标识位的确认号来告知发送方哪些数据段已经被成功接收。

在 TCP 中，当发生超时事件（RTO）时，客户端将发起重传操作。随后，如果收到 ACK 确认数据包，由于重传数据包和原始数据包的序列号相同，这一特性有时会导致 TCP 重传的歧义问题：这个 ACK 是针对原始请求的响应还是针对重传请求的响应？在这种情况下，很难做出准确的判断。

如果错误地将 ACK 视为原始请求的响应，而实际上它是重传请求的响应，将导致采样 RTT 的估计偏大。相反，如果将 ACK 错误地认为是重传请求的响应，而实际上它是原始请求的响应，那么采样 RTT 的估计又可能偏小。TCP 重传与 QUIC 重传采样计算 RTT 对比如图 5-36 所示。

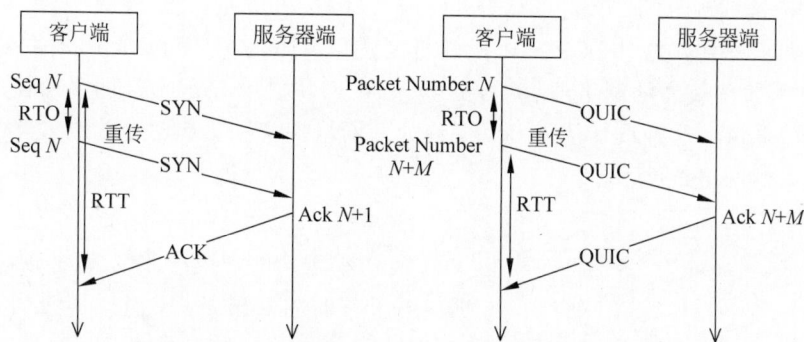

图 5-36　TCP 重传与 QUIC 重传采样计算 RTT 对比

QUIC 也是一个可靠的协议，它通过确保重传数据包和原始数据包的包号（Packet Number）严格递增，解决了这个问题。因此，在 QUIC 中，每个数据包都有一个独一无二的包号，从而可以明确地区分 ACK 是针对哪个数据包的响应，避免了 TCP 中的这种歧义情况。

在 QUIC 协议中,当超时事件发生时,可以通过重传数据包的包号(Packet Number)来精确计算 RTT。如果收到的 ACK 的包号是 $N+M$,则根据重传请求计算采样 RTT。如果 ACK 的包号是 N,则根据原始请求的时间计算采样 RTT,避免了歧义。

然而,仅依靠严格递增的包号并不能完全确保数据的顺序性和可靠性。为此,QUIC 引入了"流偏移"(Stream Offset)的概念。流可以跨多个数据包传输,每个数据包的包号独立递增。如果数据包的载荷是流数据,流偏移确保了应用数据的顺序。Stream Offset 保证有序性如图 5-37 所示,发送端发送了包 N 和包 $N+1$,其流偏移分别是 x 和 $x+y$。假设包 N 丢失,需要重传。重传的包号为 $N+2$,但其流偏移保持为 x。这样,即使包 $N+2$ 晚到,也能按顺序将流偏移 x 和 $x+y$ 的数据组织起来,交给应用程序处理,确保数据的顺序性和可靠性。

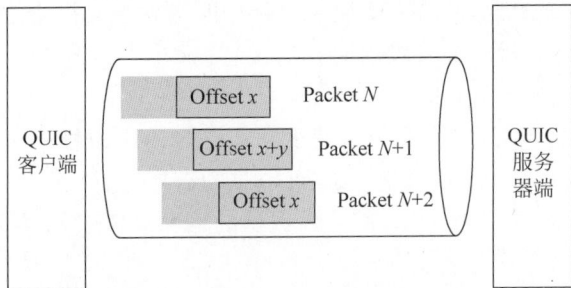

图 5-37   Stream Offset 保证有序性

3)更多的 ACK 块

在 TCP 中,SACK(Selective Acknowledgement)选项允许接收方告诉发送方已经成功接收到的连续数据段的范围。这种机制使得发送方能够进行选择性重传,即只重传丢失的数据段,从而提高数据传输的效率和可靠性,并避免不必要的重传。然而,由于 TCP 头部最大只有 60B,其中,标准头部占用了 20B,TCP 选项的最大长度仅有 40B。加上 TCP Timestamp 选项占用的 10B,留给 SACK 选项的空间仅有 30B。每个 SACK 块的长度为 8B,再加上 SACK 选项头部的 2B,这意味着 TCP SACK 选项最多只能提供 3 个 SACK 块。

QUIC 协议采用了类似 TCP SACK 的机制,但 QUIC ACK 可以同时提供多达 256 个 ACK 块。在丢包率较高的网络环境中,更多的 ACK 块能够显著提升网络的恢复速度,并减少重传的数据量。这种设计使得 QUIC 在处理网络拥塞和丢包时更为高效,尤其是在高延迟和不稳定的网络条件下。

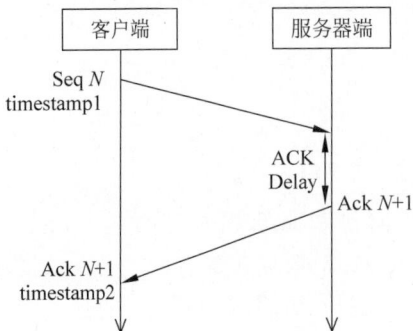

图 5-38   ACK Delay 时间

4)增加了 ACK Delay 时间

TCP 计算 RTT 时没有考虑服务器端接收到数据包与服务器端发出 ACK 消息之间的延迟,这段延迟即 ACK Delay,如图 5-38 所示。QUIC 考虑了这段延迟,使得 RTT 的计算更加准确。

5)基于连接和流的两级流量控制

QUIC 提供了在连接(connection)和流(stream)两个层面上的流量控制。流可以被看作 HTTP 请求,而连接则类似于 TCP 连接。多路复用意味着在一条连接上可以同时存在多条流。这种机制既要求对单个流进行控制,也要求对所有流进行总体控制。基于限制的流量控制方案,接收方会公布其准备在给定流或整个连接上接收的总字节数限制。发送方执行的流量控制行为如下。

(1)流流量控制,通过限制每个流上可发送的数据量,防止单个流消耗连接的整个接收缓冲区。

(2)连接流控制,通过限制所有流中发送的流数据的总字节数,防止发送方超出接收方的连接缓冲区容量。

发送者不得发送超出任一限制的数据。如果发送方已发送的数据达到限制,则它将无法发送新数据并被视为被阻止。发送方应该发送 STREAM_DATA_BLOCKED 或 DATA_BLOCKED 帧来向接收方指示它有数据要写入但被流量控制限制阻止。如果发送方被阻止的时间长于空闲超时,接收方可能会关闭连接,即使发送方有可供传输的数据。为了防止连接关闭,受流量控制限制的发送方在没有正在传输的确认数据包时应该定期发送 STREAM_DATA_BLOCKED 或 DATA_BLOCKED 帧。

4. 更严格加密保护数据包

QUIC 端点通过交换数据包来实现通信。这些数据包具备机密性和完整性保护,其核心通信单元是数据包。QUIC 数据包根据其类型采用了不同级别的加密保护机制,一个数据包由头部(Header)和数据(Data)两个部分组成。头部是公开传输的部分,而数据部分则可以是加密的,由多个数据帧(Frame)构成。每个数据帧进一步细分为类型(Type)和载荷(Payload),其中,载荷包含实际的应用数据。QUIC 中数据包加密保护分为如下 4 类。

(1)版本协商数据包。这类数据包并未提供加密保护,因为它们主要用于在连接建立初期协商所使用的 QUIC 版本。由于此阶段尚未建立加密通道,因此这些数据包以明文形式传输。

(2)重试数据包。为了增强安全性,重试数据包采用了 AEAD(Authenticated Encryption with Associated Data)函数,以防止在传输过程中被意外修改。尽管它们不直接包含敏感信息,但这一措施确保了数据包的完整性和认证性。

(3)初始数据包。在连接建立的初期,初始数据包同样使用 AEAD 函数进行加密。然而,其密钥是通过线路上可见的值派生而来,这意味着初始数据包在机密性保护方面相对较弱。它们的主要目的是确保数据包的发送者确实存在于网络路径上,并通过 AEAD 函数保护数据包免受意外修改。需要注意的是,任何能够接收到初始数据包的实体都有可能恢复密钥,进而读取数据包内容并生成可在任一端点成功验证的伪造数据包。

(4)加密握手后的数据包。一旦完成加密握手,所有其他类型的数据包(包括 0-RTT 和 1-RTT 数据包)都将使用从握手过程中派生的密钥进行保护。这些密钥仅由通信的双方所知,确保数据包在传输过程中的强机密性和完整性。

5. 支持连接迁移

连接迁移是 QUIC 协议中一个重要的特性,它允许在网络连接发生变化时,将已建立的 QUIC 连接无缝地从一个网络路径迁移到另一个网络路径,以保持数据传输的连续性和可靠性。当移动设备的网络环境变化,如从 Wi-Fi 切换到移动数据网络时,设备的 IP 地址会随之改变,基于 TCP 的 HTTP 无法保持原连接上的数据继续收发,而基于 QUIC 的 HTTP/3 协议可以保持现有的连接不中断。

  在传统的 TCP 连接中,连接是由源 IP 地址、源端口号、目标 IP 地址和目标端口号的 4 元组来唯一标识的。这意味着如果任何一个元素发生变化(例如,移动设备切换网络导致 IP 地址变化),原有的 TCP 连接就会中断,需要重新建立连接。这意味着包含 SSL 握手、TCP 慢启动都需要在客户端和服务器端重新执行,既额外消耗了双方的资源,也增加了上层业务的时延。

  QUIC 引入了连接标识符(Connection ID,CID),这是一个由端点生成的唯一标识符,用于标识一个 QUIC 连接。即使客户端的网络地址发生变化,只要 Connection ID 保持不变,QUIC 协议仍保留有原连接的上下文信息(如 Connection ID、TLS 密钥等),就可以复用原连接。

  1) gQUIC 协议中 Connection ID

  在 gQUIC 版本协议中,所有的 gQUIC 报文都是以一个 1~51B 的公共头开始的,公共头的格式如图 5-39 所示。

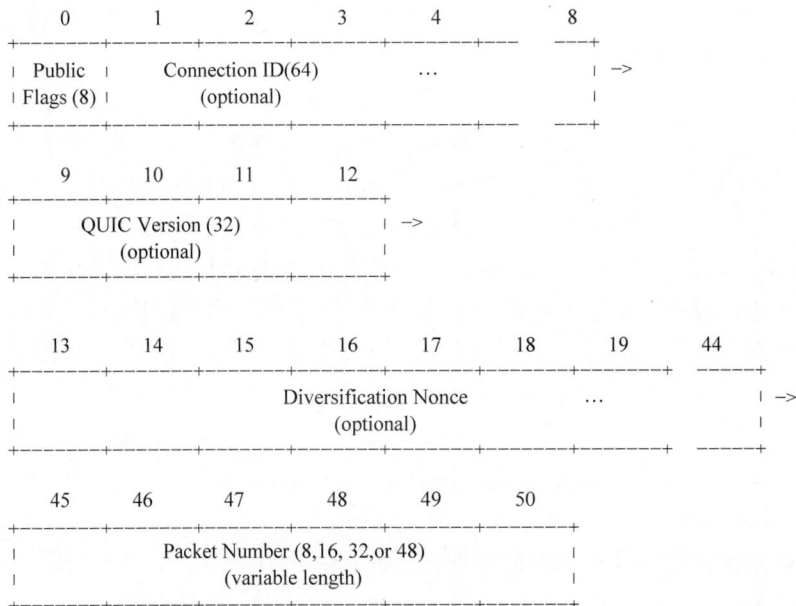

```
 0       1       2       3       4               8
+-------+-------+-------+-------+-------+--   ---+
| Public|      Connection ID(64)       |...    |   ->
| Flags (8) |       (optional)         |       |
+-------+-------+-------+-------+-------+--   ---+

 9      10      11      12
+-------+-------+-------+-------+
|     QUIC Version (32)         |   ->
|        (optional)            |
+-------+-------+-------+-------+

13      14      15      16      17      18      19      44
+-------+-------+-------+-------+-------+-------+------+---  ---+
|              Diversification Nonce           |...   |        |   ->
|                  (optional)                  |      |        |
+-------+-------+-------+-------+-------+-------+------+---  ---+

45      46      47      48      49      50
+-------+-------+-------+-------+-------+-------+
|          Packet Number (8,16, 32,or 48)      |
|               (variable length)              |
+-------+-------+-------+-------+-------+-------+
```

图 5-39　gQUIC 报文公共头格式

  公共头中的 Connection ID 是客户端生成的 64 位的随机数,即 8B,标识连接的唯一性。因为 QUIC 的连接设计初衷是客户端 IP 或端口迁移,连接也不中断,并不需要连接 4 元组去确定连接的唯一性。如果对于某个传输的方向,连接 4 元组能代表连接的唯一性(不发生 IP 或端口变动)时,公共头中的 Connection ID 可以是 optional。

  2) iQUIC 协商 Connection ID

  为了进一步提升网络传输效率,在 iQUIC RFC 9000 版本协议中,报文头分为两种: Long Packet Header 用于首次建立连接;Short Packet Header 类型的数据包旨在实现最小开销,并在建立连接 1-RTT 密钥可用后使用,用于日常传输数据。其中,Long Packet Header 的格式如图 5-40 所示。

  iQUIC 的数据包 Long Packet Header 中包含一组连接标识符: Destination Connection ID 和 Source Connection ID,分别简称为 DCID 和 SCID。每个连接标识符都可以用来标识

```
 0                   1                   2                   3
 0 1 2 3 4 5 6 7 8 9 0 1 2 3 4 5 6 7 8 9 0 1 2 3 4 5 6 7 8 9 0 1
+-+-+-+-+-+-+-+-+
|1 1|T T|X X X X|
+-+-+-+-+-+-+-+-+-+-+-+-+-+-+-+-+-+-+-+-+-+-+-+-+-+-+-+-+-+-+-+-+
|                         Version(32)                           |
+-+-+-+-+-+-+-+-+-+-+-+-+-+-+-+-+-+-+-+-+-+-+-+-+-+-+-+-+-+-+-+-+
| DCID Len (8)  |
+-+-+-+-+-+-+-+-+-+-+-+-+-+-+-+-+-+-+-+-+-+-+-+-+-+-+-+-+-+-+-+-+
|               Destination Connection ID (0..160)          ... |
+-+-+-+-+-+-+-+-+-+-+-+-+-+-+-+-+-+-+-+-+-+-+-+-+-+-+-+-+-+-+-+-+
| SCID Len (8)  |
+-+-+-+-+-+-+-+-+-+-+-+-+-+-+-+-+-+-+-+-+-+-+-+-+-+-+-+-+-+-+-+-+
|                 Source Connection ID (0..160)             ... |
+-+-+-+-+-+-+-+-+-+-+-+-+-+-+-+-+-+-+-+-+-+-+-+-+-+-+-+-+-+-+-+-+
```

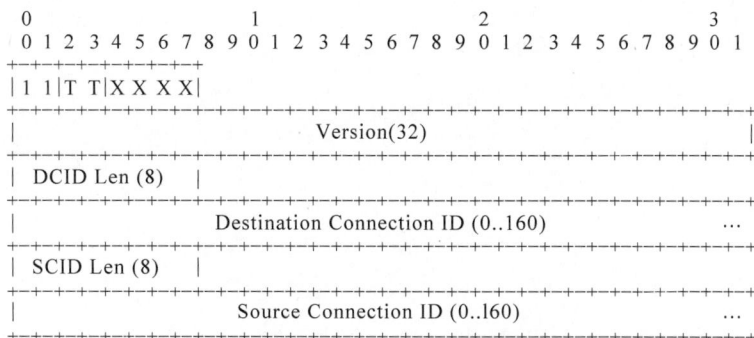

图 5-40　Long Packet Header 的格式

连接,这些字段用于设置新连接的连接标识符。使用这一组连接标识符的连接握手交互流程如图 5-41 所示。

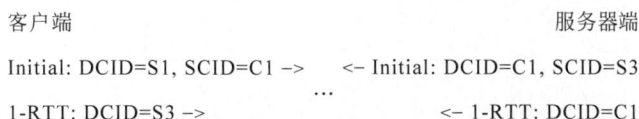

```
客户端                                                服务器端
Initial: DCID=S1, SCID=C1 ->      <- Initial: DCID=C1, SCID=S3
                           ...
1-RTT: DCID=S3 ->                          <- 1-RTT: DCID=C1
```

图 5-41　建立连接握手过程中使用一组连接标识符

在建立连接握手过程中,Initial 报文使用 Long Packet Header 协商两个端点使用的连接标识符取值,在随后的 1-RTT 数据包发送时,使用协商好的连接标识符。

当客户端发送 Initial 数据包时,如果该客户端之前未从服务器收到初始数据包,则客户端会用不可预测的值填充 DCID 字段。此 DCID 的长度必须至少为 8B。在从服务器收到数据包之前,客户端必须在此连接中的所有数据包上使用相同的 DCID 值。客户端用其选择的值填充 SCID 字段,并设置 SCID 长度字段以指示长度。

服务器端必须根据第一个收到的 Initial 数据包设置用于发送数据包的 DCID。仅当值取自 NEW_CONNECTION_ID 帧时,才允许对 DCID 进行进一步的更改;如果后续初始数据包包含不同的 SCID,则必须丢弃它们。这避免了由于无状态处理具有不同 SCID 的多个初始数据包而可能导致的不可预测的结果。服务器端的 SCID 使用其选择的值填充。

在双方处理第一个 Initial 报文之后,每个端点使用其之前接收到的 SCID 作为后续发送数据包的 DCID 字段。例如,在 1-RTT 数据包发送时客户端必须更改用于发送数据包的 DCID,以响应第一个收到的 Initial 数据包。在后续传输时,双方只需要固定住 DCID 字段,就可以在客户端 IP 地址、端口变化后,绕过连接 4 元组,实现连接迁移功能。

1-RTT 数据包使用 Short Packet Header 的格式如图 5-42 所示,这个报文头中不再需要传输 SCID 字段,并省略了 DCID 长度字段。

另外,客户端和服务器端可以在连接的生命周期内更改发送的 DCID,特别是在响应连接迁移时。

3）iQUIC 连接迁移过程

按照 RFC 9000 规范的定义,端点不得在握手确认之前启动连接迁移,客户端和服务器端双方在握手期间保留稳定的地址,需要时由客户端负责启动所有迁移。

在 RFC 9000 规范中,PATH_CHALLENGE、PATH_RESPONSE、NEW_CONNECTION_ID 和 PADDING 帧为"探测帧",其他帧均为"非探测帧"。仅包含探测帧的数据包为"探测数

```
 0                   1                   2                   3
 0 1 2 3 4 5 6 7 8 9 0 1 2 3 4 5 6 7 8 9 0 1 2 3 4 5 6 7 8 9 0 1
+-+-+-+-+-+-+-+-+
|0|1|S|R|R|K|P P|
+-+-+-+-+-+-+-+-+-+-+-+-+-+-+-+-+-+-+-+-+-+-+-+-+-+-+-+-+-+-+-+-+
|              Destination Connection ID(0..160)          ...
+-+-+-+-+-+-+-+-+-+-+-+-+-+-+-+-+-+-+-+-+-+-+-+-+-+-+-+-+-+-+-+-+
|              Packet Number(8/16/24/32)                  ...
+-+-+-+-+-+-+-+-+-+-+-+-+-+-+-+-+-+-+-+-+-+-+-+-+-+-+-+-+-+-+-+-+
|              Protected Payload (*)                      ...
+-+-+-+-+-+-+-+-+-+-+-+-+-+-+-+-+-+-+-+-+-+-+-+-+-+-+-+-+-+-+-+-+
```

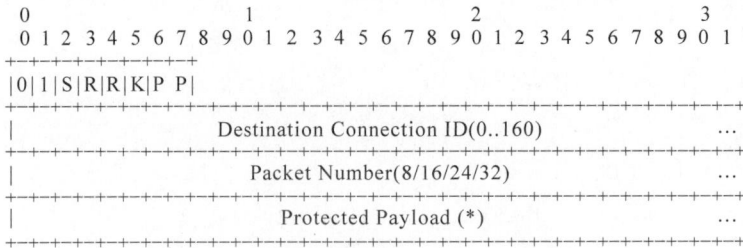

图 5-42　**Short Packet Header** 的格式

据包",包含任何其他帧的数据包为"非探测数据包"。当网络环境发生变化(如客户端从Wi-Fi切换到移动网络)时,客户端可以通过从新网络地址发送包含非探测帧的数据包来将连接迁移到这个地址。迁移路径验证流程如图 5-43 所示。

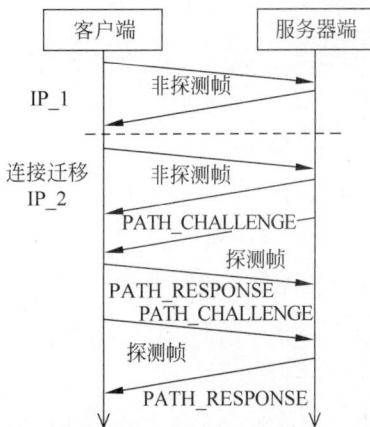

图 5-43　迁移路径验证流程

当客户端的网络地址发生变化时,从新的对等地址接收到包含非探测帧的数据包表明对等方已迁移到该地址。如果接收方允许迁移,则它必须将后续数据包发送到新的对等地址,并且必须启动 PATH_CHALLENGE 以验证新路径可达性和对等方对该地址的所有权(如果验证尚未进行)。每个端点都会通过 PATH_CHALLENGE 帧和 PATH_RESPONSE 验证新路径可达性及其对等方的地址。这是为了防止恶意第三方利用连接迁移功能来劫持连接。如果验证通过,双方使用新的网络地址继续进行通信。另外,迁移时新路径可能不支持端点当前的发送速率,端点会重置其拥塞控制器和 RTT 估计值。

通过这些路径验证流程,QUIC 连接迁移能够在客户端网络环境发生变化时,保持连接的连续性和数据传输的稳定性,从而提供更流畅的用户体验。

5.7.3　HTTP/3 协议 7 层负载均衡

由于 HTTP/3 和 QUIC 协议具备卓越的连接性能、多流独立性、一致性安全性、低延迟和可靠性等特点,它们能够在高延迟和不稳定的网络环境中显著提高网页加载速度,并减少连接中断,从而使得网络体验更加顺畅。自版本 1.25.0 起,Nginx 开始试验性地支持 HTTP/3,并在后续版本中持续优化这一功能。此外,升级负载均衡以支持 HTTP/3 接入层监听,也是一项必要的功能改进。

1. 支持连接迁移的调度

在使用负载均衡集群架构来提供接入服务时,一个 HTTP/3 请求首先会被引流至 4 层负载均衡集群,该集群负责初步的流量分发,随后将请求报文转发至 7 层负载均衡集群中的某一台服务器。当这个请求到达 7 层负载均衡 Nginx 服务器时,它会被一个特定的 Nginx worker 进程所处理。这个 worker 进程负责 HTTP/3 协议的卸载,即将 HTTP/3 转换为 HTTP,然后再将处理后的请求转发给后端的业务服务器。

然而,随着客户端网络环境的动态变化,可能会引发连接迁移。负载均衡支持连接迁移如图 5-44 所示。在负载均衡的请求转发过程中,连接迁移的调度主要面临如下两个问题。

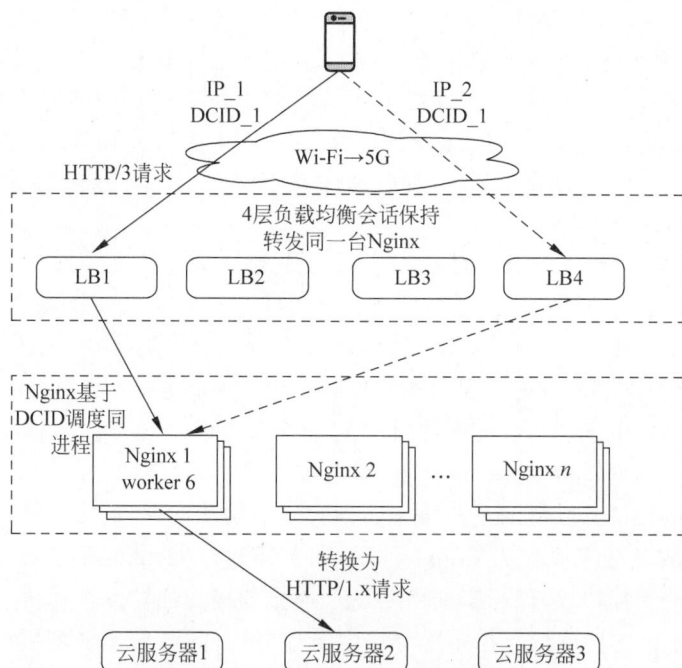

图 5-44　负载均衡支持连接迁移

(1) 4 层负载均衡的会话保持。如何确保对于新旧 5 元组不同但属于同一条 QUIC 连接的请求,4 层负载均衡能够将其调度到同一台 7 层服务器? 这是实现 4 层连接迁移的关键,以确保连接的一致性和连续性。

(2) 7 层负载均衡 Nginx 的 worker 进程调度。一旦请求进入 7 层负载均衡 Nginx 服务器,如何确保同一条 QUIC 连接的所有数据包都能被调度到同一个 Nginx worker 进程进行处理? 这是必要的,因为不同 worker 进程间不共享连接状态,若新连接被分配到不同 worker,则可能导致连接断开或状态不一致。

为了解决上述问题,在 4 层和 7 层负载均衡技术中分别采用了如下解决方案。

1) 4 层负载均衡基于连接标识符的会话保持

4 层负载均衡通常利用 VIP 作为集群化服务的代理,以确保来自客户端的请求报文能被集群中的任意一台服务器处理。在常见的调度算法,如加权轮询和最少连接数中,负载均衡服务器会根据到达报文的 4 元组(源 IP 地址、源端口、目标 IP 地址、目标端口)来判断是否需要新建连接,并依据所选的调度算法将报文转发到特定的后端服务器。然而,当涉及 QUIC 协议时,情况变得复杂。由于 QUIC 连接可能会因为 IP 地址或端口的变化而迁移,若仅依赖传统的报文 4 元组进行调度,可能会导致同一个 QUIC 连接的不同报文被转发到不同的后端服务器,从而破坏了连接的完整性。

为了支持 QUIC 连接的迁移,4 层负载均衡系统需要实现基于连接标识符的会话保持功能。这样,即使 QUIC 连接的 IP 地址或端口发生变化,负载均衡也能根据连接标识符将相关报文持续转发给同一台后端服务器,确保连接的一致性和连续性。在实现时,4 层负载均衡集群针对 QUIC 的会话保持还需考虑 gQUIC 和 iQUIC 之间的差异。两者在连接标识符的处理、帧格式及扩展等方面存在不同,因此,负载均衡需要能够识别并适应这两种

QUIC 协议的变体,以确保对所有 QUIC 连接的有效管理和调度。

对于 gQUIC 协议(包括 Q043 版本规范及以下版本)的实现相对简单,这是因为 gQUIC 协议中的连接标识符是由客户端生成的,并且在整个连接过程中保持不变。当 4 层负载均衡服务器接收到一个报文,并且在 4 元组映射中找不到对应的连接时,它会从 UDP 报文的数据段中提取出 QUIC 连接标识符。这个标识符随后被用作一致性哈希算法的键值。通过这种完全一致性的哈希算法,可以确保属于同一 QUIC 连接的所有 UDP 报文都被调度到同一台后端服务器上。

在 iQUIC 协议中,连接标识符是由客户端与服务器端在建立连接的过程中协商生成的,且此标识符的值在 iQUIC 连接的使用过程中可能会发生变化。若采用基于连接标识符的一致性哈希调度算法,由于这种动态变化,负载均衡可能面临挑战,无法确保同一 QUIC 连接的所有 UDP 报文都被准确无误地调度到同一台 7 层服务器上。为了解决 iQUIC 协议在 4 层负载均衡环境中遇到的会话保持问题,当前业界提出了以下两种解决方案。

(1)基于 Cookie 的会话保持。iQUIC 服务器端(通常位于 7 层)可以与 4 层负载均衡设备协商一种连接标识符取值的编码方案。通过这种方案,4 层负载均衡设备能够识别连接标识符的完整或部分字段作为 Cookie。随后,利用这个 Cookie,4 层负载均衡可以实现到后端服务器的会话保持,确保属于同一 QUIC 连接的报文都被发送到同一台服务器上。

(2)同步 QUIC 连接信息。在 4 层负载均衡集群内部,各台服务器实时同步连接标识符与相应后端服务器的映射关系。这样,当发生连接迁移时,接收迁移报文的负载均衡服务器能够迅速根据连接标识符查找并确定对应的后端服务器,从而确保同一 QUIC 连接的所有报文都能被转发至同一台后端服务器,有效维护会话的连续性。

2)7 层负载均衡基于连接标识符的调度

在搭载多核 CPU 的 7 层 Nginx 服务器上,Nginx 使用多 worker 进程模式,以充分利用多核处理器来扩展性能。为了达到最高效率,Nginx 倾向于让同一个 worker 进程处理同一个连接的所有请求。然而,QUIC 协议使得这种处理方式变得复杂,因为 QUIC 连接不再与客户端的 IP 地址绑定,并且 Linux 内核本身不提供 UDP 端口到进程的关联。为了解决这个问题,Nginx 开源社区实现了一个 eBPF(extended Berkeley Packet Filter)扩展来集成 SO_REUSEPORT,从而可以将 QUIC 连接标识符映射到最初处理它的 worker 进程。这个扩展被巧妙地集成到 Nginx 中,使得 Nginx 能够将 eBPF 字节码加载到内核的 socket 选择代码中。Nginx 使用 eBPF 调度 QUIC 连接示意如图 5-45 所示。

SO_REUSEPORT 是一个 Socket 选项,它允许在同一个地址和端口上绑定多个 Socket。这一特性使得多个线程或进程能够共享同一个端口,从而在高并发场景下显著提升资源利用率。当新的连接请求到来时,内核会智能地将这些连接分配给已绑定的其中一个 Socket。

BPF_PROG_TYPE_SK_REUSEPORT 是 eBPF 中的一个程序钩子点类型。当内核需要决定是否重用某个监听端口时,该类型的 BPF 程序就会被调用。通过编写并附加这种类型的 BPF 程序,用户可以在不直接修改内核代码的前提下,自定义端口重用的逻辑。例如,可以根据数据包的特定内容来选择处理该数据包的特定 Socket。

通过这些针对连接迁移的调度措施,负载均衡能够最大限度地减少因网络环境变化而导致的连接迁移过程中会话保持失效的问题,从而确保 HTTP/3 请求得到高效、稳定和可靠的处理。

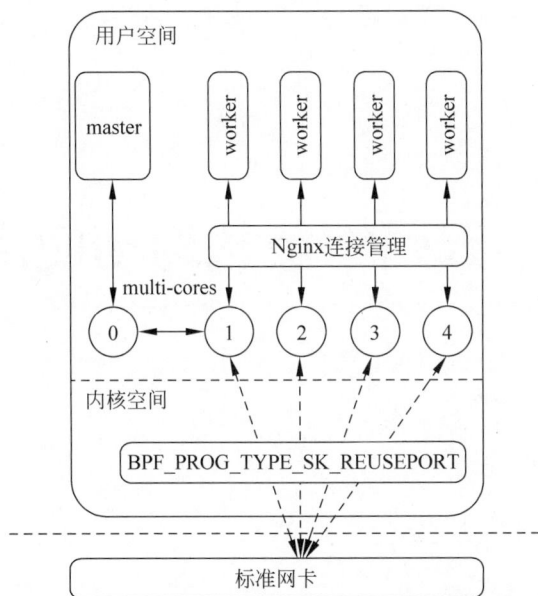

图 5-45　Nginx 使用 eBPF 调度 QUIC 连接示意图

2. 访问 HTTPS 升级为 HTTP/3

在配置 HTTP 或 HTTPS 负载均衡监听时,通常使用基于 TCP 的 80 和 443 端口分别进行。而对于 HTTP/3 的监听,由于采用了 UDP,因此通常也使用 443 端口。目前,对于新兴的 HTTP/3 协议,大多数服务器端尚未提供支持,客户端也不会主动检测服务器是否支持 HTTP/3 服务。在 7 层负载均衡服务器上,可以通过在 HTTP 响应报文中添加 alt-svc 头部,来指示客户端可升级使用 HTTP/3 服务。

例如,首次请求时,客户端会使用 HTTP/1.1 或者 HTTP/2,如果服务器端支持 HTTP/3 协议,则在 HTTP 响应头中返回 alt-svc 字符串,告诉客户端这个服务可以使用 HTTP/3 协议。alt-svc 字符串主要包含的信息如下。

(1) h3:监听的端口。

(2) ma:有效期,单位是 s,客户端可以在这段时间内都访问 HTTP/3 服务。

(3) 版本号:这里列出所有支持的协议版本号。

更进一步地,由于 HTTP/3 协议经过近几年的发展,到目前为止迭代了许多的版本,那么如何告知服务器所支持的版本呢?可以参考下面两个例子。

(1) 支持 iQUIC 协议的格式。

```
alt-svc: h3 = ":443"; ma = 2592000,h3-29 = ":443"; ma = 2592000
```

表示服务器的 443 端口支持 h3-v1 版本和 h3-29 版本协议,有效期为 2 592 000s(即 30 天),两个协议中间以逗号分隔。

(2) 支持 gQUIC 协议的格式。

```
alt-svc: quic = ":443";ma = 2592000;v = "43,46"
```

表示服务器的 443 端口支持 gQUIC 的 43、46 版本,有效期为 2 592 000s(即 30 天)。

第6章

云网络负载均衡使用实践

6.1 负载均衡实践

6.1.1 负载均衡使用概述

下面以百度智能云为例,演示如何通过其云网络负载均衡 BLB 产品搭建一个具备双可用区容灾能力的网站服务。在搭建服务之前,需要提前规划部署架构,明确负载均衡实例的部署地域、VPC、可用性区、子网以及云服务器的资源分配。

双机容灾负载均衡部署架构,如图 6-1 所示。在 VPC 实例 VPC-1 中,规划了一个负载均衡实例 LB-1。该实例通过 HTTP 的 80 端口监听对外提供服务。在 HTTP 80 端口的监听配置中,设置了一项转发规则,该规则根据域名将请求转发至服务器组 SG-1 中的两台云服务器。

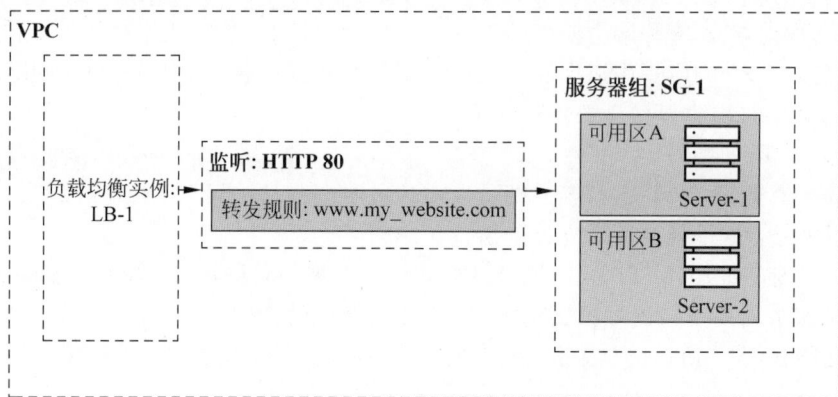

图 6-1 双机容灾负载均衡部署架构

服务器组 SG-1 中挂载了两台云服务器,分别是 Server-1 和 Server-2。这两台服务器分别部署在可用区 A 和可用区 B。通过这种双可用区部署方式,使网站服务具备跨可用区级别的容灾能力。

6.1.2 负载均衡使用实践

1. 环境与资源准备

在环境准备阶段,首要任务是在目标地域创建一个 VPC 实例,命名为 VPC-1。随后,在 VPC-1 中，创建一个子网实例，该实例位于可用区 A，并将其命名为 Subnet_AZ_A。这个子网将用于负载均衡实例 LB-1 的 VIP 地址分配。

接下来，需要准备两台云服务器。其中，一台命名为 Server-1，部署在可用区 A；另一台命名为 Server-2，部署在可用区 B。待两台云服务器创建完成后，可以根据实际需求登录服务器，部署相应的网站服务。

2. 创建负载均衡实例

在控制台执行"创建负载均衡流程"创建实例时，需要先完成以下各项信息配置。

1）计费方式

提供的计费方式有"包年包月"和"按量付费"两种。如果有明确的长期使用计划，选择"包年包月"方式会更经济。"按量付费"方式虽然相对成本更高，但提供了更大的灵活性，允许更自由地管理实例的生命周期和成本。由于演示过程要求实例能够随时释放，因此在本例中选择"按量付费"方式。

2）地域

由于云上各地域间的资源是相互隔离的，所以在选择地域时，需要确保与 VPC、子网以及云服务器等资源选择在同一地域。

3）实例类型

云厂商根据技术演进阶段通常将云网络负载均衡实例分为普通型负载均衡、传统型负载均衡和弹性负载均衡三种。这三种类型各自具有不同的产品特性和适用场景。负载均衡产品特性，如表 6-1 所示。

表 6-1　负载均衡产品特性

产 品 特 性	普通型负载均衡	传统型负载均衡	弹性负载均衡
多服务器组	×	√	√
转发规则	×	√	√
大吞吐量	×	×	√
弹性扩缩容	×	×	√

普通型负载均衡因缺乏服务器组与转发规则的配置能力，已逐渐被传统型负载均衡所取代。部分云厂商已不再提供普通型负载均衡服务。传统型负载均衡产品通过支持配置多个监听内部的转发规则，实现了在同一实例中支持多组后端服务器组的特性，显著提升了流量分发的灵活性和效率，从而在当前市场中占据主导地位。

为了应对云上大租户对超高性能和弹性扩展能力的需求，行业前沿厂商基于 NFV 技术，推出了弹性负载均衡产品。这些产品根据支持的协议不同，又分为应用型负载均衡和网络型负载均衡两类。网络型负载均衡依托 4 层协议，为租户提供大吞吐量、高弹性的处理能力；而应用型负载均衡则在保持超高性能与弹性扩缩容的基础上，结合应用层协议，提供了丰富的转发策略组合，以满足更为复杂的应用场景需求。

随着技术迭代的加速，各大云厂商已普遍完成从普通型到传统型的转型，少数云厂商进一步演进到弹性负载均衡形态。然而，由于各厂商的发展路径和策略不同，其产品命名体系也存在较大差异。以阿里云为例，其核心产品是传统型负载均衡，并推荐租户使用弹性负载均衡产品。百度智能云则在其产品线中提供普通型与应用型负载均衡实例，其中，应用型负载均衡产品的功能与业内传统型负载均衡实例相当。

鉴于传统型负载均衡产品在业内的广泛适用性,本示例将采用与其功能相当的应用型负载均衡产品进行演示。

4）可用区

业内云厂商的负载均衡产品均提供双可用区容灾能力,部分云厂商为满足对跨机房流量较为敏感租户的需求,在创建实例时支持用户指定主备可用区。在本示例中,主备可用区与服务器可用区对齐,主可用区选择在可用区 A,备可用区选择在可用区 B。

5）所在网络

在"所在网络"选项中,需要选择负载均衡实例所在的 VPC 及子网实例。在本示例中,选择实例 VPC-1,并指定该 VPC 下的 Subnet_AZ_A 作为负载均衡实例 VIP 所在的子网。

6）公网访问

如果需要处理来自公网（互联网）的流量,需要为负载均衡实例绑定一个公网 IP 地址。一旦绑定成功,即可通过该公网 IP 直接访问负载均衡服务。值得注意的是,系统默认仅允许 VPC 内部的私有 IP 访问负载均衡实例的 VIP。在本示例中,为了简化演示过程,选择不启用公网访问功能。

3. 后端服务器组设置

后端服务器组是由一组云服务器及其相应的配置策略构成的。负载均衡实例会依据特定的算法和策略,将请求分发到服务器组中的不同服务器上,以实现流量的均衡调度。通过设定健康检查策略,负载均衡实例能够主动将服务异常的服务器从后端移除。

在本示例中,云网络负载均衡实例创建完毕后,租户可以利用控制面板轻松创建服务器组 SG-1,并配置相应的后端服务器。具体配置时,需将 Server-1 和 Server-2 两台云服务器添加到服务器组中,并将它们的权重统一设置为 100。后端服务器的权重设定范围为 0～100,权重较高的服务器将接收并处理更多的请求流量,而权重被设置为 0 的服务器则会被暂时排除在请求分配之外。值得注意的是,非 0 权重的设置仅在采用加权轮询（WRR）调度算法的场景下才会生效。

4. 监听与转发规则设置

监听用于将外部请求,根据配置的协议与端口规则转发至后端服务器。在本示例中,服务器组配置完成后,还需进行监听配置。只有配置完成后,云网络负载均衡实例才能正确执行流量转发任务。在配置新的监听时,可以对以下多项参数进行配置。

1）协议与端口

云网络负载均衡实例支持的协议通常包括 4 层协议（TCP、UDP）和 7 层协议（HTTP、HTTPS、TCPSSL 等）。在配置监听协议时,需要考虑与后端服务器组中的协议兼容性,并明确两者的对应关系。监听配置中前后端协议的对应关系,如表 6-2 所示。

表 6-2　监听配置中前后端协议的对应关系

类　　别	监听协议	服务器组后端协议
4 层协议	TCP	TCP
	UDP	UDP
7 层协议	HTTP	HTTP
	HTTPS	HTTPS，HTTP
	TCPSSL	TCP

在端口配置方面,传统型负载均衡通常支持1～65 535范围内的任意端口。由于TCP、TCPSSL、HTTP和HTTPS在底层都依赖于TCP,因此在同一个负载均衡实例中,这些协议之间会存在端口冲突。为了避免这种冲突,需要为不同的协议指定不同的端口。

在本示例中,通过控制台创建了一个HTTP的监听,监听端口设置为80。相应地,后端协议也被设置为HTTP,并且后端端口同样被设置为80。

2)调度算法

调度算法是负载均衡的核心功能之一,它主要用于将请求流量(如HTTP请求、TCP连接等)按照指定的算法规则调度到后端服务器。这些算法的设计旨在优化资源利用、提高系统吞吐率、减少响应延迟,并确保服务的高可用性和可扩展性。

在本示例中,选择加权轮询(WRR)作为调度算法。然而,值得注意的是,不同厂商在调度算法的配置方式上可能存在差异。一些厂商倾向于将调度算法设置为监听的属性,即在配置监听时直接指定调度策略;而另一些厂商则将其视为服务器组的一项属性,要求在定义服务器组时进行配置。因此,在实际操作过程中,请务必参考官方文档说明,确保调度算法的正确配置。

3)获取真实源IP和协议类型

当客户端发起新建请求时,负载均衡会根据预设的调度策略,将流量调度至相应的后端服务器。由于负载均衡设备位于客户端与后端服务器之间,这导致后端服务器无法直接感知到客户端的源IP地址。为了解决这个问题,在涉及HTTP等7层协议时,通常采用在HTTP请求头中嵌入特定字段(如X-Forwarded-For)的方式,将客户端的原始IP信息透传给后端服务器。同时,对于HTTP及HTTPS,还可以通过在HTTP请求头中增设X-Forwarded-Proto字段,来确保后端服务能够准确地接收到客户端的协议类型。

在本示例中,在HTTP 80端口的监听配置中启用了X-Forwarded-For参数。

4)定制配置

云网络负载均衡的7层监听中支持丰富的定制配置功能,如表6-3所示。在本示例中,采用默认配置项即可。

表6-3　7层监听定制配置功能

配　置　字　段	配　置　说　明
client_header_timeout	读取客户端请求头的超时时间(单位:s),如果客户端在这个时间内未发送完整的请求头,负载均衡实例会中断请求
client_header_buffer_size	存放客户端请求头的缓冲区大小(单位:KB)
client_body_timeout	读取客户端请求体的超时时间(单位:s),该超时时间指连续两次成功读到请求体的间隔时间,而非整个请求体传输时间。如果客户端在这个时间内没有发送任何数据,负载均衡实例会中断请求
proxy_buffer_size	负载均衡实例读取来自后端服务器响应头的缓冲区大小(单位:KB),如果后端服务器响应头超过这个大小,会返回502。使用proxy_buffer_size时,必须同时设置proxy_buffers
proxy_buffers	负载均衡实例读取来自后端服务器响应体的缓冲区数量和每个缓冲区大小(单位:KB)

续表

配　置　字　段	配　置　说　明
proxy_buffering	on 表示缓存来自后端服务器的响应：负载均衡实例会缓存响应,全部接收完成后再返回给后端服务器。 off 表示不缓存来自后端服务器的响应：负载均衡实例不会缓存响应,此时会导致后端服务器有一定性能压力。也可以通过在响应头里添加 X-Accel-Buffering 控制是否缓存,X-Accel-Buffering：yes 表示缓存,X-Accel-Buffering：no 表示不缓存
proxy_set_header	用于向后端传递的请求头,参数包括以下几种：客户端端口,负载均衡实例的 VIP 地址,唯一请求 ID,HTTPS 请求的客户端证书(仅 HTTPS 监听生效),客户端 IP 等

5）健康检查设置

健康检查是租户在负载均衡实例上配置的一组用来确认后端服务器存活状态的规则。负载均衡会根据配置的时间间隔,向每台后端服务器发送这些探测请求,并等待服务器的响应以确认后端服务器的可用性。在配置健康检查时,通常需要指定以下几个方面的参数。

（1）检查协议。健康检查协议类型需要与后端服务器支持的协议相匹配。不同的协议类型对应不同的检查方式和响应机制。监听协议与健康检查协议对应关系如表 6-4 所示。

表 6-4　监听协议与健康检查协议对应关系

监　听　协　议	支持健康检查协议
TCP	TCP
UDP	UDP、ICMP
HTTP	TCP、HTTP
HTTPS	TCP、HTTP、HTTPS
TCPSSL	TCP

（2）检查端口。可以是后端服务器上的任意一个可用端口,一般会配置为后端业务端口。

（3）检查路径(仅对于 HTTP/HTTPS)。如果选择了 HTTP 或 HTTPS 作为检查协议,则需要进一步指定检查请求的 URL 路径。这个路径通常是后端服务器上某个能够快速响应的页面或 API,用于验证服务器的健康状态。

（4）检查间隔和超时时间。检查间隔是指负载均衡向服务器发送健康检查请求的频率,它决定了多久进行一次检查。而超时时间则定义了服务器在接收到健康检查请求后,必须在多长时间内做出响应,才能被视为处于健康状态。

（5）健康阈值和不健康阈值。这两个参数共同定义了服务器被判定为健康或不健康的标准。具体而言,健康阈值设定了一个标准,即在连续进行的健康检查中,服务器必须成功响应的次数达到该标准,才能被视为健康状态。相反,不健康阈值则设定了另一个标准,即在连续进行的健康检查中,服务器未能成功响应的次数若达到该标准,则会被判定为不健康状态。

在本示例中,由于监听协议采用的是 HTTP,因此可以选择 TCP 或 HTTP 作为健康检查协议。在这里,选择了 TCP 作为检查协议。探测端口与后端服务器的端口保持一致,均为 80 端口,同时检查间隔和超时时间等选项采用了默认设置。

配置完成后,需要在控制台仔细观察服务器组 SG-1 中各台服务器的健康检查状态。一旦发现健康检查失败,需要登录相应的云服务器,确认业务端口是否能够正常工作。

6)转发规则

转发规则配置在监听中,它定义了如何将接收到的请求转发给后端服务器组。在 4 层协议监听中,只能配置一个默认的转发规则;而在 7 层协议的监听中,则支持基于域名、URL 路径、请求方法、请求头等多种条件进行配置。当配置有多条转发规则时,会依据每条规则中的权重参数来决定匹配的优先级。

本示例中,在监听中增加了一条基于域名的转发规则。具体配置为:域名 www.my_website.com,目标服务器组为 SG-1。

通过一系列演示操作,在 VPC-1 中成功构建了一个具备双可用区容灾能力的云网络负载均衡实例。在 VPC 中配置 DNS 解析后,该实例能够基于 URI(http://www.my_website.com)提供访问。

随着业务的不断增长和需求场景的变化,可以探索使用更先进的弹性负载均衡实例。凭借其大吞吐量和弹性扩展能力,可以更好地应对突发流量。同时,为了满足复杂业务场景下的需求,也可以考虑引入更复杂的转发规则和健康检查策略。

6.2　负载均衡云监控实践

6.2.1　负载均衡云监控概述

云监控是一款专为租户设计的云上实例运行状态监控产品。通过系统监控和自定义监控功能,云监控提供了丰富灵活的分析与监控能力,旨在帮助租户及时掌握业务运行状态,确保业务的健康稳定运行。此外,云监控还支持配置报警策略,当云产品实例运行出现异常时,租户可以通过短信、邮件、电话等多种渠道接收报警信息,从而及时感知并处理异常状态。

针对负载均衡产品,云监控提供了一系列分析、监控和报警解决方案,称为负载均衡云监控。本示例将以百度智能云为例,详细演示如何使用负载均衡云监控功能。资源与部署架构,如图 6-2 所示。在 VPC 实例 VPC-1 中,创建了一个负载均衡实例 LB-1。该实例在 TCP 80 端口和 HTTP 8080 端口上分别配置了两个监听。其中,TCP 80 监听的后端挂载

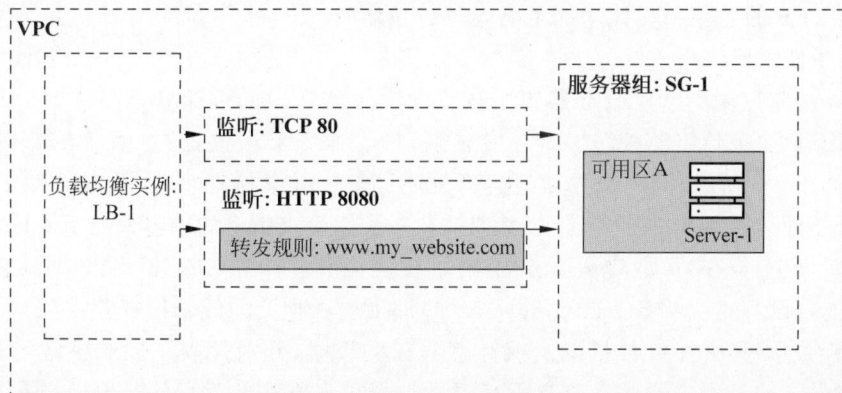

图 6-2　资源与部署架构

了服务器组 SG-1；而 HTTP 8080 监听则配置了一条基于域名匹配的转发规则，其后端同样挂载了服务器组 SG-1。服务器组 SG-1 中包含一台位于可用区 A 的云服务器 Server-1。

6.2.2 负载均衡云监控实践

1．端口监控

端口监控是在负载均衡监听维度对监控项进行聚合的监控信息，可以通过以下方式打开。首先进入"云网络负载均衡控制台"，在左侧菜单中选择"应用型实例"进入"实例列表"页面，单击负载均衡实例 LB-1，进入"实例详情"页面。在"实例详情"页面左侧的菜单中单击"监控"菜单，进入"端口监控"页面。端口监控根据所在监控的协议不同，其监控的数据项有比较大的差异。负载均衡产品特性如表 6-5 所示。

表 6-5 负载均衡产品特性

监 控 项	TCP/UDP	HTTP/HTTPS
网络流量	√	√
网络数据报文	√	√
并发连接数	√	√
丢弃流量	√	√
丢弃数据报文	√	√
丢弃连接数	√	√
新建连接数	√	√
响应时间	×	√
响应状态码	×	√
响应状态码码比例	×	√
后端服务器响应状态码	×	√
后端服务器响应时间	×	√

在"端口监控"页面中，监控项数据普遍以折线图的方式展示，支持通过时间范围查询历史数据。4 层监听端口监控页面部分统计项如图 6-3 所示。在这个图中，80 端口监听协议为 TCP。

7 层监听端口监控页面部分统计项如图 6-4 所示。在这个图中，8080 端口监听协议为 HTTP，与 TCP 的监控项相比增加了响应时间、响应状态码比例等统计项。

2．服务器组监控

服务器组监控用于监控服务器组中各台云服务器端口的健康状态。在"端口监控"页面的上方设有"服务器组监控"选项卡，单击后进入"服务器组监控"页面。在"服务器组监控"页面，如图 6-5 所示，同一服务器组实例可通过配置健康检查策略，挂载至多个监听中。因此，对于不同监听后端的服务器组，其监控状态会因检查策略的差异而有所不同。

在本示例中，需在"负载均衡服务端口"下拉菜单中选择"TCP:80"，并在"服务器组"下拉菜单中选定设备组实例 SG-1(sg-5c1f1aa0)，即可展示相关的健康检查监控项。图表中包含正常探针数量、异常探针数量以及探针总数三项数据，分别代表了探测正常的云服务器数量、探测异常的云服务器数量以及所有云服务器的总数。当云服务器出现异常或租户调整设备组中的云服务器数量时，这些数据会相应发生变化。

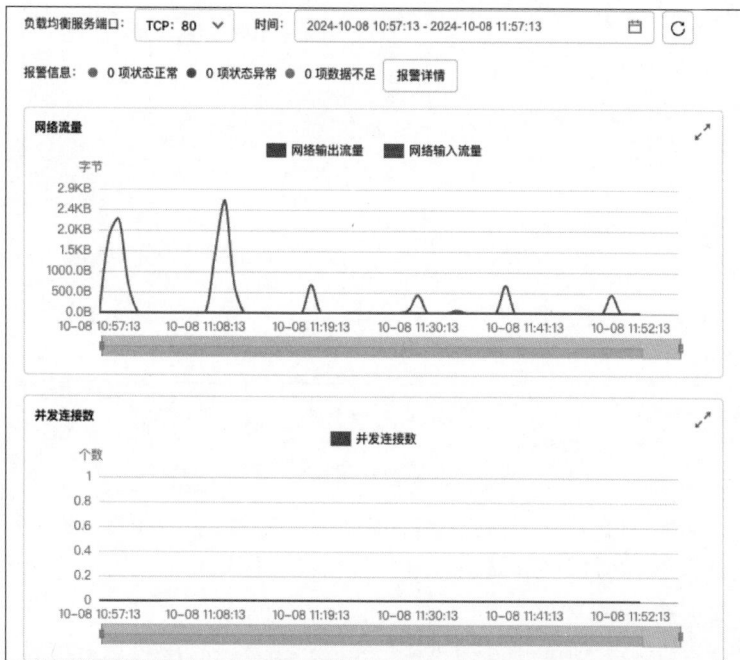

图 6-3 4 层监听端口监控页面部分统计项

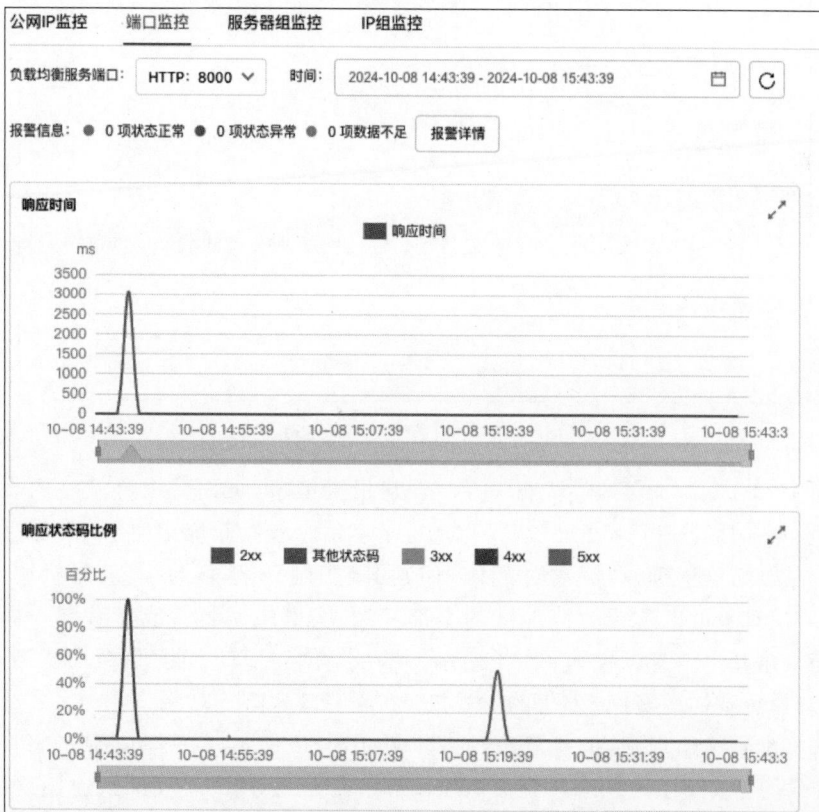

图 6-4 7 层监听端口监控页面部分统计项

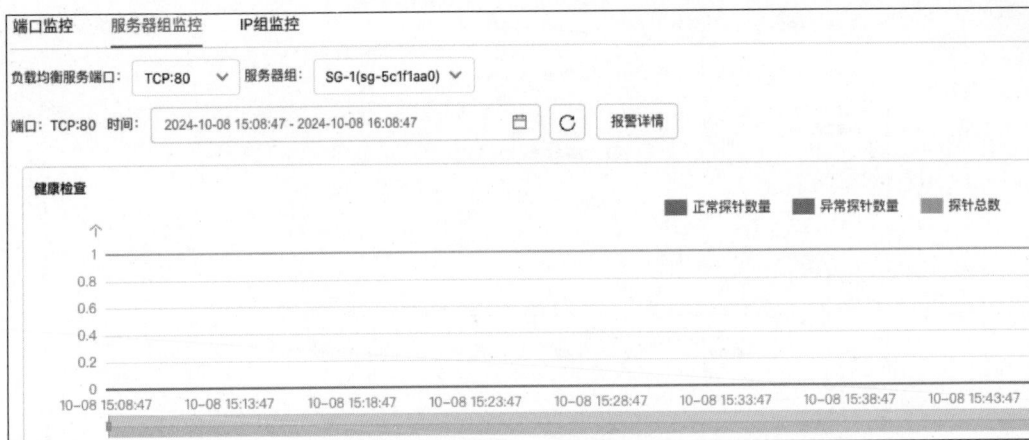

图 6-5 "服务器组监控"页面

在业内,部分云厂商在服务器组监控的基础上,提供了更为详细的服务器粒度数据。在健康检查探测异常时,租户可以通过这些数据精准定位到异常的时间及服务器节点。

3. 定义报警策略

在"云监控"→"报警管理"→"报警策略"→"云产品监控"中可以查看已创建的报警策略。"报警策略"列表页如图 6-6 所示。

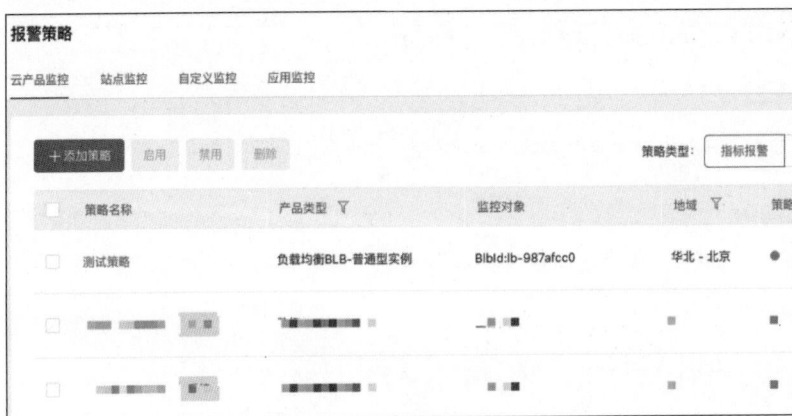

图 6-6 "报警策略"列表页

在页面中,单击"添加策略"按钮,进入"创建报警策略"页面。报警策略的设定参数包含基本信息、策略规则、报警通知三项。其中,基本信息包括策略名称、产品类型、地域、监控对象。产品类型这里选择"负载均衡 BLB-应用型实例"。地域与 VPC 等资源保持一致。根据需求,监控对象可以选择为该地区的全部实例、实例组、实例,或具有同一标签的所有实例。报警策略基本信息设置如图 6-7 所示。本示例创建了名字为"负载均衡测试策略"的报警策略,选择负载均衡实例 LB-1 的 HTTP 8080 端口为监控对象。

接下来将配置策略规则,报警策略规则设置如图 6-8 所示。在本示例中,将报警策略配置为:当负载均衡实例 LB-1 的 HTTP 8080 端口,在 1min 内的平均活跃连接数超过 1000,且网络输入流量超过 300MB,或者平均后端服务器响应时间超出 1000ms,触发"重要"级别的报警。

图 6-7　报警策略基本信息设置

图 6-8　报警策略规则设置

租户可以在报警通知中选取通知模板，设定云监控平台通知方式。报警策略通知设置如图 6-9 所示。单个报警策略，支持最多选取 5 个通知模板。单击"新建模板"或"编辑"已有模板页面，可以自定义报警通知模板内容。

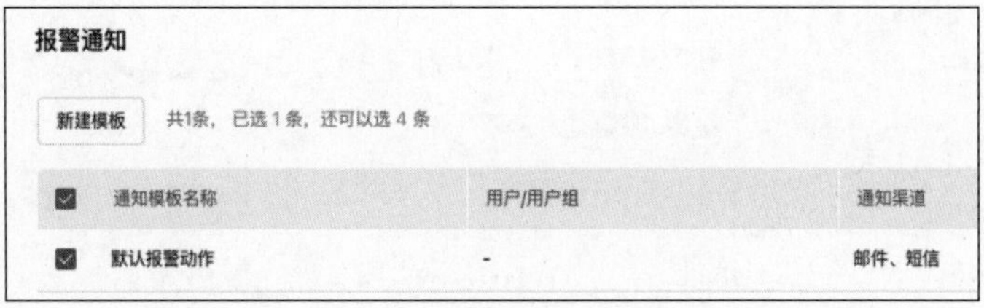

图 6-9　报警策略通知设置

新建报警通知模板如图 6-10 所示。可以选择通过邮件、短信、电话通知特定用户或用户组，也可以选择利用接口回调将报警信息推送到如流、企业微信、钉钉、飞书、Knock 群机器人等应用。

如果使用邮件、短信、电话推送报警信息，则需在本页面的"用户组管理"→"用户管理"→"消息接收人"中填写用户名、手机、邮箱等信息创建消息接收人。"创建消息接收人"页面如图 6-11 所示。或在"用户组管理"→"组管理"中创建用户组并在"组员管理"中添加用户以接收报警信息。创建用户组接收报警信息页面如图 6-12 所示。

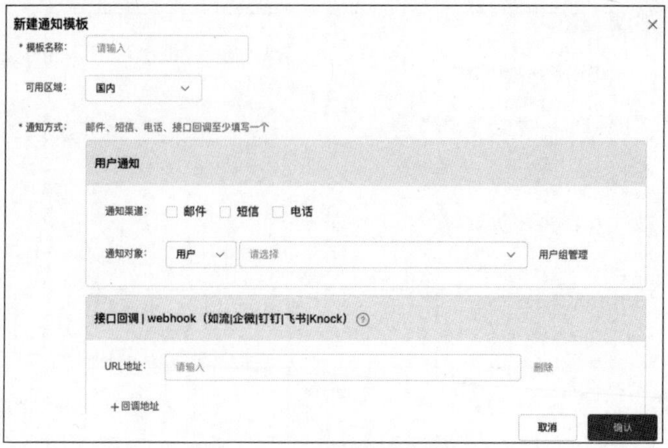

图 6-10　新建报警通知模板

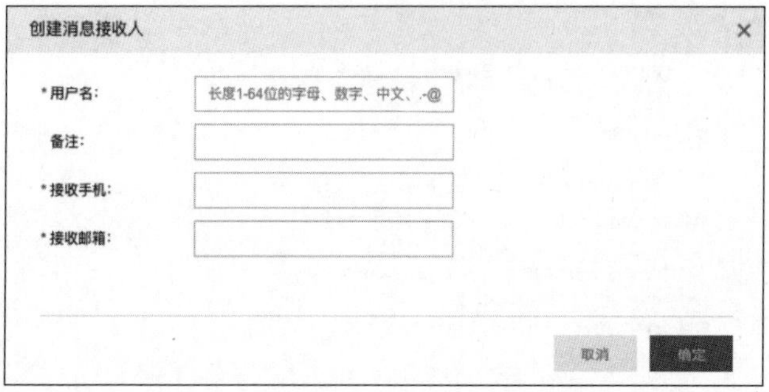

图 6-11　“创建消息接收人”页面

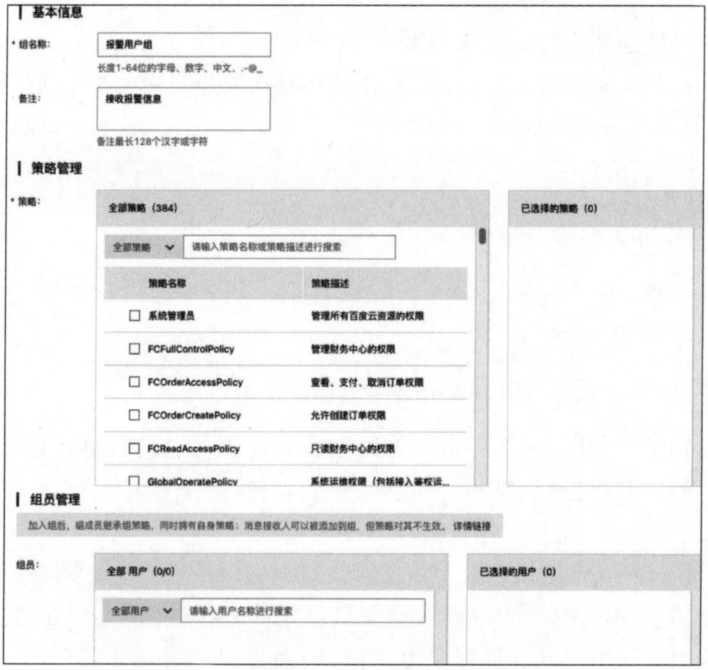

图 6-12　创建用户组接收报警信息页面

报警历史可以在"云监控"→"报警管理"→"报警历史"页面查看。页面中包括发生时间、地域、报警等级、监控对象，以及触发的报警规则等信息。"报警历史"页面如图 6-13 所示。

图 6-13 "报警历史"页面

6.3 负载均衡 OpenAPI 实践

6.3.1 负载均衡 OpenAPI 概述

云网络负载均衡 OpenAPI 普遍遵循 RPC、RESTful 风格的 API。由于云上产品一般采用地域化部署的策略，因此 OpenAPI 的服务接入点（Endpoint）会因所在地域不同而有所差异。在使用 OpenAPI 之前，需明确负载均衡实例所属地域。服务域名与所在地域的对应关系可以在云网络负载均衡官方文档中检索。

1. 实名认证

租户在使用 OpenAPI 之前需要完成实名认证。在本示例中，可以前往"百度智能云官网控制台"中的"安全认证中心"进行实名认证。没有通过实名认证的请求将会得到以下错误提示码，如表 6-6 所示。

表 6-6 错误提示码

错 误 码	错 误 描 述	HTTP 状态码	中 文 解 释
QualifyNotPass	The User has not pass qualify	403	账号没有通过实名认证

2. 鉴权认证机制

在使用 OpenAPI 进行交互时，通过请求中携带的签名计算信息，使云厂商能准确识别该请求的合法性。在进行签名计算时，租户需要使用访问密钥，经特定算法来生成签名字符串，具体步骤可参考官网文档。访问密钥一般由访问密钥（Access Key，AK）ID 与安全密钥（Secret Key，SK）组成。在账号创建后，云厂商会自动分配一对 Access Key/Secret Key，租户可通过控制台管理自己的访问密钥。访问密钥管理界面，如图 6-14 所示。其中，Secret Key 为服务器端验证签名字符串的密钥，必须严格保管。

获取访问密钥方式如下。首先，登录控制台，单击"用户账号"→"安全认证"进入 Access

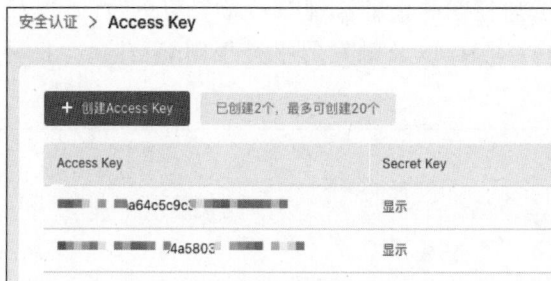

图 6-14　访问密钥管理界面

Key 管理界面。其次，单击 Access Key 右侧的"显示"可查看其对应的 Secret Key。最后，根据需要可单击"创建 Access Key"按钮创建新的 Access Key/Secret Key 密钥对。

　　获取到 Access Key/Secret Key 信息并计算出签名信息后，可以通过以下方式在 OpenAPI 请求中携带签名信息。

　　在 HTTP 请求的 Header 中包含 Authorization 信息，即在 HTTP Header 中加入 Authorization：<认证字符串>，相关 HTTP 请求头信息如下。

```
POST /v{version}/blb HTTP/1.1
Host: blb.bj.baidubce.com
Content-Type: application/json
X-Bce-Date: 2024-05-17T07:18:50Z
Authorization: bce-auth-v1/***/2024-05-17T07:18:50Z/1800/host; x-bce-date/
35ccc271f93c44f75c4b74cd7d04c32c4dd22a932aa21e2535f1bb3e8b1aaee4
```

　　在 HTTP 请求的 URL 中包含 Authorization 信息，即在 URL 的 QueryString 中加入 Authorization＝<认证字符串>，相关命令代码如下。

```
GET /v{version}/blb?blbId={blbId}&authorization=bce-auth-v1%2F***%2F20xx-xx-
xxT07%3A18%3A50Z%2F1800%2Fhost%3Bx-bce-date%2F35ccc271f93c44f75c4b74cd7d04c32c
4dd22a932aa21e2535f1bb3e8b1aaee4
```

　　3．通信协议

　　OpenAPI 支持 HTTP 和 HTTPS 两种调用协议。有数据安全性要求的业务，需要选择 HTTPS 协议。为便于演示，本示例中采用 HTTP 调用协议。

　　4．数据格式

　　OpenAPI 数据通常为 JSON 格式，所有 request/response body 内容均采用 UTF-8 编码。OpenAPI 请求参数说明如表 6-7 所示。

表 6-7　OpenAPI 请求参数说明

参数类型	说　　明
URI	通常用于指明操作实体，如 POST /v{version}/instance/{instanceId}
Query 参数	URL 中携带的请求参数
HEADER	通过 HTTP 头域传入，如 x-bce-date
RequestBody	通过 JSON 格式组织的请求数据体

OpenAPI 响应参数说明如表 6-8 所示。

表 6-8 OpenAPI 响应参数说明

返回内容	说 明
HTTP STATUS CODE	如 200、400、403、404 等
ResponseBody	JSON 格式组织的响应数据体

5. 问题诊断

以百度智能云为例,响应失败返回信息如下。

(1) code:错误码。在遇到请求错误时,可查阅云厂商官网提供的公共错误码和接口错误码文档,查找失败原因和解决方案。

(2) message:描述错误的详细信息。

(3) requestId:请求的唯一标识。租户在联系云厂商客服或提交工单时,可以通过提交异常请求 requestId 获取帮助。相关代码如下。

```
{
    "code" : "NoSuchKey",
    "message" : "The resource you requested does not exist",
    "requestId" : "ae2225f7 - 1c2e - 427a - a1ad - 5413b762957d"
}
```

常见的报错原因有如下两种。

(1) 参数缺失。租户需根据 API 文档列出的传参要求,仔细检查是否漏掉了必传参数,同时也需要检查公共参数是否有缺失。

(2) 权限不足。如果租户使用子账号调用 API,必须确保子账号已被授予执行特定 API 操作的权限。

6.3.2 负载均衡 OpenAPI 使用实践

租户可以通过直接调用或选用云厂商提供的标准 SDK 两种方式,使用 OpenAPI 服务。为便于理解,示例中将通过 curl 命令调用 OpenAPI 进行演示。下面以百度智能云应用型负载均衡产品为例,介绍如何通过 OpenAPI 执行管理操作。

1. 资源准备

在创建负载均衡实例前,除了确认 OpenAPI 的服务域名和公共参数外,还需要准备好所在地域内的 VPC、子网及云服务器等资源。其中,子网与云服务器要创建在相同的 VPC 实例内。

2. 创建应用型负载均衡实例

根据 VPC 实例 ID 与子网 ID 创建负载均衡实例,请求示例命令如下。

```
curl -- request POST 'http://blb.bj.baidubce.com/v1/appblb' \
-- header 'host: blb.bj.baidubce.com' \
-- header 'x - bce - date: 2024 - 08 - 15T11:55:14Z' \
-- header 'Authorization: authorization string'
```

```
-- header 'x - bce - request - id: 34d63db4 - 721b - 3127 - 607c - b51734437fb1' \
-- data '{
    "vpcId": "vpc - xxxxxxxx",          //实例所在的专有网络的唯一 ID
    "subnetId": "sbn - xxxxxxxx",        //实例所在的子网的唯一 ID
    "name": "blb - test",                //负载均衡实例名称
}'
```

响应回复内容示例如下。

```
HTTP/1.1 200 OK
x - bce - request - id: 34d63db4 - 721b - 3127 - 607c - b51734437fb1
{
    "blbId": "lb - xxxxxxxx",            //实例 ID
    "name": "blb - test",                //实例名称
    "address": "192.168.0.24"            //实例 IP
}
```

3. 查询应用型负载均衡实例

根据负载均衡 ID 查询实例的详细信息,请求示例命令如下。

```
curl -- request GET 'http://blb.bj.baidubce.com/v1/appblb/lb - xxxxxxxx' \
 -- header 'host: blb.bj.baidubce.com' \
 -- header 'x - bce - date: 2024 - 08 - 15T11:55:14Z' \
 -- header 'Authorization: authorization string' \
 -- header 'x - bce - request - id: 34d63db4 - 721b - 3127 - 607c - b51734437fb1'
```

响应回复内容示例如下。

```
HTTP/1.1 200 OK
x - bce - request - id: 34d63db4 - 721b - 3127 - 607c - b51734437fb1
{
    "blbId": "lb - xxxxxxxx",                    //实例 ID
    "status": "available",                       //实例状态
    "name": "blb - test",                        //实例名称
    "desc": "",                                  //实例描述信息
    "address": "192.168.0.24",                   //实例 IP
    "cidr": "192.168.0.0/16",                    //VPC 网段
    "vpcName": "test",                           //VPC 名称
    "subnetName": "系统预定义子网",                //Subnet 名称
    "subnetCider": "192.168.0.0/20",             //Subnet 网段
    "createTime": "2024 - 03 - 07T02:35:31Z",    //创建时间
    "listener": []                               //监听详细信息
}
```

4. 更新应用型负载均衡实例

根据负载均衡 ID 更新实例信息,请求示例命令如下。

```
curl -- request PUT 'http://blb.bj.baidubce.com/v1/appblb/lb - xxxxxxxx' \
 -- header 'host: blb.bj.baidubce.com' \
```

```
-- header 'x-bce-date: 2024-08-15T11:55:14Z' \
-- header 'Authorization: authorization string' \
-- header 'x-bce-request-id: 34d63db4-721b-3127-607c-b51734437fb1' \
-- data '{
    "name": "blb-for-test",
    "desc": "测试"
}'
```

响应回复内容示例如下。

```
HTTP/1.1 200 OK
x-bce-request-id: 34d63db4-721b-3127-607c-b51734437fb1
```

5. 创建监听

为负载均衡实例创建监听时,可配置监听端口和调度算法等信息,请求示例命令如下。

```
curl -- request POST 'http://blb.bj.baidubce.com/v1/appblb/lb-xxxxxxxx/TCPlistener' \
-- header 'host: blb.bj.baidubce.com' \
-- header 'x-bce-date: 2024-08-15T11:55:14Z' \
-- header 'Authorization: authorization string' \
-- header 'x-bce-request-id: 34d63db4-721b-3127-607c-b51734437fb1' \
-- data '{
    "listenerPort": 80,              //端口,通过访问该端口将流量转发到后端服务器端口
    "scheduler": "LeastConnection",  //转发规则,如加权轮询(RoundRobin)等
}'
```

响应回复内容示例如下。

```
HTTP/1.1 200 OK
x-bce-request-id: 34d63db4-721b-3127-607c-b51734437fb1
```

6. 查询监听

根据负载均衡 ID 查询实例下监听的详细信息,请求示例命令如下。

```
curl -- request GET 'http://blb.bj.baidubce.com/v1/appblb/lb-xxxxxxxx/TCPlistener' \
-- header 'host: blb.bj.baidubce.com' \
-- header 'x-bce-date: 2024-08-15T11:55:14Z' \
-- header 'Authorization: authorization string' \
-- header 'x-bce-request-id: 34d63db4-721b-3127-607c-b51734437fb1'
```

响应回复内容示例如下。

```
HTTP/1.1 200 OK
x-bce-request-id: 34d63db4-721b-3127-607c-b51734437fb1
{
    "listenerList": [
        {
            "listenerPort": 80,
```

```
            "scheduler": "LeastConnection",
        }
    ]
}
```

7. 更新监听

根据负载均衡 ID 和监听端口更新监听的配置信息，请求示例命令如下。

```
curl -- request PUT 'http://blb.bj.baidubce.com/v1/appblb/lb-xxxxxxxx/TCPlistener?
listenerPort=80' \
-- header 'host: blb.bj.baidubce.com' \
-- header 'x-bce-date: 2024-08-15T11:55:14Z' \
-- header 'Authorization: authorization string' \
-- header 'x-bce-request-id: 946002ee-cb4f-4aad-b686-5be55df27f09' \
-- data '{
    "scheduler":"RoundRobin"
}'
```

响应回复内容示例如下。

```
HTTP/1.1 200 OK
x-bce-request-id: 946002ee-cb4f-4aad-b686-5be55df27f09
```

8. 创建服务器组

根据负载均衡 ID 创建后端服务器组，创建时可以指定后端云服务器 ID 与权重信息，请求示例命令如下。

```
curl -- request POST 'http://blb.bj.baidubce.com/v1/appblb/lb-xxxxxxxx/appservergroup' \
-- header 'host: blb.bj.baidubce.com' \
-- header 'x-bce-date: 2024-08-15T11:55:14Z' \
-- header 'Authorization: authorization string' \
-- header 'x-bce-request-id: 34d63db4-721b-3127-607c-b51734437fb1' \
-- data '{
    "name": "sg_test",                   //服务器组名称
    "desc": "sg_test",                   //服务器组描述
    "backendServerList":[                //后端云服务器列表
        {
            "instanceId": "i-xxxxxxxx",  //云服务器 ID
            "weight": 20                 //云服务器权重
        }
    ]
}'
```

响应回复内容示例如下。

```
HTTP/1.1 200 OK
x-bce-request-id: 34d63db4-721b-3127-607c-b51734437fb1
```

```
{
    "id": "sg - xxxxxxxx",           //服务器组 ID
    "name": "sg_test",               //服务器组名称
    "desc": "sg_test",               //服务器组描述
    "status": "available"            //服务器组状态
}
```

9. 查询服务器组

根据负载均衡实例 ID 查询实例下所有的服务器组信息,请求示例命令如下。

```
curl -- request GET 'http://blb.bj.baidubce.com/v1/appblb/lb - xxxxxxxx/appservergroup' \
-- header 'host: blb.bj.baidubce.com' \
-- header 'x - bce - date: 2024 - 08 - 15T11:55:14Z' \
-- header 'Authorization: authorization string' \
-- header 'x - bce - request - id: 34d63db4 - 721b - 3127 - 607c - b51734437fb1'
```

响应回复内容示例如下。

```
HTTP/1.1 200 OK
x - bce - request - id: 34d63db4 - 721b - 3127 - 607c - b51734437fb1
{
    "appServerGroupList":[
        {
            "id": "sg - xxxxxxxx",         //服务器组 ID
            "name": "sg_test",             //服务器组名称
            "desc": "sg_test",             //服务器组描述
            "status": "available",         //服务器组状态
            "portList": []                 //服务器端口详细信息
        }
    ]
}
```

10. 更新服务器组

根据负载均衡实例 ID 和服务器组 ID 更新服务器组信息,请求示例命令如下。

```
curl -- request PUT 'http://blb.bj.baidubce.com/v1/appblb/lb - xxxxxxxx/appservergroup' \
-- header 'host: blb.bj.baidubce.com' \
-- header 'x - bce - date: 2024 - 08 - 15T11:55:14Z' \
-- header 'Authorization: authorization string' \
-- header 'x - bce - request - id: 34d63db4 - 721b - 3127 - 607c - b51734437fb1' \
-- data '{
    "sgId": "sg - xxxxxxxx",          //服务器组 ID
    "name": "sg_test_1",              //服务器组名称
    "desc": "sg_test_1"               //服务器组描述
}'
```

响应回复内容示例如下。

```
HTTP/1.1 200 OK
x - bce - request - id: 34d63db4 - 721b - 3127 - 607c - b51734437fb1
```

11. 创建服务器组端口

根据负载均衡实例 ID 与健康检查配置信息,创建服务器组端口,请求示例命令如下。

```
curl -- request POST 'http://blb.bj.baidubce.com/v1/appblb/lb-xxxxxxxx/appservergroupport' \
-- header 'host: blb.bj.baidubce.com' \
-- header 'x-bce-date: 2024-08-15T11:55:14Z' \
-- header 'Authorization: authorization string' \
-- header 'x-bce-request-id: 34d63db4-721b-3127-607c-b51734437fb1' \
-- data '{
    "sgId": "sg-xxxxxxxx",                    //服务器组 ID
    "type": "TCP",                            //服务器组端口协议
    "port": 80,                               //服务器组端口
    "healthCheck": "TCP",                     //健康检查协议
    "healthCheckPort": "TCP",                 //健康检查端口
    "healthCheckTimeoutInSecond": 2,          //健康检查超时时间
    "healthCheckIntervalInSecond": 3          //健康检查重试间隔
    "healthCheckDownRetry": 3,                //不健康阈值
    "healthCheckUpRetry": 3                   //健康阈值
}'
```

响应回复内容示例如下。

```
HTTP/1.1 200 OK
x-bce-request-id: 34d63db4-721b-3127-607c-b51734437fb1
{
    "id": "sg_port-xxxxxxxx",                 //服务器组端口 ID
    "status": "available"                     //服务器组端口状态
}
```

12. 更新服务器组端口

通过负载均衡实例 ID、服务器组 ID 以及服务器组端口 ID,更新服务器组端口信息,请求示例命令如下。

```
curl -- request PUT 'http://blb.bj.baidubce.com/v1/appblb/lb-xxxxxxxx/appservergroupport' \
-- header 'host: blb.bj.baidubce.com' \
-- header 'x-bce-date: 2024-08-15T11:55:14Z' \
-- header 'Authorization: authorization string' \
-- header 'x-bce-request-id: 34d63db4-721b-3127-607c-b51734437fb1' \
-- data '{
    "sgId": "sg-xxxxxxxx",                    //服务器 ID
    "portId": "sg_port-xxxxxxxx",             //服务器组端口 ID
    "healthCheck": "TCP",                     //健康检查协议
    "healthCheckTimeoutInSecond": 2,          //健康检查超时时间
    "healthCheckDownRetry": 3,                //不健康阈值
    "healthCheckUpRetry": 3,                  //健康阈值
    "healthCheckIntervalInSecond": 1          //健康检查重试间隔
}'
```

响应回复内容示例如下。

```
HTTP/1.1 200 OK
x-bce-request-id: 34d63db4-721b-3127-607c-b51734437fb1
```

13. 创建策略(监听绑定服务器组)

通过负载均衡实例 ID、服务器组 ID 以及服务器组端口 ID,实现负载均衡前端端口和后端服务器组绑定,请求示例命令如下。

```
curl --request POST 'http://blb.bj.baidubce.com/v1/appblb/lb-xxxxxxxx/policys' \
--header 'host: blb.bj.baidubce.com' \
--header 'x-bce-date: 2024-08-15T11:55:14Z' \
--header 'Authorization: authorization string' \
--header 'x-bce-request-id: 34d63db4-721b-3127-607c-b51734437fb1' \
--data '{
    "listenerPort": 80,                    //负载均衡监听端口
    "type": "TCP",                         //负载均衡监听协议
    "appPolicyVos": [
        {
            "appServerGroupId": "sg-xxxxxxxx",   //后端服务器组 ID
            "backendPort": 80,                   //后端服务器组端口
            "priority": 100,                     //策略优先级
            "ruleList": [                        //策略规则列表
                {
                    "key": "*",
                    "value": "*"
                }
            ]
        }
    ]
}'
```

响应回复内容示例如下。

```
HTTP/1.1 200 OK
x-bce-request-id: 34d63db4-721b-3127-607c-b51734437fb1
```

14. 查询策略

根据负载均衡实例 ID 及监听信息查询转发策略,请求示例命令如下。

```
curl --request GET 'http://blb.bj.baidubce.com/v1/appblb/lb-xxxxxxxx/policys?port=80&type=TCP' \
--header 'host: blb.bj.baidubce.com' \
--header 'x-bce-date: 2024-08-15T11:55:14Z' \
--header 'Authorization: authorization string' \
--header 'x-bce-request-id: 34d63db4-721b-3127-607c-b51734437fb1'
```

响应回复内容示例如下。

```
HTTP/1.1 200 OK
x-bce-request-id: 34d63db4-721b-3127-607c-b51734437fb1

{
    "policyList":[
        {
            "id": "policy-xxxxxxxx",                    //策略 ID
            "appServerGroupId": "sg-xxxxxxxx",          //服务器组 ID
            "appServerGroupName": "sg_test",            //服务器组名称
            "frontendPort": 80,                         //前端监听端口
            "type": "TCP",                              //监听协议
            "backendPort": 80,                          //后端服务器组端口
            "portType": "TCP",                          //后端服务器组协议
            "priority": 100,                            //策略优先级
            "desc": "",                                 //备注信息
            "groupType": "Server",                      //关联服务器组类型
            "ruleList": [                               //策略规则列表
                {
                    "key": "*",
                    "value": "*"
                }
            ]
        }
    ]
}
```

15. 删除策略

根据负载均衡实例 ID 及转发策略 ID,删除转发策略,请求示例命令如下。

```
curl --request PUT 'http://blb.bj.baidubce.com/v1/appblb/lb-xxxxxxxx/policys?batchdelete' \
--header 'host: blb.bj.baidubce.com' \
--header 'x-bce-date: 2024-08-15T11:55:14Z' \
--header 'Authorization: authorization string' \
--header 'x-bce-request-id: 34d63db4-721b-3127-607c-b51734437fb1' \
--data '{
    "port": 80,                              //监听端口
    "policyIdList": ["policy-xxxxxxx"]       //策略 ID
}'
```

响应回复内容示例如下。

```
HTTP/1.1 200 OK
x-bce-request-id: 34d63db4-721b-3127-607c-b51734437fb1
```

16. 删除服务器组端口

根据负载均衡实例 ID 及服务器组端口 ID,删除服务器组端口,请求示例命令如下。

```
curl --request PUT 'http://blb.bj.baidubce.com/v1/appblb/lb-xxxxxxxx/appservergroupport?batchdelete' \
--header 'host: blb.bj.baidubce.com' \
```

```
-- header 'x-bce-date: 2024-08-15T11:55:14Z' \
-- header 'Authorization: authorization string' \
-- header 'x-bce-request-id: 34d63db4-721b-3127-607c-b51734437fb1' \
-- data '{
     "sgId": "sg-xxxxxxxx",                    //服务器组 ID
     "portIdList": ["sg_port-xxxxxxxx"]        //服务器组端口 ID
}'
```

响应回复内容示例如下。

```
HTTP/1.1 200 OK
x-bce-request-id: 34d63db4-721b-3127-607c-b51734437fb1
```

17. 删除服务器组

根据负载均衡实例 ID 及服务器组 ID,删除服务器组,请求示例命令如下。

```
curl -- request PUT 'http://blb.bj.baidubce.com/v1/appblb/lb-xxxxxxxx/appservergroup?delete' \
-- header 'host: blb.bj.baidubce.com' \
-- header 'x-bce-date: 2024-08-15T11:55:14Z' \
-- header 'Authorization: authorization string' \
-- header 'x-bce-request-id: 34d63db4-721b-3127-607c-b51734437fb1' \
-- data '{
     "sgId": "sg-xxxxxxxx"              //服务器组 ID
}'
```

响应回复内容示例如下。

```
HTTP/1.1 200 OK
x-bce-request-id: 34d63db4-721b-3127-607c-b51734437fb1
```

18. 删除监听

根据负载均衡实例 ID 及监听信息,删除监听,请求示例命令如下。

```
curl -- request PUT 'http://blb.bj.baidubce.com/v1/appblb/lb-xxxxxxxx/listener?batchdelete' \
-- header 'host: blb.bj.baidubce.com' \
-- header 'x-bce-date: 2024-08-15T11:55:14Z' \
-- header 'Authorization: authorization string' \
-- header 'x-bce-request-id: 34d63db4-721b-3127-607c-b51734437fb1' \
-- data '{
     "portTypeList":[
          {
               "port": 80,          //监听端口
               "type": "TCP"        //监听协议
          }
     ]
}'
```

响应回复内容示例如下。

```
HTTP/1.1 200 OK
x - bce - request - id: 34d63db4 - 721b - 3127 - 607c - b51734437fb1
```

19. 释放应用型负载均衡实例

根据负载均衡实例 ID,删除负载均衡实例,请求示例命令如下。

```
curl -- request DELETE 'http://blb.bj.baidubce.com/v1/appblb/lb - xxxxxxxx' \
-- header 'host: blb.bj.baidubce.com' \
-- header 'x - bce - date: 2024 - 08 - 15T11:55:14Z' \
-- header 'Authorization: authorization string' \
-- header 'x - bce - request - id: 34d63db4 - 721b - 3127 - 607c - b51734437fb1'
```

响应回复内容示例如下。

```
HTTP/1.1 200 OK
x - bce - request - id: 34d63db4 - 721b - 3127 - 607c - b51734437fb1
```

6.4　负载均衡 SDK 实践

6.4.1　负载均衡 SDK 概述

负载均衡 SDK 是云厂商通过封装 OpenAPI 协议,简化租户上云的一种方式。由于租户内部业务系统程序开发语言各不相同,云厂商会提供多种程序语言版本的 SDK。在使用 SDK 时,还需要对服务域名、Access Key/Secret Key 密钥对及网络配置参数(如连接数上限、超时设置等)进行配置,具体可参考云厂商官方文档。

6.4.2　负载均衡 SDK 使用实践

下面将以 Go 语言版本 SDK 为例,演示如何通过 SDK 实现负载均衡实例的创建、变配直到销毁的整个过程。

1. 资源准备

在创建负载均衡前,除了确认 SDK 的服务域名、Access Key/Secret Key 之外,同样需要准备好所在地域内的 VPC、子网及云服务器等资源。其中,子网与云服务器要创建在相同的 VPC 内。

2. 创建应用型负载均衡实例

根据 VPC 实例 ID 与子网 ID 创建负载均衡实例,相关代码如下。

```
import "github.com/baidubce/bce - sdk - go/services/appblb"

func CreateLoadBalancer() {
    ak, sk, endpoint : = "Your AK", "Your SK", "Your endpoint"
    BlbClient, _ : = appblb.NewClient(ak, sk, endpoint)  //初始化客户端
    createBlbArgs : = &appblb.CreateLoadBalancerArgs{
```

```
            Name: "blb - test",                    //实例名称
            VpcId: "vpc - xxxxxxxx",               //实例所在的专有网络的唯一 ID
            SubnetId: "sbn - xxxxxxxx",            //实例所在的子网的唯一 ID
        }
        // 创建负载均衡实例
        response, _ : = BlbClient.CreateLoadBalancer(createBlbArgs)
    }
```

3. 查询应用型负载均衡实例

根据负载均衡 ID 查询实例的详细信息,相关代码如下。

```
import "github.com/baidubce/bce - sdk - go/services/appblb"

func DescribeLoadBalancers() {
    ak, sk, endpoint : = "Your AK", "Your SK", "Your endpoint"
    BlbClient, _ : = appblb.NewClient(ak, sk, endpoint)   //初始化客户端
    describeBlbsArgs : = &appblb.DescribeLoadBalancersArgs{}
    //查询负载均衡实例列表
    response, _ : = BlbClient.DescribeLoadBalancers(describeBlbsArgs)
}
```

4. 更新应用型负载均衡实例

根据负载均衡 ID 更新实例信息,相关代码如下。

```
import "github.com/baidubce/bce - sdk - go/services/appblb"

func UpdateLoadBalancer() {
    ak, sk, endpoint : = "Your AK", "Your SK", "Your endpoint"
    BlbClient, _ : = appblb.NewClient(ak, sk, endpoint)    //初始化客户端
    BlbID : = "blb - xxxxxxxx"                             //实例 ID
    updateBlbArgs : = &appblb.UpdateLoadBalancerArgs{
        Name: "blb—test",                                 //实例名称
        Description: "blb description",                   //实例描述
    }
    //更新负载均衡实例
    err : = BlbClient.UpdateLoadBalancer(BlbID, updateBlbArgs)
    if err != nil {
        panic(err)
    }
}
```

5. 创建监听

为负载均衡实例创建监听时,可配置监听端口和调度算法等信息,相关代码如下。

```
import "github.com/baidubce/bce - sdk - go/services/appblb"

func CreateAppTCPListener() {
    ak, sk, endpoint : = "Your AK", "Your SK", "Your Endpoint"
```

```
    appBlbClient, _ := appblb.NewClient(ak, sk, endpoint)   // 初始化客户端
    blbID := "lblb-xxxxxxxx"                                 // 实例 ID
    createAppTCPListenerArgs := &appblb.CreateAppTCPListenerArgs{
            ListenerPort: 80,                                // 监听端口
            Scheduler:"LeastConnection",                     // 调度算法
    }
    // 创建 appblb tcp 监听器
    if err := appBlbClient.CreateAppTCPListener(blbID, createAppTCPListenerArgs); err !=
nil {
            panic(err)
    }
}
```

6. 查询监听

根据负载均衡 ID 查询实例下的监听的详细信息，相关代码如下。

```
    import "github.com/baidubce/bce-sdk-go/services/appblb"

    func DescribeAppTCPListeners() {
        ak, sk, endpoint := "Your AK", "Your SK", "Your endpoint"
        BlbClient, _ := appblb.NewClient(ak, sk, endpoint)     //初始化客户端
        BlbID := "blb-xxxxxxxx"                                //实例 ID
        describeTCPListenersArgs := &appblb.DescribeAppListenerArgs{
            ListenerPort: 80,                                  //监听端口号
        }
        //查询 TCP 监听
        response, err := BlbClient.DescribeAppTCPListeners(BlbID, describeTCPListenersArgs)
        if err != nil {
            panic(err)
        }
    }
```

7. 更新监听

根据负载均衡 ID 和监听端口更新监听的配置信息，相关代码如下。

```
    import "github.com/baidubce/bce-sdk-go/services/appblb"

    func UpdateAppTCPListener() {
        ak, sk, endpoint := "Your AK", "Your SK", "Your Endpoint"
        appBlbClient, _ := appblb.NewClient(ak, sk, endpoint)    //初始化客户端
        blbID := "blb-xxxxxxxx"                                  //实例 ID
        updateAppTCPListenerArgs := &appblb.UpdateAppTCPListenerArgs{
            UpdateAppListenerArgs: appblb.UpdateAppListenerArgs{
                ListenerPort: 80,                                //监听端口
                Scheduler: "RoundRobin",                         //调度算法
            },
        }
        //更新监听
```

```
        if err := appBlbClient.UpdateAppTCPListener(blbID, updateAppTCPListenerArgs);
err != nil {
            panic(err)
        }
    }
```

8. 创建服务器组

根据负载均衡 ID 创建后端服务器组,创建时可以指定后端云服务器 ID 与权重信息,
相关代码如下。

```
import "github.com/baidubce/bce-sdk-go/services/appblb"

func CreateAppServerGroup() {
    ak, sk, endpoint := "Your AK", "Your SK", "Your endpoint"
    blbClient, _ := appblb.NewClient(ak, sk, endpoint)        //初始化客户端
    BlbID := "blb-xxxxxxxx"
    CreateAppServerGroupArgs := &appblb.CreateAppServerGroupArgs{
        Name: "sg_test",                                      //服务器组名称
        Description: "sg_test",                               //服务器组描述
        BackendServerList: []AppBackendServer{
            {
                InstanceId: "i-xxxxxxxx",                     //云服务器 ID
                Weight: 20,                                   //云服务器权重
            },
        },
    }
    //创建服务器组
    response, err := blbClient.CreateAppServerGroup(BlbID, CreateAppServerGroupArgs)
    if err != nil {
        return
    }
}
```

9. 查询服务器组

根据负载均衡实例 ID 查询实例下所有的服务器组信息,相关代码如下。

```
import "github.com/baidubce/bce-sdk-go/services/appblb"

func DescribeAppServerGroup() {
    ak, sk, endpoint := "Your AK", "Your SK", "Your endpoint"
    blbClient, _ := appblb.NewClient(ak, sk, endpoint)      //初始化客户端
    BlbID := "blb-xxxxxxxx"
    DescribeAppServerGroupArgs := &appblb.DescribeAppServerGroupArgs{}
    //查询服务器组
    response, err := blbClient.DescribeAppServerGroup(BlbID, DescribeAppServerGroupArgs)
    if err != nil {
        return
    }
}
```

10. 更新服务器组

根据负载均衡实例 ID 和服务器组 ID 更新服务器组信息,相关代码如下。

```go
import "github.com/baidubce/bce-sdk-go/services/appblb"

func UpdateAppServerGroup() {
    ak, sk, endpoint := "Your AK", "Your SK", "Your endpoint"
    blbClient, _ := appblb.NewClient(ak, sk, endpoint)      //初始化客户端
    BlbID := "blb-xxxxxxxx"
    UpdateAppServerGroupArgs := &appblb.UpdateAppServerGroupArgs{
        SgId: "sg-xxxxxxxx",                                //服务器组 ID
        Name: "sg-name",                                    //服务器组名称
        Description: "sg-test",                             //服务器组描述
    }
    //更新服务器组
    err := blbClient.UpdateAppServerGroup(BlbID, UpdateAppServerGroupArgs)
    if err != nil {
        return
    }
}
```

11. 创建服务器组端口

根据负载均衡实例 ID 与健康检查配置信息,创建服务器组端口,相关代码如下。

```go
import "github.com/baidubce/bce-sdk-go/services/appblb"

func CreateAppServerGroupPort() {
    ak, sk, endpoint := "Your AK", "Your SK", "Your endpoint"
    blbClient, _ := appblb.NewClient(ak, sk, endpoint)   //初始化客户端
    BlbID := "blb-xxxxxxxx"
    CreateAppServerGroupPortArgs := &appblb.CreateAppServerGroupPortArgs{
        SgId: "sg-xxxxxxxx",                             //服务器组 ID
        Port: 80,                                        //服务器组端口
        Type: "TCP",                                     //服务器组协议
        HealthCheck: "TCP",                              //健康检查协议
        HealthCheckPort: 80,                             //健康检查端口
        HealthCheckTimeoutInSecond: 2,                   //健康检查超时时间
        HealthCheckIntervalInSecond: 5,                  //健康检查间隔
        HealthCheckDownRetry: 3,                         //不健康阈值
        HealthCheckUpRetry: 3,                           //健康阈值
    }
    //创建服务器组端口
    result, err := blbClient.CreateAppServerGroupPort(BlbID, CreateAppServerGroupPortArgs)
    if err != nil {
        return
    }
}
```

12. 更新服务器组端口

通过负载均衡实例 ID、服务器组 ID 以及服务器组端口 ID,更新服务器组端口信息,相关代码如下。

```go
import "github.com/baidubce/bce-sdk-go/services/appblb"

func UpdateAppServerGroupPort() {
    ak, sk, endpoint := "Your AK", "Your SK", "Your endpoint"
    blbClient, _ := appblb.NewClient(ak, sk, endpoint)    //初始化客户端
    BlbID := "blb-xxxxxxxx"
    UpdateAppServerGroupPortArgs := &appblb.UpdateAppServerGroupPortArgs{
        SgId: "sg-xxxxxxxx",                        //服务器组 ID
        PortId: "sg_port-xxxxxxxx",                 //服务器组端口 ID
        HealthCheck: "TCP",                         //健康检查协议
        HealthCheckPort: 80,                        //健康检查端口
        HealthCheckTimeoutInSecond: 2,              //健康检查超时时间
        HealthCheckIntervalInSecond: 3,             //健康检查间隔
        HealthCheckDownRetry: 3,                    //不健康阈值
        HealthCheckUpRetry: 1,                      //健康阈值
    }
    //更新服务器组端口
    err := blbClient.UpdateAppServerGroupPort(BlbID, UpdateAppServerGroupPortArgs)
    if err != nil {
        return
    }
}
```

13. 创建策略(监听绑定服务器组)

通过负载均衡实例 ID、服务器组 ID 以及服务器组端口 ID,实现负载均衡前端端口和后端服务器组绑定,相关代码如下。

```go
import "github.com/baidubce/bce-sdk-go/services/appblb"

func CreatePolicysServerGroup() {
    ak, sk, endpoint := "Your AK", "Your SK", "Your endpoint"
    appblbClient, _ := appblb.NewClient(ak, sk, endpoint)    //初始化客户端
    AppBlbID := "blb-xxxxxxxx"
    args := &appblb.CreatePolicysArgs{
        ListenerPort: 80,                           //监听端口
        Type: "TCP",                                //监听协议
        AppPolicyVos: []appblb.AppPolicy{           //监听绑定策略列表
            {
                Description: "test",                //策略描述
                Priority: 100,                      //策略优先级
                AppServerGroupId: "sg-xxxxxxxx",    //服务器组 ID
                BackendPort: 80,                    //服务器组端口号
                RuleList: []appblb.AppRule{         //策略规则列表
                    {
```

```
                              Key: "*",         //规则的类型
                              Value: "*",       //通配符匹配字符串
                          },
                      },
                  },
              }
          //创建策略
          if err := appblbClient.CreatePolicys(AppBlbID, args); err != nil {
              return
          }
      }
```

14. 查询策略

根据负载均衡实例 ID 及监听信息查询转发策略,相关代码如下。

```
import "github.com/baidubce/bce-sdk-go/services/appblb"

func DescribePolicysServerGroup() {
    ak, sk, endpoint := "Your AK", "Your SK", "Your endpoint"
    appblbClient, _ := appblb.NewClient(ak, sk, endpoint)   //初始化客户端
    AppBlbID := "blb-xxxxxxxx"
    args := &appblb.DescribePolicysArgs{
        Port: 80,
        Type: "TCP",
    }
    //查询策略
    response, err := appblbClient.DescribePolicys(AppBlbID, args)
    if err != nil {
        return
    }
}
```

15. 删除策略

根据负载均衡实例 ID 及转发策略 ID,删除转发策略,相关代码如下。

```
import "github.com/baidubce/bce-sdk-go/services/appblb"

func DeletePolicys() {
    ak, sk, endpoint := "Your AK", "Your SK", "Your endpoint"
    appblbClient, _ := appblb.NewClient(ak, sk, endpoint)   //初始化客户端
    AppBlbID := "blb-xxxxxxxx"
    args := &appblb.DeletePolicysArgs{
        Port: 80,                                          //监听端口
        Type: "TCP",                                       //监听协议
        PolicyIdList: []string{
            "policy-xxxxxxxx",                             //策略 ID
        },
```

```
    }
    //删除策略
    if err := appblbClient.DeletePolicys(AppBlbID, args); err != nil {
        return
    }
}
```

16. 删除服务器组端口

根据负载均衡实例 ID 及服务器组端口 ID，删除服务器组端口，相关代码如下。

```
import "github.com/baidubce/bce-sdk-go/services/appblb"

func DeleteAppServerGroupPort() {
    ak, sk, endpoint := "Your AK", "Your SK", "Your endpoint"
    blbClient, _ := appblb.NewClient(ak, sk, endpoint)   //初始化客户端
    BlbID := "blb-xxxxxxxx"
    DeleteAppServerGroupPortArgs := &appblb.DeleteAppServerGroupPortArgs{
        SgId: "sg-xxxxxxxx",                        //服务器组 ID
        PortIdList: []string{"sg_port-xxxxxxxx"},   //服务器组端口 ID 数组
    }
    //删除服务器组端口
    err := blbClient.DeleteAppServerGroupPort(BlbID, DeleteAppServerGroupPortArgs)
    if err != nil {
        return
    }
}
```

17. 删除服务器组

根据负载均衡实例 ID 及服务器组 ID，删除服务器组，相关代码如下。

```
import "github.com/baidubce/bce-sdk-go/services/appblb"

func DeleteAppServerGroup() {
    ak, sk, endpoint := "Your AK", "Your SK", "Your endpoint"
    blbClient, _ := appblb.NewClient(ak, sk, endpoint)   //初始化客户端
    blbId := "blb-xxxxxxxx"
    deleteAppServerGroupArgs := &appblb.DeleteAppServerGroupArgs{
        SgId: "sg-xxxxxxxx",                        //服务器组 ID
    }
    //删除服务器组
    err := blbClient.DeleteAppServerGroup(blbId, deleteAppServerGroupArgs)
    if err != nil {
        return
    }
}
```

18. 删除监听

根据负载均衡实例 ID 及监听信息，删除监听，相关代码如下。

```
import "github.com/baidubce/bce - sdk - go/services/appblb"

func DeleteAppListeners() {
    ak, sk, endpoint : = "Your AK", "Your SK", "Your endpoint"
    client, _ : = appblb.NewClient(ak, sk, endpoint)   //初始化客户端
    blbID : = "blb - xxxxxxxx"
    args : = &appblb.DeleteAppListenersArgs{
        PortList: []uint16{
            80,                                        //监听端口
        },
    }
    //删除监听
    err = client.DeleteAppListeners(blbID, args)
    if err != nil {
        panic(err)
    }
}
```

19. 释放应用型负载均衡

根据负载均衡实例 ID,删除负载均衡实例,相关代码如下。

```
import "github.com/baidubce/bce - sdk - go/services/appblb"

func DeleteLoadBalancer() {
    ak, sk, endpoint : = "Your AK", "Your SK", "Your endpoint"
    BlbClient, _ : = appblb.NewClient(ak, sk, endpoint)   //初始化客户端
    BlbID : = "blb - xxxxxxxx"                             //实例 ID
    //释放负载均衡实例
    err : = BlbClient.DeleteLoadBalancer(BlbID)
    if err != nil {
        panic(err)
    }
}
```

6.5　负载均衡与云原生服务自动部署实践

6.5.1　负载均衡与云原生服务自动部署概述

百度智能云的云原生产品,称为 CCE(Cloud Container Engine,云平台容器引擎)。CCE 是高度可扩展的高性能容器管理服务,租户只需通过简单的 OpenAPI 调用即可在托管的云服务器集群上轻松运行应用程序。下面将以百度智能云网络负载均衡、CCE、EIP 等产品为例,演示如何实现负载均衡与云原生服务的快速部署与启动。在演示开始前,需要参考官网文档,准备以下环境与配置。

(1) Go 1.3 及以上的软件环境。

(2) 安装 Go SDK 工具包。

（3）安装 Client-Go 及相关包。

（4）获取 Access Key 和 Secret Key 以进行身份认证。

部署架构如图 6-15 所示。架构中采用 EIP 作为 Internet 公网访问的入口，通过将 EIP 绑定至负载均衡实例实现公网请求分发。通过 CCE 提供云服务快速部署、扩展与监控能力。

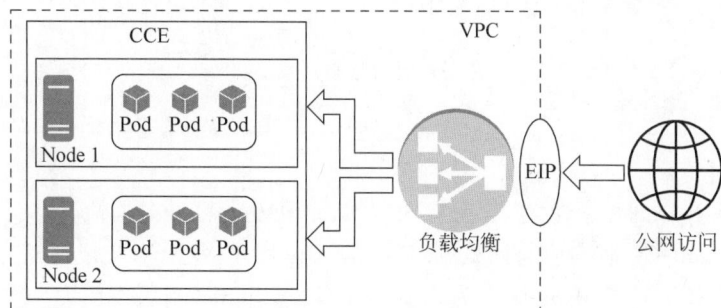

图 6-15　部署架构

6.5.2　负载均衡与云原生服务自动部署实践

1. CCE 设置

在百度智能云创建 CCE 时，需要针对以下参数进行设置。

1）付费方式

在创建 CCE 前，开发者需要确定资源的计费方式和所在地域。CCE 本身不产生费用，但是其关联的计算资源和服务，如 BCC（Baidu Cloud Compute，百度云计算）、BLB、EIP 等均需付费使用。百度智能云支持的付费方式分为两种：包年包月和按使用量付费。购买包年包月服务属于预付费（PrePaid）类型，即在新建资源时支付费用；按使用量付费属于后付费（PostPaid）类型。各资源的后付费计费因素如表 6-9 所示。

表 6-9　各资源的后付费计费因素

资 源 类 型	计 费 因 素
BCC	机型配置，如 CPU、内存、物理存储等
BLB	实例类型，如普通实例、应用实例、IPv6 实例
EIP	公网带宽、公网流量

本示例中，采用按使用量付费方案，相关代码如下。

```
import "github.com/baidubce/bce - sdk - go/services/bcc/api"

//后付费类型
InstanceChargingType: api.PaymentTimingPostPaid
```

2）集群 Master 设置

CCE 支持两类 K8s 集群托管方式：标准托管集群和标准独立集群。标准托管集群的 Master 由 CCE 完全托管，开发者只需要购买工作节点运行工作负载即可。标准独立集群则需要开发者自行控制集群 Master 完成服务器集群的规划、维护、升级等。本示例中使用标准托管集群,利用 CCE 管理集群 Master,相关代码如下。

```
import "github.com/baidubce/bce-sdk-go/services/cce/v2/types"

//集群 Master 类型设置
MasterType: types.MasterTypeManaged,
//Master 工作节点数量,控制台默认数量为 3 或 5,通过 SDK 可以设置为 1
ClusterHA: 1,
//为 API Server 自动绑定 EIP 以利用公网进行连接
ExposedPublic: true,
```

3) K8s 版本

K8s 版本由客户的需求决定,若无特殊需求,则开发者可以根据情况自行选择。需要注意的是,后续 Client-Go 版本应与此处 CCE 中的 K8s 版本对应,对应规则较为直观:在 K8s 版本$\geqslant 1.7.0$ 的情况下,若 K8s 版本为 $1.X.Y$,那么 Client-Go 版本应为 v0.$X.Y$。本示例中选择 K8s 版本为 1.28.8,使用的 Client-Go 版本则为 0.28.8,相关代码如下。

```
// K8s 版本设置
K8SVersion: "1.28.8"
```

4) 集群规模

默认的集群规模为 L50,最多支持管理 50 个集群中的节点(Node),1500 个 Pod。本示例中选择默认配置。

5) 容器运行时

容器运行时(Container Runtime)是 K8s 的重要组件之一,负责管理镜像和容器的生命周期。CCE 支持使用 Containerd 和 Docker 两种常见的容器运行时。Containerd 与 Docker 相比,具有调用链更短、组件更少、更稳定、占用节点的资源更少的特点。因此,本示例使用 Containerd 作为容器运行时。创建 CCE 的容器运行时选项如图 6-16 所示。

容器运行时:　　　| Containerd 1.6.28 | Containerd 1.7.13 |

图 6-16　创建 CCE 的容器运行时选项

容器运行时设置,相关代码如下。

```
import "github.com/baidubce/bce-sdk-go/services/cce/v2/types"

//容器运行时设置为 Containerd
RuntimeType: types.RuntimeTypeContainerd
```

6) 节点名称

开发者可以选择用内网 IP 或主机名称作为节点名称。在节点加入集群后将不能修改节点名称,默认情况下使用内网 IP 作为节点名称。本示例中选择默认设置。

7) 子网划分

子网划分涉及 APIServer、Master、Node、BLB 间的通信,错误的配置可能引发 CCE 创建失败、服务配置受阻及服务不可用等意外情况。在配置中,CCE 中所有的设备都应该处

于同一 VPC 下,按功能划分为 APIServer 子网、BLB Service 子网、Node 子网,其中,
APIServer 子网和 BLB Service 子网可以使用同一子网,但不能与 Node 子网冲突。另外,
还需在内部地址中配置容器网段和 ClusterIP 网段,这两个网段不能与任何网段冲突。子
网划分如表 6-10 所示。

表 6-10 子网划分

子 网 名 称	SDK 参数	配　置
集群网络	VPCID	192.168.0.0/16
APIServer 子网	ClusterBLBVPCSubnetID	192.168.16.0/20
BLB Service 子网	LBServiceVPCSubnetID	192.168.16.0/20
容器网段	ClusterPodCIDR	172.28.0.0/16
ClusterIP 网段	ClusterIPServiceCIDR	172.31.0.0/16

子网可以在百度智能云 VPC 产品中创建,创建 VPC 的详细过程可参考"私有网络
VPC-操作指南-VPC",相关代码如下。

```
import "github.com/baidubce/bce-sdk-go/services/cce/v2/types"

//VPC 设定,填写自己创建的 VPCID
VPCID: "vpc-********",
//APIServer 子网网段设置,填写上述 VPC 下的子网 ID
ClusterBLBVPCSubnetID: "sbn-********",
//BLB Service 子网网段设置,填写上述 VPC 下的子网 ID
LBServiceVPCSubnetID: "sbn-********",
//容器网段设置,填写任意不冲突的内网网段
ClusterPodCIDR: "172.28.0.0/16",
//Cluster 内部在 Pod 和 Node 间进行中继的虚拟 IP 地址,填写任意不冲突的内网网段
ClusterIPServiceCIDR: "172.31.0.0/16",
```

8) 容器网络模式

CCE 支持两种容器网络模式:VPC 路由模式和 VPC-ENI 模式。VPC 路由模式下的
网络拓扑,如图 6-17 所示。

在 VPC 路由模式下,集群内 Pod 与 Node 处于两个网段,通过 VPC 路由将跨 Node 的
Pod 互相连接,配合百度智能云 VPC 产品的高速网络,可以给集群提供高性能和高稳定性
的容器网络服务。VPC-ENI 模式下的网络拓扑,如图 6-18 所示。集群内 Pod 与 Node 的
IP 地址均来自同一 VPC,因此 Pod 能够复用百度智能云 VPC 产品的所有特性。但由于弹
性网卡辅助 IP 数量的限制,因此单个 Node 上可以创建的 Pod 有数量限制。

本示例中选择 VPC 路由模式。容器网络模式设置为 VPC 路由的相关代码如下。

```
import "github.com/baidubce/bce-sdk-go/services/cce/v2/types"

//容器网络模式设置为 VPC 路由
Mode: types.ContainerNetworkModeVPCRouteVeth,
```

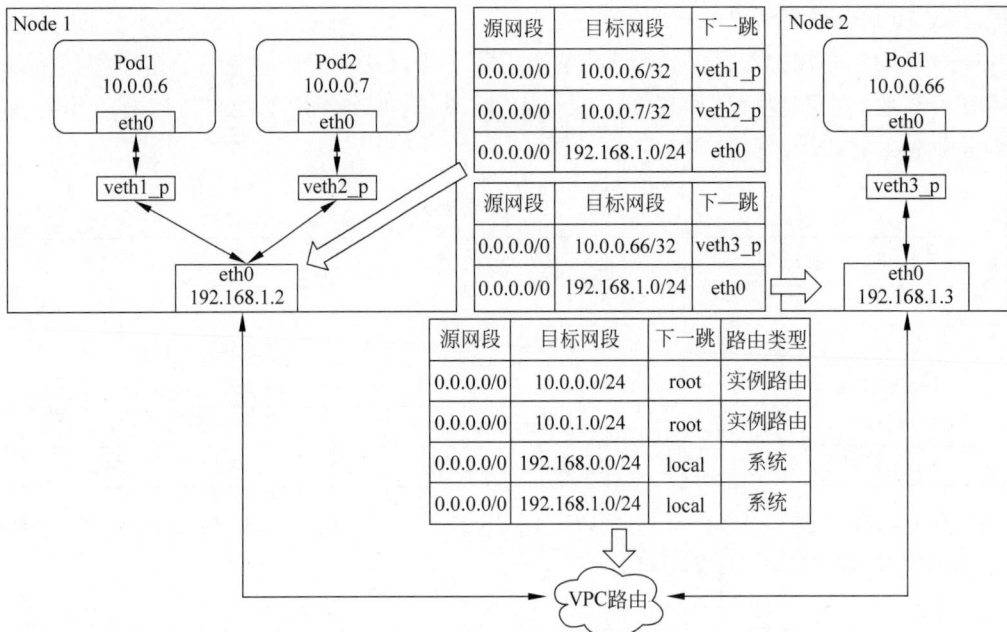

图 6-17 VPC 路由模式下的网络拓扑

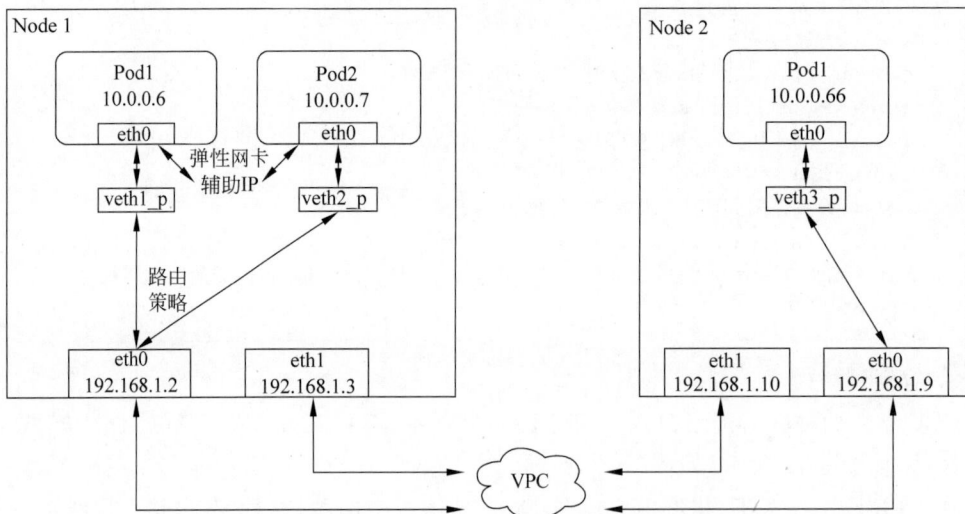

图 6-18 VPC-ENI 模式下的网络拓扑

9）Kube-Proxy 模式

容器引擎 CCE 支持 IPVS 与 iptables 两种方案在 K8s 集群中实现服务发现与负载均衡。其中，iptables 方案成熟稳定但性能较低；IPVS 方案性能较好，适用于集群存在大量 Service、对负载均衡有较高性能要求的场景。本示例使用 IPVS 模式进行代理，相关代码如下。

```
import "github.com/baidubce/bce - sdk - go/services/cce/v2/types"

//Kube - Proxy 模式设置为 IPVS
KubeProxyMode: types.KubeProxyModeIPVS,
```

10) CCE 详细配置

上面介绍了创建一个 CCE 所必需的参数配置，通过 Go-SDK 编写完整的配置，相关代码如下。

```
import (
    ccev2 "github.com/baidubce/bce-sdk-go/services/cce/v2"
    "github.com/baidubce/bce-sdk-go/services/cce/v2/types"
    "github.com/baidubce/bce-sdk-go/services/bcc/api"
)

//新建集群的参数
args := &ccev2.CreateClusterArgs{
        CreateClusterRequest: &ccev2.CreateClusterRequest{
            ClusterSpec: &types.ClusterSpec{
            ClusterName: "aCluster",
            K8SVersion: "1.28.8",
            RuntimeType: types.RuntimeTypeContainerd,
            VPCID: "vpc-********",
            MasterConfig: types.MasterConfig{
                MasterType: types.MasterTypeManaged,
                ClusterHA: 1,
                ExposedPublic: true,
                ClusterBLBVPCSubnetID: "sbn-********",
            },
            ContainerNetworkConfig: types.ContainerNetworkConfig{
                Mode: types.ContainerNetworkModeVPCRouteVeth,
                LBServiceVPCSubnetID: "sbn-********",
                ClusterPodCIDR: "172.28.0.0/16",
                ClusterIPServiceCIDR: "172.31.0.0/16",
                KubeProxyMode: types.KubeProxyModeIPVS,
                NodePortRangeMin: 30000,
                NodePortRangeMax: 32767,
            },
        },
    },
    }
```

2. 云服务器 BCC 设置

开发者在创建 CCE 时可以使用已有云服务器 BCC，也可以联动创建新的 BCC 实例作为 CCE 节点。在示例中创建 BCC 所需的参数设置如下。

1) Node 子网

Node 子网是节点间通信的网段，需要设定在 CCE 集群所在 VPC 下。本示例在 VPC 网段 192.168.0.0/16 基础下新建 Node 子网 nodeSubnet，网段为 192.168.32.0/20。相关代码如下。

```
//指定 Node 所属的 VPC,需要和 CCE 在同一 VPC 下
VPCID: "vpc-********",
//指定 Node 所属的子网 ID,应为上面 VPC 的一个子网
VPCSubnetID: "sbn-********",
```

2）Node 资源

云服务器 BCC 提供不同的实例规格，以适应租户不同的业务场景。实例规格由 CPU、内存、存储、异构硬件和网络带宽组成不同的组合。开发者可以根据用户流量和服务计算负载选择所需的 BCC 机型。常用的 Intel x86 云服务器 BCC 实例按照使用场景可以分为 5 个类别。5 种典型 BCC 实例的适用场景如表 6-11 所示。

表 6-11　5 种典型 BCC 实例的适用场景

实 例 类 型	典 型 实 例	适 用 场 景
经济型实例	经济型 e1	中小型网站建设 开发测试 轻量级应用
通用型实例	通用型 g5	各种类型和规模的企业级应用 数据分析和计算 中小型数据库系统、缓存、搜索集群 计算集群、依赖内存的数据处理
计算型实例	计算型 c5	Web 前端服务器 大型多人在线游戏（MMO）前端 数据分析、批量计算、视频编码 高性能科学和工程应用
内存型实例	内存型 m5	高性能数据库、内存数据库 数据分析与挖掘、分布式内存缓存 Hadoop、Spark 群集以及其他企业大内存需求应用
本地 SSD 型实例	本地 SSD 型 I5	OLTP、高性能关系数据库 NoSQL 数据库（如 Cassandra、MongoDB 等） Elasticsearch 等搜索场景

本示例选用通用型实例、规格为 bcc.g5.c2m8 的机型进行部署，其具有 2 核 CPU、8GB 内存。BCC 机型选定后，需要为 BCC 申请系统盘存储资源。目前可选的存储资源类型包括通用型 HDD、高性能云磁盘、通用型 SSD、增强型 SSD_PL1、增强型 SSD_PL2，随机读写速度、吞吐量依次升高，访问时延依次降低。本示例选用 40GB 的增强型 SSD_PL1 作为 BCC 的系统盘，相关代码如下。

```
import "github.com/baidubce/bce-sdk-go/services/cce/v2/types"

//实例资源设定
InstanceResource: types.InstanceResource{
            CPU: 2,
            MEM: 8,
            RootDiskSize: 40,
            RootDiskType: "enhanced_ssd_pl1",
            LocalDiskSize: 0,
            CDSList: []types.CDSConfig{},
            MachineSpec: "bcc.g5.c2m8",
            }
```

3）Node 镜像

为 Node 安装操作系统，开发者可以根据需求选择 BaiduLinux、Centos、Ubuntu、Rocky Linux 等操作系统镜像。本示例选择 BaiduLinux 3.0 x86_64 为操作系统镜像，相关代码如下。

```
import (
    "github.com/baidubce/bce-sdk-go/services/cce/v2/types"
    "github.com/baidubce/bce-sdk-go/services/bcc/api"
)

//利用镜像 ID 选择对应的镜像,此处为 BaiduLinux
ImageID: "7183**** -3e24 -464d -9c02 -a73*** ",
InstanceOS: types.InstanceOS{
    ImageType: api.ImageTypeSystem,        //镜像的类型
}
```

4）其余 Node 配置

除了上述配置外，Node 还需要配置是否自动申请弹性公网 IP、管理员账户密码、SSH 密钥、实例付费类型、容器运行时类型等，相关代码如下。

```
import (
    "github.com/baidubce/bce-sdk-go/services/cce/v2/types"
    "github.com/baidubce/bce-sdk-go/services/bcc/api"
)

NeedEIP: false,                           //是否需要 EIP: 否; CCE 节点不需要绑定 EIP
AdminPassword: "Key****** ",              //管理员账户密码
SSHKeyID: "",                             //SSH 密钥
InstanceChargingType: api.PaymentTimingPostPaid,  //付费类型: 后付费
RuntimeType: types.RuntimeTypeContainerd, //容器运行时类型: Containerd 运行时
```

3. 创建 CCE 及 BCC 实例

百度智能云在北京、广州、中国香港等多个地域设有数据中心，在使用 SDK 创建资源时需根据数据中心选择服务接入点。在创建实例之前需要配置 Access Key、Secret Key、服务接入点等参数，相关代码如下。

```
import (
ccev2 "github.com/baidubce/bce-sdk-go/services/cce/v2"
)
accessKeyId, secretAccessKey := "Your AK", "Your SK"
cceEndpoint := "https://cce.bj.baidubce.com"
cceClient, err := ccev2.NewClient(accessKeyId, secretAccessKey, cceEndpoint)
if err != nil {
fmt.Println("create cce client failed, err:", err)
}
```

上述代码创建的 cceClient 是一个 ccev2.Client 类型的指针。接下来，通过 cceClient 创建 CCE 及与其联动的 BCC 实例，相关代码如下。具体参数设置见前文说明。

```
//联动创建 CCE 和 BCC
clusterArgs := &ccev2.CreateClusterArgs{
      CreateClusterRequest: &ccev2.CreateClusterRequest{
        ClusterSpec: &types.ClusterSpec{
          ClusterName: "aCluster",
          K8SVersion: "1.28.8",
          RuntimeType: types.RuntimeTypeContainerd,
          VPCID: "vpc-********",
          MasterConfig: types.MasterConfig{
            MasterType: types.MasterTypeManaged,
            ClusterHA: 1,
            ExposedPublic: true,
            ClusterBLBVPCSubnetID: "sbn-********",
          },
          ContainerNetworkConfig: types.ContainerNetworkConfig{
            Mode: types.ContainerNetworkModeVPCRouteVeth,
            LBServiceVPCSubnetID: "sbn-********",
            ClusterPodCIDR: "172.28.0.0/16",
            ClusterIPServiceCIDR: "172.31.0.0/16",
            KubeProxyMode: types.KubeProxyModeIPVS,
            NodePortRangeMin: 30000,
            NodePortRangeMax: 32767,
          },
        },
        NodeSpecs: []*ccev2.InstanceSet{
          {
            Count: 2,
            InstanceSpec: types.InstanceSpec{
              InstanceName: "",
              ClusterRole: types.ClusterRoleNode,
              Existed: false,
              MachineType: types.MachineTypeBCC,
              InstanceType: "34",
              VPCConfig: types.VPCConfig{
                VPCID: "vpc-********",
                VPCSubnetID: "sbn-********",
                SecurityGroupType: "normal",
                SecurityGroup: types.SecurityGroup{
                  CustomSecurityGroupIDs: []string{},
                  EnableCCERequiredSecurityGroup: true,
                  EnableCCEOptionalSecurityGroup: false,
                },
              },
              InstanceResource: types.InstanceResource{
                CPU: 2,
                MEM: 8,
                RootDiskSize: 40,
                RootDiskType: "enhanced_ssd_pl1",
                LocalDiskSize: 0,
```

```
                    CDSList: []types.CDSConfig{},
                    MachineSpec: "bcc.g5.c2m8",
                  },
                  ImageID: "7183****-3e24-464d-9c02-a73***",
                  InstanceOS: types.InstanceOS{
                    ImageType: api.ImageTypeSystem,
                  },
                  NeedEIP: false,
                  AdminPassword: "Key*******",
                  SSHKeyID: "",
                  InstanceChargingType: api.PaymentTimingPostPaid,
                  RuntimeType: types.RuntimeTypeContainerd,
                },
              },
            },
          },
      }
//调用接口,利用 args 创建 CCE 和 BCC
respCreateCluster, err := ccev2Client.CreateCluster(args)
if err != nil {
    fmt.Println(err.Error())
    return ""
}
//从返回值中提取出 ClusterID
s, _ := json.MarshalIndent(respCreateCluster.ClusterID, "", "\t")
fmt.Println("Creating CCE-Cluster, Cluster ID : " + string(s))
clusterID := string(s)[1:len(string(s))-1]   //得到的 ID 字符串会包含双引号,在此处去除
                                             //双引号
```

CCE 实例列表页如图 6-19 所示。如果出现了名为 aCluster 的 CCE 集群,则表示创建成功。单击集群名称查看详细内容,切换到 Worker 页面。两个关联的 Worker 节点如图 6-20 所示。可以看到设置中添加的两台 BCC 已创建成功。

| aCluster cce-b5ze7md3 | ● 运行中 | 托管模式 | 1.28.8 | 2 | CPU(核): 1.35 / 4.00 内存(G): 2.09 / 15.33 |

图 6-19　CCE 实例列表页

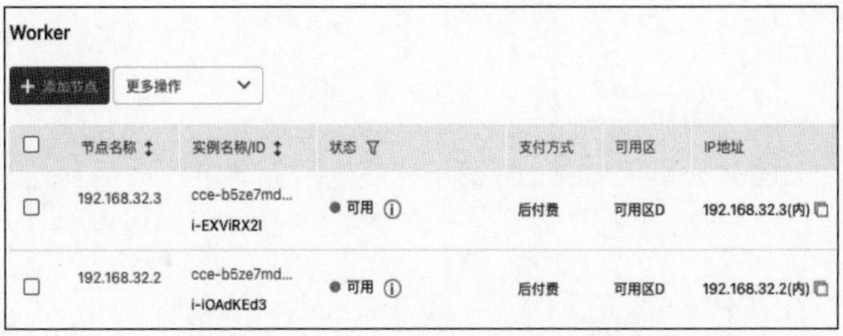

图 6-20　两个关联的 Worker 节点

4. 创建负载均衡实例关联 EIP

首先利用 Deployment 机制拉取容器镜像部署 Nginx,然后以 Service 形式新建挂载了 EIP 的负载均衡实例,并与 Nginx 相关联。通过在创建 CCE 时返回的 ClusterID,租户可以

调用 GetKubeConfig 方法查询到可供 Client-Go 连接 K8s 集群的认证文件 kubectl.conf，相关代码如下。

```
configArgs : = &ccev2.GetKubeConfigArgs{
ClusterID: "cce- ********",
KubeConfigType: ccev2.KubeConfigTypePublic,              //类型选择公网 IP,否则外网连不上
}

//提取指定 CCE 的 K8s kubeconf 文件内容
respGetConfig, err1 : = ccev2Client.GetKubeConfig(configArgs)
if err1 != nil {
fmt.Println(err1)
}

//选取真正的 conf 文件内容,写入本地
configStr : = respGetConfig.KubeConfig
fileName : = "kubectl.conf"
filePtr, err : = os.Create(fileName)
if err != nil {
fmt.Println(err)
}
_, err = io.WriteString(filePtr, testStr)
if err != nil {
fmt.Println(err)
}
//接下来利用 Client-Go 和 kubectl.conf 连接 K8s 集群,得到配置接口 clientSet
import (
    "K8s.io/client-go/kubernetes"
    "K8s.io/client-go/tools/clientcmd"
)

//从 kubectl.conf 文件中提取所需的配置项 config
ccev2Config : = "./kubectl.conf"
config, err3 : = clientcmd.BuildConfigFromFlags("", ccev2Config)    //从 ccev2Config 创建
                                                                    //config 文件

if err3 != nil {
fmt.Println(err3)
}

//利用 config 连接 K8s
clientSet, err : = kubernetes.NewForConfig(config)    //利用 config 文件连接 K8s 集群,
                                                      //得到 clientSet

if err != nil {
fmt.Println(err)
}
//通过 clientSet 创建一个 Deployment,在容器中拉取 Nginx 镜像以部署网站服务
import (
    appsv1 "K8s.io/api/apps/v1"
    corev1 "K8s.io/api/core/v1"
```

```go
    resource "K8s.io/apimachinery/pkg/api/resource"
    metav1 "K8s.io/apimachinery/pkg/apis/meta/v1"
    )


var podsNum int32 = 2

deployArgs := &appsv1.Deployment{
    ObjectMeta: metav1.ObjectMeta{
        Name: "nginx-deployment",                      //服务名称
        Namespace: "default",                          //默认命名空间
    },
    Spec: appsv1.DeploymentSpec{
        Replicas: &podsNum,                            //副本数
        Selector: &metav1.LabelSelector{
            MatchLabels: map[string]string{
                "app": "nginx",                        //应用为nginx,需要与部署类型对应
            },
        },
        Template: corev1.PodTemplateSpec{
            ObjectMeta: metav1.ObjectMeta{
                Labels: map[string]string{
                    "app": "nginx",
                },
            },
            Spec: corev1.PodSpec{
                Containers: []corev1.Container{
                    {
                        Name: "nginx",            //容器名称为nginx
                        Image: "hub.baidubce.com/cce/nginx-alpine-go:latest",
                                                  //nginx容器镜像
                        Ports: []corev1.ContainerPort{
                            {
                                Name: "http",
                                Protocol: corev1.ProtocolTCP,
                                ContainerPort: 80,   //端口号80
                            },
                        },
                        Resources: corev1.ResourceRequirements{
                            Limits: map[corev1.ResourceName]resource.Quantity{
                                            //每一个容器的资源设置
                                corev1.ResourceCPU: resource.MustParse("200m"),
                                corev1.ResourceMemory: resource.MustParse("512Mi"),
                            },
                            Requests: map[corev1.ResourceName]resource.Quantity{
                                corev1.ResourceCPU: resource.MustParse("200m"),
                                corev1.ResourceMemory: resource.MustParse("512Mi"),
                            },
                        },
                    },
                },
```

```
                },
            },
        },
    },
}

//创建一个 Deployment 任务,在容器中拉取 nginx 镜像
    resp, err := clientSet.AppsV1().Deployments("default").Create(context.Background(),
deployment, metav1.CreateOptions{})
    if err != nil {
        fmt.Println(err)
    }
    fmt.Printf("Deployment created: % s\n", resp.GetObjectMeta().GetName())
```

　　无状态部署页面如图 6-21 所示。由于没有关联对外接口,不存在网络流量,所以 CPU 占用为 0。

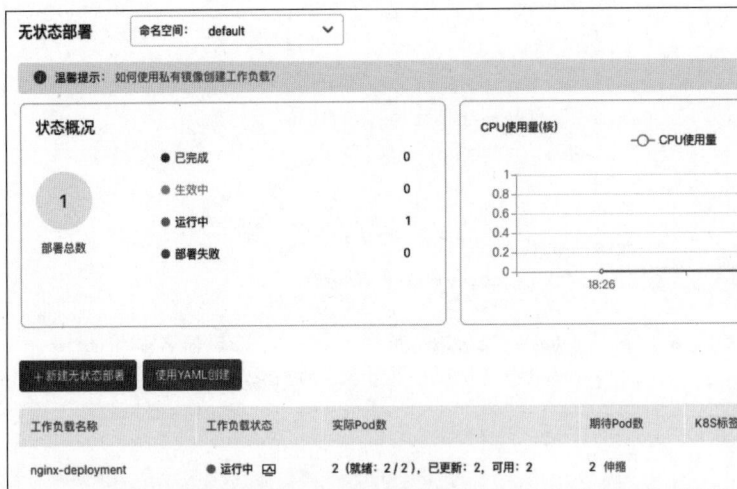

图 6-21　无状态部署页面

　　容器列表页面如图 6-22 所示。在"CCE 集群"→"查询工作负载"→"无状态部署"页面,看到刚才新建的 nginx-deployment,且状态为"运行中"。WebSSH 页面如图 6-23 所示。单击工作负载名称,可以在里面的选项页中查看相关的 Pod;单击右侧的 WebSSH,从一个 Pod 向另一个 Pod 使用 curl 命令发起 HTTP 请求。如果顺利返回 Nginx 页面,则说明 Nginx 部署成功。

图 6-22　容器列表页面

　　为了使网站能够提供外网访问,需要在 CCE 下创建一个负载均衡实例并绑定 EIP。操作可以通过 clientSet 创建负载均衡服务实现,相关代码如下。

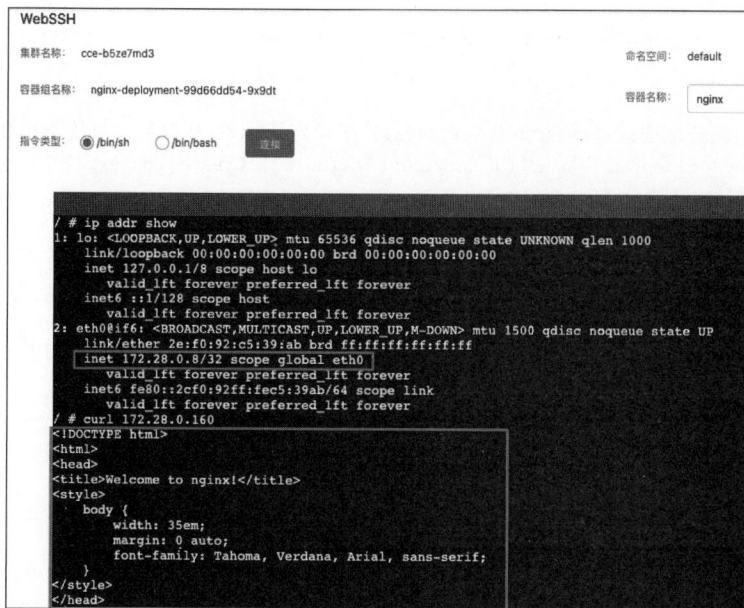

图 6-23 WebSSH 页面

```go
import (
        corev1 "K8s.io/api/core/v1"
        metav1 "K8s.io/apimachinery/pkg/apis/meta/v1"
        "K8s.io/apimachinery/pkg/util/intstr"
    )


svcArgs : = &corev1.Service{
    TypeMeta: metav1.TypeMeta{
        Kind:"Service",                        //服务类型
        APIVersion: "v1",
    },
    ObjectMeta: metav1.ObjectMeta{
        Name: "test - service",                //服务名称
    },
    Spec: corev1.ServiceSpec{
        Ports: []corev1.ServicePort{
            {
                Protocol: "TCP",               //TCP,用 4 层负载均衡
                Port: 80,                      //80 端口转入
                TargetPort: intstr.FromInt(80),   //80 端口转出
                },
        },
        Selector: map[string]string{
            "app": "nginx",    //选择名字为 nginx 的应用,需要与前文中 Deployment 的
                               //app 标签相对应
        },
        Type: corev1.ServiceTypeLoadBalancer,     //类型为 LoadBalancer,会自动创建 BLB
                                                  //并申请 EIP
```

```
            ExternalTrafficPolicy: corev1.ServiceExternalTrafficPolicyCluster,
        },
    }
        //调用服务创建接口,创建负载均衡服务,由于设定了标签,所以可以直接连接 Deployment
    resp, err := clientSet.CoreV1().Services("default").Create(context.TODO(), svcInstance,
    metav1.CreateOptions{})
    fmt.Println(resp)
```

服务列表页面如图 6-24 所示。在云控制台,能够发现在"流量接入"→"服务列表"中创建了名为 test-service 的服务,说明利用 Client-Go 创建负载均衡服务成功,新建了负载均衡实例并绑定了 EIP。

图 6-24　服务列表页面

在公网客户端访问 EIP 地址如图 6-25 所示。成功显示 Nginx 页面,说明使用负载均衡实例成功地创建了公网服务。

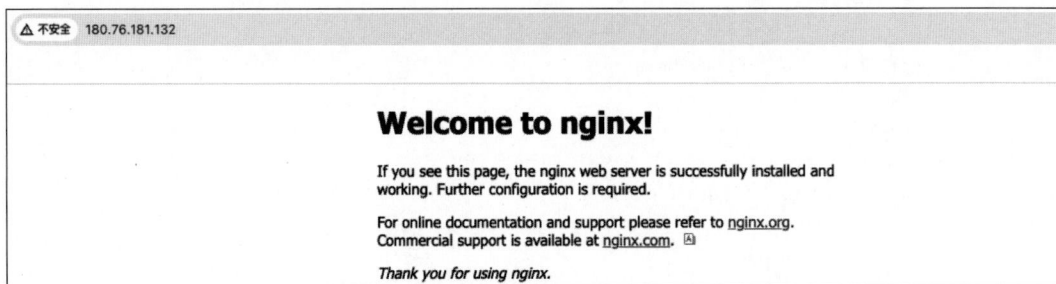

图 6-25　在公网客户端访问 EIP 地址

重新进入"查询工作负载"→"无状态部署页面"。默认命名空间下的无状态部署,如图 6-26 所示。查看 CPU 有使用量,说明请求已成功到达 Nginx 服务。

目前为止,通过百度智能云 SDK 部署了网站服务。为了实现网站的自动化部署,需要在代码中创建 CCE 和 Deployment 时补充循环等待逻辑。自动化部署流程,相关代码如下。

图 6-26　默认命名空间下的无状态部署

```go
package main

import (
    "context"
    "encoding/json"
    "fmt"
    "io"
    "os"
    "time"

    "github.com/baidubce/bce-sdk-go/services/bcc/api"
    ccev2 "github.com/baidubce/bce-sdk-go/services/cce/v2"
    "github.com/baidubce/bce-sdk-go/services/cce/v2/types"
    appsv1 "K8s.io/api/apps/v1"
    corev1 "K8s.io/api/core/v1"
    resource "K8s.io/apimachinery/pkg/api/resource"
    metav1 "K8s.io/apimachinery/pkg/apis/meta/v1"
    "K8s.io/apimachinery/pkg/util/intstr"
    "K8s.io/client-go/kubernetes"
    "K8s.io/client-go/tools/clientcmd"
)

func main() {
    AK, SK := "Your AK", "Your SK"
    cceEndpoint := "https://cce.bj.baidubce.com"
    cceClient, err := ccev2.NewClient(AK, SK, cceEndpoint)
    if err != nil {
        fmt.Println("create cce client failed, err:", err)
    }

    //集群的参数设置与创建
    clusterArgs := retClusterArgs()
    respCreateCluster, err := cceClient.CreateCluster(clusterArgs)
    if err != nil {
        fmt.Println(err.Error())
```

```go
        return
    }
    s, _ := json.MarshalIndent(respCreateCluster.ClusterID, "", "\t")
    fmt.Println("Creating CCE-Cluster, Cluster ID : " + string(s))
    clusterID := string(s)[1 : len(string(s)) - 1]

    //拉取 K8s 设置
    configArgs := retKubeConfigArgs(clusterID)
    respGetConfig, err := cceClient.GetKubeConfig(configArgs)
    for timeUsed := 0; ; {
        if err != nil {
            time.Sleep(10 * time.Second)
            timeUsed += 10
            fmt.Println("CCE-Cluster Creating......", timeUsed/60, "MIN")
            respGetConfig, err = cceClient.GetKubeConfig(configArgs)
        } else {
            break
        }
    }
    fmt.Println("Create CCE-Cluster Master OK!!")

    //保存 K8s 设置至本地文件 kubectl.conf
    testStr := respGetConfig.KubeConfig
    fileName := "kubectl.conf"
    filePtr, err := os.Create(fileName)
    if err != nil {
        fmt.Println(err)
    }
    _, err = io.WriteString(filePtr, testStr)
    if err != nil {
        fmt.Println(err)
    }
    fmt.Println("Fetching K8s-Config OK!!")

    //利用 Client-Go 连接 K8s,创建客户端
    cceConfig := "./kubectl.conf"
    config, err := clientcmd.BuildConfigFromFlags("", cceConfig)
    if err != nil {
        fmt.Println(err)
        return
    }
    clientSet, err := kubernetes.NewForConfig(config)
    if err != nil {
        fmt.Println(err)
        return
    }
    fmt.Println("Creating K8s Client OK!!")

    //利用客户端创建无状态部署
```

```
    deployArgs := retDeployArgs()
    _, err = clientSet.AppsV1().Deployments("default").Create(context.Background(),
deployArgs, metav1.CreateOptions{})
    for timeUsed := 0; ; {
        if err != nil {
            time.Sleep(10 * time.Second)
            timeUsed += 10
            fmt.Println("Creating Deployment, Waiting Cluster Workers......", timeUsed/60, "MIN")
            _, err = clientSet.AppsV1().Deployments("default").Create(context.Background(),
deployArgs, metav1.CreateOptions{})
        } else {
            break
        }
    }
    fmt.Println("Create Deployment OK!!")

    //利用客户端创建负载均衡服务
    svcArgs := retSvcArgs()
    _, err = clientSet.CoreV1().Services("default").Create(context.Background(),
svcArgs, metav1.CreateOptions{})
    if err != nil {
        fmt.Println(err)
        return
    }
    fmt.Println("Create LB Service OK!! All Procedures Complete, Congradulations!")
}

func retClusterArgs() *ccev2.CreateClusterArgs {
    args := &ccev2.CreateClusterArgs{
        CreateClusterRequest: &ccev2.CreateClusterRequest{
            ClusterSpec: &types.ClusterSpec{
                ClusterName: "aCluster",
                K8SVersion: "1.28.8",
                RuntimeType: types.RuntimeTypeContainerd,
                VPCID: "vpc-******",
                MasterConfig: types.MasterConfig{
                    MasterType: types.MasterTypeManaged,
                    ClusterHA: 1,
                    ExposedPublic: true,
                    ClusterBLBVPCSubnetID: "sbn-******",
                },
                ContainerNetworkConfig: types.ContainerNetworkConfig{
                    Mode: types.ContainerNetworkModeVPCRouteVeth,
                    LBServiceVPCSubnetID: "sbn-******",
                    ClusterPodCIDR: "172.28.0.0/16",
                    ClusterIPServiceCIDR: "172.31.0.0/16",
                    KubeProxyMode: types.KubeProxyModeIPVS,
                    NodePortRangeMin: 30000,
                    NodePortRangeMax: 32767,
```

```
                        },
                    },
                NodeSpecs: [] * ccev2.InstanceSet{
                    {
                        Count: 2,
                        InstanceSpec: types.InstanceSpec{
                            InstanceName: "",
                            ClusterRole: types.ClusterRoleNode,
                            Existed: false,
                            MachineType: types.MachineTypeBCC,
                            InstanceType: "34",
                            VPCConfig: types.VPCConfig{
                                VPCID: "vpc - ******",
                                VPCSubnetID: "sbn - ******",
                                SecurityGroupType: "normal",
                                SecurityGroup: types.SecurityGroup{
                                    CustomSecurityGroupIDs: []string{},
                                    EnableCCERequiredSecurityGroup: true,
                                    EnableCCEOptionalSecurityGroup: false,
                                },
                            },
                            InstanceResource: types.InstanceResource{
                                CPU: 2,
                                MEM: 8,
                                RootDiskSize: 40,
                                RootDiskType: "enhanced_ssd_pl1",
                                LocalDiskSize: 0,
                                CDSList: []types.CDSConfig{},
                                MachineSpec: "bcc.g5.c2m8",
                            },
                            ImageID: "7183**** - 3e24 - 464d - 9c02 - a73***",
                            InstanceOS: types.InstanceOS{
                                ImageType: api.ImageTypeSystem,
                            },
                            NeedEIP: false,
                            AdminPassword: "******",
                            SSHKeyID: "",
                            InstanceChargingType: api.PaymentTimingPostPaid,
                            RuntimeType: types.RuntimeTypeContainerd,
                        },
                    },
                },
            }
        return args
}

func retKubeConfigArgs(clusterID string) * ccev2.GetKubeConfigArgs {
    args := &ccev2.GetKubeConfigArgs{
```

```
            ClusterID: clusterID,
            KubeConfigType: ccev2.KubeConfigTypePublic,
        }
        return args
}

func retDeployArgs()  * appsv1.Deployment {
        var podsNum int32 = 2
        args : = &appsv1.Deployment{
            ObjectMeta: metav1.ObjectMeta{
                Name: "nginx-deployment",          //服务名称
                Namespace: "default",              //默认命名空间
            },
            Spec: appsv1.DeploymentSpec{
                Replicas: &podsNum,                //副本数
                Selector: &metav1.LabelSelector{
                    MatchLabels: map[string]string{
                        "app": "nginx",            //标签为"应用:nginx",需要与部署类型对应
                    },
                },
                Template: corev1.PodTemplateSpec{
                    ObjectMeta: metav1.ObjectMeta{
                        Labels: map[string]string{
                            "app": "nginx",
                        },
                    },
                    Spec: corev1.PodSpec{
                        Containers: []corev1.Container{
                            {
                                Name: "nginx",     //容器名称为 nginx
                                Image: "hub.baidubce.com/cce/nginx-alpine-go:latest",
                                    Ports: []corev1.ContainerPort{
                                    {
                                        Name: "http",
                                        Protocol: corev1.ProtocolTCP,
                                        ContainerPort: 80,   //端口号 80
                                    },
                                },
                                Resources: corev1.ResourceRequirements{
                                    Limits: map[corev1.ResourceName]resource.Quantity{
                                                        //每一个容器的资源设置
                                        corev1.ResourceCPU: resource.MustParse("200m"),
                                        corev1.ResourceMemory: resource.MustParse("512Mi"),
                                    },
                                    Requests: map[corev1.ResourceName]resource.Quantity{
                                        corev1.ResourceCPU:resource.MustParse("200m"),
                                        corev1.ResourceMemory: resource.MustParse("512Mi"),
                                    },
                                },
                            },
                        },
                    },
                },
```

```
                    },
                },
            }
            return args
    }

    func retSvcArgs() * corev1.Service {
        args : = &corev1.Service{
            TypeMeta: metav1.TypeMeta{
                Kind: "Service",                          //服务类型
                APIVersion: "v1",
            },
            ObjectMeta: metav1.ObjectMeta{
                Name: "test – service",                   //服务名称
            },
            Spec: corev1.ServiceSpec{
                Ports: []corev1.ServicePort{
                    {
                        Protocol: "TCP",                   //TCP,4 层负载均衡
                        Port: 80,                          //80 端口转入
                        TargetPort: intstr.FromInt(80),    //80 端口转出
                    },
                },
                Selector: map[string]string{
                    "app": "nginx",                        //选择名字为 nginx 的应用,需要与前文
                                                           //中 Deployment 的 app 标签相对应
                },
                Type: corev1.ServiceTypeLoadBalancer,      //类型为 LoadBalancer.这会自动创建
                                                           //BLB 并申请、连接 EIP
                ExternalTrafficPolicy: corev1.ServiceExternalTrafficPolicyCluster,
            },
        }
        return args
    }
```

一次完整的网站部署的典型示例输出如图 6-27 所示。

```
[root@icoding-dc353b641825437d971ab7288341d598-all-in-on-0 blb_learn]# go run all_in_one.go
Creating CCE-Cluster, Cluster ID : "cce-70z41ofd"
CCE-Cluster Creating...... 0 MIN
CCE-Cluster Creating...... 0 MIN
CCE-Cluster Creating...... 0 MIN
CCE-Cluster Creating...... 0 MIN
Create CCE-Cluster Master OK!!
Fetching K8S-Config OK!!
Creating K8S Client OK!!
Creating Deployment, Waiting Cluster Workers...... 0 MIN
Creating Deployment, Waiting Cluster Workers...... 0 MIN
Creating Deployment, Waiting Cluster Workers...... 0 MIN
Creating Deployment, Waiting Cluster Workers...... 0 MIN
Creating Deployment, Waiting Cluster Workers...... 0 MIN
Creating Deployment, Waiting Cluster Workers...... 1 MIN
Creating Deployment, Waiting Cluster Workers...... 1 MIN
Creating Deployment, Waiting Cluster Workers...... 1 MIN
Creating Deployment, Waiting Cluster Workers...... 1 MIN
Creating Deployment, Waiting Cluster Workers...... 1 MIN
Creating Deployment, Waiting Cluster Workers...... 1 MIN
Creating Deployment, Waiting Cluster Workers...... 2 MIN
Creating Deployment, Waiting Cluster Workers...... 2 MIN
Creating Deployment, Waiting Cluster Workers...... 2 MIN
Creating Deployment, Waiting Cluster Workers...... 2 MIN
Creating Deployment, Waiting Cluster Workers...... 2 MIN
Create Deployment OK!!
Create LB Service OK!! All Procedures Complete, Congradulations!
```

图 6-27 一次完整的网站部署的典型示例输出

6.6 负载均衡性能压力测试实践

6.6.1 负载均衡压力测试概述

针对传统网络设备性能压力测试,RFC 2544 制定了一套标准化的测试规范,确保云厂商与租户之间能够就测试流程与结果达成共识。该标准规定了 64～1518B 的多种帧长测试规范,全面覆盖了包括吞吐量评估、时延测量、丢包率分析、背靠背帧处理能力验证及系统恢复与复位测试等多项核心性能与指标场景,确保网络设备的性能得到全面、规范、标准的验证。

对于云厂商而言,云产品部署架构涵盖多地域、多可用区,网络环境高度复杂,租户无法直接判断各可用区之间的性能差异。同时,由于租户无法直接感知云上环境底层架构的详细情况(如服务器数量、资源容量限制及实时负载等),因此传统的性能评测标准并不能直接应用于云网络产品。

为了更有效地评估云厂商的负载均衡性能,需要以租户为中心,采用统一的评估资源(如负载均衡实例或监听)作为测试基准。通过设置带宽(单位是 b/s)、吞吐率(单位是pps)、新建连接速率(单位是 cps)、并发连接数以及时延等性能指标,来进行压力测试与分析。这种方法能够更贴近实际体验,同时也可以更准确地反映出在实际使用场景下,云厂商负载均衡服务的性能表现。

在执行负载均衡性能压力测试工作时,应确保所有计算资源及负载均衡实例均部署在同一 VPC 内的相同可用区中。负载均衡压力测试拓扑如图 6-28 所示。

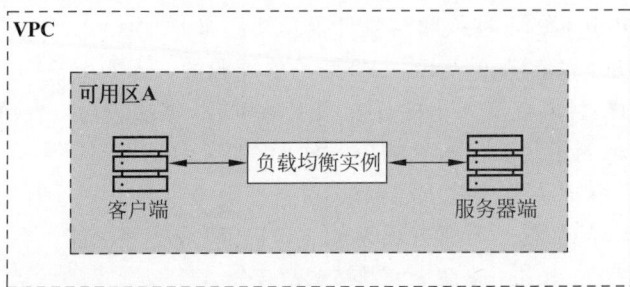

图 6-28 负载均衡压力测试拓扑

压力测试拓扑采用同可用区部署,能有效排除跨机房网络延迟的性能波动,确保测试结果的精确度。云厂商普遍提供共享型和性能规格型两种负载均衡实例,建议采用较小规格的性能规格型实例进行压力测试。百度智能云性能规格型实例参数如图 6-29 所示。

实例规格	性能上限
性能共享	目前多租户性能共享,出现资源争抢时,性能可能会受到限制。若需要性能保障,建议使用性能规格实例。
性能规格	标准型1 (并发连接数: 50,000, 每秒新建连接数: 5,000, 每秒查询数: 5,000, 带宽上限: 1Gbps) 标准型2 (并发连接数: 100,000, 每秒新建连接数: 10,000, 每秒查询数: 10,000, 带宽上限: 2Gbps) 增强型1 (并发连接数: 200,000, 每秒新建连接数: 20,000, 每秒查询数: 20,000, 带宽上限: 4Gbps) 增强型2 (并发连接数: 500,000, 每秒新建连接数: 50,000, 每秒查询数: 30,000, 带宽上限: 6Gbps) 超大型1 (并发连接数: 1,000,000, 每秒新建连接数: 100,000, 每秒查询数: 50,000, 带宽上限: 10Gbps) 超大型2 (并发连接数: 2,000,000, 每秒新建连接数: 200,000, 每秒查询数: 100,000, 带宽上限: 20Gbps) 超大型3 (并发连接数: 4,000,000, 每秒新建连接数: 400,000, 每秒查询数: 200,000, 带宽上限: 40Gbps)

图 6-29 百度智能云性能规格型实例参数

6.6.2 负载均衡压力测试实践

1. 压力测试工具介绍

压力测试工具可分为两大类：一类是在客户端使用能产生访问压力的工具；另一类是在服务器端使用的接收与统计工具。

在客户端常用开源的一些压力测试工具软件如下。

（1）iperf 是一款开源的网络性能测试工具，用于测量网络带宽、吞吐量、延迟及丢包率等性能指标。它能够测试 TCP 和 UDP 的最大带宽性能，并提供多种参数和 UDP 特性，可按需调整。此外，iperf 还能生成包含带宽、延迟抖动及数据报文丢失情况的详细报告。在 CentOS 操作系统上，可以通过执行 yum install -y iperf 命令直接安装该工具。

（2）wrk 是一款针对 HTTP 的基准测试工具，它能够在单机多核 CPU 的条件下，使用系统自带的高性能 I/O 机制（如 epoll、kqueue 等），通过多线程和事件模式，对目标机器产生大量的负载。需要在 https://github.com/wg/wrk 上下载源码包，解压后在目录中执行 make 命令进行编译，生成 wrk 可执行程序。

（3）wrk2 是一款轻量级的 HTTP 性能测试工具，它基于 wrk 进行了改进和增强，专注于产生恒定吞吐量的负载，并提供准确的延迟信息。需要在 https://github.com/giltene/wrk2 上下载源码包，解压后在目录中执行 make 命令进行编译，生成名为 wrk 的可执行程序。

（4）handy 是一款可以在单台服务器上创建百万 TCP 连接的开源软件。需要在 https://github.com/yedf2/handy 上下载源码包，解压后在目录中执行 make 命令进行编译。

在服务器端常用开源的一些接收与统计工具软件如下。

（1）Redis(Remote Dictionary Server) 是一款开源的、采用 ANSI C 语言编写的、支持网络通信的、基于内存且能够持久化的日志型 Key-Value 数据库。它内置的 ping/pong 命令非常适合租户用来测试负载均衡的响应时间。在 CentOS 操作系统上，可以通过运行命令 yum install -y redis 来直接安装 Redis。

（2）Nginx 作为 Web 服务器拥有很高的 HTTP 请求处理性能。在 CentOS 操作系统上可以使用 yum -y install nginx 命令直接安装。

（3）tsar(Taobao System Activity Reporter) 是阿里巴巴一款开源的系统监控工具，主要用于收集和汇总服务器的各项关键信息，包括 CPU 利用率、负载、I/O 状态以及应用程序如 Nginx、HAProxy、Squid 等的状态数据。

2. 压测指标说明

负载均衡监听按照协议类型可以分为 4 层监听和 7 层监听两类，不同监听协议类型相应的压力测试指标也有较大区别。常用的监听协议与压测指标如表 6-12 所示。

表 6-12 常用的监听协议与压测指标

监听类型	指标名称	指标含义	指标单位
4 层监听	带宽	单位时间内网络中两点间可传输的最高数据速率	每秒传输的比特数(b/s)
	吞吐量	单位时间内成功传输的数据量	每秒传输的数据报文数(pps)
	新建连接数	每秒新建的连接数量	每秒新建连接数(cps)

续表

监听类型	指标名称	指标含义	指标单位
4层监听	并发连接数	在网络通信中,指服务器或网络设备在同一时间内能处理并维持的TCP/UDP连接总数	个
	时延	指数据报文从网络一端发送至另一端所需的总时间,涵盖发送、传输、处理及接收等各个环节	毫秒(ms)
7层监听	qps	每秒能够处理的查询或请求的数量	qps(每秒查询数)

3. 带宽压力测试

带宽是衡量网络连接速度与质量的核心指标,直接决定网络处理能力。负载均衡实例的带宽一般会标注在规格列表上,做带宽压力测试时,客户端和服务器端需要购买大于负载均衡实例带宽上限的计算资源。在负载均衡实例下建立一个 UDP 监听,建立监听时可将健康检查模式设置为 ICMP 模式或直接关闭。带宽数据,可通过压力测试时负载均衡实例统计中的流量统计数据查看。

客户端上使用 iperf 命令发起压力测试,iperf 命令说明如下。

```
iperf -u -c ${服务器端IP} -p ${服务器端端口} -fg -i ${时间间隔} -b ${带宽} -t
${时间} -T ${TTL} -l ${报文长度} -P ${线程数}
使用示例如下.
iperf -u -c 192.168.0.4 -p 1100 -fg -i 2 -b 50M -t 604800 -T 64 -l 1300 -P 100 2
```

发起压力流量后观察是否能够达到负载均衡实例的规格带宽上限。在云控制台可以查看负载均衡监听的流量情况。负载均衡流量统计如图 6-30 所示。

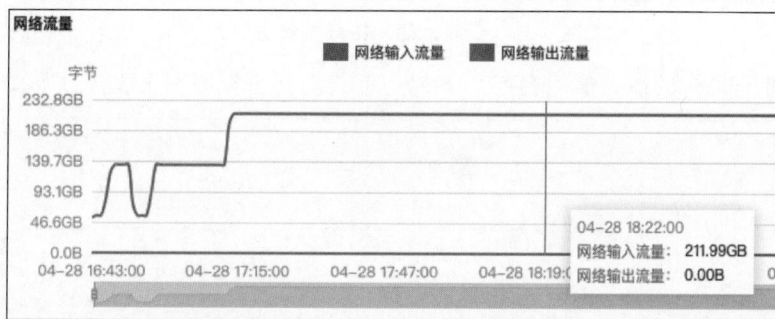

图 6-30　负载均衡流量统计

当达到规格限速的最大值后会产生丢包,在云控制台上也能看到相应的统计。负载均衡丢弃流量统计如图 6-31 所示。

4. 报文吞吐量压力测试

报文吞吐量反映网络或设备处理数据的效率与能力。报文吞吐量一般不会标注在规格列表里,所以需要用规格对应的带宽限速除以发起压力测试的平均报文长度(如 128B 每数据报文)的方式计算出报文吞吐量最大速率。在进行报文吞吐量压力测试时,客户端和服务器端需要购买大于负载均衡实例吞吐量上限的计算资源(计算资源的网络规格列表一

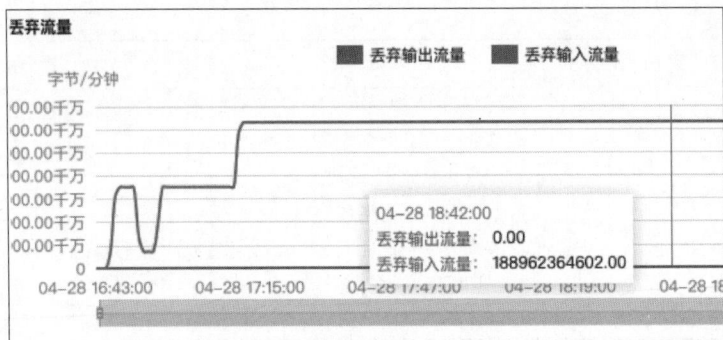

图 6-31　负载均衡丢弃流量统计

般会标注最大吞吐量）。在负载均衡实例下建立一个 UDP 监听，建立监听时可将健康检查模式设置为 ICMP 模式或直接关闭健康检查。

客户端上使用 iperf 命令进行报文吞吐量压力测试的命令和上述带宽测试用命令相同。发起压力流量后观察是否能够达到之前计算出的负载均衡实例的带宽规格的上限。负载均衡网络数据报文统计如图 6-32 所示。

图 6-32　负载均衡网络数据报文统计

当达到带宽规格的最大值后会产生丢包。负载均衡丢弃数据报文统计如图 6-33 所示。

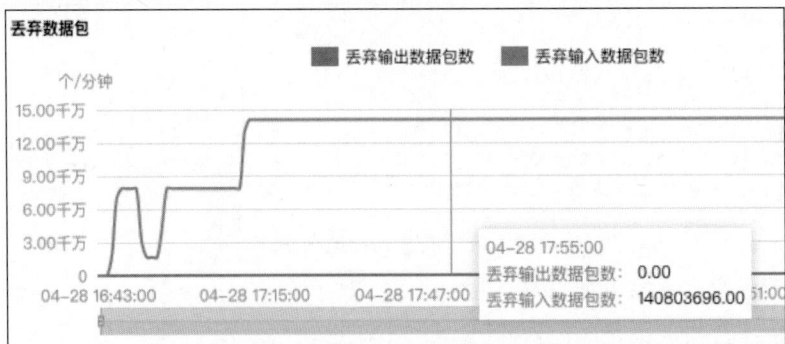

图 6-33　负载均衡丢弃数据报文统计

5. 新建连接数压力测试

新建连接数是衡量系统或设备并发处理能力的重要指标，在高并发环境下，新建连接数的高低直接影响系统的稳定性和响应速度。做新建连接数压力测试时，客户端和服务器端需要购买大于负载均衡实例新建连接数上限的计算资源。在负载均衡实例下建立一个

TCP 监听，通过并发建立短连接的方式进行新建连接数的压力测试。服务器端部署 Nginx 服务和 tsar 服务，客户端使用 wrk 工具进行压力测试，命令说明如下。

```
wrk - c 10000 - t 32 - H "Connection: Close" http://${负载均衡 IP}:${负载均衡端口}/test/
- d 1500s -- latency
```

客户端上可以通过 wrk 命令的返回信息来确认新建连接速率。wrk 命令的返回结果如图 6-34 所示。

图 6-34　wrk 命令返回结果

服务器端上可以使用 tsar 命令查看每秒接收连接的速率。tsar 命令的返回结果如图 6-35 所示。

图 6-35　tsar 命令返回结果

在云控制台上负载均衡新建连接数统计如图 6-36 所示。

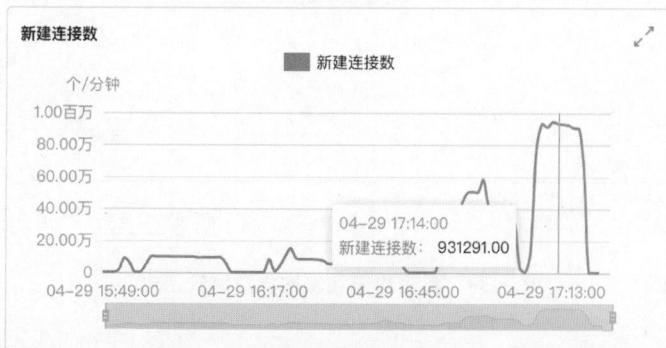

图 6-36　负载均衡新建连接数统计

6. 并发连接数压力测试

并发连接数反映业务最大可以同时服务多少客户端数量的能力,是评估并发处理能力的关键参数。做并发连接数压力测试时,客户端和服务器端需要购买大于负载均衡实例并发连接数上限的计算资源。在负载均衡实例下建立一个 TCP 监听,通过建立大量长连接的方式来进行并发连接数的压力测试。在压测时需要在客户端和服务器端同时部署 handy 服务,相关命令说明如下。

```
#10m/10m-svr 为 handy 的服务器端可执行文件
#服务器端配置:监听端口为 1100～1101
10m/10m-svr 1100 1101 16 1601 > result.log 2>&1 &
```

客户端使用 handy 进行压力测试,相关命令说明如下。

```
#10m/10m-cli 为 handy 的客户端可执行文件
#客户端配置:对端口为 1100～1101, 配置 Session 为 10W, 这样每个端口可以分到 5W, 指定 1 个
#监听可以打到 5W 的 Session 数量
10m/10m-cli 192.168.0.4 1100 1101 100000 100 4 60 64 1601 &> result.log &
```

客户端和服务器端在终端上显示的统计信息相同,都可以在统计信息中看到 TCP 并发连接数。handy 命令的统计信息如图 6-37 所示。

图 6-37　handy 命令的统计信息

在云控制台上负载均衡并发连接数统计示例,如图 6-38 所示。

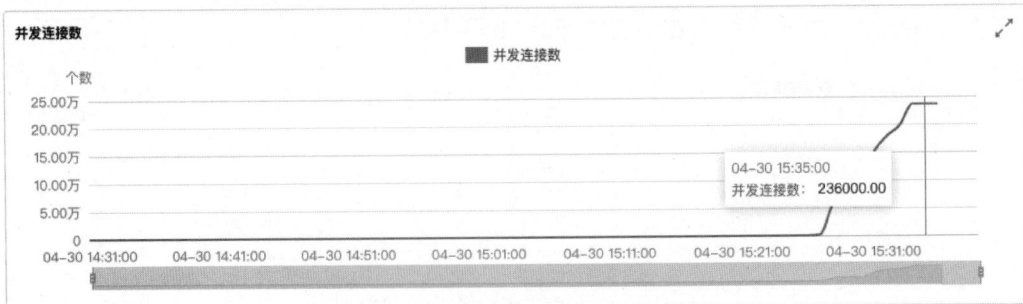

图 6-38　负载均衡并发连接数统计示例

7. 时延压力测试

时延是衡量网络性能的重要指标,低时延意味着更快的通信效率和更流畅的网络体验。做时延压力测试时,需要部署客户和服务器端两台云服务器。同时在访问路径上需要

获取"客户端直接访问服务器端"和"客户端通过负载均衡访问服务器端"两种数据,通过两种数据的对比最终计算出负载均衡的时延。时延压力测试拓扑如图 6-39 所示。

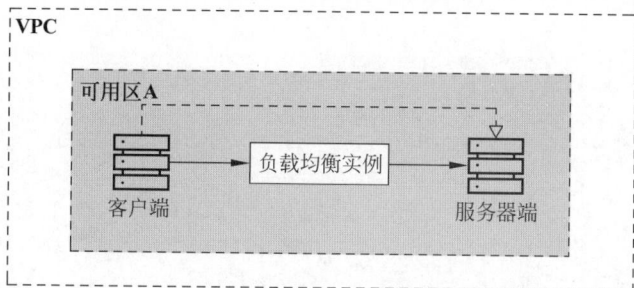

图 6-39 时延压力测试拓扑

在负载均衡实例下建立一个 6379 端口的 TCP 监听,服务器端和客户端云服务器中都安装 Redis。首先在服务器端启动 Redis 服务,命令示例如下。

```
redis-server --protected-mode no
```

客户端使用 Redis 的 latency 功能分别测试直接访问服务器端和过负载均衡访问服务器端两种路径产生的时延,命令说明如下。

```
redis-cli -h ${服务器端IP} -p ${服务器端端口} --latency
```

redis-cli 命令执行后返回信息,如图 6-40 所示。

图 6-40 redis-cli 命令执行后返回信息

其中,min、max、avg 表示最小、最大、平均时延,即客户端发送一个请求到服务器端后再收到来自服务器端的响应所用的总时间,单位为毫秒(ms),samples 表示样本数量。负载均衡的平均数据报文处理时延等于过负载均衡访问 Redis 的平均耗时减去直接访问服务器端 Redis 的平均耗时结果再除以往返路径,当该结果约等于几十微秒时则可认为负载均衡的转发时延良好。

8. qps 压力测试

qps 是一个衡量 7 层负载均衡性能的指标。qps 值越高,说明系统在单位时间内能够处理的请求越多,性能表现也就越好。做 qps 压力测试时,客户端和服务器端需要购买足够的资源。在负载均衡实例下建立一个 HTTP 的监听,服务器端部署 Nginx 服务。客户端上安装 wrk2 工具并执行压力测试命令,命令说明如下。

```
wrk – t2 – c100 – d30s – R250 http://${服务器端 IP}:${服务器端端口}/test/1k.html
```

wrk2 命令执行后返回信息,如图 6-41 所示。

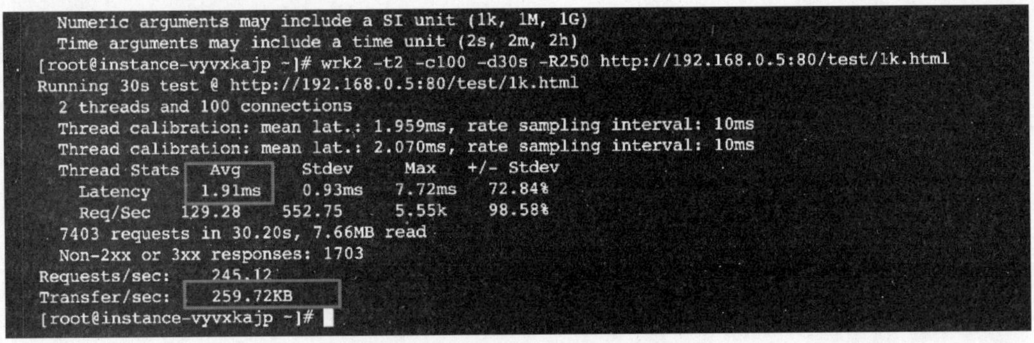

```
    Numeric arguments may include a SI unit (1k, 1M, 1G)
    Time arguments may include a time unit (2s, 2m, 2h)
[root@instance-vyvxkajp ~]# wrk2 -t2 -c100 -d30s -R250 http://192.168.0.5:80/test/1k.html
Running 30s test @ http://192.168.0.5:80/test/1k.html
    2 threads and 100 connections
    Thread calibration: mean lat.: 1.959ms, rate sampling interval: 10ms
    Thread calibration: mean lat.: 2.070ms, rate sampling interval: 10ms
    Thread Stats   Avg      Stdev     Max    +/- Stdev
      Latency     1.91ms    0.93ms    7.72ms   72.84%
      Req/Sec    129.28    552.75     5.55k   98.58%
    7403 requests in 30.20s, 7.66MB read
    Non-2xx or 3xx responses: 1703
Requests/sec:    245.12
Transfer/sec:     259.72KB
[root@instance-vyvxkajp ~]#
```

图 6-41   wrk2 命令执行后返回信息

wrk2 的返回结果中重点参考以下两个指标,一个是 Requests/sec 指标,表示 qps;另一个是 Latency,表示时延。